案例详解视频大讲堂

AutoCAD 2016 大型商业空间装潢设计案例详解

CAX 技术联盟

陈　磊　编著

电子工业出版社

Publishing House of Electronics Industry

北京 · BEIJING

内 容 简 介

本书主要面向室内设计领域，以理论结合实践的写作手法，系统讲解了 AutoCAD 在大型商业空间装潢设计领域的具体应用技能。本书采用"完全案例"的编写形式，技术实用、逻辑清晰，是一本简明易学的参考书。

全书共 12 章，内容涉及商业空间装潢设计理念、AutoCAD 商业装潢基础、制作商业装潢设计样板、售楼部空间装潢设计、售楼部吊顶装潢设计、售楼部墙面装潢及电气图设计、大型星级宾馆装潢设计、多功能厅空间装潢设计、休闲会所空间装潢设计、夜总会空间装潢设计、银行内部空间装潢设计、商业装潢施工图的后期打印等。

本书内容通俗易懂，实用性和操作性极强，层次性和技巧性突出。不仅可以作为室内外设计初中级读者的学习用书，也可作为大中专院校相关专业的教材。

未经许可，不得以任何方式复制或抄袭本书之部分或全部内容。

版权所有，侵权必究。

图书在版编目（CIP）数据

AutoCAD 2016 大型商业空间装潢设计案例详解/陈磊编著. —北京：电子工业出版社，2017.2
（案例详解视频大讲堂）
ISBN 978-7-121-30824-6

I. ①A… II. ①陈… III. ①室内装饰设计－计算机辅助设计－AutoCAD 软件 IV. ①TU238-39

中国版本图书馆 CIP 数据核字（2017）第 009928 号

策划编辑：许存权
责任编辑：许存权 特约编辑：谢忠玉等
印　　刷：三河市鑫金马印装有限公司
装　　订：三河市鑫金马印装有限公司
出版发行：电子工业出版社
　　　　　北京市海淀区万寿路 173 信箱　　邮编：100036
开　　本：787×1 092　1/16　印张：31.5　字数：908 千字
版　　次：2017 年 2 月第 1 版
印　　次：2017 年 2 月第 1 次印刷
定　　价：79.00 元（含 DVD 光盘 1 张）

前　言

AutoCAD 是美国 Autodesk 公司计算机辅助设计的旗舰产品，广泛应用于建筑、机械、航空航天、电子、兵器、轻工、纺织等诸多设计领域，如今，此软件先后经历二十多次版本升级换代，已成为一个功能完善的计算机首选绘图软件，受到世界各地数以百万计工程设计人员的青睐，是广大设计人员不可或缺的得力工具。

本书采用"完全案例"的编写形式，案例典型、步骤详尽，与设计理念和创作构思相辅相成，专业性、层次性、技巧性等特点的组合搭配，使该书的实用价值达到一个更高的层次。

■ 本书内容

本书主要针对大型商业空间装潢设计领域，以 AutoCAD 2016 中文版为设计平台，由浅入深、循序渐进地讲述大型商业空间装潢施工图的基本绘制方法和全套操作技能，全书分为 4 部分，共 12 章，具体内容如下。

第一部分为基础篇，主要介绍商业空间装潢设计理论知识、AutoCAD 基础操作技能、商业装潢模板的制作技能等，具体的章节安排如下。

第 1 章：商业空间装潢知识概述　　　第 2 章：AutoCAD 商业装潢设计基础入门

第 3 章：制作商业装潢样板文件

第二部分为大型商业空间篇，主要介绍售楼部、大型星级宾馆、大型多功能厅、休闲会所、夜总会、银行等大型商用空间装潢设计，方案图案涉及空间装潢布置图、地面材质图、空间装潢吊顶图、灯具图、室内立面图、电气图等，具体的章节安排如下。

第 4 章：御景苑售楼部空间装潢设计　　第 5 章：御景苑售楼部吊顶装潢设计

第 6 章：御景苑立面装潢及电气设计　　第 7 章：大型星级宾馆空间装潢设计

第 8 章：多功能厅空间装潢设计　　　　第 9 章：休闲会所空间装潢设计

第 10 章：夜总会 KTV 空间装潢设计　　第 11 章：银行内部空间装潢设计

第三部分为输出篇，主要介绍打印设备的配置、图纸的页面布局、模型快速打印、布局精确打印、并列视口多比例打印、相嵌视口多比例打印等，具体的章节安排如下。

第 12 章：商业装潢图纸的后期打印

本书附录中给出了 AutoCAD 一些常用的命令快捷键，掌握这些快捷键可以有效地改善绘图环境，提高绘图效率。

本书结构严谨、内容丰富、图文结合、通俗易懂，实用性、操作性和技巧性贯穿全书，具有极强的实用价值和操作价值，不仅适合于高等学校、高职高专院校的培训用书，尤其适合作为建筑制图设计人员和急于投身到该制图领域广大读者的最佳向导。

■ 随书光盘

本书附带 DVD 多媒体动态演示光盘，另外，本书所有综合范例最终效果及在制作范例时所用到的图块、素材文件等，都收录在随书光盘中，光盘内容主要有以下几个部分。

◆ "\效果文件\"目录：书中所有实例的最终效果文件按章收录在随书光盘的"效果文件"文件夹中，读者可随时查阅。

◆ "\图块文件\"目录：书中所使用的图块文件收录在随书光盘的"图块文件"文件夹中。

◆ "\素材文件\"目录：书中所使用的素材文件收录在光盘的"素材文件"文件夹中，以供读者随时调用。

◆ "\样板文件\"目录：书中所使用的素材文件收录在光盘的"素材文件"文件夹中，以供读者随时调用。

◆ "\视频文件\"目录：书中所有工程案例的多媒体教学文件，按章收录在随书光盘的"视频文件"文件夹中，避免了读者的学习之忧。

■ 读者对象

本书适合 AutoCAD 初中级读者和期望提高 AutoCAD 应用能力的读者，具体说明如下。

★ 工程设计领域从业人员　　★ 初学 AutoCAD 的技术人员
★ 大中专院校的师生　　　　★ 相关培训机构的教师和学员
★ 参加工作实习的"菜鸟"　★ 广大科研工作人员

■ 本书作者

本书主要由陈磊编写，另外，陈晓东、王晓明、李秀峰、周晓飞、张明明、吴光中、魏鑫、石良臣、刘冰、林晓阳、唐家鹏、温正、李昕、刘成柱、乔建军、张迪妮、张岩、温光英、郭海霞、王芳、丁伟、张樱枝、谭贡霞、矫健、丁金滨等，也为本书的编写做了大量工作。虽然作者在本书的编写过程中力求叙述准确、完善，但由于水平有限，对书中欠妥之处，请读者及各位同行批评指正，我们将不胜感激。

■ 读者服务

为了方便解决本书疑难问题，读者在学习过程中如遇到与本书有关的技术问题，可以发邮件到邮箱 caxbook@126.com，或访问作者博客 http://blog.sina.com.cn/caxbook，我们会尽快给予解答，将竭诚为读者服务。

编著者

目　　录

第一部分　基　础　篇

第三部分 输 出 篇

第一部分 基 础 篇

第1章 商业空间装潢知识

商业空间是人类活动空间中最复杂最多元的空间类别之一，从广义上可以把商业空间理解为与所有商业活动有关的空间形态，从狭义上则可以把商业空间理解为当前社会商业活动中所需的空间，即实现商品交换、满足消费者需求、实现商品流通的空间环境，比如博物馆、展览馆、商场、步行街、写字楼、宾馆、餐饮店、专卖店、美容美发店等空间。本章主要简单概述有关商业空间装潢设计的基础理论知。

■ **本章内容**

◇ 商业空间装潢设计概述
◇ 商业空间环境的功能组织
◇ 商业空间装潢设计风格
◇ 常见商业空间设计要点
◇ 商业空间色彩与照明
◇ 商业空间的陈设设计
◇ 商业空间设计常用尺寸
◇ 商业空间设计制图规范
◇ 本章小结

1.1 商业空间装潢设计概述

所谓商业空间装潢设计，实际上就是对于商业空间的分析判断，根据商业建筑的使用性质、所处环境、相应标准以及使用需求，运用一定的物质技术手段和建筑美学原理，根据使用对象的特殊性以及他们所处的特定环境，对建筑内部空间进行的规划、组织和空间再造，从而营造出功能合理、舒适优美、满足商业活动需要以及人们不同消费需求的空间环境。

1.1.1 商业装潢设计步骤

与室内设计一样，商业装潢设计也分为设计准备阶段、方案设计阶段、施工图设计阶段和设计实施阶段四个步骤，具体内容如下。

1. 设计准备阶段

设计准备阶段主要是接受委托任务书，明确设计期限并制定设计计划进度安排，明确设计任务和要求，熟悉设计有关的规范和定额标准，收集分析必要的资料和信息，包括对现场的调查踏勘以及对同类型实例的参观等。在签订合同或制定投标文件时，还包括设计进度安排，设计费率标准。

2．方案设计阶段

方案设计阶段是在设计准备阶段的基础上，进一步收集、分析、运用与设计任务有关的资料与信息，构思立意，进行初步方案设计，以及方案的分析与比较，确定初步设计方案，提供设计文件。通常初步方案的文件如下。

- ◆ 平面布置图，常用比例 1:50，1:100。
- ◆ 室内立面展开图，常用比例 1:20，1:50。
- ◆ 天花图或吊顶图，常用比例 1:50，1:100。
- ◆ 室内透视图。
- ◆ 室内装饰材料实样版面。
- ◆ 设计意图说明和造价概算。

初步设计方案需经审定后，方可进行施工图设计。

3．施工图设计阶段

施工图设计阶段需要补充施工所必要的有关平面布置、室内立面和平顶等图纸，还需包括构造节点详细、细部大样图以及设备管线图，编制施工说明和造价预算。

4．设计实施阶段

设计实施阶段也即是工程的施工阶段。室内工程在施工前，设计人员应向施工单位进行设计意图说明及图纸的技术交底；工程施工期间需按图纸要求核对施工实况，有时还需根据现场实况提出对图纸的局部修改或补充；施工结束时，会同质检部门和建设单位进行工程验收。

1.1.2　商业装潢设计原则

现代商业空间设计是以增强商业空间环境的购物与心理需求的设计为最高目的，在发挥现有的物质条件和满足实用功能的同时，实现并创作出巨大的精神价值。在进行商业空间装潢设计时，需要充分考虑到以下设计原则。

- ● **功能性设计原则**

这一原则的要求是使商业空间、装饰装修、物理环境、陈设绿化最大限度地满足功能需求并使其与功能性相协调统一。

- ● **经济性设计原则**

广义来说，就是以最小的消耗达到所需要的设计目的，如在商业空间施工中使用的工作方法和程序有效、省力、方便、低消耗、低成本等。一项商业空间设计要为大多数消费者所接受，必须在代价和效应之间谋取一个均衡点，但不论怎样，降低成本不能以损害施工效果为代价。

- ● **美观性设计原则**

美是随时空而变概念，在不同的商业空间设计中，美的标准和目的会大不相同，不能因强调设计在文化和社会方面的使命及责任而不顾及商业空间设计的特点，需要找到适当的平衡。

● **适合性设计原则**

恰到好处地解决问题的设计方案，不牵强，不过分，如商业空间设计中的商品陈列与环境空间气氛的统一就须考虑适合性设计原则。

● **个性化设计原则**

商业空间设计要具有独特的个性风格，缺少个性的空间设计没有生命力与艺术感染力。无论在设计构思阶段，还是在设计深入过程中，只有加以创新和巧妙的构思，才会赋予商业空间设计以勃勃生机。

1.1.3 商业空间设计分类

从环境及综合功能分析上可将商业空间归纳为商业、饮食、娱乐和服务四种类型。

1. 商业

◆ 商业街，如中心商业街、步行商业街、地下商业街等。
◆ 商场，如购物中心、复合商业空间建筑等。
◆ 百货商店，如营业厅、自选营业厅等。
◆ 专业商店，如精品屋、服装专卖店、鞋相店、皮包店、金银首饰店、钟表眼镜店、音响、摄像器材店、家用电器店、书店、文具店、字画店、礼品店、文物店、花店、药店、食品店、菜市场等。
◆ 超市，如量贩店、折扣店、沃尔玛、易初莲花、银座等连锁店：F橱窗，如展示艺术、陈列、标志等。
◆ 店面，如门面招牌、广告、幌子等。
◆ 网上购物等。

2. 饮食

◆ 餐馆，如特色餐馆、中西餐馆、快餐店、食堂、传统小吃店等。
◆ 饮食店，如冷饮店、茶室、酒吧、自助餐厅、咖啡馆等。

3. 娱乐

◆ 娱乐场所，如多功能厅、棋牌室、游戏厅、舞厅、网吧等。
◆ 休闲场所，如保龄球馆、高尔夫球馆、台球馆、游泳馆、YIP贵宾厅等。

4. 服务

◆ 服务业，如美发厅、洗染店、照相馆、邮电所、储蓄所、各类介绍所、公共浴室。
◆ 综合修理业，如服装、针织品缝补、车类修理行、钟表、眼镜修理业等。

1.1.4 商业空间设计手法

在商业空间装潢设计时，要明确使用何种设计手法进行表达空间环境、进一步确定空间造型、材质、色彩及灯光等，常用设计手法如下。

● **优雅含蓄**

这类空间或简或繁、或淡雅或奢华，都是为了显示出尊贵的高雅气度来，不在造型和色彩上过分张扬，但在材质上十分精致考究，细节设计考虑周到。空间层次分明，尺度比例经得起推敲。

● **追求拙朴**

不以精致细腻的工艺、华丽的高档材料为美，因陋就简，以展示材料的本质、空间的自然原貌为美。这类的商业空间常常借助旧空间或自然材料来传达设计师所追求的拙朴自然的理念，以展现出粗犷的感觉，同时追求一种绿色环保理念。

● **生活气息**

这种商业空间会尽量隐藏商业化痕迹，以日常生活为中心，是商业空间的生活化，增加亲近感，营造出温馨、柔和、浪漫的感觉，非常贴近现实。这类空间中常常会特意安排一些看似随意的日常摆设等细节，以增添生活气息，使人感觉深处自己生活中的某个场景。这也是一些与生活产品相关的主题经常用的设计理念。

● **趣味性和故事性**

这种空间安排了一些有意味的情节或场景，通过一些有趣的道具渲染出活泼的气氛，空间被塑造得如同舞台演出，显示出一定的戏剧夸张力。趣味性强的形象往往能被不同审美层次的人认同，从而扩大受众范围。趣味性和故事性可以通过多种方式获得，卡通的、拟人的、可爱的、搞笑的，还可以是赋有深刻哲理的幽默。

● **突出地域性特点**

追求地域性特色也就是突出地方特色，形成一种地方性的文化风味。这类空间可分两种，一种是追求异域情调，以新奇的事物刺激观众的好奇心和探索欲望；一种是突出本土性，强调民族性和传统特色，发挥民俗要素，创造性地再现它们，使之有效地转化为现代人能接受的视觉符号，以求得新奇的视觉感受。

● **塑造神秘感**

具有神秘感的空间最能激发人们的好奇心，怀着猎奇心理的参观者企图透过光影的表象弄清楚事物的本来面目。神秘感的产生需要空间内多种元素的整体配合，例如灯光、色彩、甚至诡异的配乐。一般来说，空间容积较小，大量应用黑色或深色的材质以及低亮度、单色灯光来表现空间的神秘感的效果较好。

● **象征比喻**

用象征手法塑造得空间。在含义的表达上可能委婉含蓄，但是所选的视觉形象却可以鲜明、张扬。在选择象征比喻所用的形象时，要注意选择视觉冲击力强的、便于展示陈列的、便于制成三维立体模型的形象。

1.2 商业空间环境的功能组织

商业空间设计要充分体现"以物质为其用，以精神为其本"的目的，它具有视觉限定的人工环境，以满足人们生理和精神上的需求，它也是实用功能、空间形态、工程技术和艺术美感的相互依存和紧密结合，给各种处在室内环境中的人以舒适和安全。

● **商业空间界面**

商业空间的墙面、地面和顶面是形成空间环境的三要素，根据这三种要素的变化可以很好的区分商业空间。

◆ 利用柜台、展示橱架及隔断来区分空间。商场中的顾客购物活动线路，主要是通过商品陈列的柜台及橱架装置来进行引导的。

- ◆ 利用购物及商品标识来形成空间导向，如商品挂饰、广告灯箱及销售广告等，通过悬挂展示，能够形成导购视线、导购流向。
- ◆ 空间中的顶面、墙面（隔断）、地面，在人们的视觉范围内占有相当大的比重。吊顶的高低落差、形状的架构、地面的高低、材料的不同铺饰、墙面的凹凸变化等，在空间格局与购物导向上也都起着一定的作用。

● **柜台、货架设计**

柜台、货架等是购物空间商品的主要载体，是填充空间的主要设计营造元素。柜台、货架及展示构件本身的造型及置放形态等，都直接影响购物空间装饰风格的形式及营销价值。

柜台按材质分不锈钢、钦金、铝合金、木质夹层饰板、大理石柜台等，按其形状分为长方形、多边形、圆形、半圆形、丁字形等，柜台的布局形式有以下几种。

- ◆ 一字平行式，形成一线放置或成两线平行置放布局。
- ◆ 转角形角式，是利用墙角及柱式的转折空间置放的格局。
- ◆ 多边置放式，将柜台构筑成几何多边形状的布局。
- ◆ 环状岛式，多为中心售卖格局，各自为政的置放形式。
- ◆ 陈列展开式，是敞开式空间布局，常见于各种专卖店，如服装店、箱包店、礼品店等购物空间。

货架是购物空间界面的主要分割空间架构形式之一。一般情况下依墙而立，它的置放位置与前置的柜台对应摆布。在敞开式的购物空间中，货架可以独立系列置放，集储物、陈列展示及销售四位于一体。货架的构成一定要符合人体工程学的尺度，便于顾客选购也便于营业员取放商品，还要便于盘点和管理。

● **灯光设计**

商业购物空间对灯光的要求较高，合理的灯光布局，可以增强商品的色彩与质感，刺激消费者的购买欲望。有些商品需置放局部照明作为补充光源，经过精心设计的局部光投射，可以使物体与背景产生空间感，烘托强烈或柔和的气氛。

1.3　商业空间装潢设计风格

商业空间装潢设计的风格主要分为传统风格、现代主义风格、高技派风格、自然主义风格、后现代主义风格、混合型风格等。

1.3.1　传统风格

传统风格的商业空间设计，主要体现在室内布局、线形、色调以及家具、陈设的造型等方面，吸取并采用传统装饰中的"形"与"神"特征，体现着空间的文化内涵。

例如，吸取我国传统木构架建筑室内的藻井天棚、挂落、雀替的构成和装饰，明清家具造型和款式特征，又如西方传统风格中仿罗马风、哥特式、文艺复兴式、巴洛克、洛可可、古典主义等，传统风格常给人们以历史延续和地域文脉的感受，它使室内环境突出了民族文化渊源的形象特征。

1. 中式传统风格

中国古代是传统的木构建筑体系，中国传统风格的商业室内空间，主要汲取我国传统木构架构筑室内的藻井天棚、斗拱等装饰构件，以结构与装饰的双重作用成为室内艺术形象的一部分。

室内设计受到木结构的限制形成了一种以木质装修和油漆彩画为主要特征的，体现出华丽、祥和、宁静的独特风格。通常具有明、清家具造型和款式特征的设计特点；室内除固定的隔断外，还使用可移动的屏风、博古架等与家具相结合，对于组织空间起到增加层次和深度的作用。

2．欧式传统风格

欧洲古典样式和风格流派，基本包括古罗马式风格、哥特式风格、文艺复兴风格、巴洛克风格、洛可可风格、古典主义风格等。

欧洲古代建筑内部空间较高大，往往以柱饰、柱头、壁炉为装饰构件，中心空间用置家具，室内装饰造型严谨，天花、墙面与绘画、雕塑等相结合；室内装饰品的配置十分讲究，很注意艺术品的陈设，室内还常采用柱形水晶玻璃组合吊灯及壁灯、壁饰等。

3．地域传统风格

传统风格分不同地域和民族，如日本传统风格、伊斯兰传统风格等。传统风格通常给人们以历史延续和地域文脉的体验和感受，它使室内环境的设计突出了民族文化渊源的形象特征，给人以怀旧的思绪和联想。

1.3.2　现代主义风格

现代主义风格有着包豪斯建筑的朴实无华、简洁明快的清新风格。现代风格起源于1919年成立的鲍豪斯学派，该学派处于当时的历史背景，强调突破旧传统，创造新建筑，重视功能和空间组织，注意发挥结构构成本身的形式美，造型简洁，反对多余装饰，崇尚合理的构成工艺，讲究材料自身的质地和色彩的配置效果，发展了非传统的以功能布局为依据的不对称的构图手法。

现时，广义的现代风格也可泛指造型简洁新颖，具有当今时代感的建筑形象和室内环境。

1.3.3　高技派风格

高技派或称"重技派"，是活跃于20世纪50年代末至70年代的设计流派。它以表现高科技成就与美学精神为依托，主张注重技术展示现代科技之美，建立与高科技相应的设计美学观，由此，形成了所谓的"高科技"风格设计流派。

其设计特点是突出当代工业技术成就，并在建筑形体和室内环境设计中加以炫耀，崇尚"机械美"，在室内暴露梁架、网架等结构构件以及风管、线缆等各种设备和管道，强调工艺技术与时代感。例如，香港汇丰银行的设计风格。

1.3.4　自然主义风格

自然风格倡导"回归自然"，美学上推崇自然、结合自然，才能在当今高科技、高节奏的社会生活中，使人们能取得生理和心理的平衡，因此室内多用木料、织物、石材等天然材料，显示材料的纹理，清新淡雅。

此外，由于其宗旨和手法的类同，也可把田园风格归入自然风格一类。田园风格在室内环境中力求表现悠闲、舒畅、自然的田园生活情趣，也常运用天然木、石、藤、竹等材质质朴的纹理。巧妙设置室内绿化，创造自然、简朴、高雅的氛围。

1.3.5 后现代主义风格

后现代风格是对现代风格中纯理性主义倾向的批判，后现代风格强调建筑及室内装潢应具有历史的延续性，但又不拘泥于传统的逻辑思维方式，探索创新造型手法，讲究人情味，常在室内设置夸张、变形的柱式和断裂的拱券，或把古典构件的抽象形式以新的手法组合在一起，即采用非传统的混合、叠加、错位、裂变等手法和象征、隐喻等手段，以期创造一种融感性与理性、集传统与现代、大众与行家于一体的，即"亦此亦彼"的建筑形象与室内环境。

对后现代风格不能仅仅以所看到的视觉形象来评价，需要我们透过形象从设计思想来分析。

1.3.6 混合形风格

近年来，建筑设计和室内设计在总体上呈现多元化、兼容并蓄的状况。室内布置中也有既趋于现代实用，又吸取传统的特征，在装潢与陈设中融古今中西于一体，例如传统的屏风、摆设和茶几，配以现代风格的墙面及门窗装修、新型的沙发；欧式古典的琉璃灯具和壁面装饰，配以东方传统的家具和埃及的陈设、小品等。

混合型风格虽然在设计中不拘一格，运用多种体例，但设计中仍然是匠心独具，深入推敲形体、色彩、材质等方面的总体构图和视觉效果。

1.4　常见商业空间设计要点

无论何种类型的商店，都具有一些共性的设计要点，具体如下。

- ◆ 商店的创意应根据商店的专业性质、设置地点、服务对象、业主要求和设计意图进行确定。
- ◆ 店面与陈列橱窗的设计应起以诱导顾客购买的作用。
- ◆ 应合理布置服务和进出货物的路线，在各种流线中应尽量减少死角。
- ◆ 商品陈列展示应表现丰富性、立体性等特点，营造热闹氛围。个性化展示应以大面积的展台或壁面突出商品的特性，精品展示通常以柜内或展示橱窗为主，以灯光照明为衬托效果。
- ◆ 装饰标准和材料必须满足商品的特殊要求，以突出专业商店的个性。
- ◆ 在消防、隔热、通风、采光、除尘等设计中除满足规范外，还应根据专营商品特点作相应处理。
- ◆ 方便设施、如休息座椅、公用电话、盥洗间、引导标志等，是吸引顾客、提高服务质量的有利投资。

除以上共同的设计要点外，不同类型的专业商店还应具有各自不同的设计要点，以突出自身的商业主题。

1.4.1 商店超市设计要点

1. 设计要点

- ◆ 充分表达现代商店的机能—展示性、服务性、休闲性和文化性。
- ◆ 根据商店的经营性质、商品特点、顾客构成以及商品的流行趋势等确定室内设计总格调，形成各单元的独特风格。

- 不仅要充分结合室内空间特点与结构形式，还需要符合防火规范要求。
- 商业设计的基本原则是突出商品，各售货单元可根据各自特征有所变化。
- 装饰材料的选择除满足设计要求外，还应考虑耐脏程度及是否利于清洗等问题。
- 相对独立的售货单元宜从地面、墙面、顶棚的色彩、造型和材料选择、高度变化、灯具组合等方面予以限定，从而区分于四周空间。
- 封闭式售货单元的柜台应保持足够的营业长度，半开敞及开敞式售货单元应便于购物、服务及管理。

2. 顶棚、墙面、地面设计

- 顶棚、墙面、地面是塑造空间环境气氛的基本要素，应做统一设计。
- 顶棚应根据室内表现风格和顾客人流导向的要求，确定其色彩、造型、装饰材料，并综合考虑照明、通风、消防、音响等设施及结构形式。
- 充分利用墙面及灯光展示商品。
- 地面设计应结合柜台布置、顾客通道和售货区，区分，以引导顾客人流，主要地面材料应防滑、耐磨、利用不同材料和不同花饰色彩加以不起尘且便于清洗。

1.4.2　营业厅设计要点

营业厅是商业建筑中的核心与主体空间，是顾客进行购物活动，对商店留下环境整体印象的主要场所。其设计要点如下：

- 内部空间设计应有利于商品的展示、陈列、促销等，为顾客创造一个舒适、愉悦的购物环境；
- 营业厅应根据商店的经营性质、特点、档次、顾客、商店形体外观以至地区环境等因素，来确定室内设计风格和格调；
- 总体上应突出商品，激发购物欲望。室内设计和装饰手法应是衬托商品，从某种意义上讲，营业厅的室内环境应是商品的"背景"；
- 营业厅的照明在展示商品、烘托环境氛围中作用显著。厅内的选材用色也均应从突出商品，激发购物欲望这一主题来考虑，良好的空调，特别是通风换气，对改善营业厅的环境极为重要；
- 营业厅内应使顾客动线流畅，营业员服务方便，防火分区明确，通道、出入口通畅，并均应符合安全疏散的规范要求。

1.4.3　服装店设计要点

- 店面、入口和展示橱窗等应有鲜明个性和诱导性。
- 室内环境应针对服务对象的特点确定设计格调，呈现时装的多样化和流行性特点。
- 服装展示应以顾客获得最多商品信息为原则。
- 服装模特表演对促进时装流行起着推动作用。
- 照明设计应不影响服装的色彩和质感。
- 服装店如附设加工部时，加工部与营业部一般应分开设置。

1.4.4　鞋帽店设计要点

- 鞋帽店是流行要素表现较强的一种专业商店。
- 外观、入口、展示橱窗、室内环境和商品展示应具有特色，富有招徕性。

◆ 店内应提供试穿、试戴的便利。

◆ 如附设加工部，加工部与营业部一般应分开设置。

1.4.5 金银首饰店设计要点

◆ 金银首饰店属高档次高品位的专业商店。

◆ 室内环境宜凝重、典雅，要求照度良好。

◆ 商品均要求单独展示，既可增加商品的安全性，又可增加商品的价值感。

◆ 应设置防盗报警安全系统。

◆ 店面应有良好的诱导性.入口不宜过大。

1.4.6 家电店设计要点

◆ 宜设置接待室、调试室，诱导顾客在适宜的环境中购买昂贵的家电商品。

◆ 提供电器维修、配电、给排水等便利。

◆ 仓库要有一定的容量。

1.4.7 书店文具店设计要点

◆ 书店销售方式以开架陈列让顾客自由选购为主，顾客巡回路线与停留空间应有明确区别。

◆ 宜用不炫目的高照度照明保证顾客能舒适地查阅。

◆ 壁柜的配置应使顾客在前面能看清柜内物品。

◆ 文具库应干燥、防虫。

1.4.8 字画店设计要点

◆ 营业厅高度应满足挂画陈列要求。

◆ 勾描室、木刻室应有良好的采光，避免阳光直射。

◆ 字画是我国的国粹，室内设计应有浓郁的中国味，以便顾客在选购商品时能受到传统文化的熏陶。

1.4.9 花店设计要点

◆ 室内温度应保持在 10 摄氏度左右，以便达到花木所需的最佳条件。

◆ 公共场地和冰箱区的地面必须不透水。

◆ 店内宜设供人书写送礼名片的桌几。

◆ 商品陈列展示宜有生活情调。

◆ 店面设计应富有招徕性。

1.4.10 中西药店设计要点

◆ 营业厅内应设小范围的等候区或座位。

◆ 药品应避免阳光直射，室温不宜过高，应干燥、通风。

◆ 有毒药品及强烈气味药品应与一般药品分开存放。

◆ 作业间与营业厅分开。

◆ 药材饮片及成药对温、湿度和防霉变有不同要求，要分开存放。

1.4.11 食品店设计要点

- 营业厅需有冷冻保鲜设备，设计上应考虑防尘、防蝇虫侵入。
- 加工间应便于原料搬入与储放。
- 仓库应设置防虫、冷冻设备。
- 茶叶应与有味物品隔绝开存放。
- 商店前应留有时货摊位置，橱窗中食品应避免阳光直射。
- 室内环境设计应简洁明快，采用视觉化商品陈列法。
- 商品照度应大于环境照度，并以不影响食品的原色为原则，以突出食品为最终目的。
- 店面应醒目，有诱导性。

食品店经营范围广，种类很多。各店对经营的商品有所侧重，有大型综合类食品店；有专营某类食品的地方风味特色商店，有的设有加工间，自产自销等。

1.4.12 菜市场设计要点

- 菜场、副食品店、集贸市场均属于居民日常生活必需的商店，顾客多、销售量大，选址应靠近居民区和交通便捷之处。
- 在布局上应将客流与货流分开，留有足够的顾客集散地、停车场和货场。
- 应有良好的通风、采光及垃圾处理设施，地面材料的选择以便于清洗为原则。
- 室内设计宜简洁，货架、照明配置以突出食品，不影响食品本色为原则。
- 营业厅的货位配置一般以专业为主，但销售量大的商品应分散.并与辅助业务部分紧密联系。
- 为了适应少数民族的生活习惯，应设置专营的拒台。

1.5 商业空间色彩与照明

色彩是商业室内设计中最为生动、最为活跃的因素，通常给人们留下空间环境的第一印象。色彩最具表现力，通过人们的视觉感受产生的生理、心理和类似物理的效应，形成丰富的联想、深刻的寓意和象征。

1.5.1 商业空间色彩的作用

作为一个建筑的环境与空间，离不开色彩、形体、材质、光影要素的参与。其中色彩的定位在商业环境中起着重要的作用，它通过人们的感知印象产生相对应的心理影响，左右着空间的使用者对其空间的看法，同时在一定的程度上影响着人们的活动行为，色彩在商业空间设计中的作用如下。

- 色彩是商业空间设计中视觉传达的重要因素，是产生理想商业空间效果的重要前提，色彩对渲染商业空间的主体、烘托商业空间环境氛围、体现商品在空间环境中的表现力等方面具有重要的作用。
- 现实生活中，色彩影响着人们看到的每一物象，商业空间的颜色会直接影响顾客或消费者的情绪，甚至影响观察者对远近、冷暖、明暗等的判断。
- 色彩作为设计整体的重要因素与组成部分，具有审美性和功能性的双重作用。在商业空间中，色彩不仅对人们的视觉环境产生影响，还直接影响着人们的情绪和心理，并在一定的程度上影响着人们的活动行为，从而满足人们的物质与精神生活的双重需要。

◆ 由于色彩设计对空间的参与和设置，将决定性地表现出某种特定的情调氛围，不同的商业环境有不同的心理要求，恰当的色彩使用对商业活动、服务功能起到良好的催化作用。

1.5.2 空间色彩特性与应用

1. 空间色调气氛

空间色调气氛是指商业环境设计的色彩心理氛围和色彩所烘托的空间调性，而不是单独对空间只某个具体物的颜色而言。它包括环境维护体所采用的表层用色，尤其是空间光源（自然光或人工光）的布光处理。

2. 空间材质选色

任何材质的表现都离不开色与光的影响。材质的选用与处理也是确定环境空间的视觉认识与心理影响的基础。同一材质由于不同色彩、同一色彩由于不同光照、同一色彩同一光照由于不同反光，都将造成人们不同的视觉感受和不同的心理感应。色彩在材质上表现可直接改变其材质的轻重感、软硬感、朴实华丽感；甚至大小感、远近感、动静感等的视觉心理反应。

3. 空间整体与和谐

商业环境的色彩设计，是以人的色觉生理、心理的适应性和功能性为要求的。完美的商业环境色彩设计既要考虑实用功能，也要突出空间的个性。人对色彩视觉的饱厌性，决定了对色彩运用的限制，所以整体与和谐是商业环境色彩设计中的基本准则。

对比与调和是空间色彩设计组合的基本规则。同一色相的颜色，可以用明度的变化产生对比；同一明度的颜色，也可以用不同色相或纯度产生对比；近似色和邻近色的运用，有利于组成和谐的色调。为了增加空间色彩的活跃气氛，往往也可使用对比色或补色，但需要运用主色调来进行统一。

总之，商业环境色彩设计不是单一、孤立的存在，各具功能特点的色彩总会彼此影响。因此，要运用色彩的对比与调和的手段，从整体出发，求得色彩空间的对比与调和空间的整体色调与局部构件所产生的色彩虚实对比，使环境充满浪漫的视觉艺术效果。以对比色调为主，有助于空间个性化、差异化的必须。但应注意调整视觉生理和心理的和谐感。

1.5.3 空间色彩的物理效应

1. 色彩的冷暖感

在商业空间设计中，可以运用色彩的冷暖感来设定空间，如酒吧、KTV的设计可以大量运用暖色调色彩来烘托其热烈的气氛。

2. 色彩的距离感

不同的色彩可以给人产生进退、远近凹凸的感觉，根据人们对色彩的感受，可以把色彩分为前进色和后退色。一般情况下，暖色系和明度底的色彩给人后退凹进和远近的感觉，利用色彩的距离感可以改变室内空间不理想的比例尺度。

3. 色彩的尺度感

暖色和明度高的色彩相比冷色和明度底的色彩既有扩散膨胀的作用，使人感觉物体相对显的大，而冷色与明度低的色彩有收缩和内聚作用，会使人感觉物体相对显小。恰当地运用色彩的这种特性可以改善室内空间的效果。

1.5.4　商业室内空间的照明

商业室内空间的照明主要包括室内空间环境的自然光和人工照明，光照除了能满足正常的工作生活环境的采光、照明要求外，光照和光影效果还能有效地起到烘托室内环境气氛的作用。没有光也就没有空间，没有色彩没有造型，光可以使室内的环境得以显现和突出。

自然光可以向人们提供室内环境中时空变化的信息气氛，可以消除人们在六面体内的窒息感，它随着季节、昼夜的不断变化，使室内生机勃勃；人工照明可以恒定地描述室内环境和随心所欲的变换光色明暗，光影给室内带来了生命，加强了空间的容量和感觉，同时，光影的质和量也对空间环境和人的心理产生影响。

人工照明在室内设计中主要有"光源组织空间、塑造光影效果、利用光突出重点、光源演绎色彩"等作用，其照明方式主要有"整体（普通）照明、局部（重点）照明、装饰照明、综合（混合）照明"；其安装方式可分为台灯、落地灯、吊灯、吸顶灯、壁灯、嵌入式灯具、投射灯等。

1.6　商业空间的陈设设计

1.6.1　家具的陈设

家具是室内空间设计中的一个重要组成部分，与室内环境形成一个有机的统一整体。家具在室内空间设计中具体有以下作用。

- ◆ 为人们的生活行为提供必要的支持和方便。
- ◆ 通过家具组织限定空间。
- ◆ 家具能装饰渲染气氛，陶冶审美情趣。
- ◆ 反映文化传统，表达个人信息。

家具的造型和色彩确定了室内的基调，在设计家具时需要考虑人的行为方式、人体工效学、功能性、形态、工艺与技术、经济等多方面的因素。

家具的组合有方向性，这种组合的方向性为我们提供了围合空间的可能。另外，用家具来划分空间可使空间流通，增加家具和室内空间的利用率，创造空间中的子空间，并使空间划分有很大的灵活性。

1.6.2　装饰物的陈设

装饰品由于陈设点的不同、大小不同、风格不同，对空间气氛起到极其重要的作用。艺术品的选择和使用要根据空间整体的主题设计风格而决定。

装饰品放在视线以下的地方，可以改室内上部空间的不理想，装饰物本身不宜有太强的向上的动势，一些易于仰视的装饰物可以掩盖室内空间下部的不理想。

1.6.3 绿化植物的陈设

绿化植物的陈设现如今已成为改善室内环境的重要手段，在商业空间设计中具有不能代替的特殊作用，是商业空间设计中必不可少的一个组成部分，它主要是利用植物的材料并结合常见园林设计手法和方法，组织、完善、美化空间，在高节奏的现代生活中具有协调人们心理使之平衡的作用，大大丰富并升华主题空间。

在运用室内绿化时，首先应考虑室内空间主题气氛等的要求，通过室内绿化的布置，充分发挥其强烈的艺术感染力，加强和深化室内空间所要表达的主要思想；其次，还要充分考虑使用者的生活习惯和审美情趣。

1.7 商业空间设计常用尺寸

以下列举了商业空间设计中一些常用的基本尺寸，单位为毫米（mm）。

1.7.1 墙面

◆ 踢脚板高：80～200mm。

◆ 墙裙高：800～1500mm。

◆ 挂镜线高：1600～1800（画中心距地面的高度）mm。

1.7.2 餐饮空间

◆ 餐厅最低净高：大餐厅平顶 3.0m，异形顶 2.4m；小餐厅平顶 2.6m，异形顶 2.4m。

◆ 加工间最低净高：直为 3.0m。

◆ 餐桌高：750～790mm。

◆ 餐椅高：450～500mm。

◆ 圆桌直径：二人 500mm、三人 800mm、四人 900mm、五人 1100mm、六人 1100～1250mm、八人 1300mm、十人 1500mm、十二人 1800mm。

◆ 方餐桌尺寸：二人 700mm×850mm、四人 1350mm×850mm、八人 2250mm×850mm。

◆ 餐桌转盘直径：700～800mm。

◆ 餐桌间距：（其中座椅占 500mm）应大于 500mm。

◆ 主通道宽：1200～1300mm。

◆ 内部工作道宽：600～900mm。

◆ 酒吧台高：900～1050mm、宽 500mm。

◆ 酒吧凳高：600～750mm。

1.7.3 商场营业厅

（1）层高：底层一般 5.4～6.0m；楼层一般小 4.5～5.4m。

（2）柱网：要配合营业行为特点，一般柱距：$W=2×$（标准货架宽 0.45+店员通道宽 0.90+标准柜台宽 0.60+购物顾客宽 0.45）+顾客行走宽 0.60×顾客股数。

（3）普通营业厅内通道最小净宽如下。

◆ 通道在柜台与墙或陈列窗之间值为 2.2m。

◆ 通道在两个平行柜台之间时,若柜台长度均小于 7.5m 时,通道宜为 2.2m;若柜台长度若为 7.5～15.0m 时, 通道宜为 3.7m;柜台长度若大于 15.0m 时, 通道宜为 4.0m。

◆ 通道一端设有楼梯时,宜为上下两梯段之和加 1.0m。

◆ 柜台边与开敞楼梯最近踏步间距 4m,且不小于梯间净宽。

（4）营业部分公用楼梯梯段净宽不小于 1.4m,踏步高不应大于 0.16m。踏步宽不应小于 0.28m。

◆ 单边双人走道宽:1600mm。

◆ 双边双人走道宽:2000mm。

◆ 双边三人走道宽:2300mm。

◆ 双边四人走道宽:3000mm。

◆ 营业员柜台走道宽:800mm。

◆ 营业员货柜台:厚 600mm、高 800～1000mm。

◆ 单背立货架:厚 300～500mm、高 1800～2300mm。

◆ 双背立货架:厚 600～800mm、高 1800～2300mm

◆ 小商品橱窗:厚 500～800mm、高 400～1200mm。

◆ 陈列地台高:400～800mm。

◆ 敞开式货架:400～600mm。

◆ 放射式售货架:直径 2000mm。

◆ 收款台:长 1600mm、宽 600mm。

1.7.4 酒店客房

（1）标准面积:大型客房为 $25m^2$、中型客房为 $16～18m^2$、小型客房为 $16m^2$。

◆ 净高:有空调时 ≥2.4m;无空调时 ≥2.6m。利用玻璃屋顶空间作客房时,应至少有 $8m^2$,净高 ≥2.4m。

◆ 客房内走道宽度应 ≥1.1m。 3.客房门洞宽度一般 ≥0.9m;高度 ≥2.1m。

（2）客房卫生间

◆ 卫生间地面应低于客房 0.02m。

◆ 净高 ≥2.1m。

◆ 门洞宽 ≥0.75m,净高 ≥2.1m。

（3）标准层

◆ 标准层公共走道净高>2.1m。

◆ 且标准层公共走道宽度:单面走廊为 1.2～1.8m;双面走廊 1.6～2.1m。

（4）客厅与卧室

◆ 床高:400～450mm。

◆ 床头高:850～950mm。

◆ 床头柜:高 500～700mm、宽 500～800mm。

◆ 写字台:长 1100～1500mm、宽 450～600mm、高 700～750mm。

◆ 行李台:长 910～1070mm、宽 500mm、高 400mm。

◆ 衣柜：宽 800～1200mm、高 1600～2000mm、深 500mm。

◆ 沙发：宽 600～800mm、高 350～400mm、背高 1000mm。

◆ 衣架高：1700～1900mm。

1.7.5 卫生间

◆ 卫生间面积：3～5m²。

◆ 浴缸长度一般有三种 1220、1520、1680mm、宽 720mm、高 450mm。

◆ 坐便器：750×350mm。

◆ 冲洗器：690×350mm。

◆ 盥洗盆：550×410mm。

◆ 淋浴器高：2100mm。

◆ 化妆台：长 1350mm、宽 450 mm。

1.7.6 会议室

◆ 中心会议室客容量：会议桌边长 600mm。

◆ 环式高级会议室客容量：环形内线长 700～1000mm。

◆ 环式会议室服务通道宽：600～800mm。

1.7.7 交通空间

◆ 楼梯间休息平台净空：等于或大于 2100mm。

◆ 楼梯跑道净空：等于或大于 2300mm。

◆ 客房走廊高：等于或大于 2400mm。

◆ 两侧设座的综合式走廊宽度等于或大于 2500mm。

◆ 楼梯扶手高：850～1100mm。

◆ 门的常用尺寸：宽 850～1000mm。

◆ 窗的常用尺寸：宽 400～1800mm（不包括组合式窗子）。

◆ 窗台高：800～1200mm。

1.7.8 灯具

◆ 大吊灯最小高度：2400mm。

◆ 壁灯高：1500～1800mm。

◆ 反光灯槽最小直径：等于或大于 2 倍灯管直径。

◆ 壁式床头灯高：1200～1400mm。

◆ 照明开关高：1000mm。

1.7.9 办公空间

（1）办公室净高：一般不低于 2.6m，设空调时可不低于 2.4m。

（2）单面布置走道宽度一般为 1.3～2.2m；双面布置走道则 1.6～2.2m。

（3）走道净高不得低于 2.1m。

（4）办公室常用的开间、过深和层高：

- ◆ 开间：3.0m、3.3m、3.6m、6.0m、6.6m、7.2m；
- ◆ 进深：4.8m、5.4m、6.0m、6.6m；
- ◆ 层高：3.0m、3.3m、3.4m、3.6m。

1.7.10 办公家具

- ◆ 办公桌：长 1200～1600mm、宽 500～650mm 、高 700～800mm。
- ◆ 办公椅：高 400～450mm、长×宽为 450mm×450mm。
- ◆ 沙发：宽 600～800mm、高 350～400mm、背面 1000mm。
- ◆ 茶几：前置型 900×400×400mm、中心型 900mm×900mm×400mm、左右型 600mm×400mm×400mm。
- ◆ 书柜：高 1800mm、宽 1200～1500mm、深 450～500mm。
- ◆ 书架：高 1800mm、宽 1000～1300mm 、深 350～450mm。

1.7.11 室内家具

- ◆ 衣橱：深度 600～650mm；推拉门 700mm，衣橱门宽度 400～650mm。
- ◆ 推拉门：宽 750～1500mm、高度 1900～2400mm。
- ◆ 矮柜：深度 350～450mm、柜门宽 300～600mm。
- ◆ 电视柜：深 450-600 mm、高度 600-700 mm。
- ◆ 单人床：宽度有 900mm、1050mm、1200mm 三种；长度有 1800mm、1860mm、2000mm、2100mm。
- ◆ 双人床：宽度有 1350mm、1500mm、1800mm 三种；长度有 1800mm、1860mm、2000mm、2100mm。
- ◆ 圆床：直径 1860mm、2125mm、2424mm（常用）。
- ◆ 室内门：宽 800～950mm；高度有 1900mm、2000mm、2100mm、2200mm、2400mm。
- ◆ 厕所、厨房门：宽 800mm、900mm；高度有 1900mm、2000mm、2100mm 三种。
- ◆ 窗帘盒：高 120～180mm；深度：单层布 120mm、双层布 160～180mm（实际尺寸）。
- ◆ 单人沙发：长度 800～950mm、深度 850～900mm、坐垫高 350～420mm、背高 700～900mm。
- ◆ 双人沙发：长 1260～1500mm、深度 800～900mm。
- ◆ 三人沙发：长 1750～1960mm、深度 800～900mm。
- ◆ 四人沙发：长 2320～2520mm、深度 800～900mm。
- ◆ 小型茶几（长方形）：长度 600～750mm，宽度 450～600mm，高度 380～500mm（380mm 最佳）。
- ◆ 中型茶几（长方形）：长度 1200～1350mm；宽度 380～500mm 或者 600～750mm。
- ◆ 中型茶几（正方形）：长度 750～900mm，高度 430～500mm。
- ◆ 大型茶几（长方形）：长度 1500～1800mm，宽度 600～800mm，高度 330～420mm（330mm 最佳）。
- ◆ 大型茶几（圆形）：直径 750mm、900mm、1050mm、1200mm；高度 330～420mm。
- ◆ 大型茶几（正方形）：宽度 900mm、1050mm、1200mm、1350mm、1500mm；高度 330～420mm。
- ◆ 书桌（固定式）：深度 450～700mm（600mm 最佳）、高度 750mm。
- ◆ 书桌（活动式）：深度 650～800mm、高度 750～780mm。
- ◆ 书桌下缘离地至少 580mm；长度最少 900mm（1500～1800mm 最佳）。
- ◆ 餐桌：高度 750～780mm（一般）、西式高度 680～720mm、一般方桌宽度 1200mm、900mm、750mm。
- ◆ 长方桌宽度 800mm、900mm、1050mm、1200mm；长度 1500mm、1650mm、1800mm、2100mm、2400mm。

◆ 圆桌：直径 900mm、1200mm、1350mm、1500mm、1800mm。
◆ 书架：深度 250～400mm（每一格）、长度 600～1200mm、下大上小型下方深度 350～450mm、高度 800～900mm。
◆ 活动未及顶高柜：深度 450mm，高度 1800～2000mm。

1.8 商业空间设计制图规范

与建筑施工图一样，商业空间装潢施工图一般也都是按照正投影原理以及视图、剖视和断面等的基本图示方法绘制的，其制图规范，也应遵循建筑制图和家具制图中的图标规定。

1.8.1 图纸与图框尺寸

CAD 工程图要求图纸的大小必须按照规定图纸幅面和图框尺寸裁剪。在施工图中经常用到的图图纸幅面如表 1-1 所示。

表 1-1 图纸幅面和图框尺寸（mm）

尺寸代号	A0	A1	A2	A3	A4
$L×B$	1188×841	841×594	594×420	420×297	297×210
c	10			5	
a	25				
e	20			10	

表 1-1 中的 L 表示图纸的长边尺寸，B 为图纸的短边尺寸，图纸的长边尺寸 L 等于短边尺寸 B 的根下 2 倍。当图纸是带有装订边时，a 为图纸的装订边，尺寸为 25mm；c 为非装订边，A0～A2 号图纸的非装订边边宽为 10mm，A3、A4 号图纸的非装订边边宽为 5mm；当图纸为无装订边图纸时，e 为图纸的非装订边，A0～A2 号图纸边宽尺寸为 20mm，A3、A4 号图纸边宽为 10mm，各种图纸图框尺寸如图 1-1 所示。

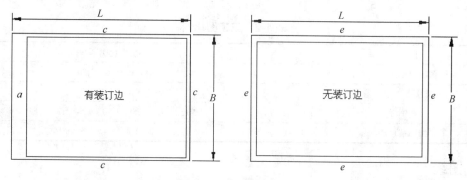

图 1-1 图纸图框尺寸

提示：图纸的长边可以加长，短边不可以加长，但长边加长时须符合标准：对于 A0、A2 和 A4 幅面可按 A0 长边的 1/8 的倍数加长，对于 A1 和 A3 幅面可按 A0 短边的 1/4 的整数倍进行加长。

1.8.2 标题栏与会签栏

在一张标准的工程图纸上，总有一个特定的位置用来记录该图纸的有关信息资料，这个特定的位置就是标题栏。标题栏的尺寸是有规定的，但是各行各业却可以有自己的规定和特色。一般来说，常见的工程图纸标题栏有四种形式，如图1-2所示。

一般从零号图纸到四号图纸的标题栏尺寸均为 40mm×180mm，也可以是 30mm×180mm 或 40mm×180mm。另外，需要会签栏的图纸要在图纸规定的位置绘制出会签栏，作为图纸会审后签名使用，会签栏的尺寸一般为 20mm×75mm，如图1-3所示。

图1-2　图纸标题栏格式

图1-3　会签栏

1.8.3 比例

建筑物形体庞大，必须采用不同的比例来绘制。对于建筑物局部或细部结构则分别予以缩小绘出，特殊细小的线脚等有时不缩小，甚至需要放大绘出。各种图样常用的比例见表1-2所示。

表1-2　施工图比例

图　　名	常用比例
平面图、顶棚图、电位图等	1:200、1:100、1:50
立面图、剖面图	1:50、1:30、1:20、1:10
装饰详图	1:50、1:30、1:20、1:10、1:5、1:2、1:1
细部节点详图	1:1、1:2、1:3、1:4、1:5、1:10

1.8.4 图线

在建筑施工图中，为了表明不同的内容并使层次分明，须采用不同线型和线宽的图线绘制。每个图样，应根据复杂程度与比例大小，首先要确定基本线宽 b，然后再根据制图需要，确定各种线型的线宽，图线的线型和线宽按表1-3的说明来选用。

表 1-3　图线的线型、线宽及用途

名称	线宽	用途
粗实线	b	1. 平面图、剖视图中被剖切的主要建筑构造（包括构配件）的轮廓线 2. 建筑立面图的外轮廓线 3. 建筑构造详图中被剖切的主要部分的轮廓线 4. 建筑构配件详图中的构配件的外轮廓线
中实线	$0.5b$	1. 平面图、剖视图中被剖切的次要建筑构造（包括构配件）的轮廓线 2. 建筑平面图、立面图、剖视图中建筑构配件的轮廓线 3. 建筑构造详图及建筑构配件详图中的一般轮廓线
细实线	$0.35b$	小于 0.5b 的图形线、尺寸线、尺寸界线、图例线、索引符号、标高符号等
中虚线	$0.5b$	1. 建筑构造及建筑构配件不可见的轮廓线 2. 平面图中的起重机轮廓线 3. 拟扩建的建筑物轮廓线
细实线	$0.35b$	图例线、小于 0.5b 的不可见轮廓线
粗点画线	b	起重机轨道线
细点画线	$0.35b$	中心线、对称线、定位轴线
折断线	$0.35b$	不需绘制全的断开界线
波浪线	$0.35b$	不需绘制全的断开界线、构造层次的断开界线

1.8.5　字体

　　图纸上所标注的文字、字符和数字等，应做到排列整齐、清楚正确，尺寸大小要协调一致。当汉字、字符和数字并列书写时，汉字的字高要略高于字符和数字；汉字应采用国家标准规定的矢量汉字，汉字的高度应不小于 2.5mm，字母与数字的高度应有小于 1.8mm；图纸及说明中汉字的字体应采用长仿宋体，图名、大标题、标题栏等可选用长仿宋体、宋体、楷体或黑体等；汉字的最小行距应不小于 2mm，字符与数字的最小行距应不小于 1mm，当汉字与字符数字混合时，最小行距应根据汉字的规定使用。

1.8.6　尺寸

　　图纸上的尺寸应包括尺寸界线、尺寸线、尺寸起止符号和尺寸数字等。尺寸界线是表示所度量图形尺寸的范围边界，应用细实线标注；尺寸线是表示图形尺寸度量方向的直线，它与被标注的对象之间的距离不宜小于 10mm，且互相平行的尺寸线之间的距离要保持一致，一般为 7~10mm；尺寸数字一律使用阿拉伯数字标注，在打印出图后的图纸上，字高一般为 2.5~3.5mm，同一张图纸上的尺寸数字大小应一致，并且图样上的尺寸单位，除建筑标高和总平面图等建筑图纸以 m 为单位之外，均应以 mm 为单位。

1.9　本 章 小 结

　　本章主要针对没有商业空间装潢理论基础的读者和相关理论知识比较薄弱的读者，简单介绍了商业装潢设计相关的基础理论知识，具体有商业空间设计概念、分类、设计程序、设计原则、设计要点、设计风格、空间色彩、陈设设计以及商业空间设计中的一些常用尺寸。最后简单讲述了室内设计的制图规范。

　　通过本章的学习，能使读者对其有一个宏观的认识和了解，为下一步的学习奠定基础。如果读者需要更详细了解专业理论，还需要读者从相关的书籍中去查阅；如果读者对以上内容有所了解，也可以跳过本章内容，直接从第 2 章开始学习。

第2章　AutoCAD 商业装潢设计基础

本章主要介绍 AutoCAD 在商业空间装潢设计领域内的一些必备操作技能,使无 AutoCAD 操作基础的读者和基础比较薄弱的读者对 AutoCAD 制图软件有一个总体的认识和把握,同时为后续章节的学习打下基础。

■ **本章内容**

✧ AutoCAD 商业装潢技能必备
✧ 设置商业装潢绘图环境
✧ 商业装潢图元的绘制技能
✧ 商业装潢图元的修整完善
✧ 文字输入与尺寸标注
✧ 图形资源的组织与共享
✧ 本章小结

2.1　AutoCAD 商业装潢技能必备

AutoCAD 是一款集二维绘图、三维建模、数据管理以及数据共享等诸多功能于一体的大众化设计软件,本节主要概述该软件在商业空间装潢设计行业内的一些基础必备技能,使读者对其有一个快速地了解和应用。

2.1.1　了解 AutoCAD 操作界面

当成功安装 AutoCAD 2016 之后,双击桌面上的 图标,或者单击"开始"→"程序"→"Autodesk"→"AutoCAD 2016"中的 AutoCAD 2016 - 简体中文 选项,即可启动软件,进入图 2-1 所示的启动界面。

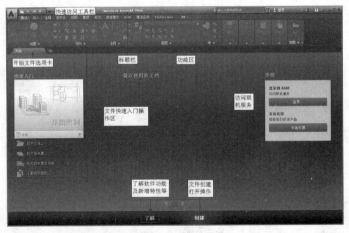

图 2-1　启动界面

在启动界面中，除了可以新建文件、打开文件及图纸等操作外，还可以了解软件的功能及新特性、访问一些联机帮助等操作在文件快速入门区单击"开始绘制"按钮 开始绘制 ，或单击"开始"选项卡右端的 + 号，即可快速新建一个绘图文件，进入如图2-2所示的工作界面。

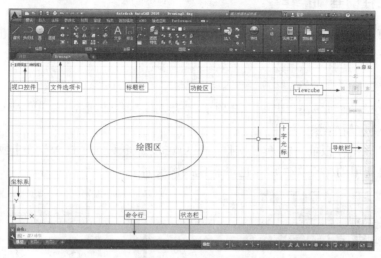

图2-2　工作界面

从图2-2所示的空间界面中可以看出，AutoCAD 2016界面主要包括标题栏、菜单栏、功能区、绘图区、命令行、状态栏等几部分，具体如下。

◆ 标题栏。标题栏位于界面最顶部，包括应用程序菜单、快速访问工具栏、程序名称显示区、信息中心和窗口控制按钮等，其中"应用程序菜单"　用于访问常用工具、搜索菜单和浏览最近的文档；"快速访问工具栏"用于访问某些命令以及自定义快速访问工具栏等。标题栏最右端的"最小化 ━"、"◻ 恢复/ ◻ 最大化"、"Ⅹ 关闭"等按钮用于控制AutoCAD窗口的大小和关闭。

◆ 菜单栏。菜单栏包括"文件"、"编辑"、"视图"、"插入"、"格式"、"工具"、"绘图"、"标注"、"修改"、"参数"、"窗口"、"帮助"等。

技巧提示： 默认设置下菜单栏是隐藏的，通过单击"快速访问"工具栏右端的下三角按钮，选择"显示菜单栏"选项，即可在界面中显示菜单栏；另外也可以使用变量MENUBAR进行控制菜单栏的显示状态，变量值为1时，显示菜单栏；为0时，隐藏菜单栏。

◆ 绘图区。绘图区位于界面的正中央，╋符号为十字光标，由"拾取点光标"和"选择光标"叠加而成。绘图区左下部有3个标签，即模型、布局1、布局2。"模型"标签代表的是模型空间，是图形的主要设计空间；"布局1"和"布局2"分别代表了两种布局空间，主要用于图形的打印输出。

◆ 命令行。命令行位于绘图区下侧，它是用户与AutoCAD软件进行数据交流的平台，主要用于提示和显示用户当前的操作步骤，如图2-3所示。

图2-3　命令行

技巧提示： 通过按 F2 功能键，系统则会以"文本窗口"的形式显示更多的历史信息。

◆ 状态栏。状态栏位于界面最底部，左端为坐标读数器，用于显示十字光标所处位置的坐标值；中间为辅助功能区，用于点的精确定位、快速查看布局与图形以及界面元素的固定等。

2.1.2　绘图文件的基础操作

在绘图之前，首先需要设置相关的绘图文件，为此，了解和掌握与文件相关的技能是绘制图形的前提条件。

1．新建文件

如图 2-4 所示，通过单击"开始"选项卡/"开始绘制"按钮 开始绘制 ，或单击选项卡右端 按钮，即可快速新建绘图文件。

如果需要以调用样板的方式新建文件，可单击展开下侧的"样板"下拉列表，如图 2-5 所示，单击需要调用的样板文件后，也可新建绘图文件。

图 2-4　"开始"选项卡

图 2-5　"样板"下拉列表

在"样板"下拉列表中，"acadISo-Named Plot Styles"和"acadiso"是公制单位的样板文件，两者的区别就在于前者使用的打印样式为"命名打印样式"，后者为"颜色相关打印样式"，读者可以根据需求进行取舍。

另外，用户也可以通过执行"新建"命令，在打开的"选择样板"对话框中新建绘图文件，如图 2-6 所示，执行"新建"命令有以下几种方式。

◆ 选择菜单栏"文件"→"新建"命令。
◆ 单击"快速访问"工具栏→"新建"按钮 。

图 2-6　"选择样板"对话框

◆ 在命令行输入 New。

◆ 按组合键 Ctrl+N。

2．保存文件

"保存"命令用于将绘制的图形以文件的形式进行存盘，存盘的目的就是为了方便以后查看、使用或修改编辑等，执行"保存"命令主要有以下几种方法。

◆ 选择菜单栏"文件"→"保存"命令。

◆ 单击"快速访问"工具栏→"保存"按钮 。

◆ 在命令行输入 Save。

◆ 按组合键 Ctrl+S。

执行"保存"命令后，可打开如图 2-7 所示的"图形另存为"对话框，在此对话框内进行如下操作。

◆ 设置存盘路径。单击上侧的"保存于"列表，设置存盘路径。

◆ 设置文件名。在"文件名"文本框内输入文件的名称。

◆ 设置文件格式。单击对话框底部的"文件类型"下拉列表，设置文件的格式类型，如图 2-8 所示。

图 2-7　"图形另存为"对话框

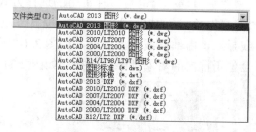

图 2-8　"文件类型"下拉列表

当设置好路径、文件名以及文件格式后，单击 保存(S) 按钮，即可将当前文件存盘。另外，如果需要在已存盘图形的基础上进行修改工作，又不想将原来的图形覆盖，则可以单击"快速访问工具栏"上的"另存为"按钮 ，使用"另存为"命令，将修改后的图形以不同的路径或不要同的文件名进行存盘

3．打开文件

当用户需要查看、使用或编辑已经存盘的图形时，可以使用"打开"命令。执行"打开"命令主要有以下几种方法。

◆ 选择菜单栏"文件"→"打开"命令。

◆ 单击"标准"工具栏或"快速访问工具栏"→"打开"按钮 。

◆ 在命令行输入 Open。

◆ 按组合键 Ctrl+O。

4．清理文件

使用"清理"命令可以将文件内部的一些无用的垃圾资源（如图层、样式、图块等）清理掉，执行"清理"命令主要有以下种方法。

◆ 选择菜单栏"文件"→"图形实用程序"→"清理"命令。

◆ 在命令行输入 Purge。

◆ 使用命令简写 PU。

2.1.3 图形对象的选择技能

"对象的选择"也是 AutoCAD 的重要基本技能之一，它常用于对图形进行修改编辑之前。常用的选择方式有点选、窗口和窗交选择三种。

1．点选

"点选"是最基本、最简单的一种对外选择方式，此种方式一次仅能选择一个对象。在命令行"选择对象："的提示下，系统自动进入点选模式，此时光标指针切换为矩形选择框状态，将选择框放在对象的边沿上单击左键，即可选择该图形，被选择的图形对象以虚线显示，如图 2-9 所示。

图 2-9　点选示例

2．窗口选择

"窗口选择"也是一种常用的选择方式，使用此方式一次也可以选择多个对象。在命令行"选择对象："的提示下从左向右拉出一矩形选择框，此选择框即为窗口选择框，选择框以实线显示，内部以浅蓝色填充，如图 2-10 所示。当指定窗口选择框的对角点之后，结果所有完全位于框内的对象都能被选择，如图 2-11 所示。

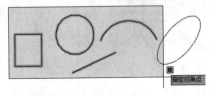

图 2-10　窗口选择框

图 2-11　选择结果

3．窗交选择

"窗交选择"是使用频率非常高的选择方式，使用此方式一次也可以选择多个对象。在命令行"选择对象："提示下从右向左拉出一矩形选择框，此选择框即为窗交选择框，选择框以虚线显示，内部绿色填充，如图 2-12 所示。当指定选择框的对角点之后，结果所有与选择框相交和完全位于选择框内的对象才能被选择，如图 2-13 所示。

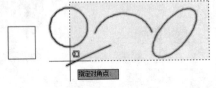

图 2-12　窗交选择框

图 2-13　选择结果

2.1.4　视图的适时调控技能

AutoCAD 为用户提供了多种视图调控工具，使用这些视图调控工具，可以方便、直观地控制视图，便于用户观察和编辑视图内的图形，执行视图缩放工具主要有以下几种方式。

◆ 选择菜单栏"修改"→"缩放"下一级菜单选项。
◆ 单击导航栏上的缩放按钮，在弹出的按钮菜单中选择相应功能，如图 2-14 所示。
◆ 在命令行输入 Zoom 后按 Enter 键。
◆ 在命令行输入 Z 后按 Enter 键。
◆ 单击"视图"选项卡→"导航"面板上的各按钮，如图 2-15 所示。

图 2-14　导航栏

图 2-15　导航面板

● 平移视图

由于屏幕窗口有限，有时我们绘制的图形并不能完全显示在屏幕窗口内，此时使用"实时平移"🖐工具，对视图进行适当的平移，就可以显示出屏幕外被遮挡的图形。

此工具可以按照用户的意向进行平移视窗，执行该工具后，光标变为"🖐"形状，此时可以按住左键向需要的方向进行平移，而且在任何时候都可以敲击 Enter 键或 Esc 键结束命令。

● 实时缩放

"实时缩放"🔍工具是一个简捷实用的视图缩放工具，使用此工具可以实时的放大或缩小视图。执行此功能后，屏幕上将出现一个放大镜形状的光标，此时便进入了实时缩放状态，按住左键向下拖动鼠标，则可缩小视图；向上拖动鼠标，则可放大视图。

● 缩放视图

◆ "窗口缩放"🔍用于缩放由两个角点定义的矩形窗口内的区域，使位于选择窗口内的图形尽可能被放大。

◆ "动态缩放"🔍用于动态地缩放视图。执行该工具后，屏幕将出现三种视图框，"蓝色虚线框"代表图形界限视图框，用于显示图形界限和图形范围中较大的一个；"绿色虚线框"代表当前视图框；"选择视图框"是一个黑色的实线框，它有平移和缩放两种功能。

◆ "比例缩放"🔍是按照指定的比例放大或缩小视图，视图中心点不变。

◆ "圆心缩放"🔍用于根据指定的点作为新视图的中心点，进行缩放视图。确定中心点后，AutoCAD 要求用户输入放大系数或新视图的高度。

◆ "缩放对象"🔍用于最大化显示所选择的图形对象。

◆ "放大" ➕◯用于放大视图，单击一次，视图被放大一倍显示，连续单击，则连续放大视图。

◆ "缩小" ◯用于缩放视图，单击一次，视图被缩放一倍显示，连续单击，则连续缩小视图。

◆ "全部缩放" ◯用于最大化显示当前文件中的图形界限。

◆ "范围缩放" ◯用于最大化显示视图内的所有图形。

● 恢复视图

在对视图进行调整之后，使用"缩放上一个"◯工具可以恢复显示到上一个视图。单击一次按钮，系统将返回上一个视图，连续单击，可以连续恢复视图。AutoCAD 一般可恢复最近的 10 个视图。

2.2 设置商业装潢绘图环境

本小节主要讲述绘图环境的基本设置技能，具体有捕捉与追踪模式的设置、绘图单位与绘图环境的设置等。

2.2.1 设置绘图单位与界限

1. 设置绘图单位

"单位"命令主要用于设置长度单位、角度单位、角度方向以及各自的精度等参数。执行"图形单位"命令主要有以下几种方法。

◆ 选择菜单栏"格式"→"单位"命令。

◆ 在命令行输入 Units 或 UN。

执行"单位"命令后，可打开如图 2-16 所示的"图形单位"对话框，此对话框主要用于设置如下内容。

◆ 设置长度单位。在"长度"选项组中单击"类型"下拉列表框，进行设置长度的类型，默认为"小数"。

◆ 设置长度精度。展开"精度"下拉列表框，设置单位的精度，默认为"0.000"，用户可以根据需要设置单位的精度。

◆ 设置角度单位。在"角度"选项组中单击"类型"下拉列表，设置角度的类型，默认为"十进制度数"。

图 2-16 "图形单位"对话框

◆ 设置角度精度。展开"精度"下拉列表框，设置角度的精度，默认为"0"，用户可以根据需要进行设置。

◆ "顺时针"单选项是用于设置角度的方向的，如果勾选该选项，那么在绘图过程中就以顺时针为正角度方向，否则以逆时针为正角度方向。

◆ "插入时的缩放单位"选项组用于确定拖放内容的单位，默认为"毫米"。

◆ 设置角度的基准方向。单击 方向(D)... 按钮，打开"方向控制"对话框，用来设置角度测量的起始位置。

2. 设置图形界限

"图形界限"指的就是绘图的区域，相当于手工绘图时，事先准备的图纸。设置"图形界限"最实用的一个目的，就是为了满足不同范围的图形在有限绘图区窗口中的恰当显示，以方便于视窗的调整及用户的观察编辑等，执行"图形界限"命令主要有以下几种方法。

◆ 选择菜单栏"格式"→"图形界限"命令。

◆ 在命令行输入 Limits。

下面通过将图形界限设置为 200×100，学习"图形界限"命令的使用方法和技巧，具体操作如下。

（1）执行"图形界限"命令，在命令行"指定左下角点或 [开（ON）/关（OFF）] <0.0000,0.0000>："提示下，直接按 Enter 键，以默认原点作为图形界限的左下角点。

（2）继续在命令行"指定右上角点<420.0000,297.0000>："提示下，输入"200,100"，并按 Enter 键。

（3）选择菜单栏"视图"→"缩放"→"全部"命令，将图形界限最大化显示。

（4）当设置了图形界限之后，可以开启状态栏上的"栅格"功能，通过栅格点，可以将图形界限进行直观地显示出来，如图 2-17 所示。

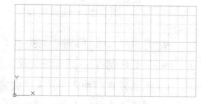

图 2-17　图形界限

2.2.2　设置点的捕捉模式

"对象捕捉"功能用于精确定位图形上的特征点，以方便进行图形的绘制和修改操作。AutoCAD 共提供了 13 种对象捕捉功能，以对话框的形式出现的对象捕捉模式为"自动捕捉"，如图 2-18 示。自动对象捕捉主要有以下几种启动方式。

◆ 使用快捷键 F3。

◆ 单击状态栏上的 按钮或 对象捕捉 按钮 。

◆ 在图 2-18 所示的"草图设置"对话框中勾选"启用对象捕捉"复选项。

如果用户按住 Ctrl 键或 Shift 键，单击鼠标右键，可以打开图 2-19 所示的捕捉菜单，此菜单中的各选项功能属于对象的临时捕捉功能。用户一旦执行了菜单栏上的某一捕捉功能之后，系统仅允许捕捉一次，用户需要重复捕捉对象特征点时，需要反复的执行临时捕捉功能，13 种对象的捕捉功能如下。

◆ 端点捕捉 用于捕捉线、弧的两侧端点和矩形、多边形等角点。在命令行出现"指定点"的提示下执行此功能，然后将光标放在对象上，系统会在距离光标最近处显示出矩形状的端点标记符号，如图 2-20 所示。此时单击左键即可捕捉到该端点。

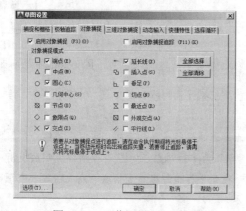

图 2-18　"草图设置"对话框

图 2-19　临时捕捉菜单

◆ 中点捕捉 ✎ 用于捕捉到线、弧等对象的中点。执行此功能后将光标放在对象上，系统会在对象中点处显示出中点标记符号，如图 2-21 所示，此时单击左键即可捕捉到对象的中点。

◆ 交点捕捉 ✕ 用于捕捉对象之间的交点。执行此功能后，只需将光标放到对象的交点处，系统自动显示出交点标记符号，如图 2-22 所示，单击左键就可以捕捉到该交点。

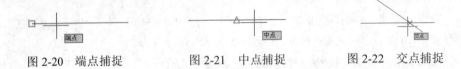

图 2-20　端点捕捉　　　　　图 2-21　中点捕捉　　　　　图 2-22　交点捕捉

◆ 几何中心点 ⊡ 用于捕捉由二维多段线或样条曲线围成的闭合图形的中心点，如图 2-23 所示。

◆ 延长线捕捉 --- 用于捕捉线、弧等延长线上的点。执行此功能后将光标放在对象的一端，然后沿着延长线方向移动光标，系统会自动在延长线处引出一条追踪虚线，如图 2-24 所示。此时输入一个数值或单击左键，即可在对象延长线上捕捉点。

◆ 圆心捕捉 ◎ 用于捕捉圆、弧等对象的圆心。执行此功能后将光标放在圆、弧对象上的边缘上或圆心处，系统会自动在圆心处显示出圆心标记符号，如图 2-25 所示。此时单击左键即可捕捉到圆心。

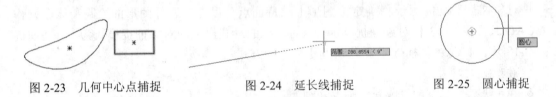

图 2-23　几何中心点捕捉　　　　图 2-24　延长线捕捉　　　　图 2-25　圆心捕捉

◆ 象限点捕捉 ⊕ 用于捕捉圆、弧等的象限点，如图 2-26 所示。

◆ 切点捕捉 ○ 用于捕捉到圆弧、圆、椭圆、椭圆弧或样条曲线的切点，以绘制对象的切线。如图 2-27 所示。

◆ 垂足捕捉 ⊥ 用于捕捉到与圆、弧直线、多段线、等对象上的垂足点，以绘制对象的垂线，如图 2-28 所示。

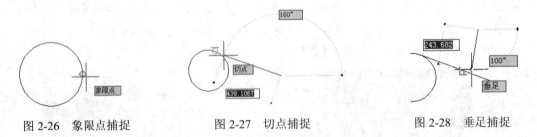

图 2-26　象限点捕捉　　　　　图 2-27　切点捕捉　　　　　图 2-28　垂足捕捉

◆ 外观交点 ✕ 用于捕捉三维空间中、对象在当前坐标系平面内投影的交点，也可用于在二维制图中捕捉各对象的相交点或延伸交点。

◆ 平行线捕捉 ∥ 用于捕捉一点，使已知点与该点的连线平行于已知直线。常用此功能绘制与已知线段平行的线段。执行此功能后，需要拾取已知对象作为平行对象，如图 2-29 所示。然后引出一条向两方无限延伸的平行追踪虚线，如图 2-30 所示。在此平行追踪虚线上拾取一点或输入一个距离值，即可绘制出与已知线段平行的线，如图 2-31 所示。

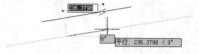

图 2-29 拾取平行对象   图 2-30   引出平行追踪虚线   图 2-31   绘制结果

◆ 节点捕捉 ○ 用于捕捉使用"点"命令绘制的对象，如图 2-32 所示。

◆ 插入点捕捉 用于捕捉图块、参照、文字、属性或属性定义等的插入点。

◆ 最近点捕捉 用于捕捉光标距离图形对象上的最近点，如图 2-33 所示。

图 2-32 节点捕捉   图 2-33 最近点捕捉

2.2.3 设置点的追踪模式

相对追踪功能主要在指定的方向矢量上进行捕捉定位目标点。具体有"正交追踪"、"极轴追踪"、"对象捕捉追踪"、"临时追踪点"等四种。

◆ "正交追踪"用于将光标强制控制在水平或垂直方向上，以辅助绘制水平和垂直的线段。单击状态栏上的按钮 或按 F8 功能键，都可激活该功能。

◆ "极轴追踪"是按事先给定的极轴角及其倍数进行显示相应的方向追踪虚线，进行精确跟踪目标点。单击状态栏上的"极轴追踪" 按钮 ，或按下 F10 键，都可激活此功能。另外，在如图 2-34 所示的"草图设置"对话框中勾选"启用极轴追踪"复选项，也可激活此功能。

◆ "对象捕捉追踪"是控制光标沿着基于对象特征点的对象追踪虚线进行追踪。按下 F11 键或单击状态栏中的按钮 ，都可激活此功能。

◆ "临时追踪点" 。此功能用于捕捉临时追踪点之外的 X 轴方向、Y 轴方向上的所有点。单击"捕捉替代"下一级菜单中的"临时追踪点 "或在命令行输入"_tt"，都可以激活此功能。

2.2.4 坐标的精确输入技能

AutoCAD 设计软件支持点的精确输入和点的捕捉追踪功能，用户可以使用此功能，进行精确的定位点。在具体的绘图过程中，坐标点的精确输入主要包括"绝对坐标"、"绝对极坐标"、"相对直角坐标"和"相对极坐标"四种，具体内容如下。

● **绝对直角坐标**

绝对直角坐标是以坐标系原点(0,0)作为参考点，进行定位其他点的。其表达式为(x,y,z)，用户可以直接输入该点的 x、y、z 绝对坐标值来表示点。在如图 2-35 所示的 A 点，其绝对直角坐标为 $(4,7)$，其中 4 表示从 A 点向 X 轴引垂线，垂足与坐标系原点的距离为 4 个单位；7 表示从 A 点向 Y 轴引垂线，垂足与原点的距离为 7 个单位。

技巧提示：在默认设置下，当前视图为正交视图，用户在输入坐标点时，只需输入点的 X 坐标和 Y 坐标值即可。在输入点的坐标值时，其数字和逗号应在英文 En 方式下进行，坐标中 X 和 Y 之间必须以逗号分开，且标点必须为英文标点。

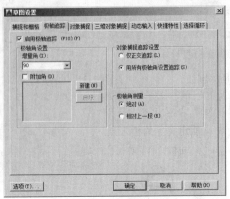

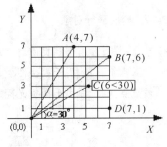

图 2-34 "极轴追踪"选项卡 　　　　　　图 2-35 坐标系示例

● 绝对极坐标

绝对极坐标也是以坐标系原点作为参考点，通过某点相对于原点的极长和角度来定义点的。其表达式为（$L<\alpha$），L 表示某点和原点之间的极长，即长度；α 表示某点连接原点的边线与 X 轴的夹角。

图 2-35 中的 C（6<30）点就是用绝对极坐标表示的，6 表示 C 点和原点连线的长度，30度表示 C 点和原点连线与 X 轴的正向夹角。

● 相对直角坐标

相对直角坐标是某一点相对于对照点 X 轴、Y 轴和 Z 轴三个方向上的坐标变化。其表达式为（@x,y,z）。在实际绘图当中常把上一点看作参照点，后续绘图操作是相对于前一点而进行的。

如图 2-35 所示的坐标系中，如果以 B 点作为参照点，使用相对直角坐标表示 A 点，那么表达式则为（@7-4,6-7）＝（@3,-1）。

● 相对极坐标点

相对极坐标是通过相对于参照点的极长距离和偏移角度来表示的，其表达式为（@$L<\alpha$），L 表示极长，α 表示角度。在图 2-35 所示的坐标系中，如果以 D 点作为参照点，使用相对极坐标表示 B 点，那么表达式则为（@5<90），其中 5 表示 D 点和 B 点的极长距离为 5 个图形单位，偏移角度为 90°。

● 动态输入

在输入相对坐标点时，可配合状态栏上的"动态输入"功能，当执行该功能后，输入的坐标点看作是相对坐标点，用户只需输入点的坐标值即可，不需要输入符号"@"，因系统会自动在坐标值前添加此符号。单击状态栏上的 按钮，或按下键盘上的 F12 功能键，都可执行"动态输入"功能。

2.3　商业装潢图元的绘制技能

本节主要学习商业空间装潢设计中，各类常用几何图元的绘制功能，具体有点、线、曲线、折线、图案填充等。

2.3.1 绘制点线图元

1. 绘制点

"单点"命令用于绘制单个点对象。执行此命令后，单击左键或输入点的坐标，即可绘制单个点，系统会自动结束命令，执行"单点"命令主要有以下几种方法。

◆ 选择菜单栏"绘图"→"点"→"单点"命令。

◆ 在命令行输入 Point 或 PO。

"多点"命令可以连续地绘制多个点对象，直至按下 Esc 为止。执行"多点"命令主要有以下几种方法。

◆ 选择菜单栏"绘图"→"点"→"多点"命令。

◆ 单击"默认"选项卡→"绘图"面板→"多点"按钮 。

执行"多点"命令后 AutoCAD 命令行操作如下：

```
命令: Point
    当前点模式:  PDMODE=0  PDSIZE=0.0000  (Current point modes:  PDMODE=0
PDSIZE=0.0000)
    指定点:              //在绘图区给定点的位置
```

技巧提示：在命令行输入 Ptype 后按 Enter 键，从打开的"点样式"对话框中选择点的样式，如图 2-36 所示，那么绘制的点就会以当前选择的点样式进行显示，如图 2-37 所示。

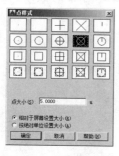

图 2-36　设置点参数

图 2-37　绘制多点

2. 定数等分

"定数等分"命令用于将图形按照指定的等分数目进行等分，并在等分点处放置点标记符号，执行"定数等分"命令主要有以下几种方法。

◆ 选择菜单栏"绘图"→"点"→"定数等分"命令。

◆ 单击"默认"选项卡→"绘图"面板→"定数等分"按钮 。

◆ 在命令行输入 Divide 或 DIV。

绘制长度为 100 的水平线段，然后执行"定数等分"命令对其等分，命令行操作如下：

```
命令: _divide
    选择要定数等分的对象:          //单击刚绘制的线段
    输入线段数目或 [块(B)]:         //5 Enter，等分结果如图 2-38 所示
```

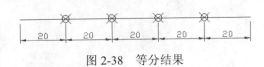

图 2-38　等分结果

3．定距等分

"定距等分"命令用于将图形按照指定的等分间距进行等分，并在等分点处放置点标记符号，执行"定距等分"命令主要有以下几种方法。

- ◆ 选择菜单栏"绘图"→"点"→"定距等分"命令。
- ◆ 单击"默认"选项卡→"绘图"面板→"定距等分"按钮。
- ◆ 在命令行输入 Measure 或 ME。

使用画线命令绘制长度为 100 的水平线段，然后执行"定距等分"命令将其等分。命令行操作如下：

```
命令：_measure
选择要定距等分的对象：           //在绘制的线段左侧单击左键
指定线段长度或 [块(B)]：        //25 Enter，等分结果如图 2-39 所示
```

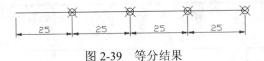

图 2-39　等分结果

4．绘制直线

"直线"命令是最简单、最常用的一个绘图工具，常用于绘制闭合或非闭合图线，执行此命令主要有以下几种方法。

- ◆ 选择菜单栏"绘图"→"直线"命令。
- ◆ 单击"默认"选项卡→"绘图"面板→"直线"按钮。
- ◆ 在命令行输入 Line 或 L。

5．绘制多线

"多线"命令用于绘制两条或两条以上的平行元素构成的复合线对象，执行"多线"命令主要有以下几种方法。

- ◆ 选择菜单栏"绘图"→"多线"命令。
- ◆ 在命令行输入 Mline 或 ML。

执行"多线"命令后，其命令行操作如下：

```
命令：_mline
当前设置：对正 = 上，比例 = 20.00，样式 = STANDARD
指定起点或 [对正(J)/比例(S)/样式(ST)]：    //s Enter
输入多线比例 <20.00>：                     //40 Enter，设置多线比例
当前设置：对正 = 上，比例 = 50.00，样式 = STANDARD
```

```
指定起点或 [对正(J)/比例(S)/样式(ST)]:        //在绘图区拾取一点作为起点
指定下一点:                               //@500,0 Enter
指定下一点或 [放弃(U)]:                     //Enter,绘制结果如图2-40所示
```

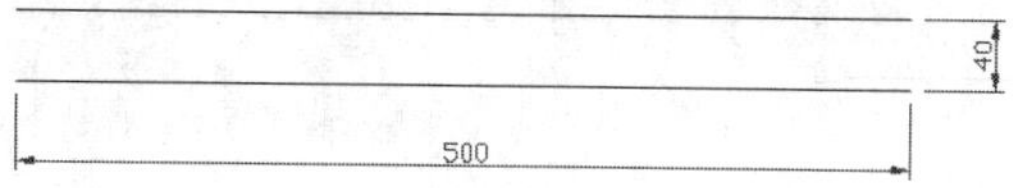

图 2-40　绘制多线

6. 绘制多段线

"多段线"命令用于绘制由直线段或弧线段组成的图形,无论包含有多少条直线段或弧线段,系统都将其作为一个独立对象,执行"多段线"命令主要有以下几种方法。

◆ 选择菜单栏"绘图"→"多段线"命令。

◆ 单击"默认"选项卡→"绘图"面板→"多段线"按钮 ⌐⊃。

◆ 在命令行输入 Pline 或 PL。

执行"多段线"命令后,命令行操作如下:

```
命令:_pline
    指定起点:                                   //单击左键定位起点
    当前线宽为 0.0000
    指定下一个点或 [圆弧(A)/半宽(H)/长度(L)/放弃(U)/宽度(W)]:  //w Enter
    指定起点宽度 <0.0000>:                        //10 Enter,设置起点宽度
    指定端点宽度 <10.0000>:                       //Enter,设置端点宽度
    指定下一个点或 [圆弧(A)/半宽(H)/长度(L)/放弃(U)/宽度(W)]://@2000,0 Enter
    指定下一点或 [圆弧(A)/闭合(C)/半宽(H)/长度(L)/放弃(U)/宽度(W)]:  //a Enter
    指定圆弧的端点或[角度(A)/圆心(CE)/闭合(CL)/方向(D)/半宽(H)/直线(L)/半径(R)/
第二个点(S)/放弃(U)/宽度(W)]:                     //@0,-1200 Enter
    指定圆弧的端点或[角度(A)/圆心(CE)/闭合(CL)/方向(D)/半宽(H)/直线(L)/半径(R)/
第二个点(S)/放弃(U)/宽度(W)]:                     //l Enter,转入画线模式
    指定下一点或 [圆弧(A)/闭合(C)/半宽(H)/长度(L)/放弃(U)/宽度(W)]: //@-2000,0
Enter
    指定下一点或 [圆弧(A)/闭合(C)/半宽(H)/长度(L)/放弃(U)/宽度(W)]: //a Enter
    指定圆弧的端点或[角度(A)/圆心(CE)/闭合(CL)/方向(D)/半宽(H)/直线(L)/半径(R)/
第二个点(S)/放弃(U)/宽度(W)]:                     //cl Enter,闭合图形,绘制结果如图2-41所示
```

7. 绘制构造线

"构造线"命令用于绘制向两方无限延伸的直线,执行"构造线"命令主要有以下几种方法。

◆ 选择菜单栏"绘图"→"构造线"命令。

◆ 单击"默认"选项卡→"绘图"面板→"构造线"按钮 ⟋。

◆ 在命令行输入 Xline 或 XL。

执行"构造线"命令后,其命令行操作如下:

```
命令:_xline
    指定点或 [水平(H)/垂直(V)/角度(A)/二等分(B)/偏移(O)]:     //在绘图区拾取一点
```

指定通过点：	//@1,0 `Enter`，绘制水平构造线
指定通过点：	//@0,1 `Enter`，绘制垂直构造线
指定通过点：	//@1<45 `Enter`，绘制45度构造线
指定通过点：	//`Enter`，结束命令，绘制结果如图2-42所示

图 2-41　绘制多段线　　　　　　　　图 2-42　绘制构造线

8. 绘制样条曲线

"样条曲线"命令用于绘制由某些数据点拟合而成的光滑曲线，执行此命令主要有以下几种方法。

- ◆ 选择菜单栏"绘图"→"样条曲线"命令。
- ◆ 单击"默认"选项卡→"绘图"面板→"样条曲线"按钮 ∿。
- ◆ 在命令行输入 Spline 或 SPL。

执行"样条曲线"命令，根据 AutoCAD 命令行的步骤提示绘制样条曲线。具体操作过程如下：

```
命令：_spline
当前设置：方式=拟合　节点=弦
指定第一个点或 [方式(M)/节点(K)/对象(O)]：          //捕捉点1
输入下一个点或 [起点切向(T)/公差(L)]：              //捕捉点2
输入下一个点或 [端点相切(T)/公差(L)/放弃(U)/闭合(C)]：   //捕捉点3
输入下一个点或 [端点相切(T)/公差(L)/放弃(U)/闭合(C)]：   //捕捉点4
输入下一个点或 [端点相切(T)/公差(L)/放弃(U)/闭合(C)]：//`Enter`，结果如图2-43所示
```

9. 圆弧

"圆弧"命令是用于绘制弧形曲线的工具，AutoCAD 共提供了十一种画弧功能，如图2-44所示。执行此命令主要有以下几种方法。

- ◆ 选择菜单栏"绘图"→"圆弧"级联菜单中的各命令。
- ◆ 单击"默认"选项卡→"绘图"面板→"圆弧"按钮 ⌒。
- ◆ 在命令行输入 Arc 或 A。

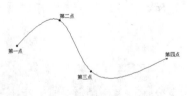

图 2-43　样条曲线示例　　　　　　　图 2-44　十一种画弧

默认设置下的画弧方式为"三点画弧"，用户只需指定三个点，即可绘制圆弧。除此之外，其他十种画弧方式可以归纳为以下四类，具体内容如下。

◆ "起点、圆心"画弧方式分为"起点、圆心、端点"、"起点、圆心、角度"和"起点、圆心、长度"三种，如图2-45所示。当用户指定了弧的起点和圆心后，只需定位弧端点、或角度、长度等，即可精确画弧。

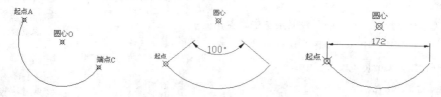

图2-45 "起点、圆心"方式画弧

◆ "起点、端点"画弧方式分为"起点、端点、角度"、"起点、端点、方向"和"起点、端点、半径"三种，如图2-46所示。当用户指定了圆弧的起点和端点后，只需定位出弧的角度、切向或半径，即可精确画弧。

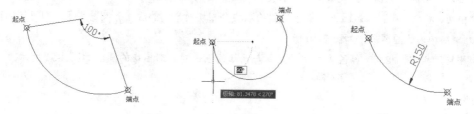

图2-46 "起点、端点"方式画弧

◆ "圆心、起点"画弧方式分为"圆心、起点、端点"、"圆心、起点、角度"和"圆心、起点、长度"三种，如图2-47所示。当指定了弧的圆心和起点后，只需定位出弧的端点、角度或长度，即可精确画弧。

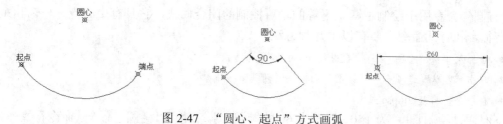

图2-47 "圆心、起点"方式画弧

◆ 连续画弧。当结束"圆弧"命令后，选择菜单栏"绘图"→"圆弧"→"继续"命令，即可进入"连续画弧"状态，绘制的圆弧与前一个圆弧的终点连接并与之相切，如图2-48所示。

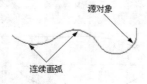

图2-48 连续画弧方式

2.3.2　绘制闭合图元

1．圆

AutoCAD 为用户提供了六种画圆命令，如图 2-49 所示。执行这些命令一般有以下几种方法。

图 2-49　六种画圆方式

- ◆ 选择菜单栏"绘图"→"圆"级联菜单中的各种命令。
- ◆ 单击"默认"选项卡→"绘图"面板→"圆"按钮。
- ◆ 在命令行输入 Circle 或 C。

各种画圆方式如下：

- ◆ "圆心、半径"画圆方式为系统默认方式，当用户指定圆心后，直接输入圆的半径，即可精确画圆。
- ◆ "圆心、直径"画圆方式用于输入圆的直径进行精确画圆。
- ◆ "两点"画圆方式。此方式用于指定圆直径的两个端点，进行精确定圆。
- ◆ "三点"画圆方式用于指定圆周上的任意三个点，进行精确定圆。
- ◆ "相切、相切、半径"画圆方式用于通过拾取两个相切对象，然后输入圆的半径，即可绘制出与两个对象都相切的圆图形，如图 2-50 所示。
- ◆ "相切、相切、相切"画圆方式用于绘制与已知的三个对象都相切的圆，如图 2-51 所示。

图 2-50　"相切、相切、半径"画圆

图 2-51　"相切、相切、相切"画圆

2．椭圆

"椭圆"命令用于绘制由两条不等的轴所控制的闭合曲线，它具有中心点、长轴和短轴等几何特征，执行此命令主要有以下几种方法。

- ◆ 选择菜单栏"绘图 "→"椭圆"下一级菜单命令。
- ◆ 单击"默认"选项卡→"绘图"面板→"椭圆"按钮。
- ◆ 在命令行输入 Ellipse 或 EL。

下面通过绘制长度 为 150、短轴为 60 的椭圆，学习使用"椭圆"命令。命令行操作如下：

```
命令: _ellipse
    指定椭圆轴的端点或 [圆弧(A)/中心点(C)]:    //拾取一点，定位椭圆轴的一个端点
    指定轴的另一个端点:                        //@150,0 Enter
    指定另一条半轴长度或 [旋转(R)]:            //30 Enter，绘制结果如图 2-52 所示
```

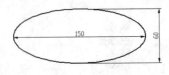

图 2-52　绘制椭圆

3．矩形

"矩形"命令用于绘制矩形，执行此命令主要有以下几种方法。

◆ 选择菜单栏"绘图"→"矩形"命令。

◆ 单击"默认"选项卡→"绘图"面板→"矩形"按钮□。

◆ 在命令行输入 Rectang 或 REC。

命令行操作如下：

```
命令：_rectang
    指定第一个角点或 [倒角(C)/标高(E)/圆角(F)/厚度(T)/宽度(W)]://拾取一点
    指定另一个角点或 [面积(A)/尺寸(D)/旋转(R)]: //@200,100 Enter，结果如图2-53所示
```

技巧提示：使用命令中的"倒角"选项可以绘制具有一定倒角的特征矩形，如图2-54所示；使用"圆角"选项可以绘制圆角矩形，如图2-55所示。

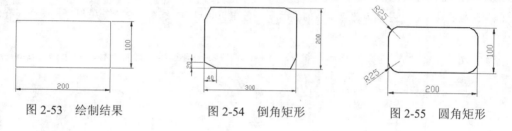

图 2-53　绘制结果　　　　　图 2-54　倒角矩形　　　　　图 2-55　圆角矩形

4．正多边形

"正多边形"命令用于绘制等边、等角的封闭几何图形，执行此命令主要有以下几种方法。

◆ 选择菜单栏"绘图"→"正多边形"命令。

◆ 单击"默认"选项卡→"绘图"面板→"正多边形"按钮⬠。

◆ 在命令行输入 Polygon 或 POL。

执行"正多边形"命令后，命令行操作如下：

```
命令：_polygon
    输入边的数目 <4>:                          //5 Enter，设置正多边形的边数
    指定正多边形的中心点或 [边(E)]:            //拾取一点作为中心点
    输入选项 [内接于圆(I)/外切于圆(C)] <I>:    //I Enter
    指定圆的半径:                              //100 Enter，绘制结果如图2-56所示
```

5．边界

"边界"就是从多个相交对象中进行提取或将多个首尾相连的对象转化成的多段线，执行"边界"命令主要有以下几种方法。

◆ 选择菜单栏"绘图"→"边界"命令。

◆ 单击"默认"选项卡→"绘图"面板→"边界"按钮▯。

◆ 在命令行 Boundary 或 BO。

下面通过从多个对象中提取边界，学习"边界"命令的使用方法，操作步骤如下。

（1）根据图示尺寸，绘制如图2-57所示的矩形和圆。

（2）执行"边界"命令，打开如图2-58所示的"边界创建"对话框。

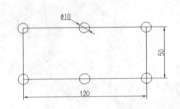

图2-56　绘制结果　　　　　　图2-57　绘制结果　　　　　　图2-58　"边界创建"对话框

（3）采用默认设置，单击左上角的"拾取点"按钮，返回绘图区在矩形内部拾取一点，此时系统自动分析出一个闭合的虚线边界，如图2-59所示。

（4）继续在命令行"拾取内部点："的提示下，敲击 Enter 键，结束命令，结果创建出一个闭合的多段线边界。

（5）使用快捷键"M"激活"移动"命令，选择刚创建的闭合边界，将其外移，结果如图2-60所示。

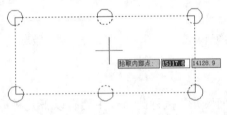

图2-59　创建虚线边界　　　　　　　　　　　　　图2-60　移出边界

2.3.3　绘制图案填充

"图案"是由各种图线进行不同的排列组合而构成的一种图形元素，此类元素作为一个独立的整体被填充到各种封闭的区域内，以表达各自的图形信息，如图2-61所示，执行"图案填充"命令主要有以下几种方法。

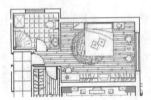

图2-61　图案填充示例

◆ 选择菜单栏"绘图"→"图案填充"命令。

◆ 单击"默认"选项卡→"绘图"面板→"图案填充"按钮。

◆ 在命令行输入 Bhatch 或 H 或 BH。

● 绘制预定义图案

AutoCAD 共为用户提供了"预定义图案"和"用户定义图案"两种现有图案，下面学习预定义图案的具体填充过程。

（1）打开随书光盘中的"\素材文件\图案填充.dwg"，如图2-62所示。

（2）执行"图案填充"命令，在命令行"拾取内部点或 [选择对象(S)/设置(T)]:"提示下，激活"设置"选项，打开"图案填充和渐变色"对话框，如图2-63所示。

（3）单击如图2-64所示的图案，或单击"图案"列表右端按钮，打开"填充图案选项板"对话框，选择需要填充的图案，如图2-65所示。

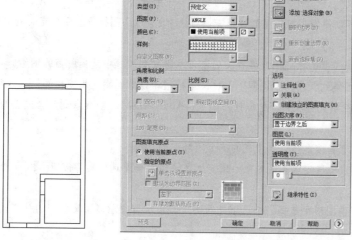

图 2-62 打开结果   图 2-63 "图案填充和渐变色"对话框   图 2-64 指定单击位置

（4）返回"图案填充和渐变色"对话框，设置填充角度为 90，填充比例为 25，如图 2-66 所示。

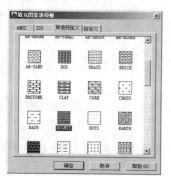

图 2-65 选择图案   图 2-66 设置填充参数

（5）在"边界"选项组中单击"添加:选择对象"按钮，返回绘图区拾取填充区域，填充如图 2-67 所示的图案。

（6）重复执行"图案填充"命令，设置填充图案和填充参数如图 2-68 所示，填充如图 2-69 所示的双向用户定义图案。

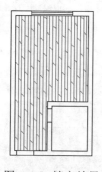

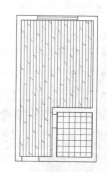

图 2-67 填充结果   图 2-68 设置填充图案与参数   图 2-69 填充结果

● **图案填充选项**

◆ "类型"列表框内包含"预定义"、"用户定义"、"自定义"三种类型。"预定义"只适用于封闭的填充边界；"用户定义"可以使用当前线型创建填充图样；"自定义"图样是使用自定义的PAT文件中的图样进行填充。

◆ "图案"列表框用于显示预定义类型的填充图案名称。用户可从下拉列表框中选择所需的图案。

◆ "角度"下拉文本框用于设置图案的角度；"比例"下拉文本框用于设置图案的填充比例。

◆ "添加：拾取点"按钮用于在填充区域内部拾取任意一点，AutoCAD将自动搜索到包含该点的区域边界，并以虚线显示边界。

◆ "添加：选择对象"按钮用于直接选择需要填充的单个闭合图形。

◆ "删除边界"按钮用于删除位于选定填充区内但不填充的区域；"查看选择集"按钮用于查看所确定的边界。

◆ "继承特性"按钮用于在当前图形中选择一个已填充的图案，系统将继承该图案类型的一切属性并将其设置为当前图案。

◆ "关联"复选项与"创建独立的图案填充"复选项用于确定填充图形与边界的关系。分别用于创建关联和不关联的填充图案。

◆ "注释性"复选项用于为图案添加注释特性。

◆ "绘图次序"下拉列表用于设置填充图案和填充边界的绘图次序。

◆ "图层"下拉列表用于设置填充图案的所在层。

◆ "透明度"列表用于设置图案透明度，拖曳下侧的滑块，可以调整透明度值。当指定透明度后，需要打开状态栏上的按钮，以显示透明效果。

◆ "相对于图纸空间"选项仅用于布局选项卡，它是相对图纸空间单位进行图案的填充。运用此选项，可以根据适合布局的比例显示填充图案。

◆ "间距"文本框可设置用户定义填充图案的直线间距，只有激活了"类型"列表框中的"用户自定义"选项，此选项才可用。

◆ "双向"复选框仅适用于用户定义图案，勾选该复选框，将增加一组与原图线垂直的线。

◆ "ISO笔宽"选项决定运用ISO剖面线图案的线与线之间的间隔，它只在选择ISO线型图案时才可用。

2.3.4 绘制复合图元

1. 复制图形

"复制"命令用于将图形对象从一个位置复制到其他位置，执行"复制"命令主要有以下几种方法。

◆ 选择菜单栏"修改"→"复制"命令。

◆ 单击"默认"选项卡→"修改"面板→"复制"按钮。

◆ 在命令行输入Copy或Co。

执行"复制"命令后，其命令行操作如下：

```
命令：_copy
    选择对象：                                    //选择内部的小圆
    选择对象：                                    //Enter，结束选择
```

```
当前设置：复制模式 = 多个
指定基点或 [位移(D)/模式(O)] <位移>：          //捕捉圆心作为基点
指定第二个点或 [阵列(A)] <使用第一个点作为位移>：    //捕捉圆上象限点
指定第二个点或 [阵列(A)/退出(E)/放弃(U)] <退出>：   //捕捉圆下象限点
… …                                        //捕捉圆的其他象限点
指定第二个点或 [阵列(A)/退出(E)/放弃(U)] <退出>：//Enter，复制结果如图 2-70 所示
```

2．镜像图形

"镜像"命令用于将图形沿着指定的两点进行对称复制，源对象可以保留，也可以删除，执行"镜像"命令主要有以下几种方法。

◆ 选择菜单栏"修改"→"镜像"命令。

◆ 单击"默认"选项卡→"修改"面板→"镜像"按钮 。

◆ 在命令行输入 Mirror 或 MI。

执行"镜像"命令后，其命令行操作如下：

```
命令：mirror
选择对象：                  //选择单开门图形
选择对象：                  //Enter，结束选择
指定镜像线的第一点：          //捕捉弧线下端点
指定镜像线的第二点：          //@0,1 Enter
要删除源对象吗？[是(Y)/否(N)] <N>：//Enter，镜像结果如图 2-71 所示
```

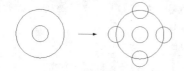

图 2-70　复制结果

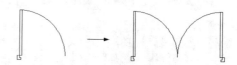

图 2-71　镜像结果

3．偏移

"偏移"命令用于将图形按照指定的距离或目标点进行偏移复制，执行"偏移"命令主要有以下几种方法。

◆ 选择菜单栏"修改"→"偏移"命令。

◆ 单击"默认"选项卡→"修改"面板→"偏移"按钮 。

◆ 在命令行输入 Offset 或 O。

绘制半径为 30 的圆和长度为 130 的直线段，然后执行"偏移"命令对其距离偏移，命令行操作如下。

```
命令：_offset
当前设置：删除源=否　图层=源　OFFSETGAPTYPE=0
指定偏移距离或 [通过(T)/删除(E)/图层(L)] <10.0000>：//20 Enter，设置偏移距离
选择要偏移的对象，或 [退出(E)/放弃(U)] <退出>：    //单击圆形作为偏移对象
指定要偏移的那一侧上的点，或 [退出(E)/多个(M)/放弃(U)] <退出>://在圆的外侧拾取一点
选择要偏移的对象，或 [退出(E)/放弃(U)] <退出>：    //单击直线作为偏移对象
指定要偏移的那一侧上的点，或 [退出(E)/多个(M)/放弃(U)] <退出>://在直线上侧拾取一点
选择要偏移的对象，或 [退出(E)/放弃(U)] <退出>：    //Enter，结果如图 2-72 所示
```

图 2-72　偏移结果

4. 矩形阵列

"矩形阵列"命令是一种用于将图形对象按照指定的行数和列数，成"矩形"的排列方式进行大规模复制，执行"矩形阵列"命令主要有以下几种方法。

◆ 选择菜单栏"修改" → "阵列" → "矩形阵列"命令。

◆ 单击"默认"选项卡 → "修改"面板 → "矩形阵列"按钮 ⊞。

◆ 在命令行输入 Arrayrect 或 AR。

下面通过实例学习"矩形阵列"命令的操作方法和操作技巧，操作步骤如下。

（1）打开随书光盘 "\素材文件\矩形阵列.dwg"文件。

（2）执行"矩形阵列"命令，选择如图 2-73 示的对象进行阵列。命令行操作如下：

```
命令: _arrayrect
    选择对象:                           //窗交选择如图 2-73 对象
    选择对象:                           //Enter
    类型 = 矩形  关联 = 是
    选择夹点以编辑阵列或 [关联(AS)/基点(B)/计数(COU)/间距(S)/列数(COL)/行数(R)/
层数(L)/退出(X)] <退出>:                //COU Enter
    输入列数数或 [表达式(E)] <4>:        //8Enter
    输入行数数或 [表达式(E)] <3>:        //1 Enter
    选择夹点以编辑阵列或 [关联(AS)/基点(B)/计数(COU)/间距(S)/列数(COL)/行数(R)/
层数(L)/退出(X)] <退出>:                //S Enter
    指定列之间的距离或 [单位单元(U)] <7610>:   //215ter
    指定行之间的距离 <4369>:             //1 Enter
    选择夹点以编辑阵列或 [关联(AS)/基点(B)/计数(COU)/间距(S)/列数(COL)/行数(R)/
层数(L)/退出(X)] <退出>:                //Enter，阵列结果如图 2-74 所示
```

图 2-73　窗交选择

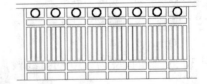

图 2-74　阵列结果

5. 环形阵列

"环形阵列"指的是将图形按照阵列中心点和数目，成"环形"排列，以快速创建聚心结构图形，执行"环形阵列"命令主要有以下几种方法。

◆ 选择菜单栏"修改" → "阵列" → "环形阵列"命令。

◆ 单击"默认"选项卡 → "修改"面板 → "环形阵列"按钮 ⊞。

◆ 在命令行输入 Arraypolar 或 AR。

下面通过实例学习"环形阵列"命令的使用方法和操作技巧，操作步骤如下。

（1）打开随书光盘中的"\素材文件\环形阵列.dwg"。

（2）执行"环形阵列"命令，窗口选择如图 2-75 所示的对象进行阵列。命令行操作如下：

```
命令：_arraypolar
    选择对象：                              //选择如图 2-75 所示的对象
    选择对象：                      //Enter
    类型 = 极轴  关联 = 是
    指定阵列的中心点或 [基点(B)/旋转轴(A)]：    //捕捉同心圆的圆心
    选择夹点以编辑阵列或 [关联(AS)/基点(B)/项目(I)/项目间角度(A)/填充角度(F)/行
(ROW)/层(L)/旋转项目(ROT)/退出(X)] <退出>：    //I Enter
    输入阵列中的项目数或 [表达式(E)] <6>：//25 Enter
    选择夹点以编辑阵列或 [关联(AS)/基点(B)/项目(I)/项目间角度(A)/填充角度(F)/行
(ROW)/层(L)/旋转项目(ROT)/退出(X)] <退出>：    //F Enter
    指定填充角度(+=逆时针、-=顺时针)或 [表达式(EX)] <360>：//Enter
    选择夹点以编辑阵列或 [关联(AS)/基点(B)/项目(I)/项目间角度(A)/填充角度(F)/行
(ROW)/层(L)/旋转项目(ROT)/退出(X)] <退出>：    //Enter，阵列结果如图 2-76 所示
```

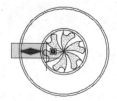
图 2-75　窗口选择

图 2-76　阵列结果

6. 路径阵列

"路径阵列"命令用于将对象沿指定的路径或路径的某部分进行等距阵列，执行"环形阵列"命令主要有以下几种方法。

◆ 选择菜单栏"修改"→"阵列"→"路径阵列"命令。

◆ 单击"默认"选项卡→"修改"面板→"路径阵列"按钮 ℘。

◆ 在命令行输入 A rraypath 或 AR。

下面通过实例学习"路径阵列"命令的使用方法和操作技巧，操作步骤如下。

（1）打开随书光盘中的"\素材文件\路径阵列.dwg"文件。

（2）单击"默认"选项卡→"修改"面板→"路径阵列"按钮 ℘，窗口选择楼梯栏杆进行阵列。

命令行操作如下：

```
命令：_arraypath
    选择对象：                      //窗交选择如图 2-77 所示的栏杆
    选择对象：              //Enter
    类型 = 路径  关联 = 是
    选择路径曲线：          //选择如图 2-78 所示的扶手轮廓线
    选择夹点以编辑阵列或 [关联(AS)/方法(M)/基点(B)/切向(T)/项目(I)/行(R)/层(L)/
对齐项目(A)/Z 方向(Z)/退出(X)] <退出>：                      //M Enter
```

输入路径方法 [定数等分(D)/定距等分(M)] <定距等分>:   //M Enter
　　选择夹点以编辑阵列或 [关联(AS)/方法(M)/基点(B)/切向(T)/项目(I)/行(R)/层(L)/
对齐项目(A)/Z 方向(Z)/退出(X)] <退出>:   //I Enter
　　指定沿路径的项目之间的距离或 [表达式(E)] <75>: //652 Enter
　　最大项目数 = 11
　　指定项目数或 [填写完整路径(F)/表达式(E)] <11>: //11 Enter
　　选择夹点以编辑阵列或 [关联(AS)/方法(M)/基点(B)/切向(T)/项目(I)/行(R)/层(L)/
对齐项目(A)/Z 方向(Z)/退出(X)] <退出>:   //A Enter
　　是否将阵列项目与路径对齐? [是(Y)/否(N)] <否>: //N Enter
　　选择夹点以编辑阵列或 [关联(AS)/方法(M)/基点(B)/切向(T)/项目(I)/行(R)/层(L)/
对齐项目(A)/Z 方向(Z)/退出(X)] <退出>:   //Enter, 阵列结果如图 2-79 所示

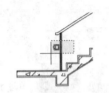
图 2-77 窗交选择

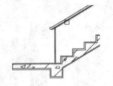
图 2-78 选择路径曲线

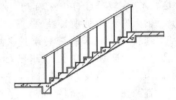
图 2-79 阵列结果

2.3.5 图形夹点编辑

夹点编辑功能是一种比较特殊而且方便实用的编辑功能，使用此功能，可以非常方便地编辑图形。下面学习夹点编辑功能的概念及使用方法。

在没有命令执行的前提下选择图形，那么这些图形上会显示出一些蓝色实心的小方框，如图 2-80 所示，而这些蓝色小方框即为图形的夹点，不同的图形结构，其夹点个数及位置也会不同。"夹点编辑"功能就是将多种修改工具组合在一起，通过编辑图形上的这些夹点，来达到快速编辑图形的目的。用户只需单击任何一个夹点，即可进入夹点编辑模式，此时所单击的夹点以"红色"亮显，称之为"热点"或者 "夹基点"。

● 使用夹点菜单编辑图形

当进入夹点编辑模式后，在绘图区单击右键，可打开夹点编辑菜单，如图 2-81 所示。用户可以在夹点快捷菜单中选择一种夹点模式或在当前模式下可用的任意选项。

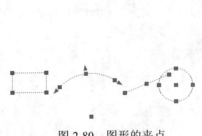
图 2-80 图形的夹点

图 2-81 夹点编辑菜单

此夹点菜单中共有两类夹点命令，第一类夹点命令为一级修改菜单，包括"移动"、"旋

转"、"比例"、"镜像"、"拉伸"命令，这些命令是平级的，用户可以通过单击菜单中的各修改命令进行编辑。

第二类夹点命令为二级选项菜单。如"基点"、"复制"、"参照"、"放弃"等，不过这些选项菜单在一级修改命令的前提下才能使用。

> **技巧提示：** 如果用户要将多个夹点作为夹基点，并且保持各选定夹点之间的几何图形完好如初，需要在选择夹点时按住 Shift 键再点击各夹点使其变为夹基点；如果要从显示夹点的选择集中删除特定对象也要按住 Shift 键。

- 通过命令行夹点编辑图形

当进入夹点编辑模式后，在命令行输入各夹点命令及各命令选项，进行夹点编辑图形。另外，用户也可以通过连续敲击 Enter 键，系统即可在"移动"、"旋转"、"比例"、"镜像"、"拉伸"这五种命令及各命令选项中循环执行，也可以通过键盘快捷键"MI"、"MO"、"RO"、"ST"、"SC"循环选取这些模式。

2.4　商业装潢图元的修整完善

本节主要学习一些常用的图形编辑技能和图形修饰完善技能。

2.4.1　修剪与延伸图形

1. 修剪图形

"修剪"命令用于沿着指定的修剪边界，修剪掉图形上指定的部分，执行"修剪"命令主要有以下几种方法。

- ◆ 选择菜单栏"修改"→"修剪"命令。
- ◆ 单击"默认"选项卡→"修改"面板→"修剪"按钮 -/--。
- ◆ 在命令行输入 Trim 或 TR。

执行"修剪"命令后，命令行操作如下：

```
命令: _trim
    当前设置:投影=UCS，边=无
    选择剪切边...
    选择对象或 <全部选择>:              //选择直线
    选择对象:                         //Enter，结束选择
    选择要修剪的对象，或按住 Shift 键选择要延伸的对象，或[栏选(F)/窗交(C)/投影式(P)/
边(E)/删除(R)/放弃(U)]:              //在圆的上侧单击左键，定位需要修剪的部分
    选择要修剪的对象，或按住 Shift 键选择要延伸的对象，或[栏选(F)/窗交(C)/投影(P)/
边(E)/删除(R)/放弃(U)]:              //Enter，修剪结果如图 2-82 所示
```

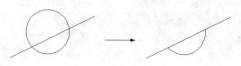

图 2-82　修剪结果

技巧提示：当修剪多个对象时，可以使用“栏选”和“窗交”两种选项功能，而“栏选”方式需要绘制一条或多条栅栏线，所有与栅栏线相交的对象都会被修剪掉。

2. 延伸图形

“延伸”命令用于延长对象至指定的边界上，执行“延伸”命令主要有以下几种方法。

- 选择菜单栏“修改”→“延伸”命令。
- 单击“默认”选项卡→“修改”面板→“延伸”按钮。
- 在命令行输入 Extend 或 EX。

执行“延伸”命令后。命令行操作如下：

```
命令: _extend
    当前设置:投影=UCS，边=无
    选择边界的边...
    选择对象或 <全部选择>:          //选择水平线段
    选择对象:                       //Enter，结束选择
    选择要延伸的对象，或按住 Shift 键选择要修剪的对象，或[栏选(F)/窗交(C)/投影(P)/
边(E)/放弃(U)]:                     //在垂直线段的下端单击左键
    选择要延伸的对象，或按住 Shift 键选择要修剪的对象，或[栏选(F)/窗交(C)/投影(P)/
边(E)/放弃(U)]:                     //Enter，延伸结果如图 2-83 所示
```

图 2-83　延伸结果

2.4.2 倒角与圆角图形

1. 倒角图形

“倒角”命令主要是使用一条线段连接两个非平行的图线，执行“倒角”命令主要有以下几种方法。

- 选择菜单栏“修改”→“倒角”命令。
- 单击“默认”选项卡→“修改”面板→“倒角”按钮。
- 在命令行输入 Chamfer 或 CHA。

执行“倒角”命令后，命令行操作如下：

```
命令: _chamfer
    ("修剪"模式) 当前倒角距离 1 = 0.0000，距离 2 = 0.0000
    选择第一条直线或 [放弃(U)/多段线(P)/距离(D)/角度(A)/修剪(T)/方式(E)/多个
(M)]: //d Enter
    指定第一个倒角距离 <0.0000>:            //150 Enter，设置第一倒角长度
    指定第二个倒角距离 <25.0000>:           //100 Enter，设置第二倒角长度
    选择第一条直线或 [放弃(U)/多段线(P)/距离(D)/角度(A)/修剪(T)/方式(E)/多个
(M)]:                                       //选择水平线段
    选择第二条直线，或按住 Shift 键选择要应用角点的直线:
                                            //选择倾斜线段，结果如图 2-84 所示
```

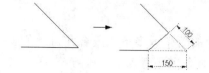

图 2-84　倒角结果

2. 圆角图形

"圆角"命令主要是使用一段圆弧光滑地连接两条图线,执行"圆角"命令主要有以下几种方法。

◆ 选择菜单栏"修改"→"圆角"命令。

◆ 单击"默认"选项卡→"修改"面板→"圆角"按钮△。

◆ 在命令行输入 Fillet 或 F。

执行"圆角"命令后,命令行操作如下:

```
命令: _fillet
    当前设置: 模式 = 修剪, 半径 = 0.0000
    选择第一个对象或 [放弃(U)/多段线(P)/半径(R)/修剪(T)/多个(M)]: //r Enter
    指定圆角半径 <0.0000>:         //100 Enter, 设置圆角半径
    选择第一个对象或 [放弃(U)/多段线(P)/半径(R)/修剪(T)/多个(M)]: //选择倾斜线段
    选择第二个对象, 或按住 Shift 键选择要应用角点的对象: //选择圆弧, 结果如图 2-85 所示
```

图 2-85　圆角结果

2.4.3　打断与合并图形

1. 打断图形

"打断"命令用于打断并删除图形上的一部分,或将图形打断为相连的两部分,执行"打断"命令主要有以下几种方法。

◆ 选择菜单栏"修改"→"打断"命令。

◆ 单击"默认"选项卡→"修改"面板→"打断"按钮□。

◆ 在命令行输入 Break 或 BR。

执行"打断"命令后,命令行操作如下:

```
命令: _break
    选择对象:                //选择上侧的线段
    指定第二个打断点 或 [第一点(F)]: //f Enter, 执行"第一点"选项
    指定第一个打断点:         //捕捉线段中点作为第一断点
    指定第二个打断点:         //@50,0 Enter, 打断结果如图 2-86 所示
```

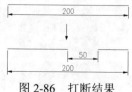

图 2-86　打断结果

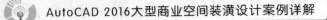
2. 合并图形

"合并"命令用于将同角度的两条或多条线段合并为一条线段，还可以将圆弧或椭圆弧合并为一个整圆和椭圆，执行此命令主要有以下几种方法。

◆ 选择菜单栏"修改"→"合并"命令。

◆ 单击"默认"选项卡→"修改"面板→"合并"按钮 ➡。

◆ 在命令行输入 Join 或 J。

执行"合并"命令，将两条线段合并为一条线段，命令行操作如下：

```
命令: _join
    选择源对象或要一次合并的多个对象:            //选择左侧线段
    选择要合并的对象:                        //选择右侧线段
    选择要合并的对象:                        //Enter，合并结果如图 2-87 所示
    已将 1 条直线合并到源
```

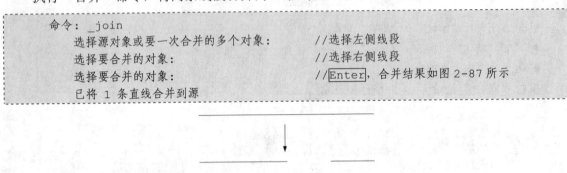

图 2-87　合并线段

2.4.4　拉伸与拉长图形

1. 拉伸图形

"拉伸"命令用于通过拉伸图形中的部分元素，达到修改图形的目的，执行"拉伸"命令主要有以下几种方法。

◆ 选择菜单栏"修改"→"拉伸"命令。

◆ 单击"默认"选项卡→"修改"面板→"拉伸"按钮 ➡。

◆ 在命令行输入 Stretch 或 S。

执行"拉伸"命令，命令行操作如下：

```
命令: _stretch
    以交叉窗口或交叉多边形选择要拉伸的对象...
    选择对象:                            //拉出如图 2-88 所示的窗交选择框
    选择对象:                            //Enter，结束选择
    指定基点或 [位移(D)] <位移>:            //捕捉矩形的左下角点
    指定第二个点或 <使用第一个点作为位移>:      //@50,0 Enter，结果如图 2-89 所示
```

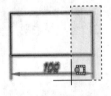

图 2-88　窗交选择

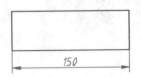

图 2-89　拉伸结果

2. 拉长图形

"拉长"命令主要用于更改直线的长度或弧线的角度,执行"拉长"命令主要有以下几种方法。

◆ 选择菜单栏"修改"→"拉长"命令。

◆ 单击"默认"选项卡→"修改"面板→"拉伸"按钮✏。

◆ 在命令行输入 Lengthen 或 LEN。

绘制长度为 200 的直线段,然后执行"拉长"命令,将线段拉长 50 个单位。命令行操作如下:

```
命令: _lengthen
    选择对象或 [增量(DE)/百分数(P)/全部(T)/动态(DY)]:  //DE Enter
    输入长度增量或 [角度(A)] <0.0000>:        //50 Enter,设置长度增量
    选择要修改的对象或 [放弃(U)]:            //在直线的左端单击左键
    选择要修改的对象或 [放弃(U)]:            //Enter,拉长结果如图 2-90 所示
```

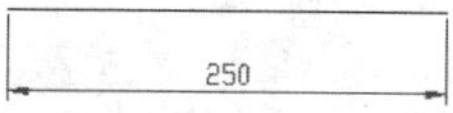

图 2-90　拉长线段

2.4.5　旋转与缩放图形

1. 旋转图形

"旋转"命令用于将图形围绕指定的基点进行旋转,执行"旋转"命令主要有以下几种方法。

◆ 选择菜单栏"修改"→"旋转"命令。

◆ 单击"默认"选项卡→"修改"面板→"旋转"按钮↻。

◆ 在命令行输入 Rotate 或 RO。

执行"旋转"命令,将矩形旋转 30 度放置。命令行操作如下:

```
命令: _rotate
    UCS 当前的正角方向: ANGDIR=逆时针  ANGBASE=0
    选择对象:                        //选择矩形
    选择对象:                        //Enter,结束选择
    指定基点:                        //捕捉矩形左下角点作为基点
    指定旋转角度,或 [复制(C)/参照(R)] <0>:  //30 Enter,旋转结果如图 2-91 所示
```

图 2-91　旋转结果

2. 缩放图形

"缩放"命令用于将图形进行等比放大或等比缩小,如图 2-92 所示。此命令主要用于创建形状相同、大小不同的图形结构,执行"缩放"命令主要有以下几种方法。

◆ 选择菜单栏"修改"→"缩放"命令。

◆ 单击"默认"选项卡→"修改"面板→"缩放"按钮 。

◆ 在命令行输入 Scale 或 SC。

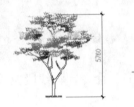

图 2-92　缩放示例

执行"缩放"命令后，其命令行操作如下：

```
命令：_scale
    选择对象：                                      //选择如图 2-92（左）所示的图形
    选择对象：                                      //Enter，结束选择
    指定基点：                                      //捕捉会议桌一侧的中点
    指定比例因子或 [复制(C)/参照(R)] <1.0000>： //0.5 Enter，结果如图 2-92（右）所示
```

2.4.6　移动与分解图形

1. 移动图形

"移动"命令主要用于将图形从一个位置移动到另一个位置，执行"移动"命令主要有以下几种方法。

◆ 选择菜单栏"修改"→"移动"命令。

◆ 单击"默认"选项卡→"修改"面板→"移动"按钮 ✛。

◆ 在命令行输入 Move 或 M。

```
命令：_move
    选择对象：                                      //选择图 2-93 所示的矩形
    选择对象：                                      //Enter，结束对象的选择
    指定基点或 [位移(D)] <位移>：                 //捕捉矩形左侧垂直边的中点
    指定第二个点或 <使用第一个点作为位移>：      //捕捉直线的右端点，结果如图 2-94 所示
```

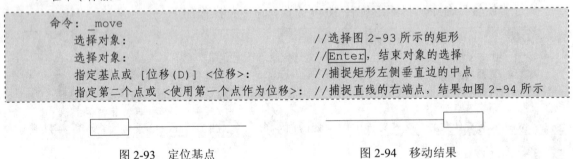

图 2-93　定位基点　　　　　　　　　　　　图 2-94　移动结果

2. 分解图形

"分解"命令主要用于将组合对象分解成各自独立的对象，以方便对各对象进行编辑，执行"分解"命令主要有以下几种方法。

◆ 选择菜单栏"修改"→"分解"命令。

◆ 单击"默认"选项卡→"修改"面板→""按钮 按钮。

◆ 在命令行输入 Explode 或 X。

例如，矩形是由四条直线元素组成的单个对象，如果用户需要对其中的一条边进行编辑，则首先将矩形分解还原为四条线对象，如图 2-95 所示。

（分解前）　　　　　　　　（分解后）

图 2-95　分解示例

2.5　文字输入与尺寸标注

2.5.1　输入文字与符号

1. 设置文字样式

使用"文字样式"命令可以为文字设置不同的字体、字高、倾斜角度、旋转角度以及一些其他的特殊效果，如图 2-96 所示。

执行"文字样式"命令主要有以下几种方式。

◆　选择菜单栏"格式"→"文字样式"命令。

◆　单击"默认"选项卡→"注释"面板→"文字样式"按钮 。

◆　在命令行输入 Style 或 ST。

执行"文字样式"命令后可打开如图 2-97 所示的对话框，在此对话框内不仅可以设置文字样式的字体、大小、高度，还可以设置及字体的宽度、角度、颠倒、反向等文字效果。

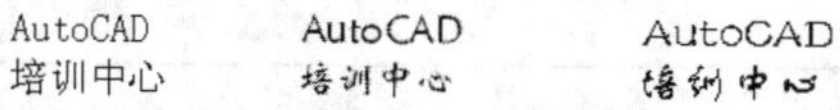

AutoCAD　　AutoCAD　　AutoCAD
培训中心　　培训中心　　培训中心

图 2-96　文字效果示例

图 2-97　"文字样式"对话框

2. 输入单行文字

"单行文字"命令用于创建单行或多行的文字对象，所创建的每一行文字，都看作一个独立的对象，执行"单行文字"命令主要有以下几种方式。

◆　选择菜单栏"绘图"→"文字"→"单个"命令。

◆　单击"默认"选项卡→"注释"面板→"单行文字"按钮 。

◆　在命令行输入 Dtext 或 DT。

下面通过创建高度为 10 的两行文字，学习使用"单行文字"命令，操作如下。

（1）执行"单行文字"命令，在"指定文字的起点或 [对正(J)/样式(S)]:"提示下，在绘图区拾取一点作为文字的插入点。

技巧提示：使用"对正"选项可以设置文字的对正方式，而所谓"对正方式"，指的就是文字对象的哪一位置与插入点对齐。文字的各种对正方式如图 2-101 所示。

（2）在"指定高度 <2.5000>:"提示下输入 10 并按 Enter 键。

（3）在"指定文字的旋转角度 <0>:"提示下按 Enter 键，采用当前设置。

（4）此时绘图区出现如图 2-98 所示的单行文字输入框，然后在命令行输入"AutoCAD"，如图 2-99 所示。

（5）敲击 Enter 键换行，然后输入"培训中心"。

（6）连续两次敲击 Enter 键，结束"单行文字"命令，结果如图 2-100 所示。

| 图 2-98 单行文字输入框 | 图 2-99 输入文字 | 图 2-100 创建文字 |

3．输入多行文字

"多行文字"命令用于创建较为复杂的文字，无论创建的文字包含多少行、多少段，AutoCAD 都将其作为一个独立的对象，执行此命令主要有以下几种方式。

◆ 选择菜单栏"绘图"→"文字"→"多行文字"命令。

◆ 单击"默认"选项卡→"注释"面板→"多行文字"按钮 **A**。

◆ 在命令行输入 Mtext 或 T 或 MT。

执行"多行文字"命令后，根据命令行的提示在绘图区分别指定两个对角点，如图 2-102 所示，打开如图 2-103 所示的"文字编辑器"选项卡面板，同时绘图区出现"多行文字输入框"，在此输入框内单击左键，即可输入相应的文字内容和符号，所输入的文字受当前文字样式的制约。

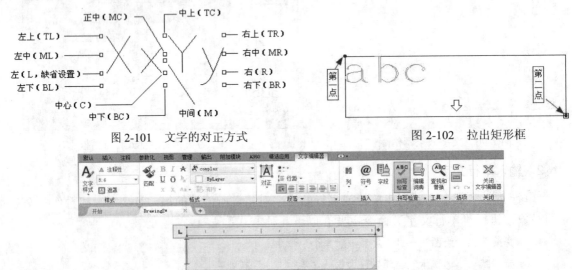

图 2-101 文字的对正方式　　　　　　　　　图 2-102 拉出矩形框

图 2-103 "文字编辑器"选项卡面板

4. 输入引线文字

"快速引线"命令用于创建一端带有箭头、另一端带有文字注释的引线尺寸，其中，引线可以为直线段，也可以为平滑的样条曲线。在命令行输入 Qleader 或 LE 按 Enter 键，即可激活"快速引线"命令。命令行操作如下：

```
命令：LE                                          //Enter，激活"快速引线"命令
    QLEADER 指定第一个引线点或 [设置(S)] <设置>：    //在所需位置拾取第一个引线点
    指定下一点：                                    //在所需位置拾取第二个引线点
    指定下一点：                                    //在所需位置拾取第三个引线点
    指定文字宽度 <0>：                              //Enter
    输入注释文字的第一行 <多行文字(M)>：              //庭院灯 Enter
    输入注释文字的下一行：                           //Enter，标注结果如图 2-104 所示
```

激活"设置"选项后，可打开如图 2-105 所示的"引线设置"对话框。以修改和设置引线点数、注释类型以及注释文字的附着位置等。

图 2-104　标注引线注释

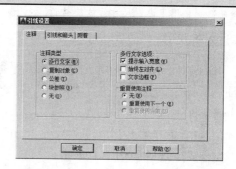

图 2-105　"引线设置"对话框

2.5.2　标注基本尺寸

1. 标注线性尺寸

"线性"命令主要用于标注两点之间的水平尺寸或垂直尺寸，执行"线性"命令主要有以下几种方式。

◆ 选择菜单栏"标注"→"线性"命令。

◆ 单击"注释"选项卡→"标注"面板→"线性"按钮⊢。

◆ 在命令行输入 Dimlinear 或 Dimlin。

执行"线性"命令后，配合"对象捕捉"功能即可标注图形尺寸。命令行操作如下：

```
命令：_dimlinear
    指定第一个尺寸界线原点或 <选择对象>：    //捕捉图 2-106 所示的端点 1
    指定第二条尺寸界线原点：                //捕捉端点 2
    指定尺寸线位置或[多行文字(M)/文字(T)/角度(A)/水平(H)/垂直(V)/旋转(R)]：
        //向下移动光标，在适当位置拾取一点，以定位尺寸线的位置，标注结果如图 2-107 所示
    标注文字 = 3300
```

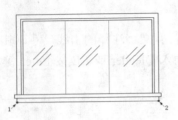

图 2-106　线性尺寸示例

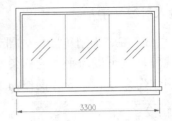

图 2-107　标注长度尺寸

● **选项解析**

◆ "多行文字"选项主要是在"文字编辑器"面板中内，手动输入尺寸的文字内容，或者为尺寸文字添加前后缀等。

◆ "文字"选项主要是通过命令行，手动输入尺寸文字的内容。

◆ "角度"选项用于设置尺寸文字的旋转角度。

◆ "水平"选项用于标注两点之间的水平尺寸；"垂直"选项主要用于标注两点之间的垂直尺寸。

◆ "旋转"选项用于设置尺寸线的旋转角度。

2. 标注对齐尺寸

"对齐"命令用于标注平行于所选对象或平行于两尺寸界线原点连线的直线型尺寸，此命令适合标注倾斜图线的尺寸，执行"对齐"命令主要有以下几种方式。

◆ 选择菜单栏"标注"→"对齐"命令。

◆ 单击"注释"选项卡→"标注"面板→"对齐"按钮 。

◆ 在命令行输入 Dimaligned 或 Dimali。

3. 标注点的坐标

"坐标"命令用于标注点的 X 坐标值和 Y 坐标值，所标注的坐标为点的绝对坐标，执行"坐标"命令主要有以下几种方式。

◆ 选择菜单栏"标注"→"坐标"命令。

◆ 单击"注释"选项卡→"标注"面板→"坐标"按钮 。

◆ 在命令行输入 Dimordinate 或 Dimord。

4. 标注角度尺寸

"角度"命令主要用于标注图线间的角度尺寸或者是圆弧的圆心角等，执行"角度"命令主要有以下几种方式。

◆ 选择菜单栏"标注"→"角度"命令。

◆ 单击"注释"选项卡→"标注"面板→"角度"按钮 。

◆ 在命令行输入 Dimangular 或 Dimang。

"角度"命令的命令行操作如下：

```
命令：_dimangular
    选择圆弧、圆、直线或 <指定顶点>：    //单击倾斜轮廓线 1
    选择第二条直线：                    //单击水平轮廓线 2
```

> 指定标注弧线位置或 [多行文字(M)/文字(T)/角度(A) /象限点(Q)]:
>   //在适当位置拾取一点，标注结果如图 2-108 所示
>   标注文字 = 33

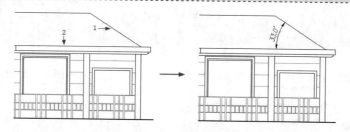

图 2-108　角度尺寸

5. 标注半径尺寸

"半径"命令用于标注圆、圆弧的半径尺寸，所标注的半径尺寸是由一条指向圆或圆弧的带箭头的半径尺寸线组成，当用户采用系统的实际测量值标注文字时，系统会在测量数值前自动添加"R"，如图 2-109 所示。

执行"半径"命令主要有以下几种方式。

◆ 选择菜单栏"标注"→"半径"命令。

◆ 单击"注释"选项卡→"标注"面板→"半径"按钮⊘。

◆ 在命令行输入 Dimradius 或 Dimrad。

执行"半径"命令后，命令行会出现如下操作提示：

> 命令：_dimradius
>   选择圆弧或圆：　　　　　　　//选择需要标注的圆或弧对象
>   标注文字 = 55
>   指定尺寸线位置或 [多行文字(M)/文字(T)/角度(A)]: //指定尺寸的位置

6. 标注直径尺寸

"直径"命令用于标注圆或圆弧的直径尺寸，。当用户采用系统的实际测量值标注文字时，系统会在测量数值前自动添加"∅"，如图 2-110 所示。

执行"直径"命令主要有以下几种方式：

◆ 选择菜单栏"标注"→"直径"命令。

◆ 单击"注释"选项卡→"标注"面板→"直径"按钮⊗。

◆ 在命令行输入 Dimdiameter 或 Dimdia。

7. 标注弧长尺寸

"弧长"命令主要用于标注圆弧或多段线弧的长度尺寸，默认设置下，会在尺寸数字的一端添加弧长符号，如图 2-111 所示。

执行"弧长"命令主要有以下几种方式。

◆ 选择菜单栏"标注"→"弧长"命令。

◆ 单击"注释"选项卡→"标注"面板→"弧长"按钮ℓ。

◆ 在命令行输入 Dimarc。

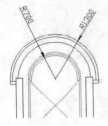
图 2-109　半径尺寸

图 2-110　直径尺寸

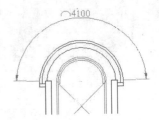
图 2-111　弧长尺寸

执行"弧长"命令后，命令行操作如下：

```
命令：_dimarc
    选择弧线段或多段线弧线段：                //选择需要标注的弧线段
    指定弧长标注位置或 [多行文字(M)/文字(T)/角度(A)/部分(P)/引线(L)]:
                                          //指定弧长尺寸的位置

    标注文字 = 160
```

8. 标注折弯尺寸

"折弯"命令主要用于标注含有折弯的半径尺寸，其中，引线的折弯角度可以根据需要进行设置，如图 2-112 所示。执行"折弯"命令主要有以下几种方式。

◆ 选择菜单栏"标注"→"折弯"命令。

◆ 单击"注释"选项卡→"标注"面板→"折弯"按钮 。

◆ 在命令行输入 Dimjogged

图 2-112　折弯尺寸

执行"折弯"命令后，命令行操作如下：

```
命令：_dimjogged
    选择圆弧或圆：                          //选择弧或圆作为标注对象
    指定图示中心位置：                       //指定中心线位置
    标注文字 = 175
    指定尺寸线位置或 [多行文字(M)/文字(T)/角度(A)]:  //指定尺寸线位置
    指定折弯位置：                          //定位折弯位置
```

2.5.3　标注复合尺寸

1. 创建基线尺寸

"基线"命令属于一个复合尺寸工具，此工具需要在现有尺寸的基础上，以所选择的尺寸界限作为基线尺寸的尺寸界限，进行创建基线尺寸，如图 2-113 所示。执行"基线"命令主要有以下几种方式。

◆ 选择菜单栏"标注"→"基线"命令。

◆ 单击"注释"选项卡→"标注"面板→"基线"按钮 。

◆ 在命令行输入 Dimbaseline 或 Dimbase。

2. 创建连续尺寸

"连续"命令也需要在现有的尺寸基础创建连续的尺寸对象，所创建的连续尺寸位于同一个方向矢量上，如图2-114所示。执行"连续"命令主要有以下几种方式。

◆ 选择菜单栏"标注"→"连续"命令。

◆ 单击"注释"选项卡→"标注"面板→"连续"按钮 ┡┼┤。

◆ 在命令行输入 Dimcontinue 或 Dimcont。

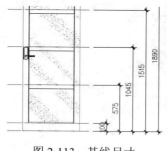

图2-113 基线尺寸

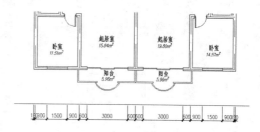

图2-114 连续尺寸

3. 快速标注尺寸

"快速标注"命令用于一次标注多个对象间的水平尺寸或垂直尺寸，执行"快速标注"命令主要有以下几种方式。

◆ 选择菜单栏"标注"→"快速标注"命令。

◆ 单击"注释"选项卡→"标注"面板→"快速标注"按钮 。

◆ 在命令行输入 Qdim 后按 Enter 键。

执行"快速标注"命令后，其命令行操作如下：

```
命令：_qdim
    关联标注优先级 = 端点
    选择要标注的几何图形：    //选择如图2-115所示的七条垂直轴线
    选择要标注的几何图形：    //Enter，退出对象的选择状态
    指定尺寸线位置或 [连续(C)/并列(S)/基线(B)/坐标(O)/半径(R)/直径(D)/基准点
(P)/编辑(E)/设置(T)] <连续>：    //向下移动光标定位尺寸，结果如图2-116所示
```

图2-115 选择轴线

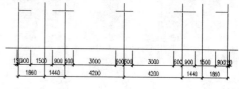

图2-116 快速标注尺寸

2.5.4 完善与协调尺寸

1. 打断标注

"标注打断"命令可以在尺寸线、尺寸界线与几何对象或其他标注相交的位置将其打断，执行"标注打断"命令主要有以下几种方式。

◆ 选择菜单栏"标注"→"标注打断"命令。

◆ 单击"注释"选项卡→"标注"面板→"打断"按钮。

◆ 在命令行输入 Dimbreak。

执行"标注打断"命令后，命令行操作如下：

```
命令：_DIMBREAK
       选择要添加/删除断断的标注或[多个(M)]：      //选择图 2-117 所示的尺寸对象
       选择要折断标注的对象或[自动(A)/手动(M)/删除(R)]<自动>：  //选择矩形
       选择要折断标注的对象：             //Enter，打断结果如图 2-118 所示
       1 个对象已修改
```

图 2-117　原尺寸

图 2-118　打断结果

2．标注间距

"标注间距"命令用于自动调整平行的线性标注和角度标注之间的间距，或根据指定的间距值进行调整，执行"等距标注"命令主要有以下几种方式。

◆ 选择菜单栏"标注"→"标注间距"命令。

◆ 单击"注释"选项卡→"标注"面板→"调整间距"按钮。

◆ 在命令行输入 Dimspace。

执行"等距标注"命令，将尺寸线间的距离调整为 10 个单位，命令行操作如下：

```
命令：_DIMSPACE
       选择基准标注：                //选择图 2-119（左）所示的文字为 16.0 的尺寸
       选择要产生间距的标注：         //选择其他三个尺寸对象
       选择要产生间距的标注：         //Enter，结束对象的选择
       输入值或[自动(A)]<自动>：      //10 Enter，调整结果如图 2-119（右）所示
```

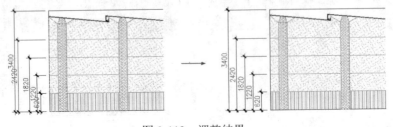

图 2-119　调整结果

3．编辑标注

"编辑标注"命令用于修改尺寸文字的内容、旋转角度以及尺寸界线的倾斜角度等，执行此命令主要有以下几种方式。

◆ 选择菜单栏"标注"→"倾斜"命令。

◆ 单击"注释"选项卡→"标注"面板→"倾斜"按钮 ⊢ 。

◆ 在命令行输入 Dimedit。

执行"倾斜"命令后，其命令行操作如下：

```
命令：_dimedit
        输入标注编辑类型 [默认(H)/新建(N)/旋转(R)/倾斜(O)] <默认>：_o
        选择对象：                    //选择图 2-120（左）所示的尺寸
        选择对象：                    //Enter
        输入倾斜角度（按 ENTER 表示无）：//-45 Enter，结果如图 2-120（右）所示
```

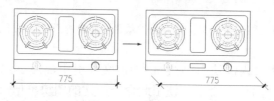

图 2-120　倾斜标注

4．编辑标注文字

"编辑标注文字"命令主要用于编辑尺寸文字的放置位置及旋转角度，执行"编辑标注文字"命令主要有以下几种方式。

◆ 选择菜单栏"标注"→"对齐文字"级联菜单中的各命令。

◆ 单击"注释"选项卡→"标注"面板→"文字角度"按钮 。

◆ 在命令行输入 Dimtedit。

2.6　图形资源的组织与共享

2.6.1　使用创建块组织图形资源

"创建块"命令用于将单个或多个图形集合成为一个整体图形单元，保存于当前图形文件内，以供当前文件重复使用，执行"创建块"命令主要有以下几种方式。

◆ 选择菜单栏"绘图"→"块"→"创建"命令。

◆ 单击"默认"选项卡→"块"面板→"创建"按钮 。

◆ 在命令行输入 Block 或 Bmake 或 B。

下面通过典型的实例，学习"创建块"命令的使用方法和操作技巧。

（1）打开随书光盘中的"\素材文件\平面椅.dwg"。

（2）执行"创建块"命令，打开"块定义"对话框，如图 2-121 所示

（3）然后在"名称"文本列表框内输入块名"平面椅"，在"对象"组合框激活"保留"单选项，其他参数采用默认设置。

（4）在"基点"组合框中，单击"拾取点"按钮 ，返回绘图区捕捉如图 2-122 所示的中点作为块的基点。

（5）单击"选择对象"按钮 ，返回绘图区选择平面椅图形，然后按 Enter 键返回到"块定义"对话框。

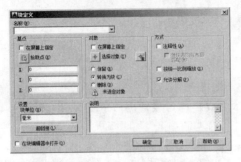

图 2-121　"块定义"对话框　　　　　　　　　图 2-122　捕捉中点

（6）单击 **确定** 按钮关闭"块定义"对话框，结果所创建的图块存在于文件内部，将会与文件一起进行存盘。

以上创建的图块称为"内部块"，它仅供当前文件引用，为了弥补内部块的这一缺陷，AutoCAD 为用户提供了"写块"命令，使用此命令创建的图块不但可以被当前文件所使用，还可以供其他文件进行重复引用，在命令行输入"Wblock"或"W"后敲击 Enter 键，即可执行"写块"命令，以创建外部块。

2.6.2　使用插入块共享图形资源

"插入块"命令用于将内部块、外部块和存盘的DWG 文件，引用到当前文件中，以组合更为复杂的图形结构，如图 2-123 所示。执行此命令主要有以下几种方式。

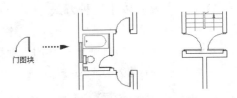

图 2-123　图块的引用示例

◆ 选择菜单栏"插入"→"块"命令。

◆ 单击"默认"选项卡→"块"面板→"插入"按钮 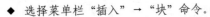。

◆ 在命令行输入 Insert 或 I。

2.6.3　使用设计中心共享图形资源

"设计中心"是 AutoCAD 软件的一个高级制图工具，主要用于 CAD 图形资源的管理、查看与共享等，执行"设计中心"命令有以下几种方式。

◆ 选择菜单栏"工具"→"选项板"→"设计中心"命令。

◆ 单击"视图"选项卡→"选项板"面板→"设计中心"按钮 。

◆ 在命令行输入 ADC 或按组合键 Ctrl+2。

用户不但可以随意查看本机上的所有设计资源，还可以将有用的图形资源以及图形的一些内部资源应用到自己的图纸中，具体操作过程如下。

（1）执行"设计中心"命令，打开设计中心窗口，在左侧树状窗口中查找并定位所需文件的上一级文件夹，然后在右侧窗口中定位所需文件。

（2）此时在此文件图标上单击右键，从弹出的右键菜单中选择"插入为块"选项，如图 2-124 所示。

（3）此时系统弹出如图"插入"对话框，根据实际需要，在此对话框中设置所需参数，单击 **确定** 按钮，即可将选择的图形共享到当前文件中。

（4）共享文件内部资源。首先定位并打开文件内部资源，如图 2-125 所示。

（5）在设计中心右侧窗口中选择某一图块，单击右键，从弹出的右键菜单中的选择"插入块"选项，就可以将此图块插入到当前图形文件中。

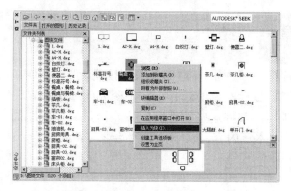

图 2-124　共享文件

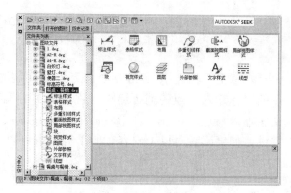

图 2-125　浏览图块资源

2.6.4　使用工具选项板共享图形资源

"工具选项板"用于组织、共享图形资源和高效执行命令等，其窗口包含一系列选项板，这些选项板以选项卡的形式分布在"工具选项板"窗口中，执行"工具选项板"命令主要有以下几种方式。

◆　选择菜单栏"工具"→"选项板"→"工具选项板"命令。
◆　单击"视图"选项卡→"选项板"面板→"工具选项板"按钮 ▦ 。
◆　在命令行输入 Toolpalettes。
◆　按组合键 Ctrl+3 。

下面通过向文件中插入图块为例，学习"工具选项板"的使用方法和技巧，操作步骤如下。

（1）执行"工具选项板"命令，在打开的"工具选项板"窗口中展开"建筑"选项卡，如图 2-126 所示。

（2）单击"车辆-公制"图标，然后在"指定插入点或 [基点(B)/比例(S)/X/Y/Z/旋转(R)]:"提示下，在绘图区拾取一点，将图例插入到当前文件内，结果如图 2-127 所示。

图 2-126　"建筑"选项卡

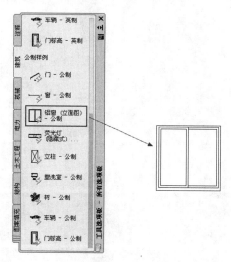

图 2-127　插入结果

（3）另外，用户也可以将光标定位到"铝窗（立面图）-公制"图例上，然后按住左键不放，将其拖入到当前图形中。

2.7 本章小结

本章主要概述了 AutoCAD 在商业空间装潢设计领域中的一些必备操作技能，重点体现在点的坐标输入、点的捕捉追踪、视图的实时调控、目标对象的选择、常用图元的绘制编辑、文字输入与尺寸标注、图形资源的数据共享技能等。掌握这些软件操作技能，是快速绘图的关键，如果读者对以上内容有所了解，也可以跳过本章内容，从下一章开始学习。

第3章 制作商业装潢样板文件

在 AutoCAD 制图中，"绘图样板"也称"样板图"，或"样板文件"等，此类文件指的就是包含一定的绘图环境、参数变量、绘图样式、页面设置等内容，但并未绘制图形的空白文件，当将此空白文件保存为".dwt"格式后，就成为了样板文件。用户在样板文件的基础上绘图，可以避免许多参数的重复性设置，大大节省绘图时间，不但提高绘图效率，还可以使绘制的图形更符合规范、更标准，保证图面、质量的完整统一。

那么如何在此类样板文件的基础上绘图呢？操作很简单，只需执行"新建"命令，在打开的"选择样板"对话框中，选择并打开之前定制的样板文件即可，如图 3-1 所示。

图 3-1　"选择样板"对话框

■ **本章内容**

◇ 商业装潢样板的制作思路
◇ 设置商业装潢绘图环境
◇ 设置商业装潢图层及特性
◇ 设置商业装潢绘图样式
◇ 设置商业装潢图纸边框
◇ 设置商业装潢引线样式
◇ 设置商业装潢图纸符号
◇ 商业装潢样板的页面布局
◇ 本章小结

3.1　商业装潢样板的制作思路

商业装潢绘图样板文件的设置思路如下。

（1）首先根据绘图需要，设置相应单位的空白文件。

（2）设置模板文件的绘图环境，包括绘图单位、单位精度、绘图区域、捕捉模数、追踪模式以及常用系统变量等。

（3）设置模板文件的系列图层以及图层的颜色、线型、线宽、打印等特性，以便规划管理各类图形资源。

（4）设置模板文件的系列作图样式，具体包括各类文字样式、标注样式、墙线样式、窗线样式等。

（5）为绘图样板配置并填充标准图框。

（6）为绘图样板配置打印设备、设置打印页面等。

（7）最后将包含上述内容的文件存储为绘图样板文件。

3.2 设置商业装潢绘图环境

下面以设置一个 A2-H 绘图样板文件为例，学习商业装潢制图样板文件的详细制作过程和技巧。下面首先从设置绘图样板的绘图环境开始，具体内容包括绘图单位、图形界限、捕捉模数、追踪功能以及各种常用变量的设置等。

3.2.1 设置绘图单位

（1）单击"快速访问"工具栏→"新建"按钮，打开"选择样板"对话框。

（2）在"选择样板"对话框中选择"acadISO -Named Plot Styles"作为基础样板，新建空白文件。

（3）选择菜单栏"格式"→"单位"命令，或使用快捷键"UN"激活"单位"命令，打开"图形单位"对话框。

（4）在"图形单位"对话框中设置长度类型、角度类型以及单位、精度等参数，如图 3-2 所示。

图 3-2 设置单位与精度

3.2.2 设置绘图区域

（1）继续上节操作。

（2）选择菜单栏"格式"→"图形界限"命令，设置默认作图区域为 59400×42000。命令行操作如下：

```
命令：_limits
重新设置模型空间界限： 指定左下角点或 [开(ON)/关(OFF)] <0.0,0.0>： //Enter
指定右上角点 <420.0,297.0>：        //59400,42000 Enter
```

（3）选择菜单栏"视图"→"缩放"→"全部"命令，将图形界限全部显示。

技巧提示：如果用户想直观地观察到设置的图形界限，可按下按 F7 功能键，打开"栅格"功能，通过坐标的栅格线或栅格点，直观形象的显示出图形界限，如图 3-3 所示。

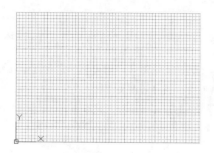

图 3-3　栅格显示界限

3.2.3　设置捕捉追踪

（1）继续上节操作。

（2）在状态栏"对象捕捉"按钮 上单击右键，选择"对象捕捉设置"选项，打开"草图设置"对话框。

（3）展开"对象捕捉"选项卡，启用和设置对象捕捉模式，如图 3-4 所示。

（4）展开"极轴追踪"选项卡，设置追踪角参数如图 3-5 所示。

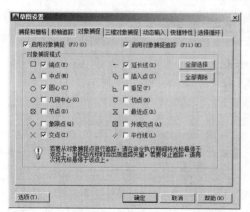

图 3-4　设置捕捉参数

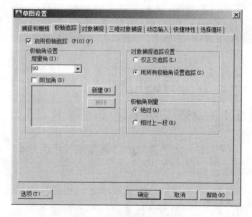

图 3-5　设置追踪参数

技巧提示： 此处设置的捕捉和追踪模式不是绝对的，用户可以在实际操作过程中随时更改。

（5）单击 确定 ，关闭"草图设置"对话框。

（6）按下 12 功能键，打开状态栏上的"动态输入"功能。

3.2.4　设置系统变量

（1）继续上节操作。

（2）在命令行输入系统变量"LTSCALE"，以调整线型的显示比例，命令行操作如下。

```
命令: LTSCALE                    //Enter
    输入新线型比例因子 <1.0000>:    //100 Enter
    正在重生成模型。
```

（3）使用系统变量"DIMSCALE"设置和调整尺寸标注样式的比例，具体操作如下。

```
命令：DIMSCALE                    //Enter
    输入 DIMSCALE 的新值 <1>：    //100 Enter
```

（4）系统变量"MIRRTEXT"用于设置镜像文字的可读性。当变量值为 0 时，镜像后的文字具有可读性；当当变量为 1 时，镜像后的文字不可读，具体设置如下。

```
命令：MIRRTEXT                    //Enter
    输入 MIRRTEXT 的新值 <1>：    //0 Enter
```

（5）由于属性块的引用一般有"对话框"和"命令行"两式，可以使用系统变量"ATTDIA"，进行控制属性值的输入方式，具体操作如下。

```
命令：ATTDIA                      //Enter
    输入 ATTDIA 的新值 <1>：      //0 Enter
```

技巧提示： 当变量 ATTDIA=0 时，系统将以"命令行"形式提示输入属性值；为 1 时，以"对话框"形式提示输入属性值。

（6）最后使用"保存"命令，将当前文件命名存储为"设置绘图环境.dwg"

3.3　设置商业装潢图层及特性

下面通过为商业装潢样板文件设置常用的图层及图层特性，学习层及层特性待的设置方法和技巧，以方便用户对各类图形资源进行组织和管理。

3.3.1　设置常用图层

（1）打开上例存储的"设置绘图环境.dwg"，或直接从随书光盘中的"\效果文件\第 3 章\"目录下调用此文件。

（2）单击"默认"选项卡→"图层"面板→"图层特性"按钮，打开"图层特性管理器"对话框。

（3）在"图层特性管理器"对话框中单击"新建图层"按钮，创建一个名为"墙线层"的新图层，如图 3-6 所示。

图 3-6　新建图层

（4）连续按 Enter 键，分别创建填充层、吊顶层、家具层、楼梯层等图层，如图 3-7 所示。

技巧提示： 连续两次敲 Enter 键，也可以创建多个图层。图层名最长可达 255 个字符，可以是数字、字母或其他字符；图层名中不允许含有大于号（>）、小于号（<）、斜杠（/）、反斜杠（\）以及标点等符号等；另外，为图层命名时，必须确保图层名的唯一性。

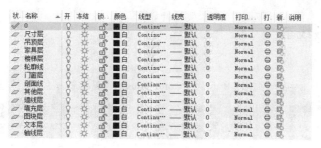

图 3-7 设置图层

3.3.2 设置图层颜色

（1）继续上节操作。

（2）选择"尺寸层"，在如图 3-8 所示的颜色图标上单击左键，打开"选择颜色"对话框。

（3）在"选择颜色"对话框中的"颜色"文本框中输入蓝色，为所选图层设置颜色值，如图 3-9 所示。

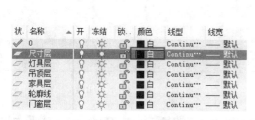

图 3-8 定位图层

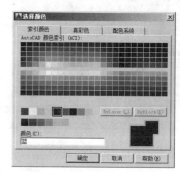

图 3-9 "选择颜色"对话框

（4）单击 确定 按钮返回"图层特性管理器"对话框，结果"尺寸层"的颜色被设置为"蓝色"，如图 3-10 所示。

图 3-10 设置结果

（5）参照上，分别为其他图层设置颜色特性，设置结果如图 3-11 所示。

图 3-11 设置颜色特性

3.3.3 设置与加载线型

（1）继续上节操作。

（2）选择"轴线层"，在如图 3-12 所示的"Continuous"位置上单击左键，打开"选择线型"对话框。

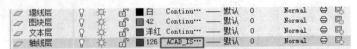

图 3-12 指定位置

（3）在"选择线型"对话框中单击 加载(L)... ，从打开的"加载或重载线型"对话框中选择如图 3-13 所示的"ACAD_ISO04W100"线型。

（4）单击 确定 ，结果选择的线型被加载到"选择线型"对话框中，如图 3-14 所示。

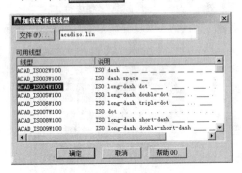

图 3-13 选择线型

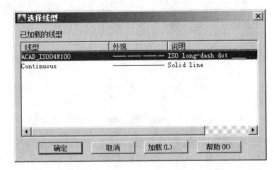

图 3-14 加载线型

（5）选择刚加载的线型单击 确定 ，将加载的线型附给当前被选择的"轴线层"，结果如图 3-15 所示。

图 3-15 设置图层线型

3.3.4 设置与显示线宽

（1）继续上节操作。

（2）选择"墙线层"，在如图 3-16 所示的位置上单击左键，以对其设置线宽。

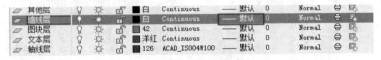

图 3-16 指定单击位置

（3）此时打开"线宽"对话框，然后选择 1.00mm 的线宽，如图 3-17 所示。

（4）单击 确定 按钮返回"图层特性管理器"对话框，结果"墙线层"的线宽被设置为 0.35mm，如图 3-18 所示。

图 3-17　选择线宽

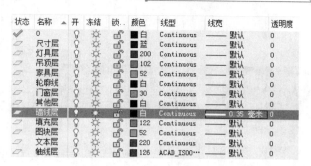

图 3-18　设置线宽

（5）在"图层特性管理器"对话框中单击 ✖，关闭对话框。

（6）最后执行"另存为"命令，将文件另名存储为"设置层及特性.dwg"。

3.4　设置商业装潢绘图样式

本节主要学习商业装潢样板图中，各种常用样式的具体设置过程和设置技巧，如文字样式、尺寸样式、墙线样式、窗线样式等。

3.4.1　设置墙窗线样式

（1）打开上例存储的"设置层及特性.dwg"，或直接从随书光盘中的"\效果文件\第 3 章\"目录下调用此文件。

（2）在命令行输入"mlstyle"后按 Enter 键，打开"多线样式"对话框。

（3）单击　新建(N)… ，打开"创建新的多线样式"对话框，为新样式赋名，如图 3-19 所示。

（4）单击　继续 ，打开"新建多线样式：墙线样式"对话框，设置多线样式的形口形式，如图 3-20 所示。

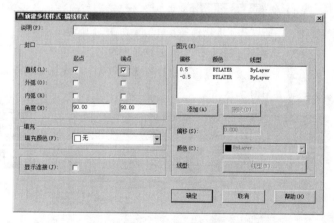

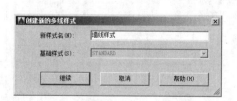

图 3-19　为新样式赋名

图 3-20　设置封口形式

（5）单击　确定 按钮返回"多线样式"对话框，结果设置的新样式显示在预览框内。

（6）参照上述操作步骤，设置"窗线样式"样式，其参数设置和效果预览分别如图 3-21 和图 3-22 所示。

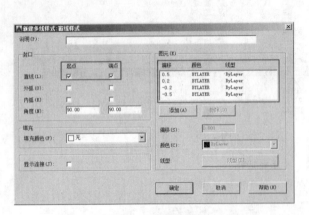

图 3-21　设置参数　　　　　　　　　　　　图 3-22　设置窗线样式

技巧提示： 如果需要将新样式应用在其他文件中，可以单击 ，以"*mln"的格式进行保存，在其他文件中使用时，仅需要加载即可。

（7）在"多线样式管理器"对话框中选择"墙线样式"单击 置为当前(U) ，将其设为当前样式，并关闭对话框。

3.4.2　设置文字样式

（1）继续上节操作。

（2）单击"默认"选项卡→"注释"面板→"文字样式"按钮 A，打开"文字样式"对话框。

（3）单击 新建(N)... ，打开"新建文字样式"对话框，为新样式赋名，如图 3-23 所示。

（4）单击 确定 按钮返回"文字样式"对话框，设置新样式的字体、字高以及宽度比例等参数，如图 3-24 所示。

（5）单击 应用(A) ，至次创建了一种名为"仿宋体"文字样式。

（6）参照第 2~4 操作步骤，设置一种名为"宋体"的文字样式，其参数设置如图 3-25 所示。

图 3-23　设置样式名

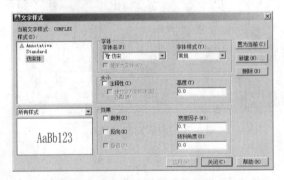

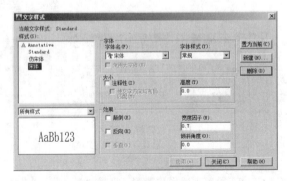

图 3-24　设置"仿宋体"样式　　　　　　　　图 3-25　设置"宋体"样式

（7）参照第2～4操作步骤，设置一种名为"COMPLEX"的轴号字体样式，其参数设置如图3-26所示。

（8）参照第2～4操作步骤，设置一种名为"SIMPLEX"的文字样式，其参数设置如图3-27所示。

（9）单击 关闭(C) ，关闭"文字样式"对话框。

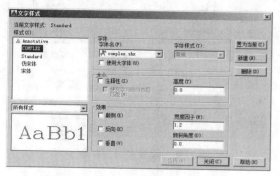
图3-26 设置"COMPLEX"样式

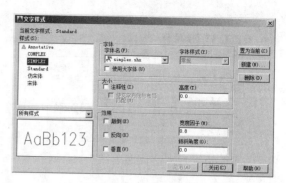
图3-27 设置"SIMPLEX"样式

3.4.3 设置尺寸箭头

（1）继续上节操作。

（2）单击"默认"选项卡→"绘图"面板→"多段线"按钮，绘制宽度为0.5、长度为2的多段线，作为尺寸箭头。

（3）使用"直线"命令绘制一条长度为3的水平线段，并使直线段的中点与多段线的中点对齐，如图3-28所示。

（4）单击"默认"选项卡→"修改"面板→"旋转"按钮，将箭头进行旋转45°，如图3-29所示。

图3-28 绘制细线

图3-29 旋转结果

（5）单击"默认"选项卡→"块"面板→"创建"按钮，打开"块定义"对话框。

（6）单击"拾取点"按钮，返回绘图区捕捉多段线中点作为块的基点，将其创建为图块，块名为"尺寸箭头"。

3.4.4 设置标注样式

（1）继续上节操作。

（2）单击"默认"选项卡→"注释"面板→"标注样式"按钮，在打开的对话框中单击 新建(N)... ，为新样式赋名，如图3-30所示。

（3）单击 继续 ，打开"新建标注样式：建筑标注"对话框，设置基线间距、起点偏移量等参数，如图3-31所示。

（4）展开"符号和箭头"选项卡，然后单击"箭头"组合框中的"第一项"列表框，选择列表中的"用户箭头"选项。此时打开"选择自定义箭头块"对话框，然后选择"尺寸箭头"块作为尺寸箭头。

（5）返回"符号和箭头"选项卡，然后设置参数如图3-32所示。

（6）展开"文字"选项卡，设置尺寸字体的样式、颜色、大小等参数，如图3-33所示。

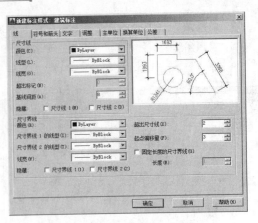

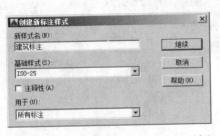

图 3-30　"创建新标注样式"对话框

图 3-31　设置"线"参数

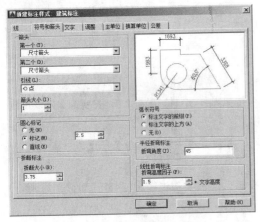

图 3-32　设置直线和箭头参数

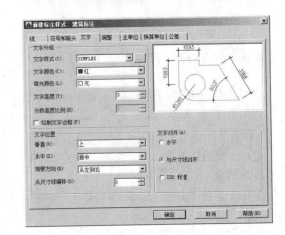

图 3-33　设置文字参数

（7）展开"调整"选项卡，调整文字、箭头与尺寸线等的位置，如图 3-34 所示。

（8）展开"主单位"选项卡，设置线型参数和角度标注参数，如图 3-35 所示。

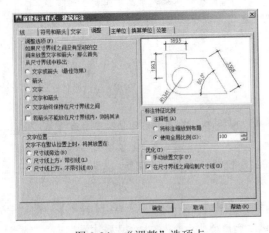

图 3-34　"调整"选项卡

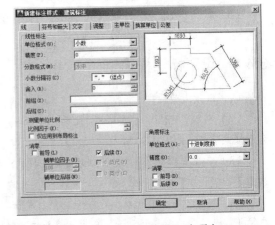

图 3-35　"主单位"选项卡

（9）单击 确定 按钮返回"标注样式管理器"对话框。

3.4.5 设置角度样式

（1）继续上节操作。

（2）在"标注样式管理器"对话框中单击 新建(N)... ，为新样式赋名，如图 3-36 所示。

（3）单击 继续 ，打开"新建标注样式：角度标注"对话框。

（4）展开"符号和箭头"选项卡，设置尺寸箭头和大小如图 3-37 所示。

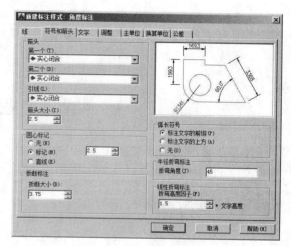

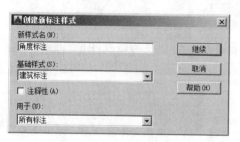

图 3-36 为新样式命名

图 3-37 设置尺寸箭头

（5）展开"文字"选项卡，设置尺寸字体的样式、颜色、大小等参数，如图 3-38 所示。

（6）展开"调整"选项卡，调整文字、箭头与尺寸线等的位置，如图 3-39 所示。

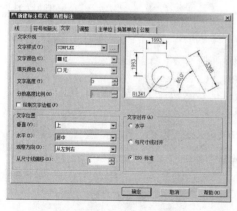

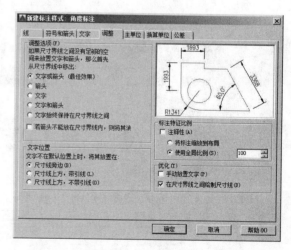

图 3-38 设置文字参数

图 3-39 设置调整参数

（7）单击 确定 按钮返回"标注样式管理器"对话框，结果如图 3-40 所示。

（8）选择"建筑标注"样式，将其设置为当前标注样式，并关闭对话框。

（9）最后执行"另存为"命令，将当前文件另名存储为"设置绘图样式.dwg"。

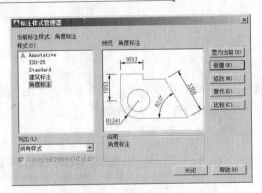

图 3-40   设置的新样式

3.5   设置商业装潢图纸边框

本节主要学习商业装潢样板图中，A2-H 号图纸标准图框的绘制技巧以及图框标题栏、会签栏文字的填充技巧。

3.5.1   绘制标准图框

（1）打开上例存储的"设置绘图样式.dwg"，或直接从随书光盘中的"\效果文件\第 3 章\"目录下调用此文件。

（2）单击"默认"选项卡→"绘图"面板→"矩形"按钮 □，绘制长度为 594、宽度为 420 的矩形，作为 2 号图纸的外边框。

（3）重复执行"矩形"命令，配合"捕捉自"功能绘制内框，命令行操作如下。

```
命令:                                          //Enter
RECTANG 指定第一个角点或 [倒角(C)/标高(E)/圆角(F)/厚度(T)/宽度(W)]: //w Enter
指定矩形的线宽 <0>:                            //2 Enter, 设置线宽
指定第一个角点或 [倒角(C)/标高(E)/圆角(F)/厚度(T)/宽度(W)]: //激活"捕捉自"功能
_from 基点:                                    //捕捉外框的左下角点
<偏移>:                                        //@25,10 Enter
指定另一个角点或 [面积(A)/尺寸(D)/旋转(R)]:    //激活"捕捉自"功能
_from 基点:                                    //捕捉外框右上角点
<偏移>:                                        //@-10,-10 Enter, 绘制结果如图 3-41 所示
```

（4）重复执行"矩形"命令，配合"端点捕捉"功能绘制标题栏外框，命令行操作如下。

```
命令: _rectang
当前矩形模式: 宽度=2.0
指定第一个角点或 [倒角(C)/标高(E)/圆角(F)/厚度(T)/宽度(W)]: //w Enter
指定矩形的线宽 <2.0>:                          //1.5 Enter, 设置线宽
指定第一个角点或 [倒角(C)/标高(E)/圆角(F)/厚度(T)/宽度(W)]: //捕捉内框右下角点
指定另一个角点或 [面积(A)/尺寸(D)/旋转(R)]: //@-240,50 Enter, 结果如图 3-42 所示
```

（5）重复执行"矩形"命令，捕捉内框的左上角点，输入对角点坐标"@-20,-100"，绘制会签栏，结果如图 3-43 所示。

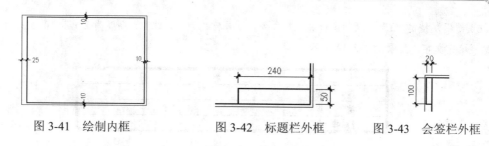

图 3-41 绘制内框   图 3-42 标题栏外框   图 3-43 会签栏外框

（6）使用快捷键"L"激活"直线"命令，参照所示尺寸绘制标题栏和会签栏内部的分格线，如图 3-44 和图 3-45 所示。

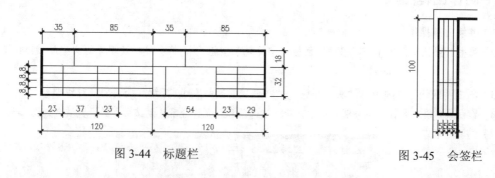

图 3-44 标题栏   图 3-45 会签栏

3.5.2 填充标准图框

（1）继续上节操作。

（2）单击"默认"选项卡→"注释"面板→"多行文字"按钮 **A**，分别捕捉如图 3-46 所示的方格对角点 A 和 B，打开"文字编辑器"选项卡。

（3）在"文字编辑器"选项卡相应面板中设置文字的对正方式为正中，设置文字样式为"宋体"、字体高度为 8，然后填充如图 3-47 所示的文字。

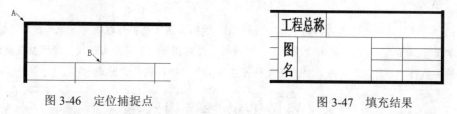

图 3-46 定位捕捉点   图 3-47 填充结果

（4）重复执行"多行文字"命令，设置字体样式为"宋体"、字体高度为 4.6、对正方式为"正中"，填充标题栏其他文字，如图 3-48 所示。

设计单位		工程总称		
批　准	工程主持	图	工程编号	
审　定	项目负责	名	图　号	
审　核	设　计		比　例	
校　对	绘　图		日　期	

图 3-48 填充结果

（5）单击"默认"选项卡→"修改"面板→"旋转"按钮 ⟳，选择会签栏进行旋转–90°。

（6）使用快捷键"T"激活"多行文字"命令，设置样式为"宋体"、高度为2.5，对正方式为"正中"，为会签栏填充文字，结果如图3-49所示。

专　业	名　　称	日　期
建　筑		
结　构		
给排水		

图 3-49　填充文字

3.5.3　制作图框图块

（1）继续上节操作。

（2）单击"默认"选项卡→"修改"面板→"旋转"按钮，将会签栏及填充的文字旋转–90度，基点不变。

（3）单击"默认"选项卡→"块"面板→"创建块"按钮，打开"块定义"对话框。

（4）在"块定义"对话框中分别勾选"删除"单选项和"允许分解"复选项，并设置块名如图3-50所示。

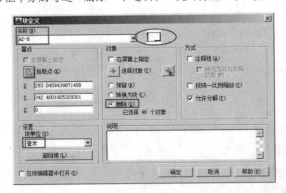

图 3-50　设置块参数

（5）在"基点"选项组中单击"拾取点"按钮，返回绘图区捕捉外框的左下角点作为块的基点。

（6）单击　确定　按钮，关闭"块定义"对话框，结构图框被定义为内部块，源图框被删除。

（7）最后执行"另存为"命令，将当前文件另名存储为"制作图纸边框.dwg"。

3.6　设置商业装潢引线样式

本节主要学习商业装潢样板图中，快速引线和多重引线样式的具体设置过程和设置技巧，使用这些引线样式可以非常方便地标注文字注释。

3.6.1　设置快速引线样式

（1）打开上例存储的"制作图纸边框.dwg"，或直接从随书光盘中的"\效果文件\第3章\"目录下调用此文件。

（2）单击"默认"选项卡→"注释"面板→"标注样式"按钮，在"标注样式管理器"对话框中单击 新建(N)... 按钮，为新样式命名并选择基础样式，如3-51所示。

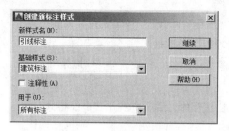

图 3-51　设置样式名

（3）单击　继续　按钮，在打开的"新建标注样式：引线标注"对话框中设置符号和箭头参数，如图 3-52 所示。

（4）展开"文字"选项卡，设置文字样式如图 3-53 所示。

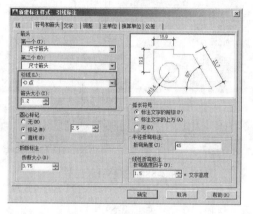

图 3-52　设置符号和箭头

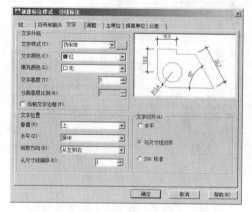

图 3-53　设置文字样式

（5）单击　确定　按钮返回"标注样式管理器"对话框，观看新样式的设置结果，如图 3-54 所示。

（6）选择"建筑标注"样式，将其设置为当前标注样式，如图 3-55 所示。

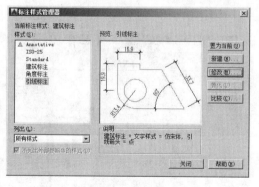

图 3-54　设置新样式

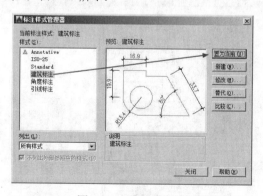

图 3-55　设置当前标注样式

（7）单击　关闭　按钮，关闭"标注样式管理器"对话框。

3.6.2　设置多重引线样式

（1）继续上节操作。

（2）单击"默认"选项卡→"注释"面板→"多重引线样式管理器"按钮 ，打开"多重引线样式管理器"对话框。

（3）在"多重引线样式管理器"对话框中单击 新建(N)... 按钮，为新样式命名，如图3-56所示。

图 3-56　为新样式命名

（4）单击 继续(0) 按钮，在打开的对话框中展开"引线格式"选项卡，设置引线样式如图3-57所示。

（5）展开"引线结构"选项卡，设置引线的结构参数如图3-58所示。

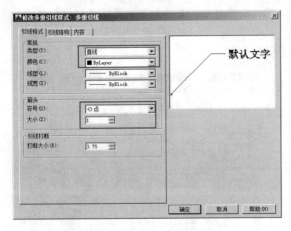

图 3-57　设置引线格式　　　　　　　　　　　　图 3-58　设置引线结构

（6）展开"内容"选项卡，设置多重引线样式的类型及基线间隙参数，如图3-59所示。

（7）单击 确定 按钮，返回"多重引线样式管理器"对话框，将刚设置的新样式置为当前样式，如图3-60所示。

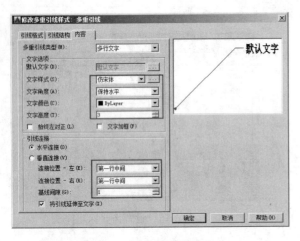
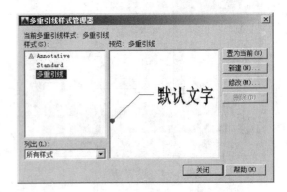

图 3-59　设置引线类型　　　　　　　　　　　　图 3-60　设置当前样式

（8）单击 关闭 按钮，关闭"多重引线样式管理器"对话框。

（9）最后执行"另存为"命令，将当前文件另名存储为"设置引线样式.dwg"。

3.7 绘制商业装潢图纸符号

本节主要学习商业装潢图纸中，各种常用制图符号的设置过程和设置技巧，如有标高符号、轴标号、内视符号、索引符号等。

3.7.1 绘制标高符号

（10）打开上例存储的"设置引线样式.dwg"，或直接从随书光盘中的"\效果文件\第 3 章\"目录下调用此文件。

（11）单击"默认"选项卡→"绘图"面板→"多段线"按钮⏺，配合捕捉与追踪功能，在"0 图层"上绘制如图 3-61 所示的标高符号。

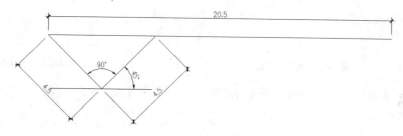

图 3-61 绘制标高

（12）单击"默认"选项卡→"块"面板→"定义属性"按钮🏷，为标高符号定义如图 3-62 所示的文字属性。

（13）单击 **确定** 按钮，返回绘图区捕捉标高符号右侧端点，作为属性的插入点，结果如图 3-63 所示。

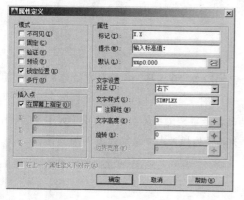

图 3-62 "属性定义"对话框

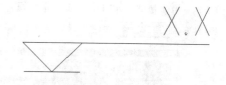

图 3-63 定义属性结果

（14）单击"默认"选项卡→"块"面板→"创建块"按钮🧱，将标高符号与属性一起创建为属性块，块参数设置如图 3-64 所示，块基点为如图 3-65 所示的中点。

（15）单击"默认"选项卡→"绘图"面板→"多段线"按钮⏺，配合捕捉与追踪功能绘制如图 3-66 所示的标高符号 02。

（16）参照上述操作，为刚绘制的标高符号定义文字属性，参数设置如图 3-64 所示，定义结果如图 3-67 所示。

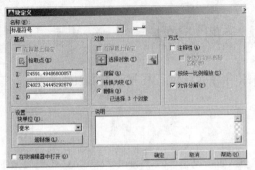

图 3-64 "块定义"对话框

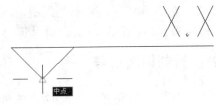

图 3-65 捕捉中点

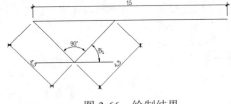

图 3-66 绘制结果

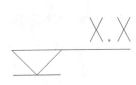

图 3-67 定义属性

（17）使用"创建快"命令，将标高符号与属性一起创建为属性块，块名为"标高符号 02"，块基点为如图 3-68 所示的中点。

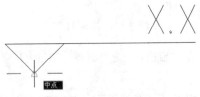

图 3-68 捕捉中点

3.7.2 绘制轴线标号

（1）继续上节操作。

（2）单击"默认"选项卡→"绘图"面板→"圆"按钮 ⊙，在"0 图层"内绘制直径为 8 的圆作为轴标号，并对其进行窗口缩放。

（3）使用快捷键"ATT"激活"定义属性"命令，为轴标号定义文字属性，参数设置如图 3-69 所示。

（4）单击 确定 按钮，返回绘图区捕捉圆心，作为属性的插入点，结果如图 3-70 所示。

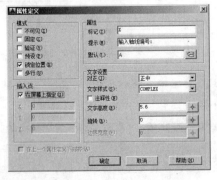

图 3-69 "属性定义"对话框

图 3-70 定义属性

（5）使用快捷键"B"激活"创建块"命令，将圆与属性一起创建为属性块，块参数设置如图3-71所示，块基点为如图3-72所示的圆心。

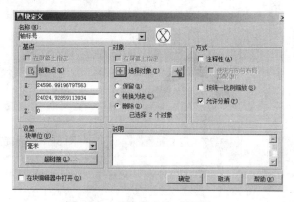

图3-71　"块定义"对话框　　　　　　　　　　　图3-72　捕捉圆心

3.7.3　绘制投影符号

（1）继续上节操作。

（2）使用快捷键"PL"激活"多段线"命令，在"0图层"内绘制直角三角形，命令行操作如下。

```
命令：_pline
    指定起点：                    //在绘图区单击左键，指定起点
    当前线宽为 0
    指定下一个点或 [圆弧(A)/半宽(H)/长度(L)/放弃(U)/宽度(W)]：//@10<45 Enter
    指定下一点或 [圆弧(A)/闭合(C)/半宽(H)/长度(L)/放弃(U)/宽度(W)]：//@10<315 Enter
    指定下一点或 [圆弧(A)/闭合(C)/半宽(H)/长度(L)/放弃(U)/宽度(W)]：
    //C Enter，结果如图3-73所示。
```

（3）使用快捷键"C"激活"圆"命令，以三角形的斜边中点作为圆心，绘制一个半径为3.5的圆。

（4）使用快捷键"TR"激活"修剪"命令，以圆作为边界，将位于内部的线段修剪掉。将位于圆内的界线修剪掉，结果如图3-74所示。

（5）使用快捷键"H"激活"图案填充"命令，为投影符号填充如图3-75所示的"SOLID"实体图案。

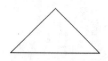　　　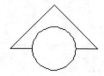　　　

图3-73　绘制三角形　　　　图3-74　投影符号　　　　图3-75　填充实体图案

（6）使用快捷键"ATT"激活"定义属性"命令，为轴标号定义文字属性，参数设置如图3-76所示。

（7）单击　确定　按钮，返回绘图区捕捉投影符号的圆心作为属性的插入点，为其定义属性，如图3-77所示。

（8）使用快捷键"B"激活"创建块"命令，将投影符号与属性一起创建为属性块，设置块名为"投影符号"，块基点为如图3-78所示的端点。

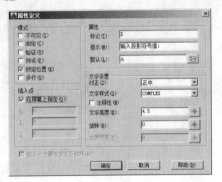

图 3-76　设置属性参数

图 3-77　定义属性

图 3-78　捕捉圆心

3.7.4　绘制索引符号

（1）继续上节操作。

（2）使用快捷键"C"激活"圆"命令，以三角形的斜边中点作为圆心，绘制一个直径为 10 的圆作为索引符号圆。

（3）使用快捷键"L"激活"直线"命令，配合象限点捕捉功能绘制圆的水平直径，结果如图 3-79 所示。

（4）单击"默认"选项卡→"注释"面板→"文字样式"按钮 **A**，设置文字样式如图 3-80 所示。

图 3-79　绘制索引符号

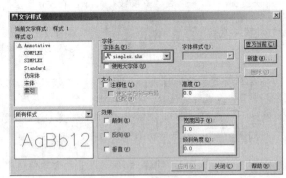

图 3-80　设置文字样式

（5）使用快捷键"ATT"激活"定义属性"命令，为索引符号定义文字属性，参数设置如图 3-81 所示。

（6）单击 确定 按钮，返回绘图区捕捉索引符号的圆心作为属性的插入点，为其定义属性，如图 3-82 所示。

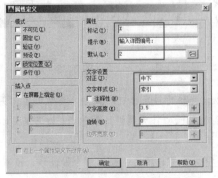

图 3-81　设置属性

图 3-82　定义属性

（7）重复执行"定义属性"命令，继续为索引符号定义文字属性，参数设置如图 3-83 所示，属性插入点为索引符号的圆心，定义结果如图 3-84 所示。

（8）使用快捷键"M"激活"移动"命令，将定义的属性 X 垂直向下移动 0.6 个单位，将属性 Y 垂直下移 0.5 个单位，结果如图 3-85 所示。

（9）单击"默认"选项卡→"块"面板→"创建块"按钮 ，将索引符号与属性一起创建为属性块，块参数设置如图 3-86 所示，块基点为如图 3-87 所示的端点。

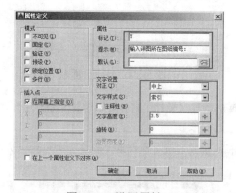

图 3-83　设置属性　　　　　　图 3-84　定义属性　　　　　图 3-85　位移结果

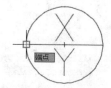

图 3-86　"块定义"对话框　　　　　　　图 3-87　定位基点

（10）最后执行"另存为"命令，将当前文件另名存储为"绘制常用图纸符号.dwg"。

3.8　商业装潢样板的页面布局

本节主要学习商业装潢图纸中，本节主要学习建筑制图样板文件的页面设置、图框配置以及样板文件的存储方法和具体的操作过程等内容。

3.8.1　设置图纸打印页面

（1）打开上例存储的"绘制常用图纸符号.dwg"，或直接从随书光盘中的"\效果文件\第 3 章\"目录下调用此文件。

（2）单击绘图区底部的"布局 1"标签，进入到如图 3-88 所示的布局空间。

（3）单击"输出"选项卡→"打印"面板→"页面设置管理器"按钮 ，打开"页面设置管理器"对话框。

（4）单击 新建(N)... 按钮，打开"新建页面设置"对话框，为新页面赋名，如图 3-89 所示。

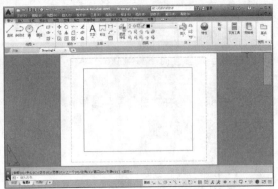

图 3-88　布局空间

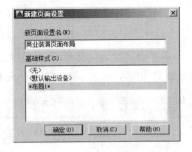

图 3-89　为新页面赋名

（5）单击 **确定** 按钮进入"页面设置-布局1"对话框，然后设置打印设备、图纸尺寸、打印样式、打印比例等各页面参数，如图 3-90 所示。

（6）单击 **确定** 按钮返回"页面设置管理器"话框，将刚设置的新页面设置为当前，如图 3-91 所示。

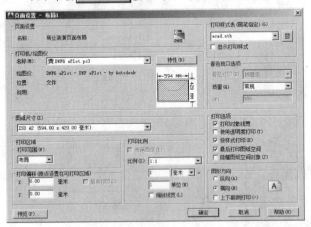

图 3-90　设置页面参数

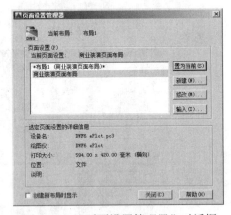

图 3-91　"页面设置管理器"对话框

（7）单击 **关闭(C)** 按钮，页面设置后的效果如图 3-92 所示。

（8）使用快捷键"E"激活"删除"命令，选择布局内的矩形视口边框进行删除，新布局的页面设置效果如图 3-93 所示。

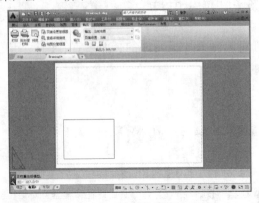

图 3-92　页面设置效果

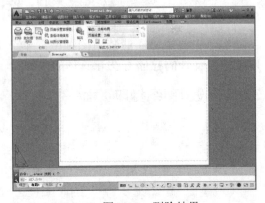

图 3-93　删除结果

3.8.2 配置标准图纸边框

（1）继续上节操作。

（2）单击"默认"选项卡→"绘图"面板→"插入块"按钮 ，打开"插入"话框。

（3）在"插入"对话框中设置插入点、缩放比例等参数，如图 3-94 所示。

图 3-94 设置块参数

（4）单击 确定，结果 A2-H 图表框被插入当前布局中的原点位置上，如图 3-95 所示。

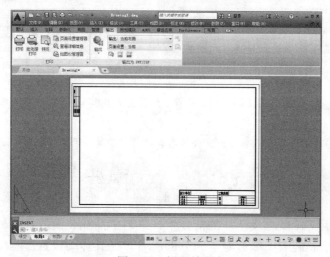

图 3-95 插入结果

3.8.3 室内样板图的存储

（1）继续上节操作。

（2）单击状态栏上的 图纸，返回模型空间。

（3）按 Ctrl+Shift+S 组合键，打开"图形另存为"对话框。

（4）在"图形另存为"对话框中的设置文件的存储类型为"AutoCAD 图形样板（*dwt）"，如图 3-96 所示。

（5）在"图形另存为"对话框下部的"文件名"文本框内输入"室内设计样板.dwt"，如图 3-97 所示。

（6）单击 保存(S)，打开"样板选项"对话框，输入"A2-H 幅面商业装潢样板文件"，如图 3-98 所示。

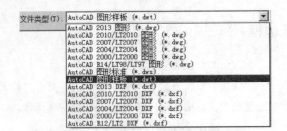

图 3-96 "文件类型"下拉列表框

图 3-97 样板文件的存储

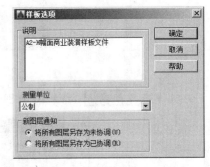

图 3-98 "样板选项"对话框

（7）单击 确定 ，结果创建了制图样板文件，保存于 AutoCAD 安装目录下的"Template"文件夹目录下。

（8）最后执行"另存为"命令，将当前文件另名存储为"建筑样板的页面布局.dwg"。

3.9 本 章 小 结

本章在了解样板文件概念及功能的前提下，学习了商业装潢样板文件的具体设置过程和设置技巧，为以后绘制施工图纸做好了充分的准备。在具体的设置过程中，需要掌握绘图环境的设置、图层及特性的设置、各类绘图样式的设置、各类常用图纸符号属性块的制作以及打印页面的布局、图框的合理配置和样板的另名存储等技能。

第二部分 大型商业空间篇

第4章 御景苑售楼部空间装潢设计

售楼部是为促进楼盘销售而建造的重要场所，它是一个公司的脸面，在体现公司文化的同时也衬托着公司的经营理念，而售楼部的内部布局和装潢则是一个楼盘实力的体现，同时，也直接刺激着购房者的购买欲望。因此，售楼部合理美观的装修和布局，则会直接影响到整个楼盘的销售。本章主要讲述售楼部空间装潢方案的具体设计过程和相关绘图技能。

■ **本章内容**

◇ 售楼部空间装潢设计原理概述
◇ 售楼部空间装潢方案设计思路
◇ 绘制御景苑售楼部墙体平面图
◇ 绘制御景苑售楼部装修布置图
◇ 绘制御景苑售楼部地面材质图
◇ 标注售楼部布置图文字、尺寸与符号
◇ 本章小结

4.1 售楼部空间装潢设计原理概述

售楼部作为楼盘形象展示的主要场所，不仅仅是接待、洽谈业务的地方，还是现场广告宣传的主要工具，通常也是实际的交易地点。因此，作为直接影响客户第一视觉效果的售楼部装潢设计，一定要形象突出，体现楼盘特色，同时能激发客户的良好心理感受，增强购买欲望。本小节重点讲述售楼部空间装潢设计要点、设计原则以及空间功能分区等知识。

4.1.1 售楼部空间装潢设计要点

在装修设计时要注意以下要点。

（1）售楼部内部设计基本功能要齐全，通过细节打造体现楼盘的尊贵品质。

（2）售楼部内部功能空间应互相连接起来，让顾客感到服务的周全性。同时室内可以引入一些动态的元素，以起到活跃整体气氛的作用。

（3）在布线设计上要合理尽量做好隐蔽，值得注意的就是楼层之间的线路的隐蔽问题。

（4）在室内灯光设计上，不要拘泥形式，敢于运用各种不同的灯光色彩，灯光系统须有浪漫、活泼的效果。

（5）售楼部装修材料在选择时，质量和色彩都应该是最好的。只有这样，才能将整体的效果做得更好。

（6）不要重视内部而忽略外部的重要性。很多售楼部都是内部富丽堂皇外边寒酸不堪。因此，在装修设计上就要把周围的导示系统、门口、外围、楼道等空间氛围考虑在内。

（7）不要盲目追求奢华，而忽视了定位。售楼部的装修不要只追求豪华，应当能够与企业的整体文化，项目的规模、特点、档次和市场定位相结合，最重要的是与众不同和突出个性。

4.1.2 售楼部空间装潢设计原则

售楼部空间装潢设计原则如下。

（1）动静分隔。注意人流的动线组织，为前期会客提供良好的平台。

（2）功能分区。内部的各个功能分区要合理完善，接待、洽谈、吧台、展示区等应紧密联系，互为一体。

（3）灯光系统。展示区的灯光需要大气，灯位需要充足，能够在不同的区域营造活泼、温馨浪漫等效果。推荐用吊灯、地灯等多种灯饰组合，通过空间布局提供客户一个体验生活的场景。

（4）音响系统。音响系统要消除传播盲区，并保证其环绕立体声效果。

（5）主题风格。售楼部装修设计的主题风格不能个人主义，不能盲目为追求风格化、形式感的东西而忽视功能。

（6）饰品点缀。注意室内的装饰的设置(如壁画、绿色植物、家具等)，以体现其尊贵、品质感。

（7）其他原则。除以上几点外，还需要通过售楼部的包装体现档次和品质，装修色调参考项目LGGO及VI延展的标准色，并保证品质感在选材、细部上的充分体现。

4.1.3 售楼部内部空间功能分区

售楼部内部空间常用功能分区如下。

（1）接待区。接待区是项目形象展示的重要组成部分，一般面向门口，便于销售代表第一时间迎接客户。包括接待台、接待背景墙与家具灯具道具等。接待台与背景墙应庄重大气，代表项目的气质与风范。接待台不宜过高，体现亲和力，便于使用，包括接待人员接待、登记、派发楼盘资料等。

（2）模型区。视项目的情况预留包括地域模型、项目模型、户型模型等销售道具的展示空间。此外还有透视图、展板等销售物料的陈列位置也要安排好。一般而言，项目模型是该区域的聚焦中心。预留足线的展示空间，利于人群围观模型和沿线参观展板、户型图等介绍物料。

（3）洽谈区。客户看完模型，听完介绍，有意向的客户可以进入洽谈区进行深度了解和沟度，所以洽谈区一般布置在模型区的近旁，是售楼部的重要区域，以开阔、整洁，易于小组团的沟通为好。其装饰格调与高档咖啡厅相似，以提升项目的高档形象。对于一些重要客户或者成交意向明显的客户，有的售楼部还会设VIP贵宾区进行接待和洽谈。

（4）材料展示区。项目的工程材料、装饰材料、防震安全结构、数码网络系统、精装房的主要选材都需要一定的区域进行展示。该区域一般布置在销售大厅的边角区域，或者设计专门的建材馆进行展示。

（5）销控区。在进行开盘销售或集中销售时，本区域非常重要。空间需足够开阔，便于陈列销控牌和组织集中销售活动。

（6）数码互动区。随着现代科技的进步，在电脑或投影屏幕上进行项目的全景展示已经是相当普遍，常常以投影的方式进行展播，包括影视广告片、3D 模型成像、现场全景成像展示等等，此外还有数码模拟影像的呈现技术也慢慢应用到售楼部展示中。利用现代科技与购楼者进行交流与互动将会成为一种趋势。

（7）舞台表演区。为活跃现场气氛或集中人气，一些大型的售楼部也会设舞台表演区，可用于表演、演讲、会议、活动、销售、培训等多重功能。

（8）办公区。专案及专案助理办公室、财务室，其他办公室、会议室。

（9）洗手间。上帝藏在细节里，魔鬼也藏在细节里。洗手间是购房者非常重视的一个体验区，它应同时具有整理妆容的功能。洗手间设计得好，服务到位，能令到购房者的好感度速度升级。五星级的售楼部当然应该匹配五星级的洗手间，才能体现项目的高品质。

（10）储藏间。宣传物料、宣传道具、临时性的物资储藏都需要这样一个空间来收储。一般安排在办公区附近。

4.2　售楼部空间装潢方案设计思路

本章绘制的是某售楼部办公空间装修设计方案，其空间功能主要划分为接待区、洽谈区、办公区、会议室、沙盘模型区、休息区、贵宾室、财务室、办公室等。在设计售楼部办公空间平面方案时，具体可以参照如下思路。

第一，首先根据事先测量的建筑数据，初步绘制售楼部墙体结构平面图，包括轴、墙、窗、门、柱等内容。

第二，在售楼部墙体平面图基础上，合理、科学的绘制规划空间，绘制各空间的平面布置图。

第三，在售楼部家具平面布置图的基础上，绘制其地面材质图，以体现地面的装修概况。

第四，在售楼部布置图中标注房间功能注释和装修材质，以文字的形式表达出空间功能以及相关的装修材质说明。

第五，最后需要在售楼部布置图中标注必要的尺寸以及墙面投影符号。

4.3　绘制御景苑售楼部墙体平面图

本节主要学习御景苑小区售楼部墙体平面图的绘制过程和绘制技巧。售楼部墙体平面图的最终绘制效果如图 4-1 所示。

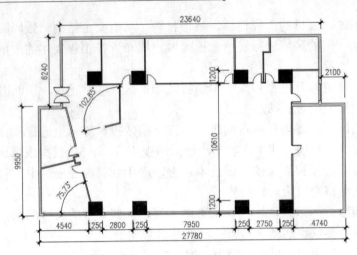

图 4-1　实例效果

4.3.1　绘制售楼部定位轴线

（1）单击"快速访问"工具栏→"新建"按钮，以随书光盘中的"\样板文件\商业装潢样板.dwt"作为基础样板，新建文件。

（2）展开"默认"选项卡→"图层"面板→"图层"下拉列表，双击"轴线层"，将其设置为当前图层。

（3）使用快捷键"LT"激活"线型"命令，在打开的"线型管理器"对话框中将线型比例设置为50。

（4）单击"默认"选项卡→"绘图"面板→"矩形"按钮，绘制长为27540、宽为15950的矩形。

（5）单击"默认"选项卡→"修改"面板→"分解"按钮，将矩形分解。

（6）单击"默认"选项卡→"修改"面板→"偏移"按钮，将矩形左侧垂直边向右偏移，偏移间距分别为2040、3680、3950、8050、2600、600、1950和2570，偏移结果如图4-2所示。

（7）重复执行"偏移"命令，将下侧的水平边向上偏移，偏移间距分别为9710、2030、1100和1640，结果如图4-3所示。

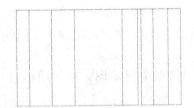

图 4-2　创建纵向轴线

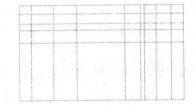

图 4-3　创建横向轴线

（8）在无命令执行的前提下夹点显示如图4-4所示的垂直轴线，然后单击上侧的夹点，进入夹点编辑模式。

（9）在命令行"** 拉伸 **指定拉伸点或 [基点(B)/复制(C)/放弃(U)/退出(X)]:"提示下，捕捉水平轴线L的左端点作为拉伸目标点。

（10）按 Esc 键取消夹点，编辑结果如图4-5所示。

（11）参照8～10操作步骤，使用夹点编辑功能分别对其他轴线进行拉伸，编辑结果如图4-6所示。

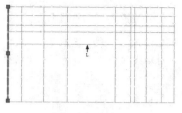

图 4-4　夹点效果

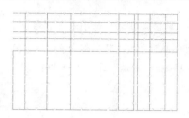

图 4-5　编辑结果

（12）单击"默认"选项卡→"修改"面板→"偏移"按钮 ⚑，将图 4-6 所示的垂直轴线 1 向左偏移 15490，将水平轴线 2 向下偏移 3545，结果如图 4-7 所示。

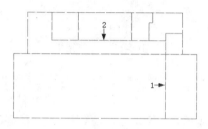

图 4-6　编辑其他轴线

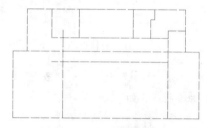

图 4-7　偏移结果

（13）单击"默认"选项卡→"绘图"面板→"构造线"按钮 ✐，捕捉偏移出的两条轴线交点，绘制角度为 12.85 的倾斜构造线，结果如图 4-8 所示。

（14）单击"默认"选项卡→"绘图"面板→"构造线"按钮 ✐，配合"捕捉自"功能继续绘制倾斜构造线，命令行操作下。

```
命令: _xline
    指定点或 [水平(H)/垂直(V)/角度(A)/二等分(B)/偏移(O)]:  //a Enter
    输入构造线的角度 (0.00) 或 [参照(R)]:   //12.85 Enter
    指定通过点:      //激活"捕捉自"功能
    _from 基点:     //捕捉如图 4-8 所示的交点 B
    <偏移>:         //@4925,0 Enter
    指定通过点:      //激活"捕捉自"功能
    _from 基点:     //捕捉交点 A
    <偏移>:         //@0,-5550 Enter
    指定通过点:      //Enter，绘制结果如图 4-9 所示
```

（15）单击"默认"选项卡→"绘图"面板→"构造线"按钮 ✐，捕捉图 4-9 所示的交点 A，绘制角度为 104.27 的倾斜构造线。

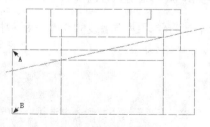

图 4-8　绘制结果

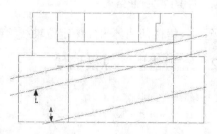

图 4-9　绘制结果

（16）单击"默认"选项卡→"修改"面板→"偏移"按钮 ，将刚绘制的构造线向左偏移 470，将构造线 L 对称偏移 300，结果如图 4-10 所示。

（17）单击"默认"选项卡→"修改"面板→"修剪"按钮 ，对轴线和构造线进行修剪，结果如图 4-11 所示。

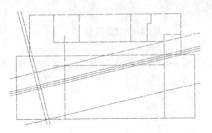

图 4-10　偏移结果

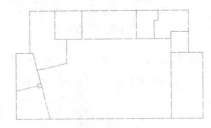

图 4-11　修剪结果

（18）单击"默认"选项卡→"修改"面板→"打断"按钮 ，在最下侧水平轴线上创建宽度为 3900 的窗洞，命令行操作如下。

```
命令：_break
选择对象：                        //选择最下侧水平轴线
指定第二个打断点 或 [第一点(F)]：  //F Enter
指定第一个打断点：                //激活"捕捉自"功能
  _from 基点：                   //捕捉水平轴线的左端点
<偏移>：                         //@320,0 Enter
指定第二个打断点：                //@3900,0 Enter，打断结果如图 4-12 所示
```

（19）将线型比例暂时设置为 1，然后重复执行"打断"命令，对其他轴线进行打断，创建如图 4-13 所示的门洞和窗洞。

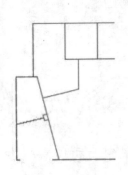

图 4-12　打断结果

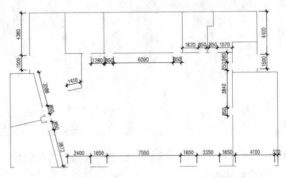

图 4-13　创建其他洞口

至此，售楼部墙体平面图定位轴线绘制完毕，下一小节将学习纵横墙线的绘制过程和技巧。

4.3.2　绘制售楼部纵横墙线

（1）继续上例操作。

（2）展开"默认"选项卡→"图层"面板→"图层"下拉列表，在展开的下拉列表中选择"墙线层"，将其设为当前图层。

（3）选择菜单栏"绘图"→"多线"命令，配合"端点捕捉"功能绘制墙线，命令行操作如下。

```
命令：_mline
    当前设置：对正 = 上，比例 = 20.00，样式 =墙线样式
    指定起点或 [对正(J)/比例(S)/样式(ST)]：    //J Enter
    输入对正类型 [上(T)/无(Z)/下(B)] <上>：    //Z Enter
    当前设置：对正 = 无，比例 = 20.00，样式 =墙线样式
    指定起点或 [对正(J)/比例(S)/样式(ST)]：    //S Enter
    输入多线比例 <20.00>：                   //240 Enter
    当前设置：对正 = 无，比例 = 240.00，样式 =墙线样式
    指定起点或 [对正(J)/比例(S)/样式(ST)]：    //捕捉如图 4-14 所示的端点 1
    指定下一点：                            //捕捉交点 2
    指定下一点或 [放弃(U)]：                  //捕捉交点 3
    指定下一点或 [闭合(C)/放弃(U)]：           //捕捉端点 4
    指定下一点或 [闭合(C)/放弃(U)]：           //C Enter，绘制结果如图 4-15 所示
```

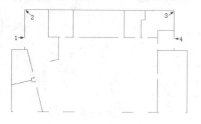

图 4-14　定位点

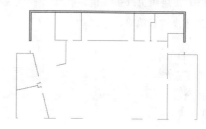

图 4-15　绘制结果

（4）重复执行"多线"命令，设置多线样式、对正方式和多线比例不变，绘制其他位置的主墙线，结果如图 4-16 所示。

（5）重复执行"多线"命令，设置多线比例为 100，其他参数不变，绘制如图 4-17 所示的次墙线。

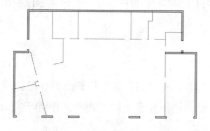

图 4-16　绘制其他主墙线

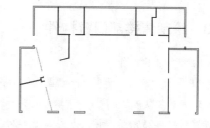

图 4-17　绘制次墙线

（6）重复执行"多线"命令，配合端点捕捉功能继续绘制次墙线，命令行操作如下。

```
命令：_mline
    当前设置：对正 = 无，比例 = 100.00，样式 = 墙线样式
    指定起点或 [对正(J)/比例(S)/样式(ST)]：    //j Enter
    输入对正类型 [上(T)/无(Z)/下(B)] <无>：    //T Enter
    当前设置：对正 = 上，比例 = 100.00，样式 = 墙线样式
    指定起点或 [对正(J)/比例(S)/样式(ST)]：    //捕捉如图 4-18 所示的端点
    指定下一点：                            //捕捉倾斜轴线的下端点
    指定下一点或 [放弃(U)]：                  //Enter，绘制结果如图 4-19 所示
```

（7）重复执行"多线"命令，按照当前的参数设置，绘制其他位置的次墙线，结果如图4-20所示。

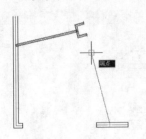
图4-18　捕捉端点

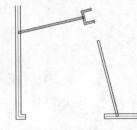
图4-19　绘制结果

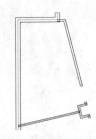
图4-20　绘制其他次墙线

（8）展开"默认"选项卡→"图层"面板→"图层"下拉列表，然后关闭"轴线层"。

（9）在墙线上双击左键，打开"多线编辑工具"对话框，单击对话框中的"T形合并"按钮。

（10）返回绘图区根据命令行的提示对墙线进行T形合并，结果如图4-21所示。

（11）在墙线上双击左键，打开"多线编辑工具"对话框后单击对话框中的"角点结合"按钮，对拐角处的墙线进行编辑，结果如图4-22所示。

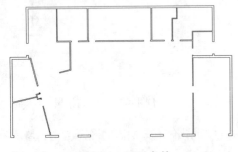
图4-21　T形合并

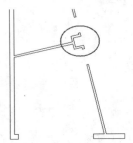
图4-22　角点结合

至此，售楼部纵横墙线绘制完毕，下一小节将学习门窗构件的绘制过程和绘图技巧。

4.3.3　绘制售楼部门窗构件

（1）继续上例操作。

（2）展开"默认"选项卡→"图层"面板→"图层"下拉列表，将"门窗层"设置为当前图层。

（3）单击"默认"选项卡→"块"面板→"插入"按钮，插入随书光盘中的"\图块文件\单开门.dwg"，参数设置如图4-23所示，插入点为如图4-24所示的中点。

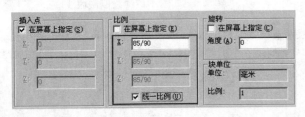
图4-23　设置参数

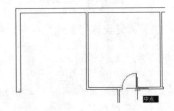
图4-24　定位插入点

（4）重复执行"插入块"命令，继续插入单开门图块，参数设置如图4-25所示，插入点为如图4-26所示的中点。

图 4-25　设置参数

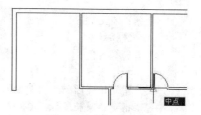

图 4-26　定位插入点

（5）重复执行"插入块"命令，继续插入单开门图块，参数设置如图 4-27 所示，插入点为如图 4-28 所示的中点。

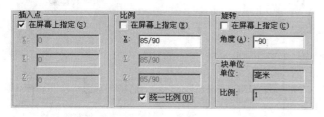

图 4-27　设置参数

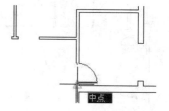

图 4-28　定位插入点

（6）重复执行"插入块"命令，继续插入单开门图块，参数设置如图 4-29 所示，插入点为如图 4-30 所示的中点。

图 4-29　设置参数

图 4-30　定位插入点

（7）重复执行"插入块"命令，继续插入单开门图块，参数设置如图 4-31 所示，插入点为如图 4-32 所示的中点。

图 4-31　设置参数

图 4-32　定位插入点

（8）综合使用"复制"和"镜像"命令，对插入的单开门图块进行复制和镜像，以布置出其他位置的门图块，结果如图 4-33 所示。

（9）单击"默认"选项卡→"修改"面板→"缩放"按钮，对旋转门图块进行缩放，命令行操作如下。

```
命令: _scale
   选择对象:                        //选择旋转门图块
   选择对象:                        //Enter
   指定基点:                        //捕捉如图4-34所示的中点
   指定比例因子或 [复制(C)/参照(R)]: //r Enter
   指定参照长度 <1.0>:               //捕捉如图4-34所示的中点
   指定第二点:                       //捕捉如图4-35所示的中点
   指定新的长度或 [点(P)] <1.0>:     //捕捉如图4-36所示的中点，结果如图4-37所示
```

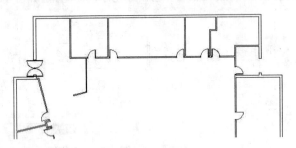

图 4-33 操作结果

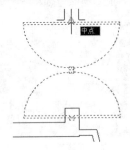

图 4-34 捕捉中点

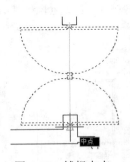

图 4-35 捕捉中点

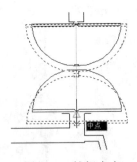

图 4-36 捕捉中点

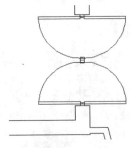

图 4-37 缩放结果

（10）选择菜单栏"格式"→"多线样式"命令，在打开的"多线样式"对话框中设置"窗线样式"为当前样式。

（11）选择菜单栏"绘图"→"多线"命令，将对正方式设置为"无"、多线比例为 240，配合中点捕捉功能绘制如图 4-38 所示的窗线。

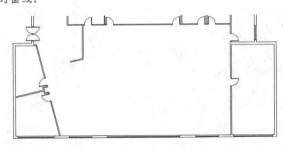

图 4-38 修剪结果

至此，售楼部墙体平面图中的门窗构件绘制完毕，下一小节将绘制平面图中的柱子构件。

4.3.4 绘制售楼部柱子构件

（1）继续上节操作。

（2）展开"默认"选项卡→"图层"面板→"图层"下拉列表，将"其他层"设置为当前图层。

（3）单击"默认"选项卡→"绘图"面板→"矩形"按钮▢，配合"捕捉自"功能绘制柱子外轮廓线，命令行操作如下。

```
命令：_rectang
    指定第一个角点或 [倒角(C)/标高(E)/圆角(F)/厚度(T)/宽度(W)]：
                            //激活"捕捉自"功能
    _from 基点：            //捕捉如图 4-39 所示的端点
    <偏移>：               //@4540,0 Enter
    指定另一个角点或 [面积(A)/尺寸(D)/旋转(R)]：
                            //@1250,1200 Enter，绘制结果如图 4-40 所示
```

（4）单击"默认"选项卡→"绘图"面板→"图案填充"按钮▨，对刚绘制的矩形填充"SOLID"实体图案。

（5）单击"默认"选项卡→"修改"面板→"复制"按钮🗇，选择刚填充的柱子水平向右复制 4050、13250 和 17250 个单位，结果如图 4-41 所示。

图 4-39 捕捉端点

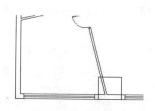

图 4-40 绘制矩形

（6）重复执行"复制"命令，选择所有的柱子垂直向上复制 11810 个单位，形成柱网，结果如图 4-42 所示。

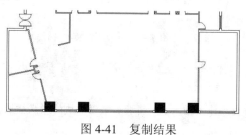

图 4-41 复制结果

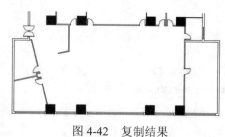

图 4-42 复制结果

（7）最后执行"保存"命令，将图形命名存储为"绘制售楼部墙体平面图.dwg"。

4.4 绘制御景苑售楼部装修布置图

本节主要学习御景苑小区售楼部空间装修布置图的绘制过程和绘图技巧。售楼部装修布置图的最终绘制效果如图 4-43 所示。

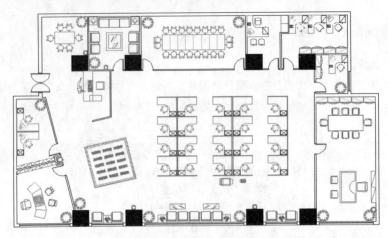

图 4-43 实例效果

4.4.1 绘制办公空间布置图

（1）打开上例保存的"绘制售楼部墙体平面图.dwg"，或直接从随书光盘"\效果文件\第 4 章\"目录下调用此文件。

（2）展开"默认"选项卡→"图层"面板→"图层"下拉列表，选择"家具层"设为当前图层。

（3）单击"默认"选项卡→"绘图"面板→"构造线" ，配合端点捕捉功能绘制如图 4-44 所示的两条构造线作为辅助线。

（4）单击"默认"选项卡→"修改"面板→"移动"按钮 ，选择水平构造线垂直下移 2000 个单位，选择垂直构造线水平右移 3490 个单位，结果如图 4-45 所示。

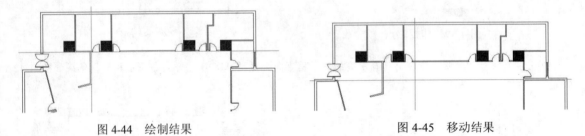

图 4-44 绘制结果　　　　　　　　　　　　　　　　图 4-45 移动结果

（5）单击"默认"选项卡→"块"面板→"插入"按钮 ，插入随书光盘中的"\图块文件\职员桌.dwg"，块参数设置如图 4-46 所示。

（6）返回绘图区根据命令行的提示，捕捉两条构造线的交点作为插入点，将职员桌以图块的形式插入到平面图中，结果如图 4-47 所示。

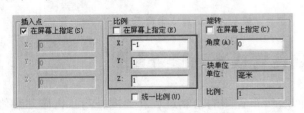

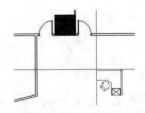

图 4-46 设置参数　　　　　　　　　　　　　　　　图 4-47 插入结果

（7）单击"默认"选项卡→"修改"面板→"矩形阵列"按钮 ，选择刚插入的职员桌图块进行阵列，命令行操作如下。

```
命令：_arrayrect
    选择对象：                                    ///选择职员桌
    选择对象：                                    //Enter
    类型 = 矩形  关联 = 是
    选择夹点以编辑阵列或 [关联(AS)/基点(B)/计数(COU)/间距(S)/列数(COL)/行数(R)/
层数(L)/退出(X)] <退出>：                         //COU Enter
    输入列数数或 [表达式(E)] <4>：                 //1 Enter
    输入行数数或 [表达式(E)] <3>：                 //4 Enter
    选择夹点以编辑阵列或 [关联(AS)/基点(B)/计数(COU)/间距(S)/列数(COL)/行数(R)/
层数(L)/退出(X)] <退出>：                         //s Enter
    指定列之间的距离或 [单位单元(U)] <0>：//1 Enter
    指定行之间的距离 <1>：                        //-1500 Enter
    选择夹点以编辑阵列或 [关联(AS)/基点(B)/计数(COU)/间距(S)/列数(COL)/行数(R)/
层数(L)/退出(X)] <退出>：                         //AS Enter
    创建关联阵列 [是(Y)/否(N)] <否>：             //N Enter
    选择夹点以编辑阵列或 [关联(AS)/基点(B)/计数(COU)/间距(S)/列数(COL)/行数(R)/
层数(L)/退出(X)] <退出>：                         //Enter，阵列结果如图4-48所示
```

（8）单击"默认"选项卡→"修改"面板→"镜像"按钮 ，配合端点捕捉功能对职员桌进行镜像，命令行操作如下。

```
命令：_mirror
    选择对象：                                    //拉出如图4-49所示的窗交选择框
    选择对象：                                    //Enter
    指定镜像线的第一点：                          //捕捉如图4-50所示的端点
    指定镜像线的第二点：                          //@0,1 Enter
    要删除源对象吗？[是(Y)/否(N)] <N>：           //Enter，镜像结果如图4-51所示
```

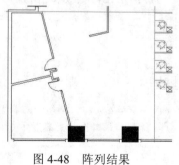

图4-48　阵列结果　　　　图4-49　窗交选择　　　　图4-50　捕捉端点

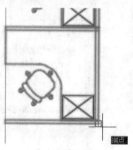

（9）单击"默认"选项卡→"绘图"面板→"矩形"按钮 ，配合"捕捉自"功能绘制屏风造型，命令行操作如下。

```
命令：_rectang
    指定第一个角点或 [倒角(C)/标高(E)/圆角(F)/厚度(T)/宽度(W)]：
                    //激活"捕捉自"功能
```

```
_from 基点:        //捕捉如图 4-52 所示的端点
<偏移>:            //@0,-900 Enter
指定另一个角点或 [面积(A)/尺寸(D)/旋转(R)]:  //@1500,-50 Enter
命令:
RECTANG
指定第一个角点或 [倒角(C)/标高(E)/圆角(F)/厚度(T)/宽度(W)]:
                  //捕捉刚绘制的矩形的右下角点
指定另一个角点或 [面积(A)/尺寸(D)/旋转(R)]:
                  //@1500,50 Enter, 绘制结果如图 4-53 所示
```

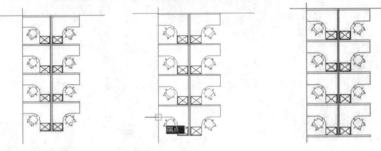

图 4-51 镜像结果   图 4-52 捕捉端点   图 4-53 绘制结果

（10）单击"默认"选项卡→"修改"面板→"矩形阵列"按钮 ，框选职员桌及屏风进行阵列，命令行操作如下。

```
    命令: _arrayrect
    选择对象:                              //窗口选择如图 4-54 所示的对象
    选择对象:                              //Enter
    类型 = 矩形  关联 = 是
    选择夹点以编辑阵列或 [关联(AS)/基点(B)/计数(COU)/间距(S)/列数(COL)/行数(R)/
层数(L)/退出(X)] <退出>:                   //COU Enter
    输入列数数或 [表达式(E)] <4>:           //3 Enter
    输入行数数或 [表达式(E)] <3>:           //1 Enter
    选择夹点以编辑阵列或 [关联(AS)/基点(B)/计数(COU)/间距(S)/列数(COL)/行数(R)/
层数(L)/退出(X)] <退出>:                   //s Enter
    指定列之间的距离或 [单位单元(U)] <0>:  //4200 Enter
    指定行之间的距离 <1>:                   //Enter
    选择夹点以编辑阵列或 [关联(AS)/基点(B)/计数(COU)/间距(S)/列数(COL)/行数(R)/
层数(L)/退出(X)] <退出>:                   //AS Enter
    创建关联阵列 [是(Y)/否(N)] <否>:        //N Enter
    选择夹点以编辑阵列或 [关联(AS)/基点(B)/计数(COU)/间距(S)/列数(COL)/行数(R)/
层数(L)/退出(X)] <退出>:                   //Enter, 阵列结果如图 4-55 所示
```

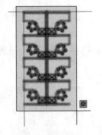

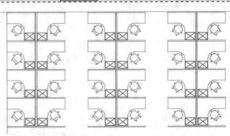

图 4-54 窗口选择   图 4-55 阵列结果

（11）使用快捷键"E"激活"删除"命令，窗交选择如图 4-56 所示的职员桌及屏风进行删除，删除结果如图 4-57 所示。

（12）重复执行"删除"命令，删除两条构造线。

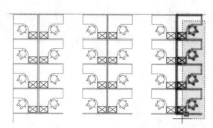

图 4-56　窗交结果

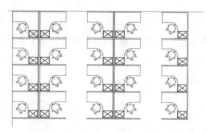

图 4-57　删除结果

至此，售楼部办公区家具布置图完毕，下一小节将学习会议室家具布置图的具体绘制过程和技巧。

4.4.2　绘制会议室布置图

（1）继续上节操作。

（2）单击"默认"选项卡→"绘图"面板→"矩形"按钮□，配合"捕捉自"功能绘制会议桌，命令行操作如下。

```
命令：_rectang
    指定第一个角点或 [倒角(C)/标高(E)/圆角(F)/厚度(T)/宽度(W)]：//激活"捕捉自"功能
    _from 基点：                         //捕捉如图 4-58 所示的端点
    <偏移>：                             //@1575,-1420 Enter
    指定另一个角点或 [面积(A)/尺寸(D)/旋转(R)]：//@4800,-1200 Enter，结果如
图 4-59 所示
```

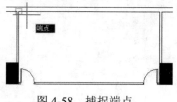

图 4-58　捕捉端点

图 4-59　绘制结果

（3）单击"默认"选项卡→"绘图"面板→"图案填充"按钮，设置填充图案与参数如图 4-60 所示，为会议桌填充图案，结果如图 4-61 所示。

图 4-60　设置填充图案及参数

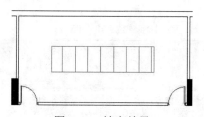

图 4-61　填充结果

（4）在填充图案上单击右键，选择右键菜单上的"设定原点"选项，然后返回绘图区捕捉矩形左下角点作为填充原点，结果如图4-62所示。

（5）单击状态栏上的▨按钮，打开透明度的显示功能。

（6）单击"默认"选项卡→"修改"面板→"偏移"按钮⌸，将矩形向外偏移50个单位作为辅助矩形，并将偏移出的矩形分解，结果如图4-63所示。

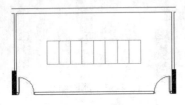

图4-62　调整原点后的效果

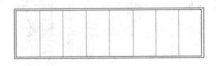

图4-63　偏移结果

（7）单击"默认"选项卡→"块"面板→"插入"按钮⎙，采用默认参数插入随书光盘中的"\图块文件\会议椅.dwg"，插入点为任意位置。

（8）使用快捷键"E"激活"删除"命令，将插入的会议桌图块删除。

（9）单击"默认"选项卡→"绘图"面板→"定距等分"按钮◿，对下侧的水平轮廓线进行等分，为会议桌布置会议椅，命令行操作如下。

```
命令：_measure
    选择要定距等分的对象：      //在会议桌下侧的水平轮廓线的左端单击
    指定线段长度或 [块(B)]：   //bEnter
    输入要插入的块名：          //会议椅 Enter
    是否对齐块和对象？[是(Y)/否(N)] <Y>：//Enter
    指定线段长度：              //600 Enter，等分结果如图4-64所示
```

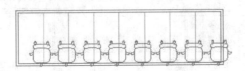

图4-64　等分结果

（10）单击"默认"选项卡→"修改"面板→"移动"按钮✛，将所有椅子向左位移，基点为任一点，目标点为"@-250,1300"，结果如图4-65所示。

（11）单击"默认"选项卡→"修改"面板→"镜像"按钮⚏，捕捉会议桌垂直边的中点作为镜像线上的点，选择位移后的会议椅进行镜像，镜像结果如图4-66所示。

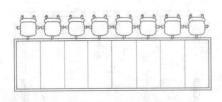

图4-65　移动结果

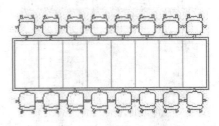

图4-66　镜像结果

（12）使用快捷键"DIV"激活"定数等分"命令，对会议桌左侧的垂直辅助线进行等分，命令行操作如下。

```
命令: div                              //Enter
       DIVIDE 选择要定数等分的对象:       //Enter
       输入线段数目或 [块(B)]:           //bEnter
       输入要插入的块名:                 //会议椅 Enter
       是否对齐块和对象? [是(Y)/否(N)] <Y>:  //Enter
       输入线段数目:                     //3 Enter，等分结果如图 4-67 所示
```

（13）单击"默认"选项卡→"修改"面板→"移动"按钮 ✥，将两个会议桌图块水平向右移动 4900 个单位，结果如图 4-68 所示。

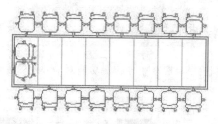

图 4-67　定数等分结果

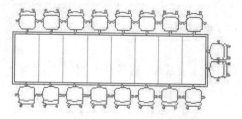

图 4-68　移动结果

（14）单击"默认"选项卡→"修改"面板→"镜像"按钮 ⚎，对位移后的两个会议椅进行镜像，镜像结果如图 4-69 所示。

（15）使用快捷键"E"激活"删除"命令，将会议桌外侧的四条辅助线删除，结果如图 4-70 所示。

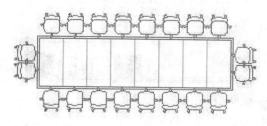

图 4-69　镜像结果

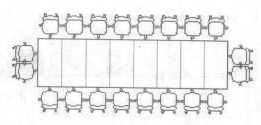

图 4-70　删除结果

（16）单击"默认"选项卡→"块"面板→"插入"按钮 📄，采用默认参数，插入随书光盘中的"\图块文件\植物 2.dwg"，结果如图 4-71 所示。

（17）单击"默认"选项卡→"修改"面板→"镜像"按钮 ⚎，对插入的植物图块进行镜像，镜像结果如图 4-72 所示。

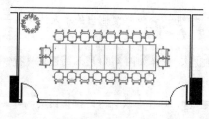

图 4-71　插入结果

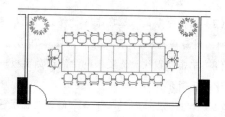

图 4-72　镜像结果

至此，售楼部会议室布置图完毕，下一小节将学习休息室布置图的具体绘制过程和技巧。

4.4.3 绘制休息区布置图

（1）继续上节操作。

（2）单击"默认"选项卡→"块"面板→"插入"按钮，采用默认参数插入随书光盘中的"\图块文件\block07.dwg"，插入点为图 4-73 所示的中点。

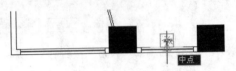

图4-73　定位插入点

（3）重复执行"插入块"命令，采用默认参数插入随书光盘中的"\图块文件\单人沙发.dwg"，如图 4-74 所示。

（4）单击"默认"选项卡→"修改"面板→"镜像"按钮，配合中点捕捉功能对单人沙发图块进行镜像，镜像结果如图 4-75 所示。

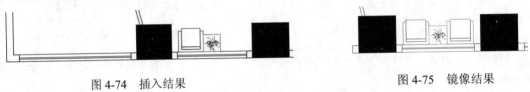

图4-74　插入结果　　　　　　　　　　　　　　　图4-75　镜像结果

（5）单击"默认"选项卡→"修改"面板→"复制"按钮，配合端点捕捉功能对沙发和茶几进行复制，结果如图 4-76 所示。

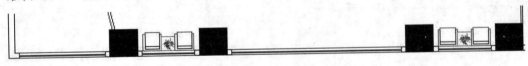

图4-76　复制结果

（6）重复执行"复制"命令，窗交选择如图 4-77 所示的图块，水平向右复制 4170 个单位，结果如图 4-78 所示。

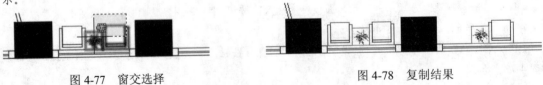

图4-77　窗交选择　　　　　　　　　　　　　　　图4-78　复制结果

（7）单击"默认"选项卡→"修改"面板→"矩形阵列"按钮，选择复制出的单人沙发水平向右进行阵列，列偏移为 862，阵列结果如图 4-79 所示。

（8）单击"默认"选项卡→"修改"面板→"镜像"按钮，选择如图 4-80 所示的图块进行镜像，结果如图 4-81 所示。

（9）单击"默认"选项卡→"修改"面板→"复制"按钮，选择会议区内的植物图块，将其复制到休息区内，结果如图 4-82 所示。

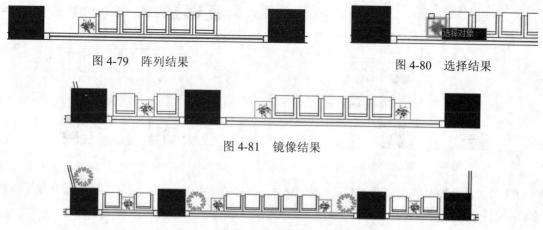

图 4-79 阵列结果   图 4-80 选择结果

图 4-81 镜像结果

图 4-82 复制结果

（10）单击"默认"选项卡→"块"面板→"插入"按钮 ，采用默认参数插入随书光盘"\图块文件\茶几 01.dwg 和"饮水机.dwg"，结果如图 4-83 所示。

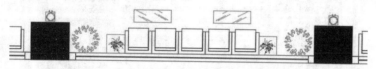

图 4-83 插入结果

至次，售楼部休息区家具布置图完毕，下一小节将学习贵宾室家具布置图的具体绘制过程和绘制技巧。

4.4.4 绘制贵宾室布置图

（1）继续上节操作。

（2）单击"视图"选项卡→"选项板"面板→"设计中心"按钮 ，激活"设计中心"命令，打开设计中心窗口。

（3）在左侧的树状资源管理器一栏中，定位随书光盘中的"图块文件"文件夹，如图 4-84 所示。

（4）在右侧的窗口中选择"三人沙发.dwg"文件，然后单击右键，选择"插入为块"选项，如图 4-85 所示，将此图形以块的形式共享到平面图中。

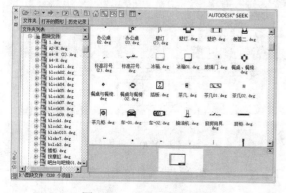

图 4-84 定位目标文件夹

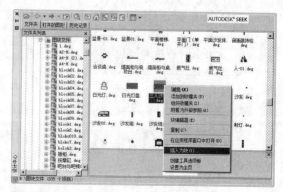

图 4-85 选择"插入为块"命令

（5）此时系统打开"插入"对话框，采用默认设置，单击 确定 按钮，返回绘图区捕捉如图 4-86 所示的中点作为插入点，插入结果如图 4-87 所示。

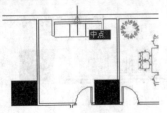

图 4-86　定位插入点

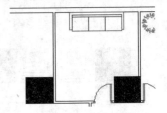

图 4-87　插入结果

（6）在"设计中心"右侧的窗口中向上移动滑块，定位"block08.dwg"文件，然后在此文件图标上单击右键，选择"复制"命令，如图 4-88 所示。

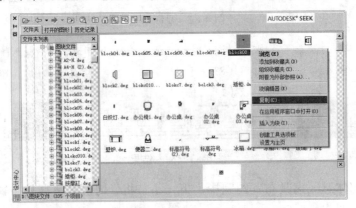

图 4-88　复制文件

（7）返回绘图区，选择菜单"编辑"选项卡→"粘贴"命令，将该图块粘贴到当前文件中，命令行操作如下。

```
命令：_pasteclip
    命令：-INSERT 输入块名或 [?]："D:\图块文件\block08.dwg"
    单位：毫米　转换：　　1.0
    指定插入点或 [基点(B)/比例(S)/X/Y/Z/旋转(R)]：//激活"捕捉自"功能
    _from 基点：　　　　//捕捉如图 4-89 所示的端点
    <偏移>：　　　　　　///@40,-40 Enter
    输入 X 比例因子，指定对角点，或 [角点(C)/XYZ(XYZ)] <1>：//Enter
    输入 Y 比例因子或 <使用 X 比例因子>：//Enter
    指定旋转角度 <0.00>：　　//Enter，粘贴结果如图 4-90 所示
```

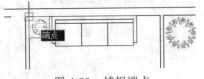

图 4-89　捕捉端点

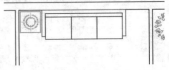

图 4-90　粘贴结果

（8）单击"默认"选项卡→"修改"面板→"镜像"按钮，配合中点捕捉功能，对刚粘贴的图块进行镜像，结果如图 4-91 所示。

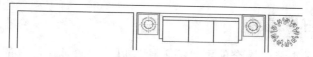

图 4-91　镜像结果

（9）在"设计中心"窗口中向下拖动滑块，然后定位如图 4-92 所示的"单人沙发(2)"文件。

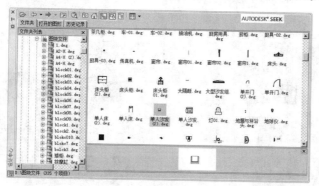

图 4-92　定位文件

（10）按住左键不放，将其拖曳至平面图中，然后配合"捕捉自"功能定位插入点，命令行操作如下。

```
命令：_-INSERT 输入块名或 [?]"D:\图块文件\单人沙发.dwg"
   单位：毫米　转换：　　1.0
   指定插入点或 [基点(B)/比例(S)/X/Y/Z/旋转(R)]：//r Enter
   指定旋转角度 <0.00>：　　//-90 Enter
   指定插入点或 [基点(B)/比例(S)/X/Y/Z/旋转(R)]：//激活"捕捉自"功能
   _from 基点：　　　　//捕捉如图 4-90 所示的端点
   <偏移>：　　　　//@0,-2450 Enter
   输入 X 比例因子，指定对角点，或 [角点(C)/XYZ(XYZ)] <1>：//Enter
   输入 Y 比例因子或 <使用 X 比例因子>：//Enter，结果如图 4-93 所示
```

（11）单击"默认"选项卡→"修改"面板→"镜像"按钮 ⚎，配合中点捕捉功能对单人沙发进行镜像，结果如图 4-94 所示。

（12）参照上述操作，使用"设计中心"的资源共享功能，为贵宾区布置"茶几 02.dwg、植物 2.dwg 和饮水机.dwg"图块，结果如图 4-95 所示。

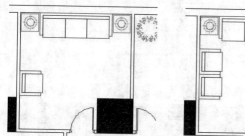

图 4-93　插入结果

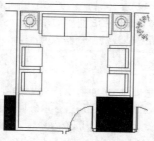

图 4-94　镜像结果

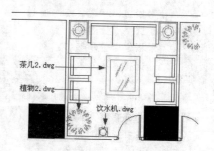

图 4-95　布置其他图块

至此，贵宾区家具布置图绘制完毕，下一小节将绘制售楼部其他空间的平面布置图。

4.4.5 绘制其他空间布置图

参照 4.4.1～4.4.4 小节，综合使用"插入块"以及"设计中心"的资源共享功能，配合"镜像"、"复制"、"矩形阵列"等多种命令，分别为他空间布置家具图块，所有家具图块都位于随书光盘中的"\图块文件\"目录下。售楼部其他空间布置图的最终绘制结果如图 4-96 和图 4-97 所示。

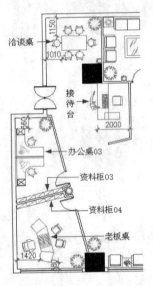

图 4-96 绘制结果

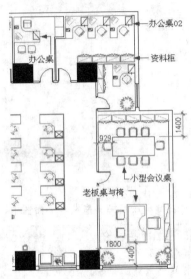

图 4-97 绘制结果

接下来学习沙盘展示区布置示意图的绘制过程和绘制技巧。

4.4.6 绘制模型展示区布置图

（1）继续上节操作。

（2）单击"默认"选项卡→"绘图"面板→"构造线" ✎️，绘制倾斜构造线作为沙盘区定位辅助线，命令行操作如下。

```
命令: _xline
    指定点或 [水平(H)/垂直(V)/角度(A)/二等分(B)/偏移(O)]: //o Enter
    指定偏移距离或 [通过(T)] <100.0>: //1750 Enter
    选择直线对象:      //选择如图 4-98 所示的墙线
    指定向哪侧偏移:     //在所选墙线的下侧拾取点
    选择直线对象:      //Enter
    命令:           //Enter
    XLINE 指定点或 [水平(H)/垂直(V)/角度(A)/二等分(B)/偏移(O)]: //o Enter
    指定偏移距离或 [通过(T)] <1750.0>: //1900 Enter
    选择直线对象:      //选择如图 4-99 所示的墙线
    指定向哪侧偏移:     //在所选墙线的右侧拾取点
    选择直线对象:      //Enter，绘制结果如图 4-100 所示
```

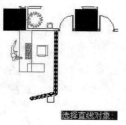

图 4-98　选择对象

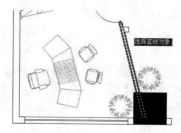
图 4-99　选择对象

图 4-100　绘制结果

（3）单击"默认"选项卡→"修改"面板→"偏移"按钮，将构造线 1 向下偏移 3200，将构造线 2 向右偏移 3200，结果如图 4-101 所示。

（4）重复执行"偏移"命令，分别将四条构造线向内偏移 50 和 130 个单位，结果如图 4-102 所示。

（5）单击"默认"选项卡→"修改"面板→"圆角"按钮，将圆角半径设置为 0，对偏移出的各构造线进行编辑，结果如图 4-103 所示。

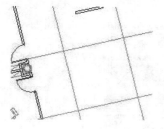
图 4-101　偏移结果

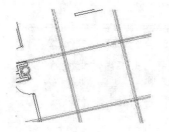
图 4-102　偏移结果

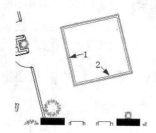
图 4-103　编辑结果

（6）单击"默认"选项卡→"修改"面板→"偏移"按钮，将轮廓线 1 向右偏移，偏移间距分别为 295、650、200、650、200、650，偏移结果如图 4-104 所示。

（7）重复执行"偏移"命令，将 2 向上偏移，偏移间距分别为 370、200、300、200、300、200、300、200、300、200 和 370，偏移结果如图 4-105 所示。

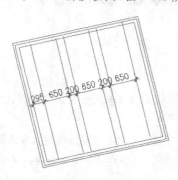
图 4-104　偏移结果

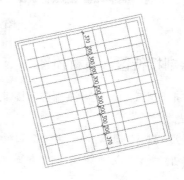
图 4-105　偏移结果

（8）使用快捷键"H"激活"图案填充"命令，设置填充图案及参数如图 4-106 所示，返回绘图区指定填充区域，填充如图 4-107 所示的图案。

（9）使用快捷键"E"激活"删除"命令，将偏移出的辅助线删除，结果如图 4-108 所示。

（10）最后使用"另存为"命令，将图形另名存储为"绘制御景苑售楼部装修布置图.dwg"。

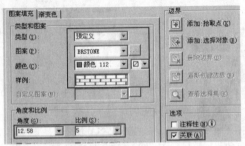
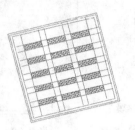
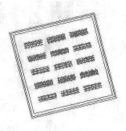

图 4-106 设置填充图案及参数　　　　　图 4-107 填充结果　　　　图 4-108 删除结果

4.5 绘制御景苑售楼部地面材质图

本节主要学习御景苑售楼部地面材质图的绘制过程和绘制技巧。御景苑售楼部地面材质图的最终绘制效果如图 4-109 所示。

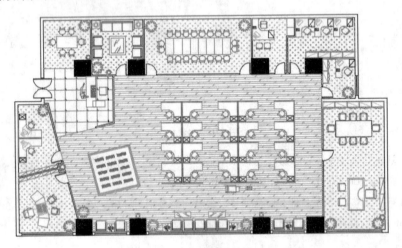

图 4-109 实例效果

4.5.1 绘制接待区砂石材质图

（1）打开上例保存的"绘制御景苑售楼部装修布置图.dwg"，或直接从随书光盘"\效果文件\第 4 章\"目录下调用此文件。

（2）展开"默认"选项卡→"图层"面板→"图层"下拉列表，将"填充层"设置为当前层。

（3）单击"默认"选项卡→"绘图"面板→"直线"按钮 ，配合捕捉与追踪功能封闭接待区，命令行操作如下。

```
命令: _line
    指定第一点:                    //捕捉如图 4-110 所示的中点
    指定下一点或 [放弃(U)]:        //捕捉如图 4-111 所示的追踪虚线的交点
    指定下一点或 [放弃(U)]:        //Enter
    命令:                         //Enter
    LINE 指定第一点:               //捕捉如图 4-112 所示的端点
```

指定下一点或 [放弃(U)]:   //捕捉如图 4-113 所示延伸虚线的交点
指定下一点或 [放弃(U)]:   //Enter，绘制结果如图 4-114 所示

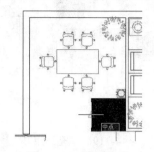

图 4-110　捕捉中点

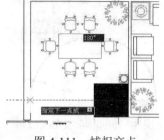

图 4-111　捕捉交点

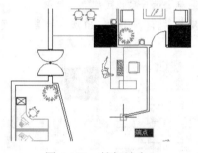

图 4-112　捕捉端点

图 4-113　捕捉交点

（4）在无命令执行的前提下单击接待台图块，使其呈现夹点显示，如图 4-115 所示。

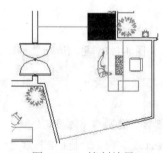

图 4-114　绘制结果

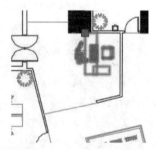

图 4-115　夹点显示效果

（5）展开"默认"选项卡→"图层"面板→"图层"下拉列表，将夹点显示的图块放到"填充层"上，同时冻结"家具层"，此时平面图的显示效果如图 4-116 所示。

（6）单击"默认"选项卡→"绘图"面板→"图案填充"按钮，设置填充图案及填充参数如图 4-117 所示。

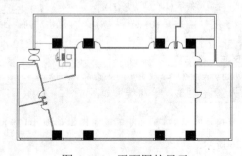

图 4-116　平面图的显示

图 4-117　设置填充图案及参数

（7）返回绘图区拾取如图 4-118 所示的填充边界，为接待区填充如图 4-119 所示的图案。

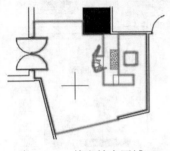

图 4-118　拾取填充区域

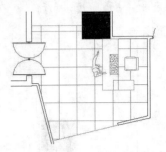

图 4-119　填充结果

（8）夹点显示填充图案，然后单击右键，从打开的右键菜单上选择"设定原点"选项。

（9）返回绘图区，在命令行"选择新的图案填充原点："提示下捕捉如图 4-120 所示的端点，更改原点后的效果如图 4-121 所示。

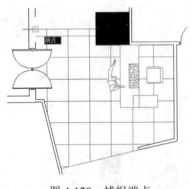

图 4-120　捕捉端点

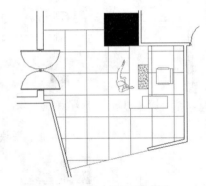

图 4-121　更改原点后的效果

（10）夹点显示接待台图块，然后展开"默认"选项卡→"图层"面板→"图层"下拉列表，将其放到"家具层"上，同时解冻该图层。

（11）单击"默认"选项卡→"修改"面板→"分解"按钮，将刚填充的图案分解。

（12）单击"默认"选项卡→"绘图"面板→"多段线"按钮，配合"捕捉自"和"对象捕捉"功能绘制三角形装饰块，命令行操作如下。

```
命令：_pline
    指定起点：                  //捕捉如图 4-122 所示的交点
    当前线宽为 0.0
    指定下一个点或 [圆弧(A)/半宽(H)/长度(L)/放弃(U)/宽度(W)]: //@70,0 Enter
    指定下一点或 [圆弧(A)/闭合(C)/半宽(H)/长度(L)/放弃(U)/宽度(W)]://激活"捕捉自"功能
    _from 基点：                //捕捉如图 4-123 所示的端点
    <偏移>：                    //@0,-675 Enter
    指定下一点或 [圆弧(A)/闭合(C)/半宽(H)/长度(L)/放弃(U)/宽度(W)]:
                                //C Enter，闭合图形，绘制结果如图 4-124 所示
```

（13）单击"默认"选项卡→"绘图"面板→"图案填充"按钮，设置填充图案如图 4-125 所示，为刚绘制的闭合多段线填充实体图案，填充结果如图 4-126 所示。

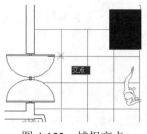
图 4-122　捕捉交点

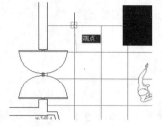
图 4-123　捕捉端点

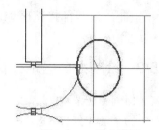
图 4-124　绘制结果

图 4-125　设置填充图案

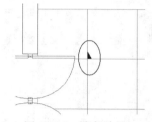
图 4-126　填充结果

（14）单击"默认"选项卡→"修改"面板→"矩形阵列"按钮，对闭合多段线及填充图案进行阵列，命令行操作如下。

```
命令：_arrayrect
    选择对象：                              ///闭合多段线及填充图案
    选择对象：                              //Enter
    类型 = 矩形　关联 = 是
    选择夹点以编辑阵列或 [关联(AS)/基点(B)/计数(COU)/间距(S)/列数(COL)/行数(R)/
层数(L)/退出(X)] <退出>：                     //COU Enter
    输入列数数或 [表达式(E)] <4>：            //6 Enter
    输入行数数或 [表达式(E)] <3>：            //6 Enter
    选择夹点以编辑阵列或 [关联(AS)/基点(B)/计数(COU)/间距(S)/列数(COL)/行数(R)/
层数(L)/退出(X)] <退出>：                     //s Enter
    指定列之间的距离或 [单位单元(U)] <0>：//800 Enter
    指定行之间的距离 <1>：                   //-800 Enter
    选择夹点以编辑阵列或 [关联(AS)/基点(B)/计数(COU)/间距(S)/列数(COL)/行数(R)/
层数(L)/退出(X)] <退出>：                     //AS Enter
    创建关联阵列 [是(Y)/否(N)] <否>：       //N Enter
    选择夹点以编辑阵列或 [关联(AS)/基点(B)/计数(COU)/间距(S)/列数(COL)/行数(R)/
层数(L)/退出(X)] <退出>：                     //Enter，阵列结果如图 4-127 所示
```

（15）使用快捷键"E"激活"删除"命令，将多余的三角形及实体图案删除，并对封闭线位置的三角形图案进行夹点编辑，结果如图 4-128 所示。

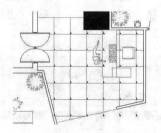
图 4-127　阵列结果

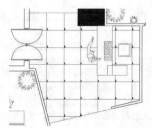
图 4-128　编辑结果

至此，售楼部接待区地面砂石材质图绘制完毕，下一小节将学习办公区地板材质图的绘制过程和技巧。

4.5.2 绘制办公区地板材质图

（1）继续上节操作。

（2）单击"默认"选项卡→"绘图"面板→"直线"按钮，配合端点捕捉功能封闭各房间门洞，结果如图4-129所示。

（3）在无命令执行的前提下夹点显示如图4-130所示的图形对象。

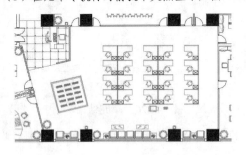
图4-129 封闭门洞

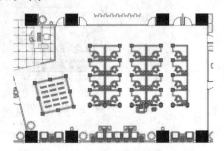
图4-130 夹点显示

（4）展开"默认"选项卡→"图层"面板→"图层"下拉列表，将夹点显示的对象放到"填充层"上，同时将"家具层"冻结，此时平面图的显示效果如图4-131所示。

（5）单击"默认"选项卡→"绘图"面板→"图案填充"按钮，设置填充图案及填充参数如图4-132所示。

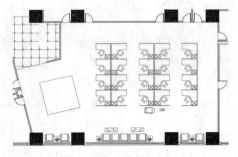
图4-131 平面图的显示效果

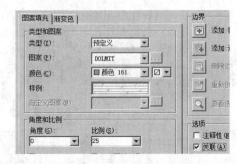
图4-132 设置填充图案及参数

（6）返回绘图区在办公区内单击左键，拾取填充区域，为办公区填充如图4-133所示的地板材质图案。

（7）在无命令执行的前提下夹点显示如图4-134所示的对象，将其放到"家具层"上，同时解冻"家具层"。

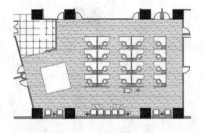
图4-133 填充结果

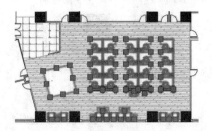
图4-134 夹点显示

至此，售楼部办公区地板材质图绘制完毕，下一小节将学习贵宾室地毯材质图的绘制过程和绘制技巧。

4.5.3 绘制贵宾室地毯材质图

（1）继续上节操作。

（2）在无命令执行的前提下夹点显示贵宾室内的所有家具图块。

（3）单击"视图"选项卡→"选项板"面板→"特性"按钮，打开"特性"窗口，将夹点显示对象放到"0图层"上，如图4-135所示。

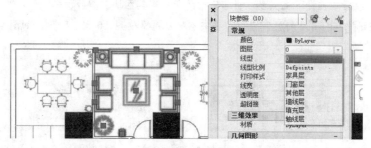

图4-135　更改图层

（4）展开"默认"选项卡→"图层"面板→"图层"下拉列表，将"家具层"冻结，此时平面图的显示效果如图4-136所示。

（5）单击"默认"选项卡→"绘图"面板→"图案填充"按钮，设置填充图案与填充参数如图4-137所示。

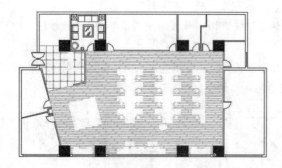

图4-136　平面图的显示效果

图4-137　设置填充图案及参数

（6）返回绘图区，根据命令行的提示拾取如图4-138所示的区域进行填充，填充结果如图4-139所示。

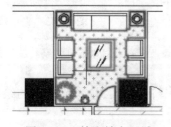

图4-138　拾取填充区域

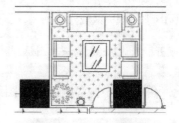

图4-139　填充结果

（7）在无命令执行的前提下夹点显示贵宾室内的所有图块，如图4-140所示的对象。

（8）展开"默认"选项卡→"图层"面板→"图层"下拉列表，将夹点对象放到"家具层"上，同时解冻该图层。

至此，售楼部贵宾室地毯材质图绘制完毕，下一小节将学习财务室材质图的绘制过程和技巧。

4.5.4 绘制财务室地毯材质图

（1）继续上节操作。

（2）在无命令执行的前提下夹点显示贵宾室内的所有家具图块，然后单击"视图"选项卡→"选项板"面板→"特性"按钮，打开"特性"窗口，将夹点显示对象放到"0图层"上，如图4-140所示。

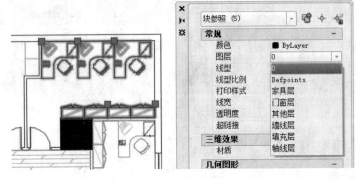

图4-140 更改图层

（3）展开"默认"选项卡→"图层"面板→"图层"下拉列表，将"家具层"冻结。

（4）单击"默认"选项卡→"绘图"面板→"图案填充"按钮，设置填充图案与填充参数如图4-137所示。

（5）返回绘图区，根据命令行的提示拾取如图4-141所示的区域进行填充，填充结果如图4-142所示。

（6）在无命令执行的前提下夹点显示财务室内的所有图块，如图4-143所示的对象。

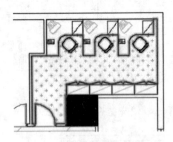 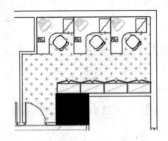 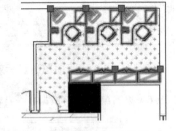

图4-141 拾取填充区域　　　　　图4-142 填充结果　　　　　图4-143 夹点效果

（7）展开"默认"选项卡→"图层"面板→"图层"下拉列表，将夹点对象放到"家具层"上，同时解冻该图层。

至此，售楼部贵宾室地毯材质图绘制完毕，下一小节将学习会议室材质图的绘制过程和技巧。

4.5.5 绘制售楼部其他空间材质图

（1）继续上节操作。

（2）在无命令执行的前提下夹点售楼部其他房间内的所有家具图块，然后单击"视图"选项卡→"选项板"面板→"特性"按钮，打开"特性"窗口，将夹点显示对象放到"0图层"上。

（3）展开"默认"选项卡→"图层"面板→"图层"下拉列表，将"家具层"冻结，此时平面图的显示效果如图4-144所示。

（4）单击"默认"选项卡→"绘图"面板→"图案填充"按钮，设置填充图案与填充参数如图4-145所示。

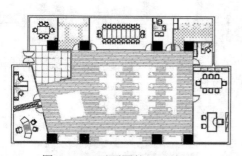

图 4-144 平面图的显示结果

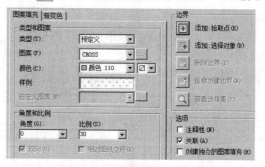

图 4-145 设置填充图案与参数

（5）返回绘图区根据命令行的提示分别拾取如图4-146所示的填充区域，填充结果如图4-147所示。

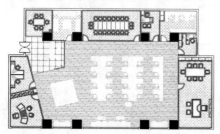

图 4-146 拾取填充区域

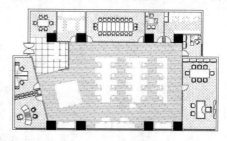

图 4-147 填充结果

（6）单击"默认"选项卡→"实用工具"面板→"快速选择"按钮，设置过滤参数如图4-148所示，选择"0图层"上的所有家具图块，如图4-149所示。

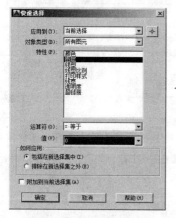

图 4-148 设置过滤参数

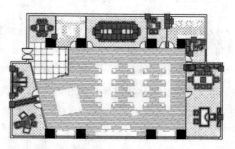

图 4-149 选择结果

（7）展开"默认"选项卡→"图层"面板→"图层"下拉列表，将选择的对象放到"家具层"上，此时平面图的显示效果如图 4-150 所示。

（8）再次展开"默认"选项卡→"图层"面板→"图层"下拉列表，解冻"家具层"，平面图的最终显示效果如图 4-109 所示。

（9）最后使用"另存为"命令，将图形另名存储为"绘制御景苑售楼部地面材质图.dwg"。

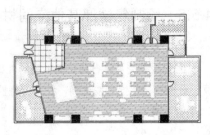

图 4-150　平面图显示效果

4.6　标注售楼部布置图文字、尺寸与符号

本节主要为御景苑售楼部装修布置图标注房间功能、装修材质、施工尺寸以及墙面投影等内容。御景苑售楼部布置图的最终标注效果如图 4-151 所示。

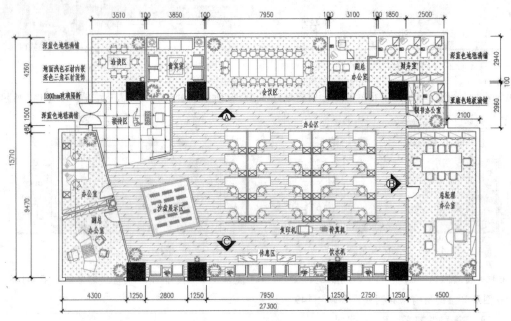

图 4-151　实例效果

4.6.1　标注售楼部房间功能

（1）打开上例保存的"绘制御景苑售楼部地面材质图.dwg"，或直接从随书光盘"\效果文件\第 4 章\"目录下调用此文件。

（2）展开"默认"选项卡→"图层"面板→"图层"下拉列表，选择"文本层"设置为当前图层。

（3）单击"默认"选项卡→"注释"面板→"文字样式"按钮 A，在打开的"文字样式"对话框中设置"仿宋体"为当前文字样式。

（4）单击"默认"选项卡→"注释"面板→"多行文字"按钮 A，根据命令行的提示，在右上角房间内指定两个对角点，打开"文字编辑器"选项卡。

（5）在"文字编辑器"选项卡→"样式"面板→"文字高度"下拉列表内设置文字的高度为350。

（6）在下侧的文字输入框内单击左键，以指定文字的输入位置，然后输入如图4-152所示的文字内容。

（7）关闭"文字编辑器"，并适当调整文字的位置，结果如图4-153所示。

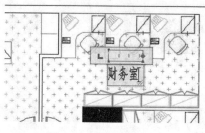

图4-152　输入文字

图4-153　标注结果

（8）夹点显示财务室房间内的地面填充图案，然后单击右键，选择右键菜单中的"图案填充编辑"选项，如图4-154所示。

（9）此时系统打开"图案填充编辑"对话框，然后在此对话框中单击"添加：选择对象"按钮示。

（10）返回绘图区在命令行"选择对象或 [拾取内部点(K)/删除边界(B)]:"提示下，选择"财务室"文字对象，如图4-155所示。

（11）敲击 Enter 键，结果文字区域被以孤岛的方式排除在填充区域外，结果如图4-156所示。

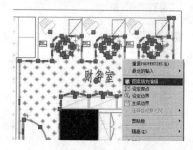

图4-154　图案填充右键菜单

图4-155　选择文字对象

图4-156　修改图案

（12）参照 3～11 操作步骤，分别标注其他位置的房间功能，并修改各房间位置的填充图案，结果如图4-157所示和图4-158所示。

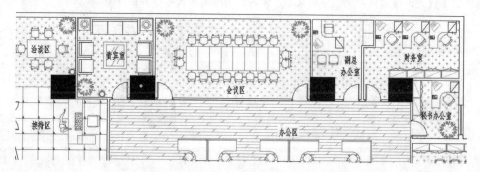

图4-157　标注其他文字

至此，售楼部布置图房间功能标注完毕，下一小节将学习布置图地面装修材质的标注过程和技巧。

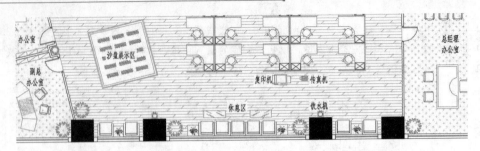

图 4-158　标注其他文字

4.6.2　标注售楼部地面材质

（1）继续上节操作。

（2）暂时关闭状态栏上的"对象捕捉"功能。

（3）单击"默认"选项卡→"绘图"面板→"直线"按钮，绘制如图 4-159 所示的文字指示线。

（4）单击"默认"选项卡→"注释"面板→"多行文字"按钮 A，以"仿宋体"为当前样式，将字高设为 350，标注如图 4-160 所示的文字注释。

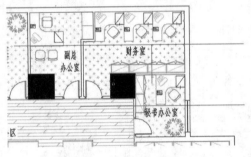

图 4-159　绘制指示线

图 4-160　标注结果

（5）单击"默认"选项卡→"修改"面板→"复制"按钮，将刚标注的文字复制到下侧的指示线上，如图 4-161 所示。

（6）使用快捷键"ED"激活"编辑文字"命令，在复制出的文字上双击左键，打开"文字编辑器"选项卡，然后在多行文字输入框内反白显示文字，输入正确的文字内容，如图 4-162 所示。

图 4-161　复制结果

图 4-162　修改文字

（7）关闭"文字编辑器"选项卡，结束命令，文字修改后的效果如图 4-163 所示。

（8）参照 4~7 操作步骤，综合使用"直线"、"多行文字"和"编辑文字"命令，分别标注其他位置的文字注释，结果如图 4-164 所示。

图 4-163　修改结果

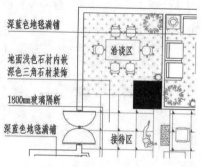

图 4-164　标注其他文字

至此，售楼部布置图地面材质标注完毕，下一小节将学习布置图施工尺寸的标注过程和标注技巧。

4.6.3　标注售楼部施工尺寸

（1）继续上节操作。

（2）展开"默认"选项卡→"图层"面板→"图层"下拉列表，冻结"文本层"和"填充层"，并将"尺寸层"设置为当前图层。

（3）单击"默认"选项卡→"注释"面板→"标注样式"按钮，修改"建筑标注"样式的标注比例为 100，同时将此样式设置为当前尺寸样式。

（4）单击"默认"选项卡→"绘图"面板→"构造线"，在平面图的左侧绘制一条垂直的构造线作为尺寸定位线，如图 4-165 所示。

（5）单击"默认"选项卡→"注释"面板→"线性"按钮，在"指定第一条尺寸界线原点或 <选择对象>："提示下，捕捉如图 4-166 所示的交点。

（6）在"指定第二条尺寸界线原点："提示下，捕捉追踪虚线与外墙线的交点，如图 4-167 所示。

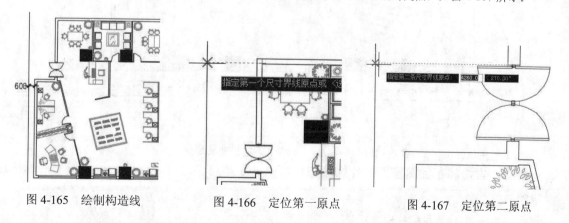

图 4-165　绘制构造线　　　　图 4-166　定位第一原点　　　　图 4-167　定位第二原点

（7）在"指定尺寸线位置或 [多行文字(M)/文字(T)/角度(A)/水平(H)/垂直(V)/旋转(R)]："提示下，在适当位置指定尺寸线位置，结果如图 4-168 所示。

（8）单击"注释"选项卡→"标注"面板→"连续"按钮，配合捕捉或追踪功能，标注如图 4-169 所示的连续尺寸作为细部尺寸。

（9）单击"默认"选项卡→"注释"面板→"线性"按钮，标注平面图下侧的总尺寸，标注结果如图 4-170 所示。

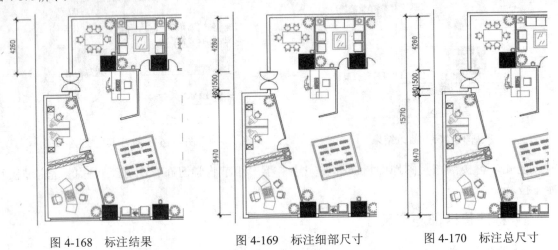

图 4-168　标注结果　　　　图 4-169　标注细部尺寸　　　　图 4-170　标注总尺寸

（10）参照第 4～9 操作步骤，分别标注平面图其他三侧的尺寸，结果如图 4-171 所示。

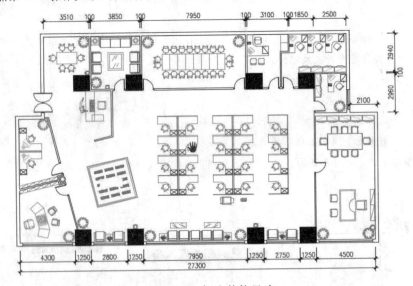

图 4-171　标注其他尺寸

（11）使用快捷键"E"激活"删除"命令，将尺寸定位辅助线删除。

至此，售楼部布置图施工尺寸标注完毕，下一小节将学习布置图墙面投影符号的标注过程和标注技巧。

4.6.4　标注售楼部墙面投影

（1）继续上节操作。

（2）展开"默认"选项卡→"图层"面板→"图层"下拉列表，将"其他层"设置为当前图层，并解冻"填充层"。

（3）单击"默认"选项卡→"块"面板→"插入"按钮 📥，插入随书光盘中的"\图块文件\投影符号.dwg"，块参数设置如图 4-172 所示。

（4）在"插入"对话框中单击 **确定** 按钮，返回绘图区根据命令行的提示，在适当位置单击左键，插入投影符号。

（5）此时系统打开如图 4-173 所示的"编辑属性"对话框，在此对话框中采用默认属性值，插入结果如图 4-174 所示。

图 4-172　设置块参数

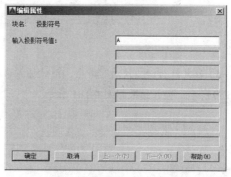

图 4-173　"编辑属性"对话框

（6）重复执行"插入块"命令，继续插入该投影符号属性块，参数设置如图 4-175 所示，设置属性值如图 4-176 所示，插入结果如图 4-177 所示。

图 4-174　插入结果

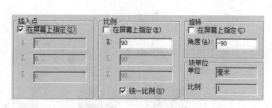

图 4-175　设置块参数

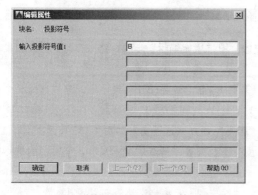

图 4-176　设置参数

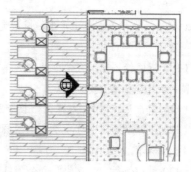

图 4-177　插入结果

（7）在刚插入的属性块上双击左键，打开"增强属性编辑器"对话框，然后更改属性的旋转角度，如图 4-178 所示。

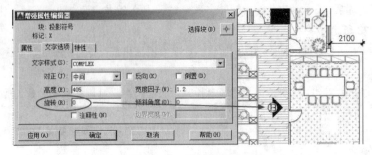

图 4-178　编辑属性块

（8）重复执行"插入块"命令，继续插入该投影符号属性块，参数设置如图 4-179 所示，设置属性值如图 4-180 所示，插入结果如图 4-181 所示。

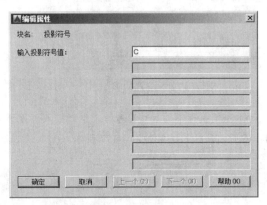

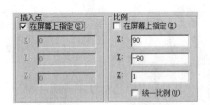

图 4-179　设置参数

图 4-180　设置属性值

图 4-181　插入结果

（9）在地板填充图案上单击右键，选择右键菜单中的"图案填充编辑"选项，然后在打开的"图案填充编辑"对话框中单击"添加：选择对象"按钮 。

（10）返回绘图区，在命令行"选择对象或[拾取内部点(K)/删除边界(B)]:"提示下，分别选择三个投影符号属性块，如图 4-182 所示。

（11）敲击 Enter 键，结果两个投影符号属性块以"孤岛"的方式被隔离，如图 4-183 所示。

（12）展开"默认"选项卡→"图层"面板→"图层"下拉列表，解冻"文本层"，平面图的最终效果如图 4-151 所示。

（13）最后执行"另存为"命令，将图形另名存储为"标注御景苑售楼部装修布置图.dwg"。

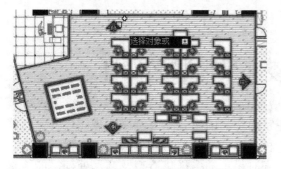

图 4-182   选择投影符号属性块

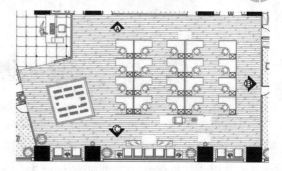

图 4-183   操作结果

4.7 本 章 小 结

　　售楼部是整个楼盘的形象展示，售楼部的装饰效果对整个楼盘的销售影响很大。本章在简单概述售楼部空间装潢设计理念及设计思路等知识的前提下，通过绘制御景苑楼盘售楼部墙体平面图、装修布置图、地面材质图以及布置图文字、尺寸和投影等内容的后期标注，详细而系统地讲述了售楼部空间装潢方案图的具体绘制过程和绘图技巧，学习了售楼部空间功能的划分与办公家具的合理布局，以进行室内空间的再造，塑造出科学、美观的内部空间形象。

第5章　御景苑售楼部吊顶装潢设计

吊顶也称天花、天棚、顶棚、天花板等，在室内空间的形式和限制空间竖向尺度方面都扮演着重要的角色，是室内设计中经常采用的一种手法。高吊顶空间给人以开阔自如的庄严感觉，低吊顶空间则给人一种亲切温暖的感觉。同时吊顶的多样化造型及艺术处理又能给整个空间增加感染力，很大程度上影响着室内空间的整体效果。

上一章学习了售楼部墙体图、布置图、材质图等方案图纸的具体绘制过程，本章通过绘制售楼部吊顶图，继续学习售楼部空间装潢方案图纸的具体绘制技能。

■ **本章内容**

✧ 吊顶图设计原理概述
✧ 吊顶图方案设计思路
✧ 绘制御景苑售楼部天花墙体图
✧ 绘制御景苑售楼部各类吊顶图
✧ 绘制御景苑售楼部吊顶灯具图
✧ 标注御景苑售楼部天花图
✧ 本章小结

5.1　吊顶图设计原理概述

吊顶平面图一般采用镜像投影法绘制，它主要是根据室内的结构布局，进行天花板的设计、再配以合适的灯具造型，与室内其他内容构成一个有机联系的整体，让人们从光、色、形体等方面综合地感受室内环境。通过不同界面的处理，能增强空间的感染力，使顶面造型丰富多彩，新颖美观。

一般情况下，吊顶的设计常常要从审美要求、物理功能、建筑照明、设备安装管线敷设、防火安全等多方面进行综合考虑。

5.1.1　吊顶装饰设计原则

在室内吊顶装饰设计中，一般需要遵循以下原则。

（1）要注重整体环境效果。顶面是室内空间的重要组成部分，它和墙面、地面共同组成室内空间，共同创造室内环境效果，所以在设计时要充分注意三者的协调统一，在统一的基础上各具自身的特色。

（2）吊顶的装饰应满足适用美观的要求。吊顶的造型形式、材料、色彩、图案、灯具的选择要适合室内空间体量、形状、使用性质的需要。一般来讲，室内空间效果应下重上轻，所以要注意吊顶装饰力求简洁完整，突出重点部位，同时也要注意顶棚造型的轻快感与艺术感。

（3）吊顶装饰应保证顶面结构合理性和安全性。吊顶设计要认真考虑顶部的结构条件和构造上的可能，不能单纯地注重顶面造型而忽略安全性。

（4）综合考虑设备。吊顶设计要综合考虑灯具形式及布里、空调设里、管线敷设以及声光效果等方面因素。

（5）吊顶设计在满足功能和美观要求的前提下，合理选择材料，力求做到经济适用。

5.1.2 吊顶设计形式分类

吊顶的造型多种多样，归纳起来可分为平板吊顶、异型吊顶、局部吊顶、格栅式吊顶、藻井式吊顶等五大类型，具体如下。

◆ 平板吊顶。此种吊顶一般是以 PVC 板、铝扣板、石膏板、矿棉吸音板、玻璃纤维板、玻璃等作为主要装修材料，照明灯卧于顶部平面之内或吸于顶上。此种类型的吊顶多适用于卫生间、厨房、阳台和玄关等空间。

◆ 异型吊顶。异型吊顶是局部吊顶的一种，使用平板吊顶的形式，把顶部的管线遮挡在吊顶内，顶面可嵌入筒灯或内藏日光灯，使装修后的顶面形成两个层次，不会产生压抑感。异型吊顶采用的云型波浪线或不规则弧线，一般不超过整体顶面面积的三分之一，超过或小于这个比例，就难以达到好的效果。

◆ 格栅式吊顶。此种吊顶需要使用木材作成框架，镶嵌上透光或磨沙玻璃，光源在玻璃上面。这也属于平板吊顶的一种，但是造型要比平板吊顶生动和活泼，装饰的效果比较好。一般适用于餐厅、门厅、中厅或大厅等大空间，它的优点是光线柔和、轻松自然。

◆ 藻井式吊顶。藻井式吊顶是在房间的四周进行局部吊顶，可设计成一层或两层，装修后的效果有增加空间高度的感觉，还可以改变室内的灯光照明效果。这类吊顶需要室内空间具有一定的高度，而且房间面积较大。

◆ 局部吊顶。局部吊顶是为了避免室内的顶部有水、暖、气管道，而且空间的高度又不允许进行全部吊顶的情况下，采用的一种局部吊顶的方式。

◆ 无吊顶装修。由于城市的住房普遍较低，吊顶后会便人感到压抑和沉闷。随着装修的时尚，无顶装修开始流行起来。所谓无顶装修就是在房间顶面不加修饰的装修。无吊顶装修的方法是，顶面做简单的平面造型处理，采用现代的灯饰灯具，配以精致的角线，也给人一种轻松自然的怡人风格。

什么样的室内空间选用相应的吊顶，不但可以弥补室内空间的缺陷，还可以给室内增加个性色彩。

5.1.3 吊顶常用装饰材料

由于吊顶在室内空间装潢中的重要性，因此吊顶的形状和所用材料的质地直接影响着室内空间的装潢效果。一般情况下，吊顶材料主要有矿棉板、纸面石膏板、木板（人造板）、玻璃、金属、PVC 扣板等。

纸面石膏板是以建筑石膏为主要原料，具有重量轻、隔声、隔热、不易变形、加工性能强、施工方便等特点。另外，由于其表面有较好的着色性，可在表面贴壁纸、刷涂料等优点，因此近年来纸面石膏板逐渐成为吊顶的主要材料。除比较适合吊顶用外，石膏板也是做隔墙和隔断的极好材料。

PVC 塑料扣板、有机玻璃、磨砂玻璃、矿棉板等的缺点是容易老化、不易清洗、色彩单

一、装饰性差。而金属（铝扣板）吊顶是近几年才出现和普及的，与传统材料相比，金属吊顶则具有色泽优雅多样、立体感强、装饰效果好。另外，金属吊顶防火、防水性能好，材质轻、强度高、不易老化、安装方便，具有良好的吸音、隔音性能，使用寿命长，不易变形变色等优点。

上述提到的都是吊顶材料中的面层材料，是主材。在吊顶材料中的主要辅料则是龙骨。龙骨主要有木龙骨、轻钢龙骨、铝合金龙骨等几种。龙骨是吊顶的基本骨架结构，用于支承并固定和连接顶棚饰面材料，同时连接屋顶或上层楼板。

传统的龙骨以木质的为主，缺点是强度小、不防火、易于霉烂。而轻钢龙骨属新型材料，它具有自重轻、硬度大、防火与抗震性能好、加工和安装方便等优点，被广泛应用。

5.2　吊顶图方案设计思路

本章绘制的是某售楼部吊顶装修设计方案，在设计此类装修方案时，具体可以参照如下思路。

（1）首先根据事先测量的建筑数据，初步绘制售楼部墙体平面图，也可以直接在布置图的基础上进行修整，快速绘制出天花的墙体结构平面图。

（2）在墙体平面图基础上绘制天花图的各种构件元素，具体有窗、窗帘、窗帘盒、壁柜、柱以及门洞处的过梁轮廓线等，逐步完善天花墙体平面图。

（3）根据完善后的天花墙体平面图，绘制各空间的吊顶轮廓，比如栅格式吊顶、矩形吊顶、选级吊顶等。

（4）为各种空间内的吊顶布置主灯、辅助灯具以及灯带等。

（5）在天花图的基础上为其标注文字说明，以传递图纸无法表达的内容信息。

（6）接下来为天花图标注必要的尺寸，此种尺寸包括内部尺寸和外部尺寸两种，其中内部尺寸是吊顶以及灯具的定位尺寸，外部尺寸侧外平面图的墙体结构尺寸。

5.3　绘制御景苑售楼部天花墙体图

本节主要学习御景苑售楼部天花轮廓图的具体绘制过程和绘制技巧。御景苑售楼部天花轮廓图的最终绘制效果如图 5-1 所示。

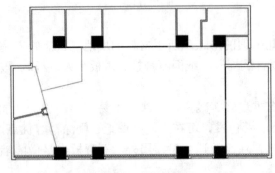

图 5-1　实例效果

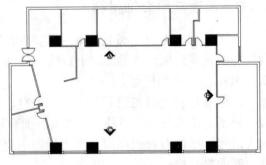

图 5-2　冻结层后的效果

5.3.1 绘制售楼部天花墙体图

（1）单击"快速访问"工具栏→"打开"按钮，打开随书光盘"\效果文件\第 4 章\标注御景苑售楼部装修布置图.dwg"。

（2）展开"默认"选项卡→"图层"面板→"图层"下拉列表，冻结"尺寸层\文本层、填充层和家具层"，并将"吊顶层"设置为当前图层，此时平面图的显示效果如图 5-2 所示。

（3）在无命令行的前提下，夹点显示所有位置的单开门、旋转门及投影符号图块，如图 5-3 所示。

（4）使用快捷键"E"激活"删除"命令，删除夹点显示的对象，结果如图 5-4 所示。

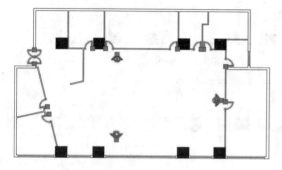

图 5-3　夹点效果

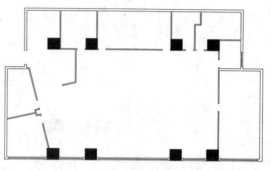

图 5-4　删除结果

（5）单击"默认"选项卡→"实用工具"面板→"快速选择"按钮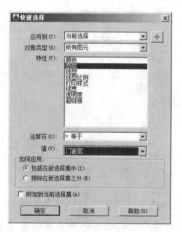，设置过滤参数如图 5-5 所示，选择"门窗层"上的所有对象，结果如图 5-6 所示。

图 5-5　设置过滤参数

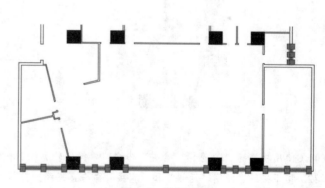

图 5-6　选择结果

（6）单击"视图"选项卡→"选项板"面板→"特性"按钮，打开"特性"窗口，更改夹点对象的图层为"吊顶层"、更改颜色为"随层"，如图 5-7 所示。

（7）关闭"特性"窗口，并按 Esc 键取消对象的夹点显示，操作结果如图 5-8 所示。

（8）单击"默认"选项卡→"绘图"面板→"直线"按钮，配合端点捕捉功能，绘制门洞位置的轮廓线，结果如图 5-9 所示。

（9）在无命令执行的前提下夹点显示如图 5-10 所示的隔墙轮廓线，然后执行"分解"命令将其分解。

（10）使用快捷键"E"激活"删除"命令，删除多余图线，结果如图 5-11 所示。

图 5-7 "特性"窗口

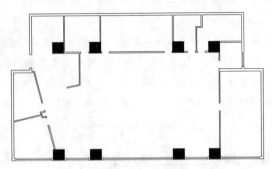

图 5-8 操作结果

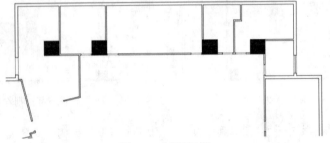

图 5-9 封闭门洞

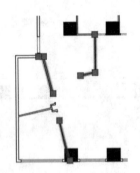

图 5-10 夹点效果

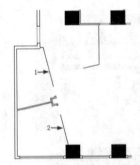

图 5-11 删除结果

（11）使用快捷键"J"激活"合并"命令，将倾斜轮廓线 1 和 2 合并为一条图线，结果如图 5-12 所示。

（12）接下来综合使用"延伸"和"直线"命令，继续对分解后的图线进行编辑，并将编辑后的图线放到"吊顶层"上，结果如图 5-13 所示。

至此，售楼部天花墙体结构图绘制完毕，下一小节将学习窗帘及窗帘盒构件图的绘制过程和绘制技巧。

5.3.2 绘制窗帘及窗帘盒构件

（1）继续上节操作。

（2）单击"默认"选项卡→"绘图"面板→"直线"按钮 ，配合捕捉和追踪功能，绘制宽度为 150 的窗帘盒轮廓线，如图 5-14 所示。

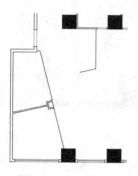

图 5-12　合并结果

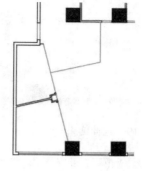

图 5-13　编辑结果

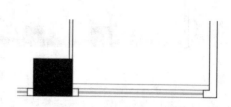

图 5-14　绘制窗帘盒

（3）单击"默认"选项卡→"修改"面板→"偏移"按钮，将窗帘合轮廓线向下偏移 75 个单位，作为窗帘轮廓线，如图 5-15 所示。

（4）使用快捷键"LT"激活"线型"命令，在打开的"线型管理器"对话框中加载如图 5-16 所示的线型。

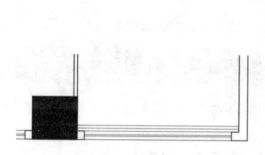

图 5-15　偏移结果

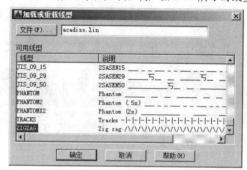

图 5-16　加载线型

（5）在无命令执行的前提下单击刚偏移出的窗帘轮廓线，使其呈现夹点显示状态。

（6）单击"视图"选项卡→"选项板"面板→"特性"按钮，在打开的"特性"窗口中修改窗帘轮廓线的线型及颜色，如图 5-17 所示。

（7）关闭"特性"窗口，并取消对象的夹点显示，观看操作后的效果，如图 5-18 所示。

图 5-17　修改特性

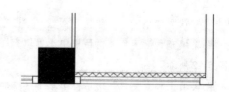

图 5-18　绘制结果

（8）单击"默认"选项卡→"修改"面板→"延伸"按钮 -/，以左侧的内墙线作为边界，对窗帘及窗帘盒轮廓线进行延伸，结果如图 5-19 所示。

图 5-19　延伸结果

（9）单击"默认"选项卡→"修改"面板→"修剪"按钮 -/-，以柱子外轮廓作为边界，对延伸后的窗帘和窗帘盒轮廓线进行修剪，结果如图 5-20 所示。

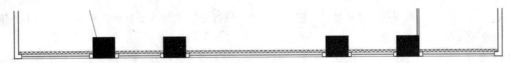

图 5-20　修剪结果

（10）执行"另存为"命令，将图形另名存储为"绘制御景苑售楼部天花墙体图.dwg"。

5.4　绘制御景苑售楼部各类吊顶图

本节主要学习御景苑售楼部天花各类吊顶图的具体绘制过程和绘制技巧。御景苑售楼部吊顶图的最终绘制效果如图 5-21 所示。

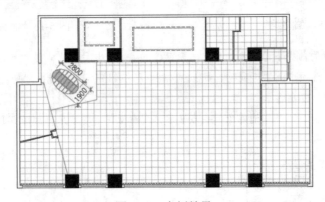

图 5-21　实例效果

5.4.1　绘制售楼部栅格吊顶

（1）继续上节操作。

（2）单击"默认"选项卡→"绘图"面板→"图案填充"按钮，打开"图案填充和渐变色"对话框。

（3）在"图案填充和渐变色"对话框中设置填充图案为"用户定义"类型，然后设置填充颜色、填充比例等参数如图 5-22 所示。

（4）在"图案填充和渐变色"对话框中单击"添加：拾取点"按钮，返回绘图区指定填充区域，填充如图 5-23 所示的吊顶图案。

（5）在无命令执行的前提下，夹点显示左下侧的填充图案，然后单击右键，选择右键菜单上的"设定原点"选项，如图 5-24 所示。

（6）在命令行"选择新的图案填充原点："提示下，按住 Shift 键击右键，选择右键菜单上的"两点之间的中点"功能。

（7）在命令行"_m2p 中点的第一点："提示下捕捉如图 5-25 所示的端点，作为中点的第一点。

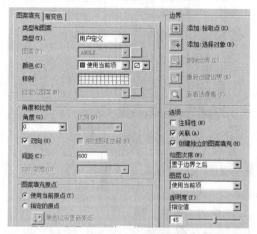

图 5-22　设置填充图案及参数

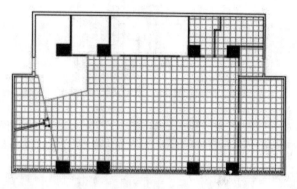

图 5-23　拾取填充区域

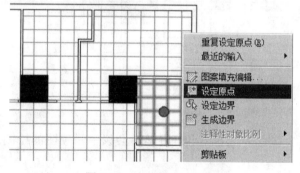

图 5-24　夹点图案右键菜单

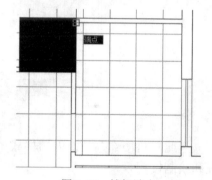

图 5-25　捕捉端点

（8）继续在命令行的提示下捕捉如图 5-26 所示的端点，作为中点的第二点，结果系统自动以这两点连线的中点，作为图案的新填充原点，如图 5-27 所示。

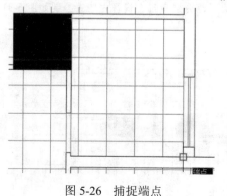

图 5-26　捕捉端点

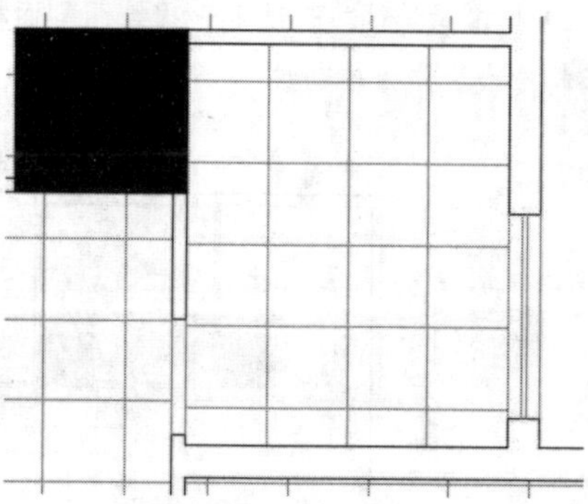

图 5-27　更改原点后的效果

（9）参照上述操作步骤，分别调整总经理办公室、副总办公室和财务室等房间吊顶内的填充图案原点，填充图案新原点为图5-28所示的各位置的中点。

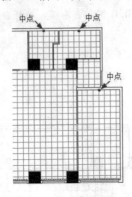

图 5-28　调整填充原点

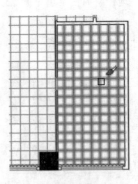

图 5-29　选择源对象

（10）单击"默认"选项卡→"特性"面板→"特性匹配"按钮，选择图 5-29 所示的吊顶图案，将其原点特性匹配给办公区等其他吊顶填充图案，匹配后的效果如图 5-30 所示。

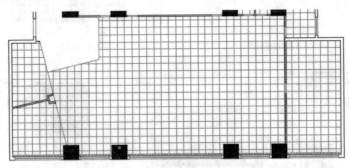

图 5-30　匹配结果

至此，售楼部办公区天栅格式吊顶图绘制完毕，下一小节将学习会议室吊顶图的绘制过程和绘制技巧。

5.4.2　绘制会议室吊顶

（1）继续上节操作。

（2）单击"默认"选项卡→"绘图"面板→"构造线"，分别通过会议区内墙线绘制如图5-31所示的四条构造线，作为辅助线。

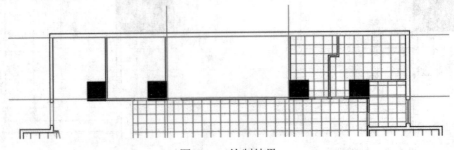

图 5-31　绘制结果

（3）单击"默认"选项卡→"修改"面板→"偏移"按钮，对两条水平的构造线进行偏移，命令行操作如下。

```
命令：_offset
当前设置：删除源=否　图层=源　OFFSETGAPTYPE=0
指定偏移距离或 [通过(T)/删除(E)/图层(L)] <1000.0>:　　//e Enter
要在偏移后删除源对象吗？[是(Y)/否(N)] <否>:　　//Y Enter
指定偏移距离或 [通过(T)/删除(E)/图层(L)] <0.0>:　　//1000 Enter
选择要偏移的对象，或 [退出(E)/放弃(U)] <退出>:　　//选择上侧的水平构造线
指定要偏移的那一侧上的点，或 [退出(E)/多个(M)/放弃(U)] <退出>:
　　　　　　　　　　　//在所选构造线的下侧拾取点
选择要偏移的对象，或 [退出(E)/放弃(U)] <退出>:　　//选择下侧的水平构造线
指定要偏移的那一侧上的点，或 [退出(E)/多个(M)/放弃(U)] <退出>:
　　　　　　　　　　　//在所选构造线的上侧拾取点
选择要偏移的对象，或 [退出(E)/放弃(U)] <退出>://Enter，偏移结果如图 5-32 所示
```

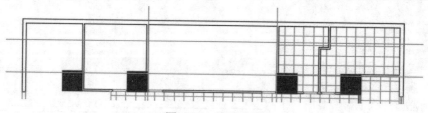

图 5-32　偏移结果

（4）单击"默认"选项卡→"修改"面板→"偏移"按钮，将两条垂直的构造线向内偏移 1200 个单位，并删除源构造线，结果如图 5-33 所示。

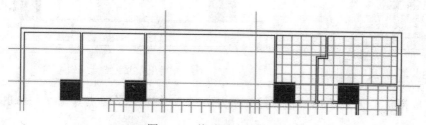

图 5-33　偏移垂直构造线

（5）单击"默认"选项卡→"修改"面板→"圆角"按钮，将圆角半径设置为 0，分别对偏移出的四条构造线进行编辑，结果如图 5-34 所示。

（6）单击"默认"选项卡→"修改"面板→"偏移"按钮，将圆角后的四条吊顶轮廓线分别向外侧偏移 100 个单位，作为灯带，结果如图 5-35 所示。

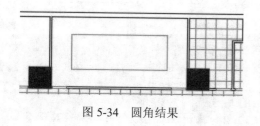

图 5-34　圆角结果

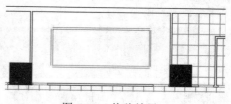

图 5-35　偏移结果

（7）单击"默认"选项卡→"修改"面板→"圆角"按钮，设置圆角半径为0，分别对偏移出的四条灯带进行圆角，结果如图5-36所示。

（8）使用快捷键"LT"激活"线型"命令，在打开的"线型管理器"对话框中加载名为DASHED的线型。

（9）在无命令执行的前提下夹点显示如图5-37所示的四条灯带轮廓线。

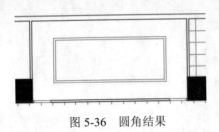

图5-36　圆角结果　　　　　　　　　　图5-37　夹点效果

（10）单击"视图"选项卡→"选项板"面板→"特性"按钮，在打开的"特性"窗口中更改夹点矩形的颜色为"洋红"，更改夹点矩形的线型及比例如图5-38所示，特性编辑后的显示效果如图5-39所示。

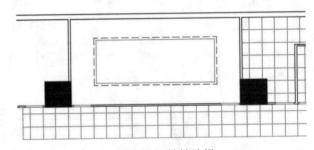

图5-38　设置线型及比例　　　　　　　图5-39　特性编辑

至此，售楼部会议室矩形吊顶图绘制完毕，下一小节将学习贵宾室吊顶图的绘制过程和绘制技巧。

5.4.3　绘制贵宾室吊顶

（1）继续上节操作。

（2）单击"默认"选项卡→"绘图"面板→"矩形"按钮，配合"捕捉自"功能绘制矩形吊顶，命令行操作如下。

```
命令：_rectang
指定第一个角点或 [倒角(C)/标高(E)/圆角(F)/厚度(T)/宽度(W)]：
                        //激活"捕捉自"功能
_from 基点：            //捕捉如图5-40所示的端点
<偏移>：                //@2650,-2040 Enter
指定另一个角点或 [面积(A)/尺寸(D)/旋转(R)]：
                        //@2650,2040 Enter，绘制结果如图5-41所示
```

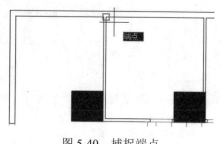

图 5-40　捕捉端点

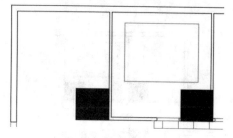

图 5-41　绘制结果

（3）单击"默认"选项卡→"修改"面板→"偏移"按钮▣，将刚绘制的矩形向外侧偏移 100 个单位，作为灯带轮廓线，如图 5-42 所示。

（4）单击"默认"选项卡→"特性"面板→"特性匹配"按钮▣，在命令行"选择源对象："提示下，选择如图 5-43 所示的灯带轮廓线。

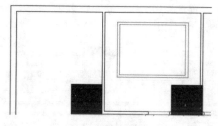

图 5-42　偏移结果

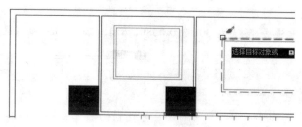

图 5-43　选择源对象

（5）在命令行"选择目标对象或 [设置(S)]:"提示下，选择如图 5-44 所示的轮廓线，匹配源对象的线型、颜色等特性，结果如图 5-45 所示。

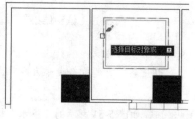

图 5-44　选择目标对象

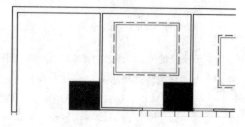

图 5-45　匹配结果

（6）单击状态栏上的"透明度"按钮▣，打开透明度的显示功能。

至此，售楼部贵宾室吊顶图绘制完毕，下一小节将学习接待区吊顶图的绘制过程和绘制技巧。

5.4.4　绘制接待区吊顶

（1）继续上节操作。

（2）单击"默认"选项卡→"绘图"面板→"构造线"▣，配合端点捕捉功能绘制如图 5-46 所示的两条构造线作为辅助线。

（3）单击"默认"选项卡→"修改"面板→"偏移"按钮▣，将水平构造线向下偏移 1850，将垂直构造线向右偏移 2300 个单位，并删除源构造线，结果如图 5-47 所示。

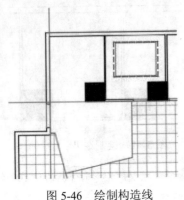

图 5-46　绘制构造线

图 5-47　偏移结果

（4）单击"默认"选项卡→"绘图"面板→"椭圆"按钮，以刚绘制的构造线交点作为圆心，绘制长轴为 2800、短轴为 1900 的椭圆吊顶轮廓，如图 5-48 所示。

（5）单击"默认"选项卡→"修改"面板→"偏移"按钮，将垂直构造线向右偏移 350 和 410；将水平构造线对称偏移 30、320、380、670、730、1020 和 1080，结果如图 5-49 所示。

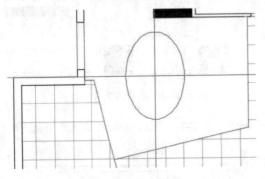

图 5-48　绘制结果

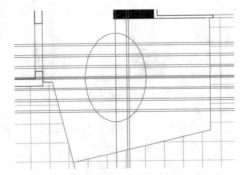

图 5-49　偏移结果

（6）使用快捷键"E"激活"删除"命令，删除通过椭圆中心点的水平构造线。

（7）单击"默认"选项卡→"修改"面板→"修剪"按钮，以三条垂直的构造线作为修剪边界，对水平构造线进行修剪，将其编辑图图形轮廓线，结果如图 5-50 所示。

（8）单击"默认"选项卡→"修改"面板→"移动"按钮，选择如图 5-51 所示的 7 条水平构造线，垂直和上移动 30 个单位，移动结果如图 5-52 所示。

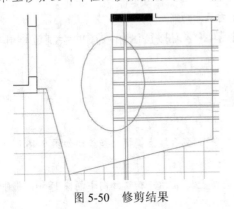

图 5-50　修剪结果

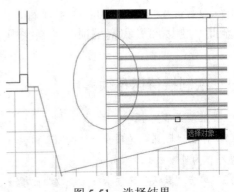

图 5-51　选择结果

（9）单击"默认"选项卡→"修改"面板→"修剪"按钮 ✂ ，分别对位移后的图线和垂直构造线进行修剪，并删除通过椭圆中心点的垂直构造线，结果如图 5-53 所示。

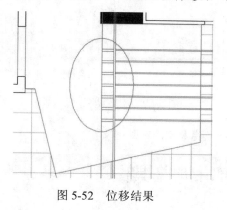

图 5-52　位移结果

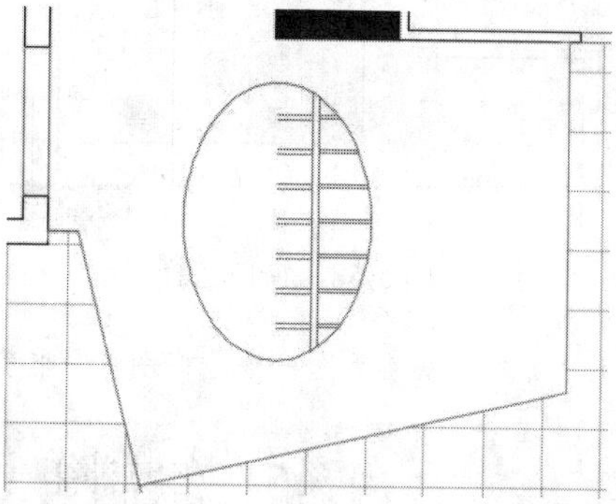

图 5-53　修剪结果

（10）单击"默认"选项卡→"修改"面板→"镜像"按钮 ⚎ ，配合圆心捕捉或象限点捕捉功能，窗交选择如图 5-54 所示的图形进行镜像，结果如图 5-55 所示。

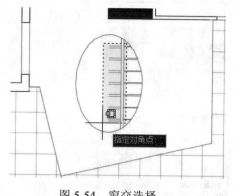

图 5-54　窗交选择

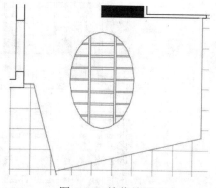

图 5-55　镜像结果

（11）单击"默认"选项卡→"绘图"面板→"图案填充"按钮 ▨ ，在"图案填充和渐变色"对话框中设置填充图案与参数如图 5-56 所示，为吊顶填充如图 5-57 所示的图案。

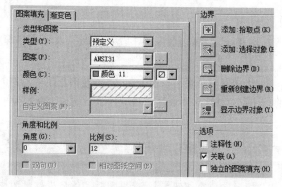

图 5-56　设置填充图案与参数

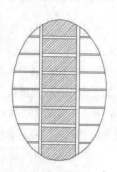

图 5-57　填充结果

（12）单击"默认"选项卡→"修改"面板→"旋转"按钮 ↻ ，以椭圆中心点作为旋转基点，窗口选择如图 5-58 所示的对象旋转 50 度，结果如图 5-59 所示。

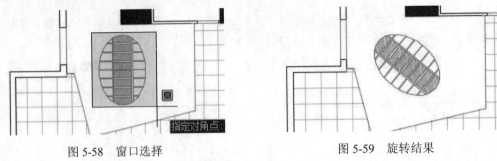

图 5-58　窗口选择　　　　　　　　　　　图 5-59　旋转结果

（13）执行"另存为"命令，将图形另名存储为"绘制御景苑售楼部天花图.dwg"。

5.5　绘制御景苑售楼部吊顶灯具图

本节主要学习售楼部天花灯具图的具体绘制过程和绘制技巧。售楼部灯具图的最终绘制效果如图 5-60 所示。

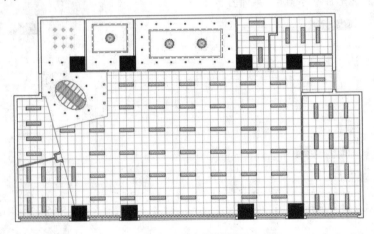

图 5-60　实例效果

5.5.1　绘制日光灯盘布置图

（1）打开上例保存的"绘制御景苑售楼部天花图.dwg"，或直接从随书光盘"\效果文件\第 5 章\"目录下调用此文件。

（2）使用快捷键"LA"激活"图层"命令，将"灯具层"设置为当前图层，并修改图层颜色为 240 号色。

（3）在无命令执行的前提下，夹点显示如图 5-61 所示的各房间吊顶填充图案，然后更改填充图案的透明度为 40，并开启透明度的显示功能。

（4）单击"默认"选项卡→"修改"面板→"分解"按钮，将填充图案分解，插入点为图 5-62 所示的交点。

（5）单击"默认"选项卡→"修改"面板→"矩形阵列"按钮，选择刚插入的日光灯盘图块进行阵列，命令行操作如下。

```
命令：_arrayrect
```

```
选择对象：                                            //选择日光灯盘
选择对象：                                            // Enter
类型 = 矩形   关联 = 是
选择夹点以编辑阵列或 [关联(AS)/基点(B)/计数(COU)/间距(S)/列数(COL)/行数(R)/层数
(L)/退出(X)] <退出>：                                //COU Enter
输入列数数或 [表达式(E)] <4>：                        //7 Enter
输入行数数或 [表达式(E)] <3>：                        //6 Enter
选择夹点以编辑阵列或 [关联(AS)/基点(B)/计数(COU)/间距(S)/列数(COL)/行数(R)/层数
(L)/退出(X)] <退出>：                                //s Enter
指定列之间的距离或 [单位单元(U)] <0>：                //-2400 Enter
指定行之间的距离 <1>：                               //1800 Enter
选择夹点以编辑阵列或 [关联(AS)/基点(B)/计数(COU)/间距(S)/列数(COL)/行数(R)/层数
(L)/退出(X)] <退出>：                                //AS Enter
创建关联阵列 [是(Y)/否(N)] <否>：                     //N Enter
选择夹点以编辑阵列或 [关联(AS)/基点(B)/计数(COU)/间距(S)/列数(COL)/行数(R)/层数
(L)/退出(X)] <退出>：                                // Enter，阵列结果如图 5-63 所示
```

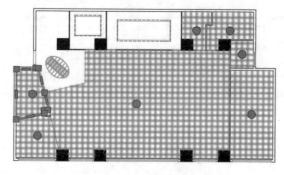

图 5-61   夹点效果

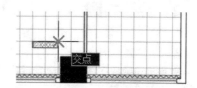

图 5-62   定位插入点

（6）使用快捷键"E"激活"删除"命令，将接待区的两个日光灯盘图块删除，结果如图 5-64 所示。

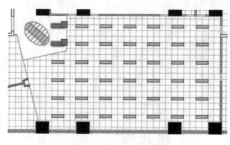

图 5-63   阵列结果

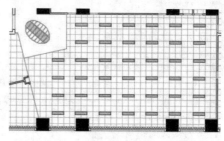

图 5-64   删除结果

（7）单击"默认"选项卡→"修改"面板→"复制"按钮，选择左上侧的日光灯盘，水平向左复制 2400 个单位，结果如图 5-65 所示。

（8）单击"默认"选项卡→"块"面板→"插入"按钮，设置插入参数如图 5-66 所示，继续插入日光灯盘，插入结果如图 5-67 所示。

（9）单击"默认"选项卡→"修改"面板→"矩形阵列"按钮，选择刚插入的日光灯盘图块阵列 4 列 2 行，其中行偏移为–2400、列偏移为–1200，结果如图 5-68 所示。

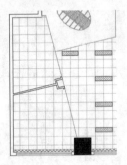

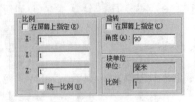

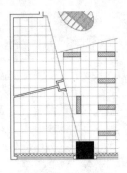

图 5-65　复制结果　　　　图 5-66　设置块参数　　　　图 5-67　插入结果

（10）使用快捷键 "E" 激活 "删除" 命令，删除阵列集合右下角的日光灯盘，结果如图 5-69 所示。

（11）单击 "默认" 选项卡→ "修改" 面板→ "复制" 按钮 ，选择接待区左下侧的日光灯盘进行复制，基点为任一点，目标点为 "@–2700,1800"，复制结果如图 5-70 所示。

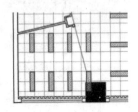

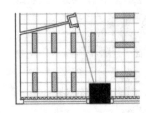

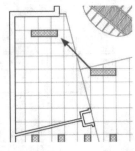

图 5-68　阵列结果　　　　图 5-69　删除结果　　　　图 5-70　复制结果

（12）单击 "默认" 选项卡→ "修改" 面板→ "矩形阵列" 按钮 ，选择刚复制出的日光灯盘图块进行阵列，命令行操作如下。

```
命令：_arrayrect
选择对象：                                    //选择刚复制的日光灯盘
选择对象：                                    // Enter
类型 = 矩形　关联 = 是
选择夹点以编辑阵列或 [关联(AS)/基点(B)/计数(COU)/间距(S)/列数(COL)/行数(R)/层数
(L)/退出(X)] <退出>：                          //COU Enter
    输入列数数或 [表达式(E)] <4>：              //1 Enter
    输入行数数或 [表达式(E)] <3>：              //4 Enter
    选择夹点以编辑阵列或 [关联(AS)/基点(B)/计数(COU)/间距(S)/列数(COL)/行数(R)/层数
(L)/退出(X)] <退出>：                          //s Enter
    指定列之间的距离或 [单位单元(U)] <0>：       //1 Enter
    指定行之间的距离 <1>：                      //-1200 Enter
    选择夹点以编辑阵列或 [关联(AS)/基点(B)/计数(COU)/间距(S)/列数(COL)/行数(R)/层数
(L)/退出(X)] <退出>：                          //AS Enter
    创建关联阵列 [是(Y)/否(N)] <否>：           //N Enter
    选择夹点以编辑阵列或 [关联(AS)/基点(B)/计数(COU)/间距(S)/列数(COL)/行数(R)/层数
(L)/退出(X)] <退出>：                          // Enter，阵列结果如图 5-71 所示
```

（13）单击 "默认" 选项卡→ "修改" 面板→ "复制" 按钮 ，窗口选择如图 5-72 所示的 6 个日光灯盘，复制到总经理办公室吊顶中，结果如图 5-73 所示。

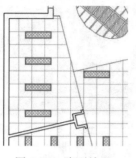

图 5-71　阵列结果

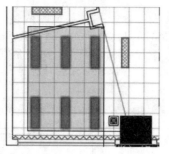

图 5-72　窗口选择

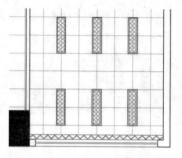

图 5-73　复制结果

（14）重复执行"复制"命令，窗口选择如图 5-74 所示的日光灯盘，垂直向上复制 4800 个单位，结果如图 5-75 所示。

（15）接下来多次执行"复制"命令，继续为其他吊顶布置日光灯盘，结果如图 5-76 所示。

至此，售楼部吊顶日光灯盘布置图绘制完毕，下一小节将学习接待室吊顶灯具图的绘制过程。

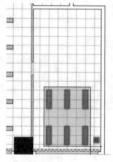

图 5-74　窗口选择

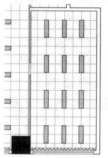

图 5-75　复制结果

5.5.2　绘制会议区灯具图

（1）继续上节操作。

（2）选择菜单栏"格式"→"点样式"命令，在打开的"点样式"对话框中，设置当前点的样式和点的大小，如图 5-77 所示。

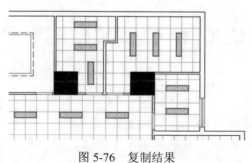

图 5-76　复制结果

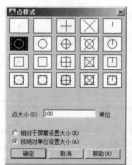

图 5-71　"点样式"对话框

（3）单击"默认"选项卡→"绘图"面板→"矩形"按钮 ，配合"捕捉自"功能绘制辅助线，命令行操作如下。

```
命令: _rectang
指定第一个角点或 [倒角(C)/标高(E)/圆角(F)/厚度(T)/宽度(W)]: //激活"捕捉自"功能
_from 基点:                           //捕捉如图 5-78 所示的端点
<偏移>:                              //@1550,450 Enter
指定另一个角点或 [面积(A)/尺寸(D)/旋转(R)]:
                                     //@6850,-3040 Enter，绘制结果如图 5-79 所示
```

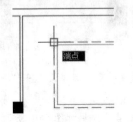

图 5-78　捕捉端点

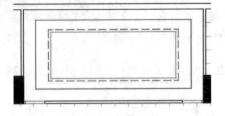

图 5-79　绘制结果

（4）单击"默认"选项卡→"修改"面板→"分解"按钮，将刚绘制的矩形分解。

（5）单击"默认"选项卡→"绘图"面板→"定数等分"按钮，选择矩形水平边等分 6 份，选择垂直垂直边等分 3 份，在等分点处旋转点标记代表筒灯，结果如图 5-80 所示。

（6）单击"默认"选项卡→"绘图"面板→"多点" 按钮，在矩形的四个角点绘制 4 个筒灯，并删除辅助矩形，结果如图 5-81 所示。

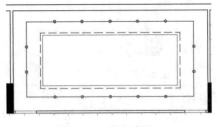

图 5-80　等分结果

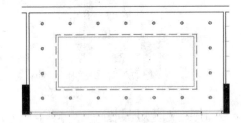

图 5-81　操作结果

（7）单击"默认"选项卡→"块"面板→"插入"按钮，以默认参数插入随书光盘中的"\图块文件\造型灯具 01.dwg"。

（8）在命令行"指定插入点或 [基点(B)/比例(S)/旋转(R)]:"提示下水平向右引出 如图 5-82 所示的中点追踪虚线 ，然后输入 1500 并按 Enter 键，定位插入点。

（9）单击"默认"选项卡→"修改"面板→"镜像"按钮，选择插入的灯具进行镜像，结果如图 5-83所示。

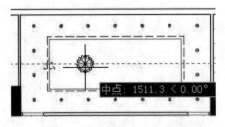

图 5-82　引出中点追踪虚线

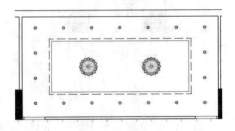

图 5-83　镜像结果

至此，售楼部会议区吊顶灯具图绘制完毕，下一小节将学习洽谈区灯具图的绘制过程和绘制技巧。

5.5.3 绘制贵宾室灯具图

（1）继续上节操作。

（2）单击"默认"选项卡→"绘图"面板→"直线"按钮 ，配合延伸捕捉和极轴追踪虚线功能绘制如图 5-84 所示的辅助线。

（3）单击"默认"选项卡→"绘图"面板→"定数等分"按钮 ，将刚绘制的辅助线等分 3 份，结果如图 5-85 所示。

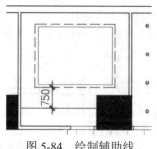

图 5-84　绘制辅助线

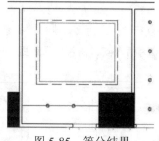

图 5-85　等分结果

（4）使用快捷键"E"激活"删除"命令，删除灯具定位辅助线，结果如图 5-86 所示。

（5）单击"默认"选项卡→"修改"面板→"移动"按钮 ，分别将两个筒灯向外侧移动 150 个单位，结果如图 5-87 所示。

图 5-86　删除结果

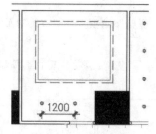

图 5-87　移动结果

（6）单击"默认"选项卡→"块"面板→"插入"按钮 ，以默认参数插入随书光盘中的"\图块文件\造型吊灯 01.dwg"。

（7）在"指定插入点或 [基点(B)/比例(S)/旋转(R)]:"提示下捕捉如图 5-88 所示的两条中点追踪虚线 的交点作为插入点，插入结果如图 5-89 所示。

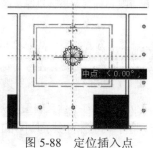

图 5-88　定位插入点

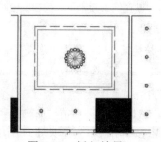

图 5-89　插入结果

至此，售楼部贵宾室灯具图绘制完毕，下一小节将学习洽谈区灯具图的绘制过程和绘制技巧。

5.5.4 绘制洽谈区灯具图

（1）继续上节操作。

（2）单击"默认"选项卡→"块"面板→"插入"按钮 ，以默认参数插入随书光盘中的"\图块文件\筒灯 01.dwg"。

（3）返回绘图区，在命令行"指定插入点或 [基点(B)/比例(S)/旋转(R)]:"提示下，按住 Shift 键单击右键，选择"两点之间的中点"功能。

（4）在命令行"_m2p 中点的第一点:"提示下，捕捉如图 5-90 所示的端点。

（5）在命令行"中点的第二点："提示下，捕捉如图 5-91 所示的端点，结果系统自动定位并捕捉这两点连线的中点作为插入点，插入结果如图 5-92 所示。

图 5-90　捕捉端点　　　　图 5-91　捕捉端点　　　　图 5-92　插入结果

（6）单击"默认"选项卡→"修改"面板→"复制"按钮 ，选择筒灯左右对称复制 650 个单位，结果如图 5-93 所示。

（7）重复执行"复制"命令，窗口选择如图 5-94 所示的筒灯，上下对称复制 650 个单位，结果如图 5-95 所示。

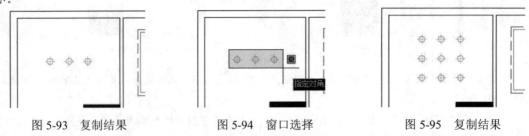

图 5-93　复制结果　　　　图 5-94　窗口选择　　　　图 5-95　复制结果

（8）单击"默认"选项卡→"绘图"面板→"直线"按钮 ，配合延伸捕捉和极轴追踪功能绘制如图 5-96 所示的水平辅助线。

（9）使用快捷键"PI"激活"单点"命令，在辅助线中点处绘制点作为筒灯，结果如图 5-97 所示。

（10）单击"默认"选项卡→"修改"面板→"复制"按钮 ，将刚绘制的筒灯左右对称复制 500，结果如图 5-98 所示。

（11）使用快捷键"E"激活"删除"命令，删除辅助线和中间位置的筒灯，结果如图 5-99 所示。

至此，售楼部洽谈区吊顶灯具图绘制完毕，下一小节将学习接待区灯具图的绘制过程和绘制技巧。

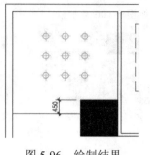

图 5-96　绘制结果

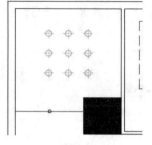

图 5-97　绘制筒灯

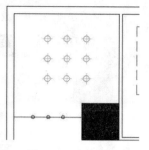

图 5-98　复制结果

5.5.5　绘制接待区灯具图

（1）继续上节操作。

（2）单击"默认"选项卡→"块"面板→"插入"按钮 ，以默认参数插入随书光盘中的"\图块文件\牛眼射灯.dwg"。

（3）返回绘图区在命令行"指定插入点或［基点(B)/比例(S)/旋转(R)］："提示下，水平向左引出如图 5-100 所示的中点追踪虚线，输入 250 并按 Enter 键，定位插入点，插入结果如图 5-101 所示。

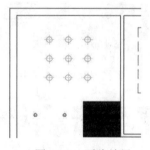

图 5-99　删除结果

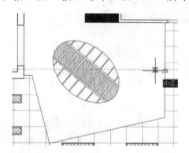

图 5-100　引出中点追踪虚线

（4）单击"默认"选项卡→"修改"面板→"复制"按钮 ，将插入的射灯对称复制 750 个单位，结果如图 5-102 所示。

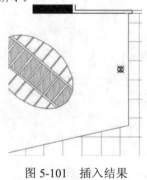

图 5-101　插入结果

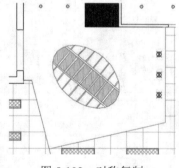

图 5-102　对称复制

（5）单击"默认"选项卡→"修改"面板→"偏移"按钮 ，选择如图 5-103 所示的椭圆向外侧偏移500，结果如图 5-104 所示。

（6）单击"默认"选项卡→"绘图"面板→"定数等分"按钮 ，将偏移出的椭圆等分 10 份，创建10 个筒灯，结果如图 5-105 所示。

（7）使用快捷键"E"激活"删除"命令，将偏移出的椭圆删除，结果如图 5-106 所示。

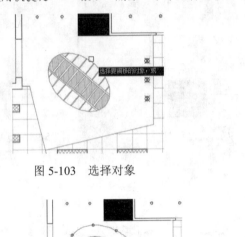

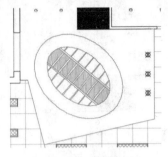

图 5-103　选择对象　　　　　　　　　　　图 5-104　偏移结果

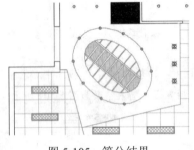

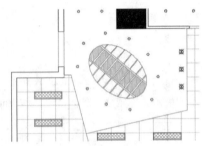

图 5-105　等分结果　　　　　　　　　　　图 5-106　删除结果

（8）最后执行"另存为"命令，将图形另名存储为"绘制御景苑售楼部天花灯具图.dwg"。

5.6　标注御景苑售楼部天花图

本节主要学习御景苑售楼部天花图文字与尺寸的具体标注过程和标注技巧。售楼部天花图的最终标注效果如图 5-107 所示。

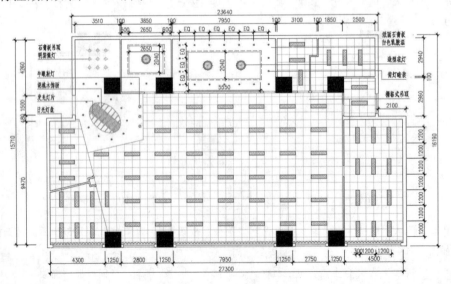

图 5-107　实例效果

5.6.1　绘制天花图文字指示线

（1）打开上例保存的"绘制御景苑售楼部天花灯具图.dwg"，或直接从随书光盘"\效果文件\第5章\"目录下调用此文件。

（2）展开"默认"选项卡→"图层"面板→"图层"下拉列表，解冻"文本层"，并将此图层设置为当前层。

（3）单击"默认"选项卡→"实用工具"面板→"快速选择"按钮，设置过滤参数如图5-108所示，选择文本层上的所有对象进行删除。

（4）按下 F8 功能键，打开状态栏上的"正交模式"功能，并暂时关闭"对象捕捉"功能。

（5）展开"默认"选项卡→"注释"面板→"文字样式"下拉列表，将"仿宋体"设置为当前文件样式。

（6）单击"默认"选项卡→"绘图"面板→"多段线"按钮，绘制如图5-109所示的直线作为文本的指示线。

（7）单击"默认"选项卡→"注释"面板→"文字样式"按钮 A，将"仿宋体"设为当前文字样式，并修改当前文字高度为350。

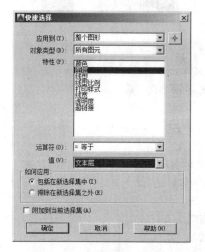

图 5-108　设置过滤参数　　　　　　　　　　图 5-109　绘制指示线

至此，文字指示线绘制完毕，下一小节将学习天花图文字注释的具体标注过程和技巧。

5.6.2　标注售楼部天花图文字

（1）继续上节操作。

（2）单击"默认"选项卡→"注释"面板→"多行文字"按钮 A，根据命令行的提示，在指示线末端从左上向右下分别拾取两个角点，拉出如图5-110所示的矩形框，打开"文字编辑器"选项卡面板。

（3）展开"文字编辑器"选项卡→"格式"面板→"颜色"下拉列表，设置当前颜色为红色。

（7）接下来在下侧的文字输入框内单击左键，指定文字的输入位置，然后输入"日光灯盘"字样，如图5-111所示。

（5）在"文字编辑器"选项卡面板上单击"关闭文字编辑器"按钮，结束命令，文字的标注结果如图5-112所示。

（6）重复执行"多行文字"命令，设置文字样式与高度不变，标注上侧的文字注释，结果如图5-113所示。

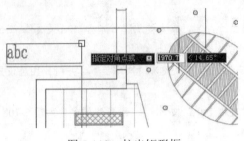

图5-110　拉出矩形框

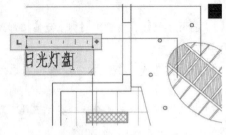

图5-111　输入文字

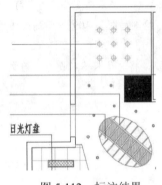

图5-112　标注结果

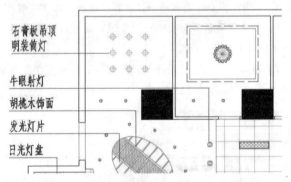

图5-113　标注结果

（7）单击"默认"选项卡→"修改"面板→"复制"按钮，选择刚标注的文字对象，将其复制到右侧指示线的末端，结果如图5-114所示。

（8）使用快捷键"ED"激活"编辑文字"命令，在复制出的文字上双击左键，打开"文字编辑器"选项卡，然后在多行文字输入框内反白显示文字，输入正确的文字内容，如图5-115所示。

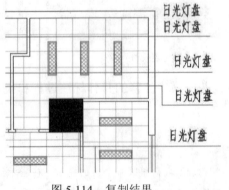

图5-114　复制结果

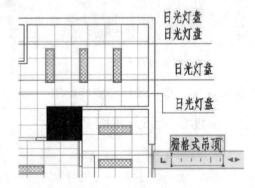

图5-115　修改文字

（9）关闭"文字编辑器"选项卡，文字修改后的效果如图5-116所示。

（10）重复8、9步骤，分别修改其他位置的文字注释，并适当调整文字的位置，修改后的结果如图5-117所示。

　　至此，天花图中的文字标注完毕。下一小节学习售楼部天花图尺寸的标注过程和标注技巧。

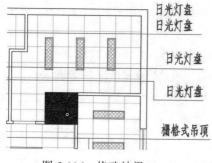

图 5-116　修改结果

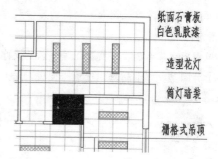

图 5-117　修改其他文字

5.6.3　标注售楼部天花图尺寸

（1）继续上节操作。

（2）展开"默认"选项卡→"图层"面板→"图层"下拉列表，在展开的下拉列表内解冻"尺寸层"，并将此图层设置为当前图层。

（3）单击"默认"选项卡→"注释"面板→"线性"按钮 ⊢┤，配合端点捕捉或交点捕捉功能，标注如图 5-118 所示的线性尺寸。

（4）单击"注释"选项卡→"标注"面板→"连续"按钮 ┡┤┤，分别以刚标注的两个线性尺寸作为基准尺寸，标注如图 5-119 所示的连续尺寸作为灯具的定位尺寸。

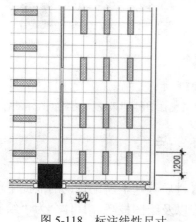

图 5-118　标注线性尺寸

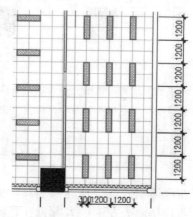

图 5-119　标注连续尺寸

（5）综合使用"线性"和"连续"命令，分别标注其他位置的灯具定位尺寸，结果如图 5-120 所示。

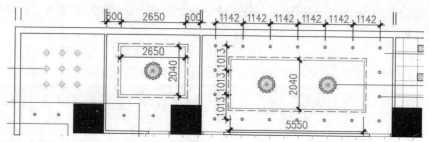

图 5-120　标注其他尺寸

（6）在会议室吊顶上侧双击筒灯的定位尺寸，打开"文字编辑器"选项卡面板，此时标注文字呈反白显示，如图5-121所示。

（7）在反白显示的标注文字上输入新的文字内容，并删除源内容，如图5-122所示。

（8）关闭"文字编辑器"选项卡面板，结束命令，标注文字修改的效果如图5-123所示。

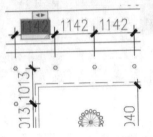 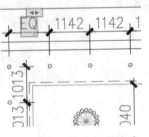 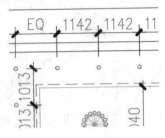

图 5-121　反白显示标注文字　　　　图 5-122　输入新的内容　　　　图 5-123　修改结果

（9）重复执行第6～8操作步骤，分别修改其他位置的筒灯定位尺寸，修改后的效果如图5-124所示。

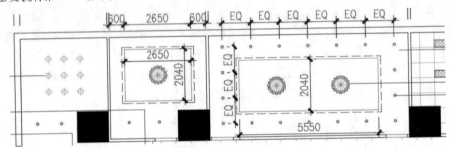

图 5-124　修改结果

（10）调整视图，使吊顶图完全显示，最终效果如图5-107所示。

（11）最后执行"另存为"命令，将当前图形另名存储为"标注售楼部天花图文字和尺寸.dwg"。

5.7　本章小结

本章在概述室内吊顶功能概念及常用类型、装修材质等基本理论知识的前提下，主要讲述了御景苑售楼部天花图的方案设计思路、绘图过程以及绘图技巧。具体分为"绘制售楼部天花墙体图、绘制售楼部各类吊顶图、绘制售楼部吊顶灯具图、标注售楼部天花图"等操作案例。

另外，在绘制办公空间天花图时，要注意各空间天花吊顶的快速绘制方式以及天花灯具的快速布置技巧。

第6章 售楼部立面装潢及电气图设计

室内立面图主要用于表明室内装修的造型和样式，此类图纸不但要体现出门窗、花格、装修隔断等构件的高度尺寸和安装尺寸以及家具和室内配套产品的安放位置和尺寸等内容，除此外还要体现出室内墙面上各种装饰品，如壁画、壁挂、金属等的式样、位置和大小尺寸等。本章主要在简单了解室内立面图表达内容及形成特点等相关理论知识的前提下，继续学习售楼部空间装潢方案图纸的具体绘制技能。

■ **本章内容**

✧ 空间立面图的形成方式
✧ 电气线路布线与接线要点
✧ 售楼部立面方案设计思路
✧ 绘制御景苑售楼部 A 向立面图
✧ 绘制御景苑售楼部 B 向立面图
✧ 绘制御景苑售楼部强弱电布置图
✧ 绘制御景苑售楼部灯具开关控制图
✧ 本章小结

6.1 空间立面图的形成方式

室内空间立面图的形成，归纳起来主要有以下三种方式。

（1）假想将室内空间垂直剖开，移去剖切平面前的部分，对余下的部分作正投影而成。这种立面图实质上是带有立面图示的剖面图，它所示图像的进深感比较强，并能同时反映顶棚的选级变化。但此种形式的缺点是剖切位置不明确（在平面布置上没有剖切符号，仅用投影符号表明视向），其剖面图示安排较难与平面布置图和顶棚平面图对应。

（2）假想将室内各墙面沿面与面相交处拆开，移去暂时不予图示的墙面，将剩下的墙面及其装饰布置，向铅直投影面作投影而成。这种立面图不出现剖面图像，只出现相邻墙面及其上装饰构件与该墙面的表面交线。

（3）设想将室内各墙面沿某轴阴角拆开，依次展开，直至都平等于同一铅直投影面，形成立面展开图。这种立面图能将室内各墙面的装饰效果连贯地展示在人们眼前，以便人们研究各墙面之间的统一与反差及相互衔接关系，对室内装饰设计与施工有着重要作用。

6.2 电气线路布线与接线要点

（1）首先要符合规定的电气原理图及布线图的要求。
（2）使电线尽量远离发热件，发热温度在 100℃ 以内的发热器件，电线与之距离保持在

20mm 以上；在 100～300℃内，电线与之距离需保持在 30mm 以上；发热在 300℃以上，如无隔热、防火措施者，电线与之距离保持在 80mm 以上。

（3）控制电路如需接地，应集中接地，接地点不得超过 2 处。

（4）穿入线管的电线电缆，外径面积之和不应超过线管内孔横截面积的 70%。

（5）电线两端头接线，除了与插接件相连者外，必须采用接头压接。

（6）每根电线两端必须有清晰牢固的线一号，每个插头、插座，每个接线端子上或安装位置处必须有清晰牢固的代号标记。

（7）电线管、安装槽应牢固，电线要用扎线带、线卡，以保持适当间隔，可靠固定。

（8）防止振动造成损失。

（9）电线、电缆出入线槽，线管及穿过金属隔板的孔、口时，必须加以防护。

6.3　售楼部立面方案设计思路

在设计并绘制室内立面图时，具体可以参照如下思路。

（1）首先根据地面布置图，定位需要投影的立面，并绘制主体轮廓线。

（2）绘制立面内部构件定位线，如果立面图结构复杂，可以采取从外到内、从整体到局部的绘图方式。

（3）布置各种装饰图块。将常用的装饰用具以块的形式整理起来，在绘制立面图时直接插入装饰块就可以了，不需要再逐一绘制。

（4）填充立面装饰图案。在绘制立面图时，有些装饰用具以及饰面装饰材料等不容易绘制和表达，此时可采用填充图案的方式进行表示。

（5）标注文本注释，以体现出饰面材料及施工要求等。

（6）标注立面图的装饰尺寸和各构件的安装尺寸。

6.4　绘制御景苑售楼部 A 向立面图

本节主要学习御景苑售楼部 A 向立面装修图的绘制过程和绘制技巧。售楼部 A 向立面装修图的最终绘制效果如图 6-1 所示。

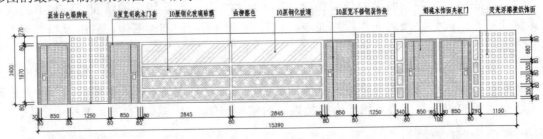

图 6-1　实例效果

6.4.1　绘制售楼部 A 向墙面轮廓图

（1）单击"快速访问"工具栏→"新建"按钮▯，以随书光盘中的"\样板文件\商业装潢样板.dwt"作为基础样板，新建文件。

（2）展开"默认"选项卡→"图层"面板→"图层"下拉列表，将"轮廓线"设置为当前图层。

（3）单击"默认"选项卡→"绘图"面板→"矩形"按钮 □，绘制长度为 15390、宽度为 2400 的矩形，作为 A 向墙面外轮廓线。

（4）单击"默认"选项卡→"修改"面板→"分解"按钮 ⬚，将矩形分解为四条独立的线段。

（5）单击"默认"选项卡→"修改"面板→"偏移"按钮 ⬚，将矩形右侧的垂直边向左偏移，偏移间距如图 6-2 所示。

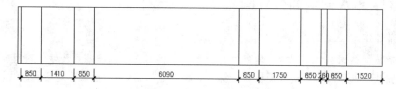

图 6-2 偏移垂直边

（6）单击"默认"选项卡→"修改"面板→"偏移"按钮 ⬚，将下侧的水平边向上偏移，偏移间距如图 6-3 所示。

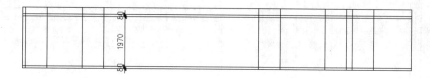

图 6-3 偏移水平边

（7）单击"默认"选项卡→"修改"面板→"修剪"按钮 ⎯，对偏移出的轮廓线进行初步修剪编辑，结果如图 6-4 所示。

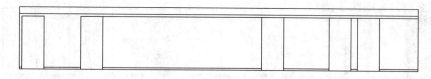

图 6-4 编辑结果

（8）单击"默认"选项卡→"修改"面板→"偏移"按钮 ⬚，将最左侧的垂直边向右偏移，偏移间距如图 6-5 所示。

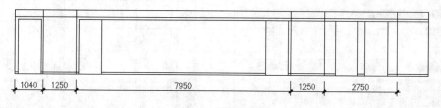

图 6-5 偏移结果

（9）单击"默认"选项卡→"修改"面板→"修剪"按钮 ⎯，对内部的水平轮廓线进行修剪，结果如图 6-6 所示。

图 6-6　修剪结果

至次，A 向墙面轮廓图绘制完毕，下一小节将学习 A 向墙面构件图的绘制过程和绘图技巧。

6.4.2　绘制售楼部 A 向墙面构件图

（1）继续上节操作。

（2）展开"默认"选项卡→"图层"面板→"图层"下拉列表，选择"家具层"设为当前操作层。

（3）单击"默认"选项卡→"块"面板→"插入"按钮 ，打开"插入"对话框。

（4）在对话框中单击 浏览(B)... 按钮，从弹出的"选择图形文件"对话框中的打开随书光盘中的"\图块文件\立面门.dwg"。

（5）返回"插入"对话框，采用系统的默认设置，将其插入立面图中，插入点为图 6-7 所示的端点，插入结果如图 6-8 所示。

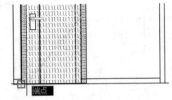

图 6-7　定位插入点

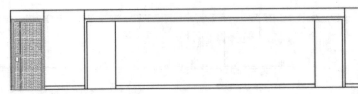

图 6-8　插入结果

（6）单击"默认"选项卡→"修改"面板→"复制"按钮 ，配合插入点捕捉和端点捕捉功能，将刚插入的立面门图块分别复制到其他位置，结果如图 6-9 所示。

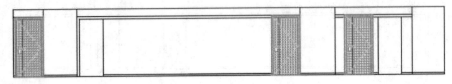

图 6-9　复制结果

（7）单击"默认"选项卡→"块"面板→"插入"按钮 ，继续插入立面门图块，块参数设置如图 6-10 所示，插入点为图 6-11 所示的端点。

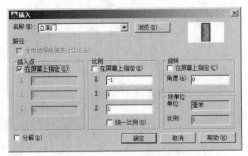

图 6-10　设置块参数

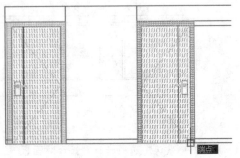

图 6-11　定位插入点

（8）单击"默认"选项卡→"修改"面板→"复制"按钮，配合插入点捕捉和端点捕捉功能，将刚插入的立面门图块分别复制到右侧，结果如图 6-12 所示。

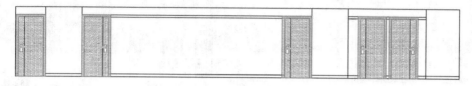

图 6-12　复制结果

（9）单击"默认"选项卡→"修改"面板→"修剪"按钮，以插入的立面门门套外轮廓线作为边界，对下侧的踢脚线和上侧的水平轮廓线进行修剪完善，结果如图 6-13 所示。

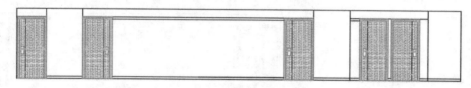

图 6-13　修剪结果

至次，售楼部 A 向墙面立面门构件图绘制完毕，下一小节将学习 A 向墙面分隔线的绘制过程和技巧。

6.4.3　绘制售楼部 A 向墙面分隔线

（1）继续上节操作。

（2）使用快捷键"LA"激活"图层"命令，新建名为"分隔线"的图层，图层颜色为 42 号色，并将此图层设置为当前操作层。

（3）在无命令执行的前提下单击内部的水平轮廓线，使其呈现夹点显示状态，如图 6-14 所示。

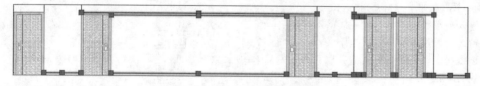

图 6-14　夹点效果

（4）展开"默认"选项卡→"图层"面板→"图层"下拉列表，将夹点图线放在"分隔线"图层上。

（5）展开"默认"选项卡→"特性"面板→"对象颜色"列表，将夹点图线的颜色特性设置为随层。

（6）按下键盘上的 Esc 键，取消图线的夹点显示状态。

（7）单击"默认"选项卡→"绘图"面板→"直线"按钮，配合对象追踪捕捉和交点捕捉功能绘制垂直轮廓线，命令行操作如下。

```
命令：_line
指定第一个点：                    //水平向右引出如图 6-15 所示的端点追踪虚线，输入 80
按 Enter 键，定位第一点
指定下一点或 [放弃(U)]：           //捕捉如图 6-16 所示的交点
指定下一点或 [放弃(U)]：           //Enter，绘制结果如图 6-17 所示
```

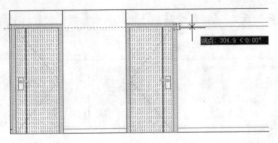

图 6-15　引出端点追踪虚线

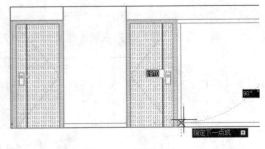

图 6-16　捕捉交点

（8）单击"默认"选项卡→"修改"面板→"偏移"按钮，将刚绘制的垂直轮廓线向右偏移 2845 个绘图单位，结果如图 6-18 所示。

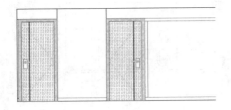

图 6-17　绘制结果

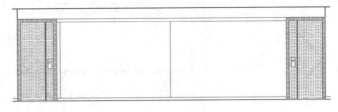

图 6-18　偏移结果

（9）单击"默认"选项卡→"修改"面板→"矩形阵列"按钮，选择下侧的水平轮廓线进行阵列，命令行操作如下。

```
命令：_arrayrect
选择对象：                              ///选择如图 6-19 所示的水平轮廓线
选择对象：                              // Enter
类型 = 矩形  关联 = 是
选择夹点以编辑阵列或 [关联(AS)/基点(B)/计数(COU)/间距(S)/列数(COL)/行数(R)/层
数(L)/退出(X)] <退出>：                  //COU Enter
输入列数数或 [表达式(E)] <4>：           //1 Enter
输入行数数或 [表达式(E)] <3>：           //4 Enter
选择夹点以编辑阵列或 [关联(AS)/基点(B)/计数(COU)/间距(S)/列数(COL)/行数(R)/层
数(L)/退出(X)] <退出>：                  //s Enter
指定列之间的距离或 [单位单元(U)] <0>：    //1 Enter
指定行之间的距离 <1>：                    //430 Enter
选择夹点以编辑阵列或 [关联(AS)/基点(B)/计数(COU)/间距(S)/列数(COL)/行数(R)/层
数(L)/退出(X)] <退出>：                  //AS Enter
创建关联阵列 [是(Y)/否(N)] <否>：         //N Enter
选择夹点以编辑阵列或 [关联(AS)/基点(B)/计数(COU)/间距(S)/列数(COL)/行数(R)/层
数(L)/退出(X)] <退出>：                  // Enter，阵列结果如图 6-20 所示
```

图 6-19　选择水平轮廓线

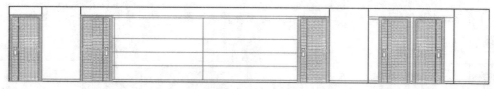

图 6-20　阵列结果

（10）单击"默认"选项卡→"修改"面板→"复制"按钮，窗交选择如图 6-21 所示的水平图线，垂直向下复制 80 个单位，结果如图 6-22 所示。

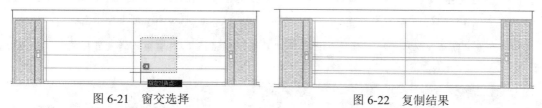

图 6-21　窗交选择　　　　　　　　　　　　图 6-22　复制结果

（11）单击"默认"选项卡→"修改"面板→"修剪"按钮，对轮廓线进行修剪编辑，结果如图 6-23 所示。

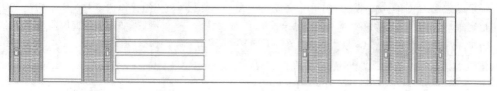

图 6-23　修剪结果

（12）单击"默认"选项卡→"修改"面板→"镜像"按钮，对修剪后的墙面装饰线进行镜像，命令行操作如下。

```
命令：_mirror
选择对象：                          //拉出如图 6-24 所示的窗口选择框
选择对象：                          // Enter
指定镜像线的第一点：                //捕捉如图 6-25 所示的中点
指定镜像线的第二点：                //@0,1 Enter
要删除源对象吗？[是(Y)/否(N)] <N>： // Enter，镜像结果如图 6-26 所示
```

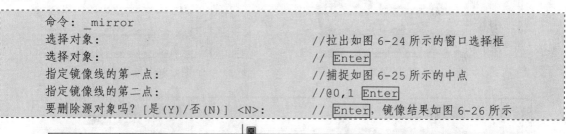

图 6-24　窗口选择

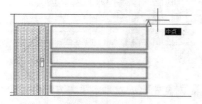

图 6-25　捕捉中点

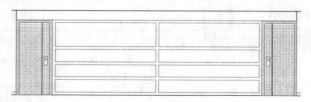

图 6-26　镜像结果

（13）在无命令执行的前提下夹点显示如图 6-27 所示的水平图线，然后按 Delete 键进行删除，删除结果如图 6-28 所示。

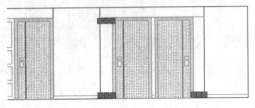

图 6-27　夹点效果

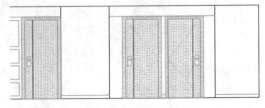

图 6-28　删除结果

（14）单击"默认"选项卡→"修改"面板→"复制"按钮，对墙面分隔线进行复制，命令行操作如下。

```
命令：_copy
选择对象：                                        //选择如图 6-29 所示的墙面分隔线
选择对象：                                        //Enter
当前设置：复制模式 = 多个
指定基点或 [位移(D)/模式(O)] <位移>：              //捕捉如图 6-30 所示的交点
指定第二个点或 [阵列(A)] <使用第一个点作为位移>：    //捕捉如图 6-31 所示的交点
指定第二个点或 [阵列(A)/退出(E)/放弃(U)] <退出>：
// Enter，复制结果如图 6-32 所示
```

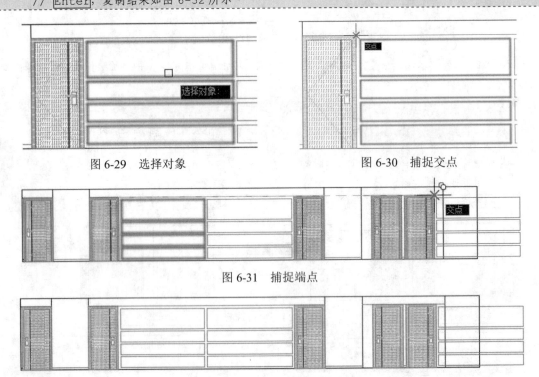

图 6-29　选择对象　　　　　　　　　　　　　图 6-30　捕捉交点

图 6-31　捕捉端点

图 6-32　复制结果

（15）单击"默认"选项卡→"修改"面板→"拉伸"按钮，对复制出的对象水平向左拉伸，命令行操作如下。

```
命令：_stretch
以交叉窗口或交叉多边形选择要拉伸的对象...
选择对象：                              //拉出如图 6-33 所示的窗交选择框
选择对象：                              // Enter
指定基点或 [位移(D)] <位移>：            //拾取任一点
指定第二个点或 <使用第一个点作为位移>：
//@-2715,0 Enter，拉伸结果如图 6-34 所示
```

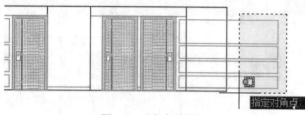

图 6-33　窗交选择 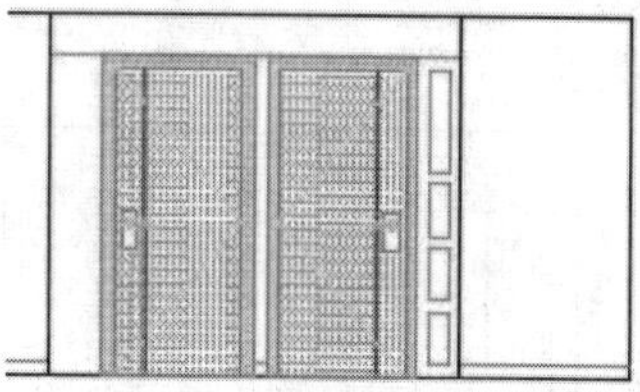　　　　　　　　　　图 6-34　拉伸结果

（16）单击"默认"选项卡→"修改"面板→"复制"按钮，对拉伸后的墙面分隔线进行复制，命令行操作如下。

```
命令：_copy
选择对象：                                      //选择如图 6-35 所示的墙面分隔线
选择对象：                                      //Enter
当前设置：复制模式 = 多个
指定基点或 [位移(D)/模式(O)] <位移>：           //捕捉如图 6-36 所示的交点

指定第二个点或 [阵列(A)] <使用第一个点作为位移>：  //捕捉如图 6-37 所示的交点
指定第二个点或 [阵列(A)/退出(E)/放弃(U)] <退出>： // Enter，复制结果如图 6-38 所示
```

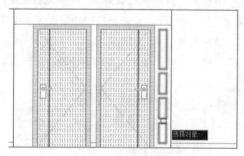

图 6-35　选择对象

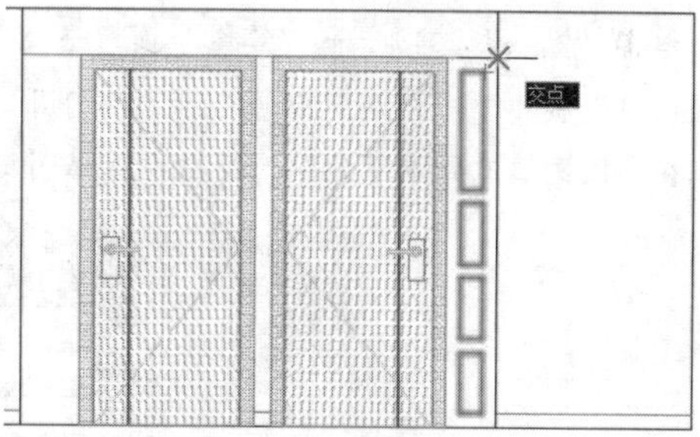

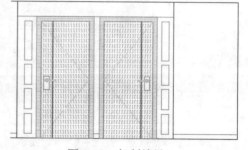

图 6-36　捕捉交点

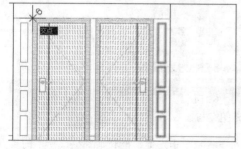

图 6-37　捕捉交点

图 6-38　复制结果

（17）单击"默认"选项卡→"修改"面板→"拉伸"按钮，对复制出的对象水平向左拉伸，命令行操作如下。

```
命令：_stretch
以交叉窗口或交叉多边形选择要拉伸的对象...
选择对象：                        //拉出如图 6-39 所示的窗交选择框
选择对象：                        // Enter
指定基点或 [位移(D)] <位移>：      //拾取任一点
指定第二个点或 <使用第一个点作为位移>：//@-50,0 Enter，拉伸结果如图 6-40 所示
```

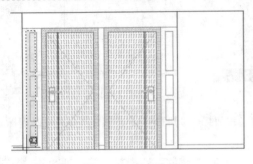

图 6-39　窗交选择

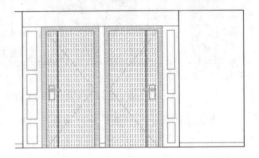

图 6-40　拉伸结果

至此，售楼部 A 向墙面立面门构件图绘制完毕，下一小节将学习 A 向墙面装饰线的绘制过程和技巧。

6.4.4　绘制售楼部 A 向墙面装饰线

（1）继续上节操作。

（2）展开"默认"选项卡→"图层"面板→"图层"下拉列表，选择"填充层"设置为当前图层。

（3）单击"默认"选项卡→"绘图"面板→"图案填充"按钮，在命令行"拾取内部点或 [选择对象(S)/设置(T)]："提示下，激活"设置"选项，打开"图案填充和渐变色"对话框。

（4）在"图案填充和渐变色"对话框中选择图案并设置填充比例、角度、关联特性等，如图 6-41 所示。

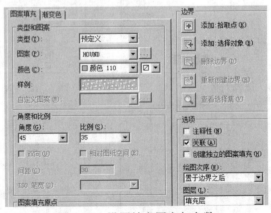

图 6-41　设置填充图案与参数

（5）单击"添加：拾取点"按钮，返回绘图区在所需区域单击左键，拾取如图 6-42 所示的填充区域。

（6）按 Enter 键结束命令，为立面图填充图案，填充结果如图 6-43 所示。

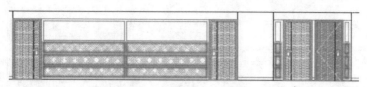

图 6-42　指定填充区域

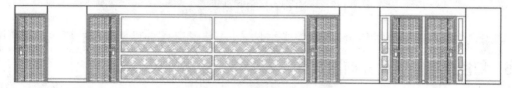

图 6-43　填充结果

（7）重复执行"图案填充"命令，设置填充图案及参数如图 6-44 所示，为立面图填充如图 6-45 所示的图案。

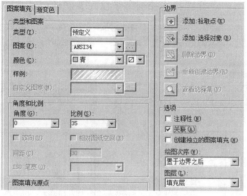

图 6-44　设置填充图案及参数

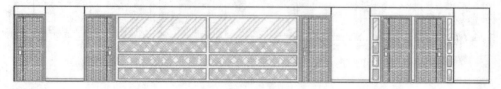

图 6-45　填充结果

（8）重复执行"图案填充"命令，设置填充图案及参数如图 6-46 所示，为立面图填充如图 6-47 所示的图案。

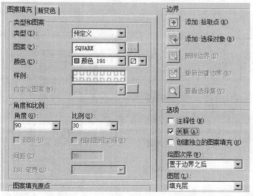

图 6-46　设置填充图案及参数

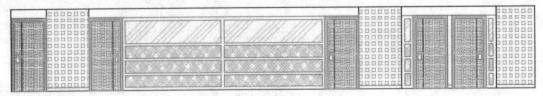

图 6-47　填充结果

至次，售楼部 A 向墙面装饰线绘制完毕，下一小节将学习 A 向墙面尺寸的标注过程和技巧。

6.4.5　标注售楼部 A 向立面图尺寸

（1）继续上节操作。

（2）展开"默认"选项卡→"图层"面板→"图层"下拉列表，将"尺寸层"设置为当前图层。

（3）展开"样式"工具栏上的"标注样式控制"下拉列表，将"建筑标注"设置为当前样式。

（4）单击"默认"选项卡→"注释"面板→"标注样式"按钮，修改当前标注样式的全局比例为 42。

（5）单击"默认"选项卡→"注释"面板→"线性"按钮，标注如图 6-48 所示的线性尺寸作为基准尺寸。

（6）单击"注释"选项卡→"标注"面板→"连续"按钮，配合捕捉与追踪功能，标注如图 6-49 所示的连续尺寸。

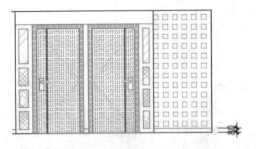

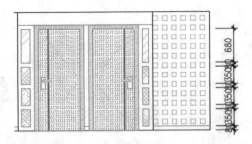

图 6-48　标注线性尺寸　　　　　　　　图 6-49　标注连续尺寸

（7）在无命令执行的前提下单击标注文字为 80 的对象，使其呈现夹点显示状态，如图 6-50 所示。

（8）将光标放在标注文字夹点上，然后从弹出的快捷菜单中选择"仅移动文字"选项。

（9）在命令行"** 仅移动文字 **指定目标点:"提示下，在适当位置指定文字的位置，并按 Esc 键取消尺寸的夹点，调整结果如图 6-51 所示。

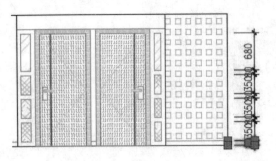

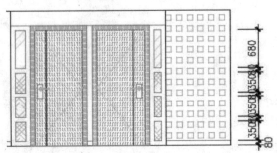

图 6-50　夹点显示　　　　　　　　　　图 6-51　调整结果

（10）参照 7～9 操作步骤，分别调整其他标注文字的位置，调整结果如图 6-52 所示。

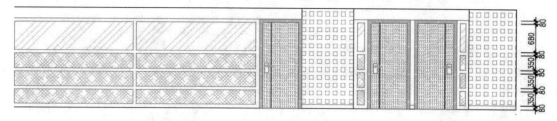

图 6-52　调整结果

（11）参照上述操作，综合使用"线性"和"连续"命令，标注立面图其他侧的尺寸，并适当调整标注文字的位置，结果如图 6-53 所示。

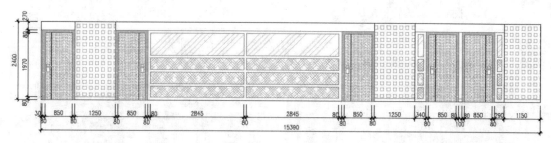

图 6-53　标注结果

至此，售楼部 A 向墙面尺寸标注完毕，下一小节将学习 A 向墙面装修材质的标注过程和技巧。

6.4.6　标注售楼部 A 向立面图材质

（1）继续上节操作。

（2）展开"默认"选项卡→"图层"面板→"图层"下拉列表，将"文本层"设置为当前图层。

（3）单击"默认"选项卡→"注释"面板→"标注样式"按钮 ，替代当前尺寸样式，并修改引线箭头、大小以及尺寸文字样式等参数，如图 6-54 和图 6-55 所示。

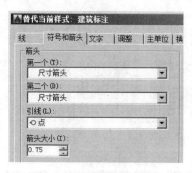

图 6-54　修改箭头和大小

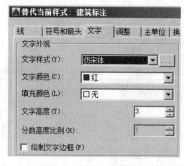

图 6-55　修改文字样式

（4）在"替代当前样式：建筑标注"对话框中展开"调整"选项卡，设置标注比例如图 6-56 所示。

（5）返回"标注样式管理器"对话框，标注样式的替代效果如图 6-57 所示。

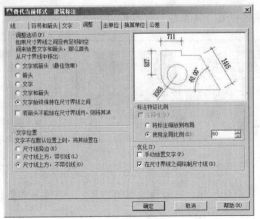

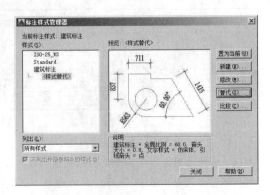

图 6-56　设置标注比例　　　　　图 6-57　"标注样式管理器"对话框

（6）使用快捷键"LE"激活"快速引线"命令，激活命令中的"设置"选项功能，打开"引线设置"对话框，设置引线参数如图 6-58 和图 6-59 所示。

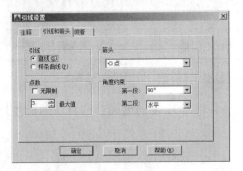

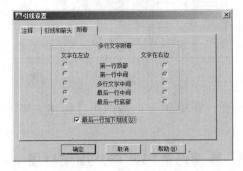

图 6-58　"引线和箭头"选项卡　　　　　图 6-59　"附着"选项卡

（7）单击"引线设置"对话框中的 **确定** 按钮，返回绘图区，指定三个引线点，绘制引线并输入引线注释，标注结果如图 6-60 所示。

图 6-60　标注结果

（8）重复执行"快速引线"命令，按照当前的引线参数设置，分别标注其他位置的引线注释，标注结果如图 6-61 所示。

（9）调整视图，将图形全部显示，最终效果如图 6-61 所示。

（10）最后执行"保存"命令，将图形命名存储为"绘制售楼部 A 向立面图.dwg"。

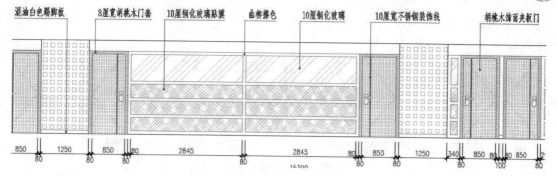

图 6-61　标注其他注释

6.5　绘制御景苑售楼部 B 向立面图

本节主要学习售楼部 B 向立面装修图的绘制过程和绘制技巧。售楼部 B 向立面装修图的最终绘制效果如图 6-62 所示。

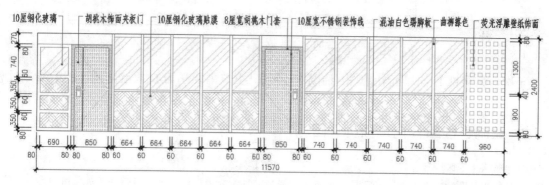

图 6-62　实例效果

6.5.1　绘制售楼部 B 向墙面轮廓图

（1）以随书光盘中的"\样板文件\商业装潢样板.dwt"作为基础样板，新建文件。

（2）展开"默认"选项卡→"图层"面板→"图层"下拉列表，将"轮廓线"设置为当前图层。

（3）单击"默认"选项卡→"绘图"面板→"矩形"按钮，绘制长度为 11570、宽度为 2400 的矩形，作为 B 向墙面外轮廓线。

（4）单击"默认"选项卡→"修改"面板→"分解"按钮，将矩形分解为四条独立的线段。

（5）单击"默认"选项卡→"修改"面板→"偏移"按钮，将左侧的垂直边向右偏移，偏移间距分别为 930、850、3840、850、4140，偏移结果如图 6-63 所示。

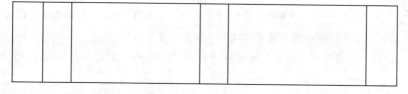

图 6-63　偏移结果

（6）重复执行"偏移"命令，将上侧的水平轮廓线向下偏移270个单位，将下侧的水平轮廓线向上偏移80个单位，结果如图6-64所示。

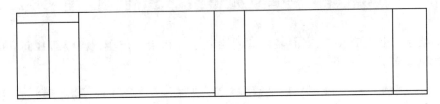

图6-64　偏移水平边

（7）单击"默认"选项卡→"修改"面板→"修剪"按钮 ┼-，对偏移出的轮廓线进行修剪，结果如图6-65所示。

图6-65　修剪结果

至次，售楼部B向墙面轮廓图绘制完毕，下一小节主要学习B向墙面构件图的绘制过程和技巧。

6.5.2　绘制售楼部B向墙面构件图

（1）继续上节操作。

（2）展开"默认"选项卡→"图层"面板→"图层"下拉列表，将"家具层"设置为当前图层。

（3）单击"默认"选项卡→"块"面板→"插入"按钮 ，采用默认参数插入随书光盘中的"\图块文件\立面门.dwg"，插入点为图6-66所示的端点，插入结果如图6-67所示。

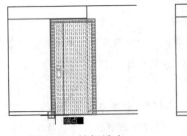 

图6-66　捕捉端点　　　　　　　　　　　　　　　图6-67　插入结果

（4）复执行"插入块"命令，设置块参数如图6-68所示，以如图6-69所示的端点作为插入点，将立面门图块插入立面图中，结果如图6-70所示。

（5）单击"默认"选项卡→"修改"面板→"修剪"按钮 ┼-，对内部轮廓线进行修剪完善，结果如图6-71所示。

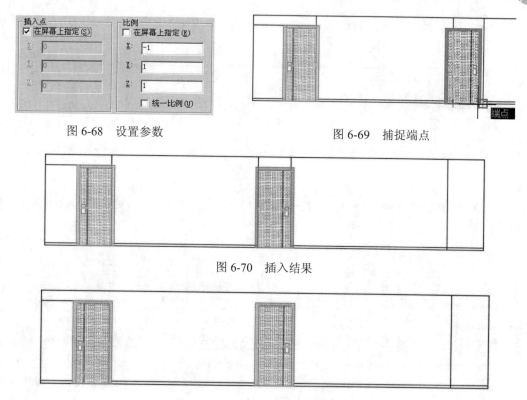

图 6-68 设置参数   图 6-69 捕捉端点

图 6-70 插入结果

图 6-71 完善结果

至次，售楼部 B 向墙面轮廓图绘制完毕，下一小节主要学习 B 向墙面分隔线的绘制过程和技巧。

6.5.3 绘制售楼部 B 向墙面分隔线

（1）继续上节操作。

（2）使用快捷键"LA"激活"图层"命令，新建名为"分隔线"的图层，图层颜色为 42 号色，并将此图层设置为当前操作层。

（3）在无命令执行的前提下单击内部的水平轮廓线，使其呈现夹点显示状态，如图 6-72 所示。

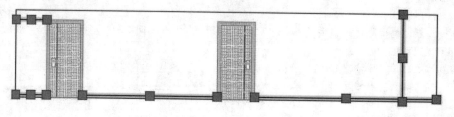

图 6-72 夹点效果

（4）展开"默认"选项卡→"图层"面板→"图层"下拉列表，选择"装饰线"，将夹点图线放在"分隔线"图层上。

（5）展开"默认"选项卡→"特性"面板→"对象颜色"列表，将夹点图线的颜色特性设置为随层。

（6）按下键盘上的 Esc 键，取消图线的夹点显示状态。

（7）单击"默认"选项卡→"修改"面板→"复制"按钮，复制 A 立面图中的分隔线，结果如图 6-73 所示。

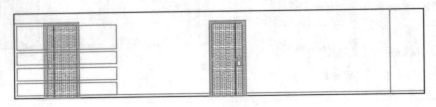

图 6-73　复制结果

（8）单击"默认"选项卡→"修改"面板→"拉伸"按钮，对复制出的对象水平向左拉伸，命令行操作如下。

```
命令：_stretch
以交叉窗口或交叉多边形选择要拉伸的对象...
选择对象：                         //拉出如图 6-74 所示的窗交选择框
选择对象：                         // Enter
指定基点或 [位移(D)] <位移>：       //拾取任一点
指定第二个点或 <使用第一个点作为位移>：//@-2155,0 Enter，拉伸结果如图 6-75 所示
```

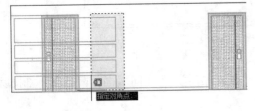

图 6-74　窗交选择

图 6-75　拉伸结果

（9）单击"默认"选项卡→"修改"面板→"矩形阵列"按钮，选择内侧的垂直轮廓线进行阵列，命令行操作如下。

```
命令：_arrayrect
选择对象：                         //选择如图 6-76 所示的垂直轮廓线
选择对象：                         // Enter
类型 = 矩形　关联 = 是
选择夹点以编辑阵列或 [关联(AS)/基点(B)/计数(COU)/间距(S)/列数(COL)/行数(R)/层数
(L)/退出(X)] <退出>：              //COU Enter
输入列数数或 [表达式(E)] <4>：      //6Enter
输入行数数或 [表达式(E)] <3>：      //1Enter
选择夹点以编辑阵列或 [关联(AS)/基点(B)/计数(COU)/间距(S)/列数(COL)/行数(R)/层数
(L)/退出(X)] <退出>：              //s Enter
指定列之间的距离或 [单位单元(U)] <0>：//-800 Enter
指定行之间的距离 <1>：             //1Enter
选择夹点以编辑阵列或 [关联(AS)/基点(B)/计数(COU)/间距(S)/列数(COL)/行数(R)/层数
(L)/退出(X)] <退出>：              //AS Enter
创建关联阵列 [是(Y)/否(N)] <否>：   //N Enter
```

选择夹点以编辑阵列或 ［关联(AS)/基点(B)/计数(COU)/间距(S)/列数(COL)/行数(R)/层数(L)/退出(X)］<退出>：   // Enter，阵列结果如图 6-77 所示

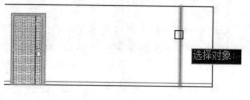

图 6-76　选择对象

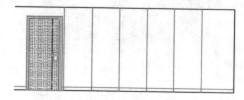

图 6-77　阵列结果

（10）单击"默认"选项卡→"修改"面板→"复制"按钮，选择阵列出的 6 条垂直图线，如图 6-78 所示，水平向左复制 60 个单位，结果如图 6-79 所示。

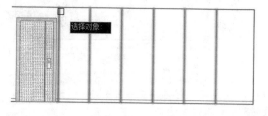

图 6-78　窗交选择

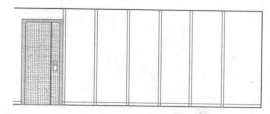

图 6-79　复制结果

（11）单击"默认"选项卡→"修改"面板→"偏移"按钮，选择 6-80 所示的水平轮廓线向上偏移 900、940 和 2240 个单位，结果如图 6-81 所示。

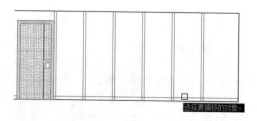

图 6-80　选择偏移对象

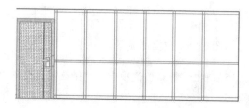

图 6-81　偏移结果

（12）单击"默认"选项卡→"修改"面板→"修剪"按钮，对轮廓线进行修剪编辑，结果如图 6-82 所示。

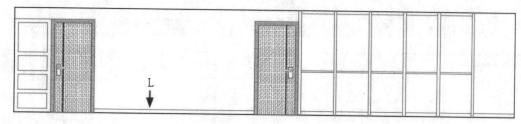

图 6-82　修剪结果

（13）使用快捷键"E"激活"删除"命令，删除图 6-82 所示的水平轮廓线 L。

（14）单击"默认"选项卡→"修改"面板→"复制"按钮，选择刚绘制的分隔单元进行复制，命令行操作如下。

```
命令: _copy
选择对象:                                    //窗口选择如图 6-83 所示的分隔线
选择对象:                                    //Enter
当前设置: 复制模式 = 多个
指定基点或 [位移(D)/模式(O)] <位移>:        //捕捉如图 6-84 所示的端点
指定第二个点或 [阵列(A)] <使用第一个点作为位移>:    //捕捉如图 6-85 所示的端点
指定第二个点或 [阵列(A)/退出(E)/放弃(U)] <退出>:  //Enter,复制结果如图 6-86 所示
```

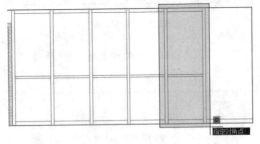

图 6-83　窗口选择

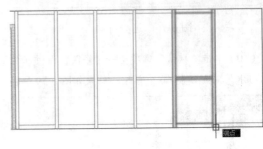

图 6-84　定位基点

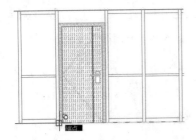

图 6-85　定位目标点

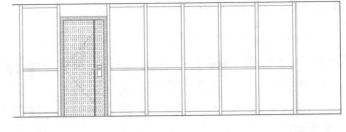

图 6-86　复制结果

（15）单击"默认"选项卡→"修改"面板→"拉伸"按钮，对复制出的对象水平向左拉伸，命令行操作如下。

```
命令: _stretch
以交叉窗口或交叉多边形选择要拉伸的对象...
选择对象:                                    //拉出如图 6-87 所示的窗交选择框
选择对象:                                    // Enter
指定基点或 [位移(D)] <位移>:                 //拾取任一点
指定第二个点或 <使用第一个点作为位移>:       //@76,0 Enter,拉伸结果如图 6-88 所示
```

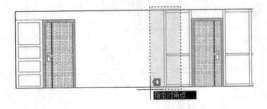

图 6-87　窗交选择

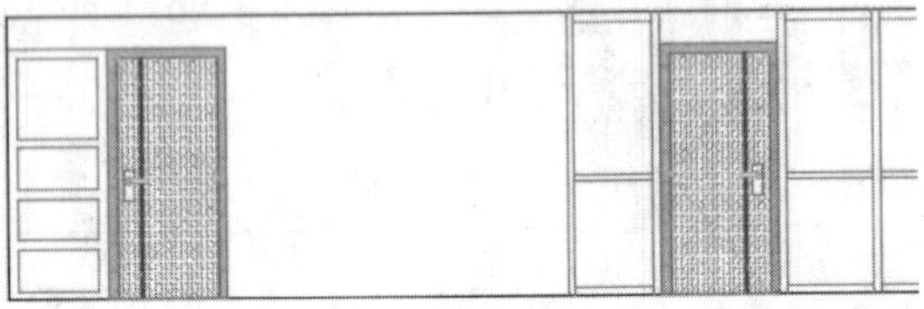

图 6-88　拉伸结果

（16）单击"默认"选项卡→"修改"面板→"矩形阵列"按钮，选择拉伸后的分隔线进行阵列，命令行操作如下。

```
命令：_arrayrect
选择对象：                              //窗交选择如图 6-89 所示的水平轮廓线
选择对象：                              // Enter
类型 = 矩形  关联 = 是
选择夹点以编辑阵列或 [关联(AS)/基点(B)/计数(COU)/间距(S)/列数(COL)/行数(R)/层数
(L)/退出(X)] <退出>：                    //COU Enter
输入列数数或 [表达式(E)] <4>：           //5 Enter
输入行数数或 [表达式(E)] <3>：           //1 Enter
选择夹点以编辑阵列或 [关联(AS)/基点(B)/计数(COU)/间距(S)/列数(COL)/行数(R)/层数
(L)/退出(X)] <退出>：                    //s Enter
指定列之间的距离或 [单位单元(U)] <0>：   //-724 Enter
指定行之间的距离 <1>：                   //1 Enter
选择夹点以编辑阵列或 [关联(AS)/基点(B)/计数(COU)/间距(S)/列数(COL)/行数(R)/层数
(L)/退出(X)] <退出>：                    //AS Enter
创建关联阵列 [是(Y)/否(N)] <否>：        //N Enter
选择夹点以编辑阵列或 [关联(AS)/基点(B)/计数(COU)/间距(S)/列数(COL)/行数(R)/层数
(L)/退出(X)] <退出>：                    // Enter，阵列结果如图 6-90 所示
```

图 6-89　选择对象

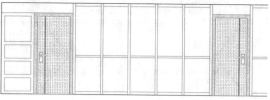

图 6-90　阵列结果

　　至次，售楼部 B 向墙面分隔绘制完毕，下一小节主要学习 B 向墙面装饰线的绘制过程和技巧。

6.5.4　绘制售楼部 B 向墙面装饰线

（1）继续上节操作。

（2）展开"默认"选项卡→"图层"面板→"图层"下拉列表，选择"填充层"设置为当前图层。

（3）单击"默认"选项卡→"绘图"面板→"图案填充"按钮，在命令行"拾取内部点或 [选择对象(S)/设置(T)]："提示下，激活"设置"选项，打开"图案填充和渐变色"对话框。

（4）在"图案填充和渐变色"对话框中选择图案并设置填充比例、角度、关联特性等，如图 6-91 所示。

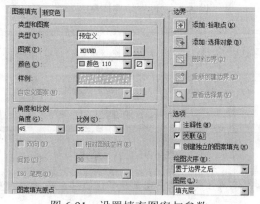

图 6-91　设置填充图案与参数

（5）单击"添加：拾取点"按钮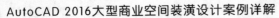，返回绘图区在所需区域单击左键，拾取如图 6-92 所示的填充区域。

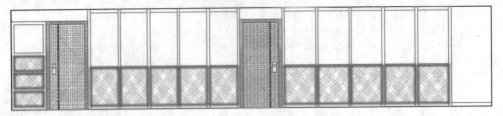

图 6-92　指定填充区域

（6）按 Enter 键结束命令，为立面图填充图案，填充结果如图 6-93 所示。

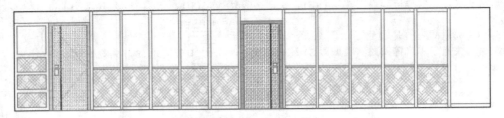

图 6-93　填充结果

（7）重复执行"图案填充"命令，设置填充图案及参数如图 6-94 所示，为立面图填充如图 6-95 所示的图案。

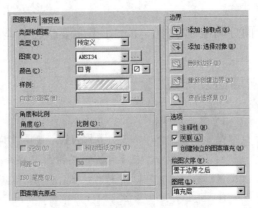

图 6-94　设置填充图案及参数

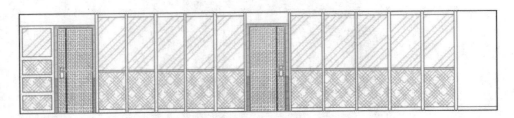

图 6-95　填充结果

（8）重复执行"图案填充"命令，设置填充图案及参数如图 6-96 所示，为立面图填充如图 6-97 所示的图案。

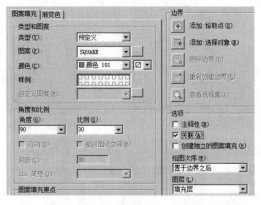

图 6-96 设置填充图案及参数

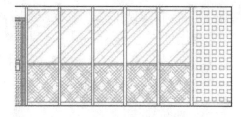

图 6-97 填充结果

至次，售楼部办公区 B 向墙面装饰线绘制完毕，下一小节主要学习 B 向墙面尺寸的标注过程和技巧。

6.5.5 标注售楼部 B 向立面图尺寸

（1）继续上节操作。

（2）展开"默认"选项卡→"图层"面板→"图层"下拉列表，将"尺寸层"设置为当前图层。

（3）单击"默认"选项卡→"注释"面板→"标注样式"按钮，将"建筑标注"设置为当前标注样式，并修改标注比例为 42。

（4）单击"默认"选项卡→"注释"面板→"线性"按钮，标注如图 6-98 所示的线性尺寸作为基准尺寸。

（5）单击"注释"选项卡→"标注"面板→"连续"按钮，配合捕捉与追踪功能，标注如图 6-99 所示的连续尺寸。

（6）在无命令执行的前提下单击标注文字为 80 的对象，使其呈现夹点显示状态，如图 6-100 所示。

图 6-98 标注线性尺寸   图 6-99 标注连续尺寸   图 6-100 夹点显示

（7）将光标放在标注文字夹点上，然后从弹出的快捷菜单中选择"仅移动文字"选项。

（8）在命令行"** 仅移动文字 **指定目标点:"提示下，在适当位置指定文字的位置，并按 Esc 键取消尺寸的夹点，调整结果如图 6-101 所示。

（9）参照 6~8 操作步骤，分别调整其他标注文字的位置，调整结果如图 6-102 所示。

（10）单击"默认"选项卡→"注释"面板→"线性"按钮，标注立面图右侧的总尺寸，结果如图 6-103 所示。

（11）参照上述操作，综合使用"线性"和"连续"等命令，标注立面图其他侧的尺寸，并适当调整标注文字的位置，结果如图 6-104 所示。

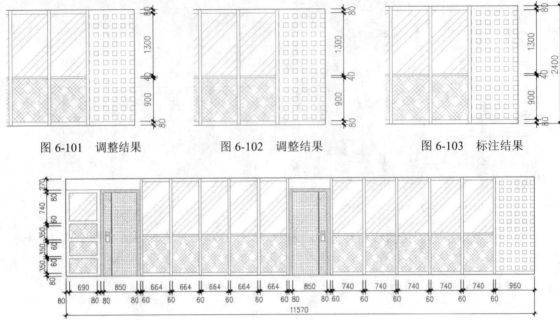

图 6-101　调整结果　　　　　图 6-102　调整结果　　　　　图 6-103　标注结果

图 6-104　标注其他尺寸

至此，售楼部办公区 B 向墙面尺寸标注完毕，下一小节将学习 B 向墙面装修材质的标注过程和技巧。

6.5.6　标注售楼部 B 向立面图材质

（1）继续上节操作。

（2）展开"默认"选项卡→"图层"面板→"图层"下拉列表，将"文本层"设置为当前图层。

（3）单击"默认"选项卡→"注释"面板→"标注样式"按钮 ◢，替代当前尺寸样式，并修改参数如图 6-54 和图 6-55 所示。

（4）在"替代当前样式：建筑标注"对话框中展开"调整"选项卡，设置标注比例为 60。

（5）使用快捷键"LE"激活"快速引线"命令，激活命令中的"设置"选项，打开"引线设置"对话框，设置引线参数如图 6-105 和图 6-106 所示。

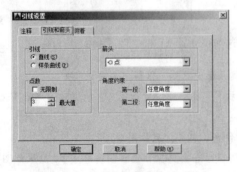

图 6-105　"引线和箭头"选项卡　　　　　图 6-106　"附着"选项卡

（6）单击　确定　按钮，返回绘图区绘制引线并输入引线注释，标注结果如图 6-107 所示。

图 6-107　标注结果

（7）重复执行"快速引线"命令，按照当前的引线参数设置，分别标注其他位置的引线注释，标注结果如图 6-108 所示。

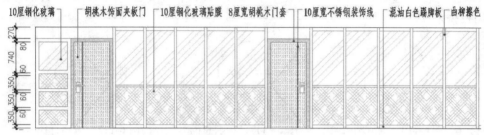

图 6-108　标注其他注释

（8）调整视图，将图形全部显示，最终效果如图 6-62 所示。

（9）最后执行"保存"命令，将图形命名存储为"绘制售楼部办公区 B 向立面图.dwg"。

6.6　绘制御景苑售楼部强弱电布置图

本节主要学习御景苑售楼部强弱电布置图的绘制过程和绘制技巧。售楼部强弱电布置图的最终绘制效果如图 6-109 所示。

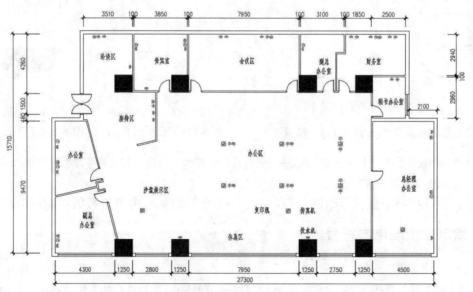

图 6-109　实例效果

6.6.1 绘制五孔插座符号

（1）单击"快速访问"工具栏→"打开"按钮，打开随书光盘"\效果文件\第 4 章\标注御景苑售楼部装修布置图.dwg"。

（2）展开"默认"选项卡→"图层"面板→"图层"下拉列表，选择"0 图层"设置为当前图层。

（3）单击"默认"选项卡→"绘图"面板→"圆"按钮，绘制直径为 225 的圆，如图 6-110 所示。

（4）单击"默认"选项卡→"绘图"面板→"直线"按钮，配合象限点捕捉功能绘制圆的水平直径，如图 6-111 所示。

（5）单击"默认"选项卡→"修改"面板→"偏移"按钮，将直径向下偏移 15 和 112.5 个单位，结果如图 6-112 所示。

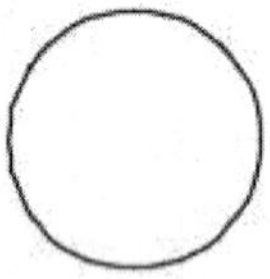

图 6-110　绘制圆 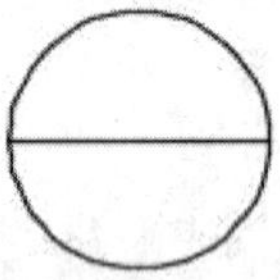　　　　图 6-111　绘制直径　　　　图 6-112　偏移直径

（6）单击"默认"选项卡→"绘图"面板→"直线"按钮，以圆的下象限点为起点，绘制一条垂直的线段，线段高度为 115，结果如图 6-113 所示。

（7）单击"默认"选项卡→"修改"面板→"修剪"按钮，以圆的直径作为边界，对圆进行修剪，并删除直径，结果如图 6-114 所示。

（8）单击"默认"选项卡→"修改"面板→"拉长"按钮，对下侧的水平直线段两端拉长 10 个单位，结果如图 6-115 所示。

（9）单击"默认"选项卡→"绘图"面板→"图案填充"按钮，为插座填充实体图案，结果如图 6-116 所示。

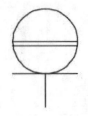

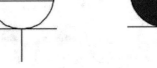

图 6-113　绘制结果　　图 6-114　修剪结果　　图 6-115　拉长结果 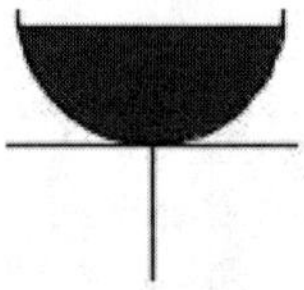　　图 6-116　填充结果

（10）单击"默认"选项卡→"块"面板→"创建块"按钮，将填充后的符号定义为图块，块名为"五孔插座"，基点为垂直图线的下端点。

至此，五孔插座电器符号绘制完毕，下一小节学习地插座电器符号的绘制技能。

6.6.2 绘制地插座电器符号

（1）继续上节操作。

（2）单击"默认"选项卡→"绘图"面板→"矩形"按钮，绘制边长为 300 的正方形作为地插座外轮廓。

（3）单击"默认"选项卡→"绘图"面板→"圆"按钮 ⊘，捕捉如图 6-117 所示的几何中心，绘制半径为 120 的圆，结果如图 6-118 所示。

（4）单击"默认"选项卡→"绘图"面板→"直线"按钮 ／，绘制圆的两条直径，结果如图 6-119 所示。

（5）单击"默认"选项卡→"绘图"面板→"图案填充"按钮 ▨，为插座填充实体图案，结果如图 6-120 所示。

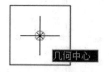

图 6-117　定位圆心　　　　图 6-118　绘制圆　　　　图 6-119　绘制直径　　　图 6-120　填充结果

（6）单击"默认"选项卡→"块"面板→"创建块"按钮 ⛿，将填充后的符号定义为图块，块名为"地插座"，基点为圆心。

至次，地插座电器符号绘制完毕，下一小节学习弱电电器符号的绘制技能。

6.6.3　绘制弱电电器符号

（1）继续上节操作。

（2）单击"默认"选项卡→"绘图"面板→"直线"按钮 ／，绘制如图 6-121 所示的弱电插座图例符号。

（3）展开"默认"选项卡→"注释"面板→"文字样式"下拉列表，将 SIMPLEX 设置为当前文字样式。

（4）单击"默认"选项卡→"注释"面板→"单行文字"按钮 Ａ，输入如图 6-122 所示的文字，其中文字高度为 135。

（5）单击"默认"选项卡→"块"面板→"创建块"按钮 ⛿，将图 6-122 所示的图例定义为图块，块名为"电视插座"，基点为下侧垂直线段的下端点。

（6）参照 2～5 操作步骤，分别制作电话插座和宽带插座图块，如图 6-123 和图 6-124 所示。

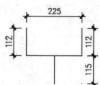

图 6-121　绘制结果　　　图 6-122　输入文字　　图 6-123　电话插座　　图 6-124　宽度插座

至次，弱电插座电器符号绘制完毕，下一小节学习售楼部强弱电布置图的绘制过程和相关技能。

6.6.4　绘制售楼部强弱电布置图

（1）继续上节操作。

（2）展开"默认"选项卡→"图层"面板→"图层"下拉列表，冻结"尺寸层、家具层、填充层"，然后返回绘图区删除多余对象，并适当调整相关文字的位置，结果如图 6-125 所示。

（3）使用快捷键"LA"激活"图层"命令，暂时关闭"文本层"，然后新建名为"电器层"的图层，图层颜色为 150 号色，并将此图层设置为当前操作层。

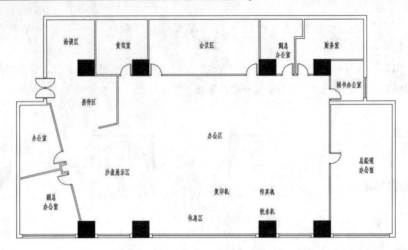

图 6-125　操作结果

（4）单击"默认"选项卡→"块"面板→"插入"按钮 🔲，插入五孔插座图例，参数设置如图 6-126 所示。

（5）返回绘图区在命令行"指定插入点或 [基点(B)/比例(S)/X/Y/Z/旋转(R)]:"提示下引出如图 6-127 所示的追踪虚线 输入 1500 并按 Enter 键，定位插入点，插入结果如图 6-128 所示。

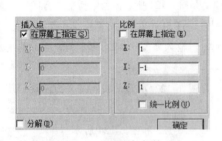

图 6-126　设置块参数

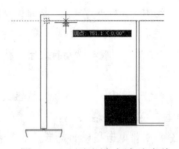

图 6-127　引出端点追踪虚线

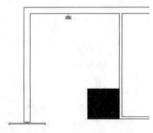

图 6-128　插入结果

（6）重复执行"插入块"命令，设置块参数如图 6-129 所示，再次插入五孔插座图例，结果如图 6-130 所示。

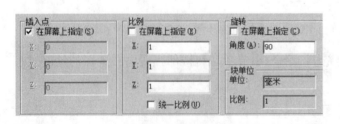

图 6-129　设置块参数

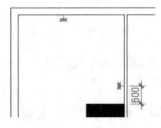

图 6-130　插入结果

（7）重复执行"插入块"命令，设置块参数如图 6-126 所示，分别插入宽带插座和电话插座，结果如图 6-131 所示。

（8）单击"默认"选项卡→"修改"面板→"分解"按钮 🔃，将刚插入的两个图块分解，结果如图 6-132 所示。

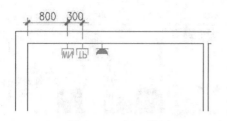

图 6-131　插入结果

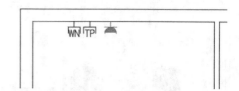

图 6-132　分解结果

（9）在无命令执行的前提下夹点显示分解后的两个图例，然后展开"图层控制"下拉列表，将其放在"电器层"上。

（10）单击"默认"选项卡→"块"面板→"插入"按钮，设置块的旋转角度为 90，分别插入五孔插座、电话插座和宽带插座三个图例，结果如图 6-133 所示。

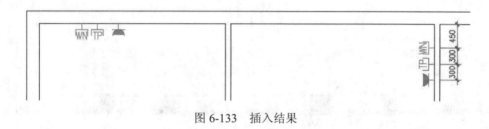

图 6-133　插入结果

（11）缩放使用"复制"和"旋转"命令，将五孔插座和电话插座从洽谈室复制到贵宾室，结果如图 6-134 所示。

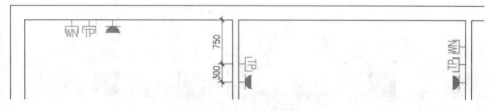

图 6-134　复制并旋转

（12）单击"默认"选项卡→"块"面板→"插入"按钮，以默认参数再次插入五孔插座图例，结果如图 6-135 所示。

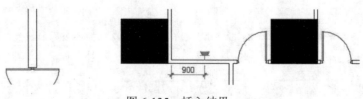

图 6-135　插入结果

（13）单击"默认"选项卡→"修改"面板→"复制"按钮，分别将强弱电器图例复制到其他位置，结果如图 6-136 和图 6-137 所示。

（14）单击"默认"选项卡→"块"面板→"插入"按钮，以默认参数插入地插座、电话插座和宽带插入图例，结果如图 6-138 所示。

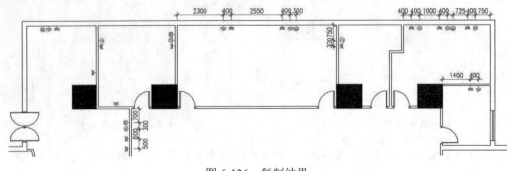

图 6-136　复制结果

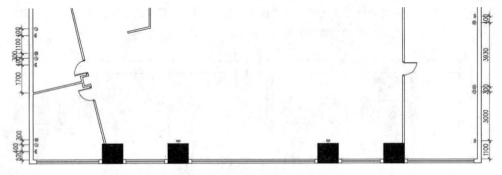

图 6-137　复制结果

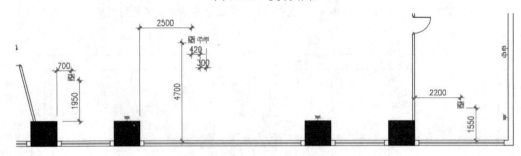

图 6-138　插入结果

（15）单击"默认"选项卡→"修改"面板→"矩形阵列"按钮🔲，选择办公区的电器图例进行阵列，命令行操作如下。

```
命令：_arrayrect
选择对象：                        //窗口选择办公区的三个电器图例
选择对象：                        // Enter
类型 = 矩形  关联 = 是
选择夹点以编辑阵列或 [关联(AS)/基点(B)/计数(COU)/间距(S)/列数(COL)/行数(R)/层数
(L)/退出(X)] <退出>：             //COU Enter
输入列数数或 [表达式(E)] <4>：    //3 Enter
输入行数数或 [表达式(E)] <3>：    //2 Enter
选择夹点以编辑阵列或 [关联(AS)/基点(B)/计数(COU)/间距(S)/列数(COL)/行数(R)/层数
(L)/退出(X)] <退出>：             //s Enter
指定列之间的距离或 [单位单元(U)] <0>：  //4200 Enter
```

指定行之间的距离 <1>：   //3000 Enter

选择夹点以编辑阵列或 [关联(AS)/基点(B)/计数(COU)/间距(S)/列数(COL)/行数(R)/层数
(L)/退出(X)] <退出>：   //AS Enter

创建关联阵列 [是(Y)/否(N)] <否>：   //N Enter

选择夹点以编辑阵列或 [关联(AS)/基点(B)/计数(COU)/间距(S)/列数(COL)/行数(R)/层数
(L)/退出(X)] <退出>：   // Enter，阵列结果如图 6-139 所示

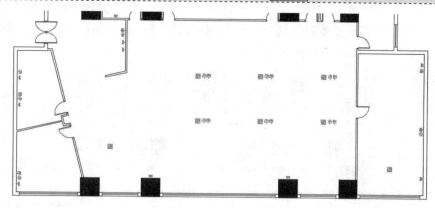

图 6-139 阵列结果

（16）单击"默认"选项卡→"修改"面板→"移动"按钮 ，适当调整办公区右侧的电话和宽带插座的位置，结果如图 6-140 所示。

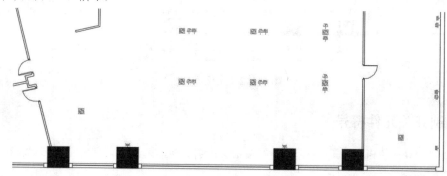

图 6-140 调整结果

（17）单击"默认"选项卡→"修改"面板→"复制"按钮 ，选择沙盘位置的地插座，水平向右复制，结果如图 6-141 所示。

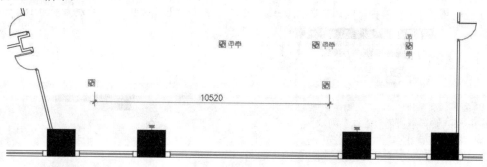

图 6-141 复制结果

（18）展开"默认"选项卡→"图层"面板→"图层"下拉列表，打开"文本层和尺寸层"，最终结果如图6-109所示。

（19）最后执行"另存为"命令，将图形另名存储为"绘制售楼部强弱电布置图.dwg"。

6.7 绘制御景苑售楼部灯具开关控制图

本节主要学习御景苑售楼部灯具开关控制图的绘制过程和绘制技巧。售楼部灯具开关控制图的最终绘制效果如图6-142所示。

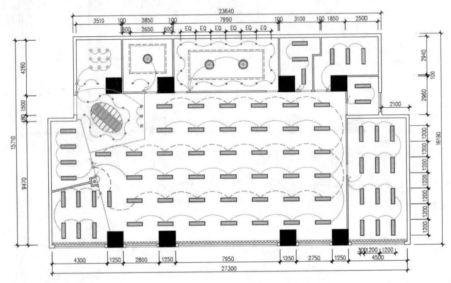

图6-142　实例效果

6.7.1　绘制开关元件符号

（1）绘单击"快速访问"工具栏→"打开"按钮，打开随书光盘"\效果文件\第5章\标注售楼部天花图文字和尺寸.dwg"。

（2）展开"默认"选项卡→"图层"面板→"图层"下拉列表，选择"0图层"设置为当前图层。

（3）使用快捷键"DS"激活"绘图设置"命令，在打开的"草图设置"对话框中启用"极轴追踪"功能，并设置增量角如图6-143所示。

（4）绘制单联开关。单击"默认"选项卡→"绘图"面板→"圆"按钮，绘制直径为180的圆。

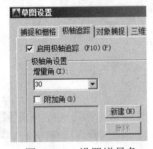

图6-143　设置增量角

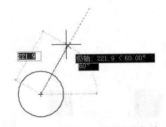

图6-144　引出60度追踪虚线

（5）单击"默认"选项卡→"绘图"面板→"直线"按钮 ✎ ，配合"极轴追踪"功能继续绘制开关符号，命令行操作如下。

```
命令: _line
指定第一个点:                //捕捉圆心
指定下一点或 [放弃(U)]:      //引出如图 6-144 所示的极轴追踪虚线，输入 380 并按 Enter
指定下一点或 [放弃(U)]:      //引出如图 6-145 所示的极轴追踪虚线，输入 70 并按 Enter
指定下一点或 [闭合(C)/放弃(U)]: //Enter，绘制结果如图 6-146 所示
```

（6）单击"默认"选项卡→"绘图"面板→"图案填充"按钮 ▧ ，为开关图例填充实体图案，结果如图 6-147 所示。

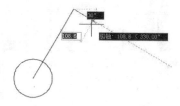

图 6-145　引出极轴追踪虚线

图 6-146　绘制结果

图 6-147　单联开关

（7）使用快捷键"CO"激活"复制"命令，将单联开关复制三份。

（8）单击"默认"选项卡→"修改"面板→"偏移"按钮 ⬕ ，选择单联开关上侧的线段，向下侧偏移 72 个单位，作为双联开关，结果如图 6-148 所示。

（9）重复执行"偏移"命令，继续将偏移出的线段向下偏移 72，作为三联开关，结果如图 6-149 所示。

（10）重复执行"偏移"命令，选择单联开关上侧的线段，向下偏移 50 个单位，结果如图 6-150 所示。

图 6-148　双联开关

图 6-149　三联开关

图 6-150　偏移结果

（11）单击"默认"选项卡→"修改"面板→"修剪"按钮 ⊱ ，以偏移出的线段作为修剪边界，对单联开关进行修剪，并删除上侧的多余图线，结果如图 6-151 所示。

（12）单击"默认"选项卡→"修改"面板→"镜像"按钮 ⚎ ，对上侧的两条图线进行镜像，结果如图 6-152 所示。

（13）重复执行"镜像"命令，继续对镜像出的图线进行镜像，并删除源对象，结果如图 6-153 所示。

图 6-151　修剪并删除

图 6-152　镜像结果

图 6-153　单联双控开关

（14）单击"默认"选项卡→"块"面板→"创建块"按钮，分别将上述图例定义为图块，基点为圆心。

至次，各种开关图例绘制完毕，下一小节学习售楼部开关布置图的绘制过程和相关技能。

6.7.2 绘制售楼部开关布置图

（1）继续上节操作。

（2）展开"默认"选项卡→"图层"面板→"图层"下拉列表，冻结"尺寸层、文本层和灯具层"，此时平面图的显示结果如图 6-154 所示。

（3）使用快捷键"E"激活"删除"命令，删除栅格吊顶，结果如图 6-155 所示。

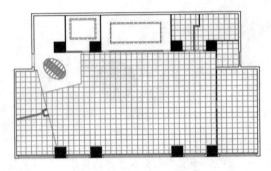

图 6-154　平面图的显示效果

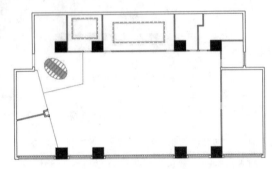

图 6-155　删除结果

（4）展开"默认"选项卡→"图层"面板→"图层"下拉列表，解冻"灯具层"，此时平面图的显示结果如图 6-156 所示。

（5）使用快捷键"LA"激活"图层"命令，新建名为"开关层"的新图层，图层颜色为 140 号色，并将此图层设置为当前层。

（6）激活状态栏上的"对象捕捉"功能，并设置对象捕捉模式为象最近点捕捉。

（7）单击"默认"选项卡→"块"面板→"插入"按钮，配合最近点捕捉功能，以默认参数插入双联开关图例，结果如图 6-157 所示。

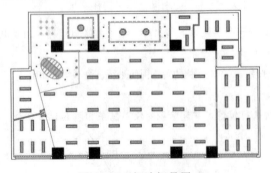

图 6-156　解冻灯具层

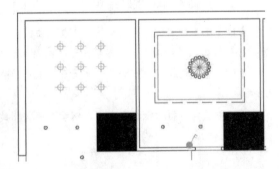

图 6-157　插入双联开关

（8）重复执行"插入块"命令，配合最近点捕捉功能，以默认参数分别插入单联开关和三联开关图例，结果如图 6-158 所示。

（9）单击"默认"选项卡→"修改"面板→"复制"按钮，分别将三种开关图例复制到其他位置，结果如图 6-159 所示。

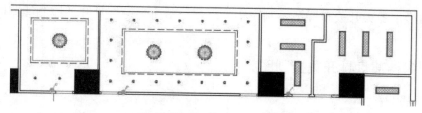

图 6-158　插入其他开关

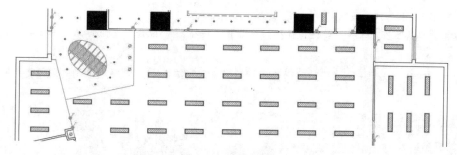

图 6-159　复制结果

（10）单击"默认"选项卡→"块"面板→"插入"按钮 ，继续插入单联开关图例，其中块参数设置如图 6-160 所示，插入结果如图 6-161 所示。

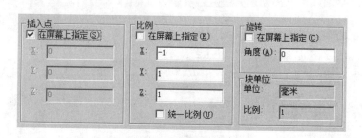

图 6-160　设置块参数

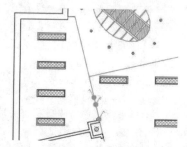

图 6-161　插入结果

（11）单击"默认"选项卡→"修改"面板→"复制"按钮 ，将刚插入的单联开关图例复制到副总办公室，结果如图 6-162 所示。

（12）单击"默认"选项卡→"修改"面板→"镜像"按钮 ，镜像刚复制出的单联开关，并删除源对象，结果如图 6-163 所示。

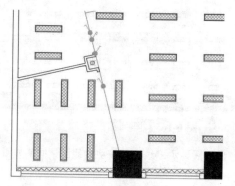

图 6-162　复制单联开关

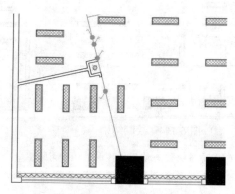

图 6-163　镜像结果

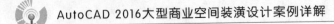
至此，售楼部各类开关布置图绘制完毕，下一小节将学习灯具开关控制线路图的具体绘制过程。

6.7.3 绘制售楼部灯具开关控制图

（1）继续上节操作。

（2）使用快捷键"DS"激活"绘图设置"命令，打开"草图设置"对话框，关闭最近点捕捉，打开交点捕捉、端点捕捉和中点捕捉功能。

（3）单击"默认"选项卡→"绘图"面板→"圆弧"按钮，配合中点捕捉功能绘制如图 6-164 所示的圆弧示意线。

（4）单击"默认"选项卡→"修改"面板→"矩形阵列"按钮，选择刚绘制的圆弧进行阵列，命令行操作如下。

```
命令：_arrayrect
选择对象：                                    //选择刚绘制的圆弧
选择对象：                                    // Enter
类型 = 矩形   关联 = 是
选择夹点以编辑阵列或 [关联(AS)/基点(B)/计数(COU)/间距(S)/列数(COL)/行数(R)/层数
(L)/退出(X)] <退出>：                         //COU Enter
输入列数数或 [表达式(E)] <4>：                 //6 Enter
输入行数数或 [表达式(E)] <3>：                 //6 Enter
选择夹点以编辑阵列或 [关联(AS)/基点(B)/计数(COU)/间距(S)/列数(COL)/行数(R)/层数
(L)/退出(X)] <退出>：                         //s Enter
指定列之间的距离或 [单位单元(U)] <0>：         //2400 Enter
指定行之间的距离 <1>：                        //1800 Enter
选择夹点以编辑阵列或 [关联(AS)/基点(B)/计数(COU)/间距(S)/列数(COL)/行数(R)/层数
(L)/退出(X)] <退出>：                         //AS Enter
创建关联阵列 [是(Y)/否(N)] <否>：             //N Enter
选择夹点以编辑阵列或 [关联(AS)/基点(B)/计数(COU)/间距(S)/列数(COL)/行数(R)/层数
(L)/退出(X)] <退出>：                         // Enter，阵列结果如图 6-165 所示
```

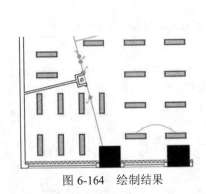

图 6-164　绘制结果

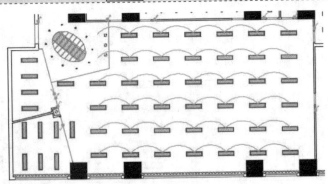

图 6-165　阵列结果

（5）接下来综合使用"移动"和"删除"命令，对阵列出的圆弧示意线进行移动和删除，结果如图 6-166 所示。

（6）单击"默认"选项卡→"绘图"面板→"圆弧"按钮，绘制如图 6-167 所示的四条圆弧示意线。

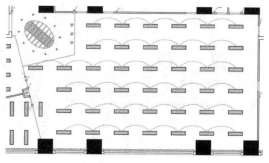

图 6-166　移动和删除

图 6-167　绘制结果

（7）单击"默认"选项卡→"修改"面板→"复制"按钮，对刚绘制的右侧圆弧进行复制，结果如图 6-168 所示。

（8）使用快捷键"LT"激活"线型"命令，在打开的"线型管理器"对话框中加载 DASHED 线型。

（9）在无命令执行的前提下夹点显示如图 6-169 所示的圆弧示意线。

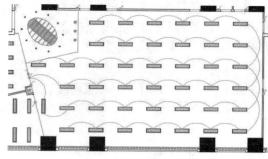

图 6-168　复制结果

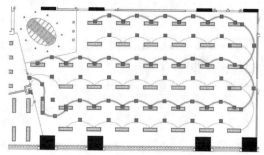

图 6-169　夹点效果

（10）按下 Ctrl+1 组合键，执行"特性"命令，在打开的"特性"窗口中修改窗帘轮廓线的线型及颜色，如图 6-170 所示。

（11）关闭"特性"窗口，并按 Esc 键取消对象的夹点显示，观看操作后的效果，如图 6-171 所示。

图 6-170　修改特性

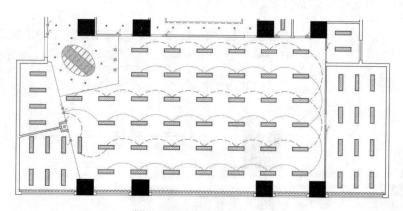

图 6-171　修改结果

（12）综合上述操作，综合使用"圆弧"、"复制"或"矩形阵列"等命令，绘制其他位置的灯具开关控制线路图，结果如图 6-172 所示。

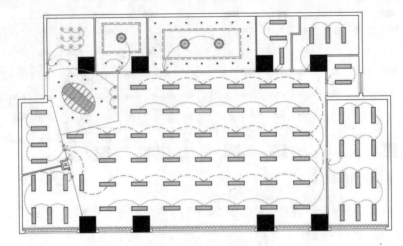

图 6-172　绘制结果

（13）单击"默认"选项卡→"绘图"面板→"圆弧"按钮 ，绘制如图 6-173 所示的圆弧。

（14）单击"默认"选项卡→"绘图"面板→"连续"按钮 ，绘制如图 6-174 所示的相切圆弧。

（15）连续按 Enter 键，绘制多条相切弧作为线路控制示意线，并对个别圆弧进行适当的夹点编辑，调整相切弧，结果如图 6-175 所示。

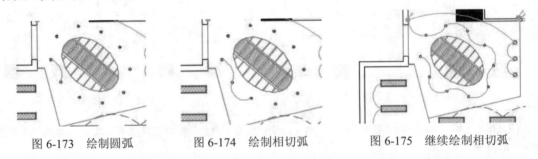

图 6-173　绘制圆弧　　　　图 6-174　绘制相切弧　　　　图 6-175　继续绘制相切弧

（16）接下来参照 14～16 操作步骤，综合使用"圆弧"和"连续"画弧命令，绘制会议室位置的线路示意线，结果如图 6-176 所示。

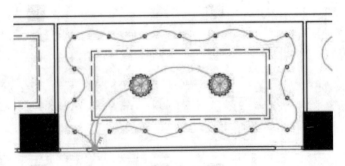

图 6-176　绘制结果

（17）展开"默认"选项卡→"图层"面板→"图层"下拉列表，解冻"轴尺寸层"，并删除图形内部的尺寸，最终结果图 6-142 所示。

（18）最后执行"另存为"命令，将图形另名存储为"绘制售楼部灯具开关控制图.dwg"。

6.8 本 章 小 结

本章主要讲述了某售楼部装饰立面图和电气图方案设计思路、绘图过程以及绘图技巧。具体分为"绘制售楼部 A 向立面图、绘制售楼部 B 向立面图、绘制售楼部强弱电布置图和绘制售楼部灯具开关控制图"等操作案例。在绘制立面装饰图时，要注意立面装饰线的快速表达技巧、装修材质的快速标注技巧以及插座开关等电器符号的布置技巧和开关控制线路的表达技巧等。

第7章　大型星级宾馆空间装潢设计

宾馆是接待客人或供旅行者休息、住宿的地方。宾馆和酒店的性质是一样的，都提供完整的食宿，而酒店一般规模较大、设备好、综合服务质量高，除了有客房之外，还需要设有酒吧、商店、商务中心、会议室等，宾馆却不见得具备这一系列的设备，宾馆基本上只能解决住宿问题，吃只是顺便的。宾馆、旅店、招待所的区别则在于注册资金不同，宾馆最高，旅店其次，然后是招待所。本章主要学习星级宾馆装修图的表达内容、绘制过程以及绘制技巧。

■ 本章内容

✧ 星级宾馆空间装潢理念
✧ 星级宾馆装潢设计思路
✧ 绘制星级宾馆墙体结构图
✧ 绘制星级宾馆装修布置图
✧ 绘制星级宾馆吊顶装修图
✧ 绘制星级宾馆套房卧室立面图
✧ 绘制星级宾馆套房客厅立面图
✧ 本章小结

7.1　星级宾馆空间装潢理念

宾馆的装修不同于家庭装修那么功能齐全，其功能分区一般包括几个部分，即入口通道区、客厅区、就寝区、卫生间等，这些功能分区可视空间的实际大小单独安排或者交叉安排。客房是宾馆的主体，其设计原因主要是做到安静、舒适、安全、设施齐全。客房大小取决于宾馆等级和家具陈设标准，按床位设置分为单床间、双床间、套房间、高级套间等，最常用的是双床间客房的净居室面积（除去卫生间和通道）一般为 20 平方米左右，可根据实际情况增减。卫生间的设计应考虑便于清洁和维护，客房走廊应便捷地通向楼梯、电梯，并按规定指明安全疏散方向和疏散口，在进行宾馆装修设计要兼顾以下几点。

● 设计的人性化

宾馆客房设计如何才能使顾客有宾至如归的感觉呢？这要靠内部环境来实现，在进行客房设计时除了考虑大的功能以外，还必须注意细节上的详细和周到，具体体现在以下几个方面。

◆ 入口通道。一般情况下，入口通道部分都设有衣柜、酒柜、穿衣镜等，在设计时要注意，柜门选配高质量、低噪音的滑道或合页，降低噪音对客人的影响；保险箱在衣柜里不宜设计得太高，以方便客人使用为宜；天花上的灯最好选用带磨砂玻璃罩的节能筒灯，这样不会产生眩光。

◆ 卫生间设计。最好选用抽水力大的静音马桶，淋浴的设施不要太复杂；淋浴房要选用安全玻璃；镜子要防雾，且镜面要大，因为卫生间一般较小，由于镜面反射的缘故会使空间显得宽敞；卫生间地砖要防滑、耐污；镜前灯要有防眩光的装置，天花中间的筒灯最好选用有磨砂玻璃罩的；淋浴房的地面要做防滑设计，还可选择有防滑设计的浴缸，防滑垫等。

◆ 房间内设计。套房家具的角最好都是钝角或圆角的，这样不会给年龄小、个子不高的客人带来伤害；

电视机应下设可旋转的隔板，因为很多客人看电视时需要调整电视角度；床头灯的选择要精心，要防眩光；电脑上网线路的布置要考虑周到，其插座的位置不要离写字台太远。

● **设计的文化性**

内部空间设计、色彩设计、材质设计、布艺设计、家具设计、灯具设计及陈设设计，均可产生一定的文化内涵，达到其一定的隐喻性、暗示性及叙述性。其中，陈设设计是最具表达性和感染力的。陈设主要是指墙壁上悬挂的书画、图片、壁挂等，或者家具上陈设和摆设的瓷器、陶罐、青铜、玻璃器皿、木雕等。这类陈设品从视觉形象上最具有完整性，既可表达一定的民族性、地域性、历史性，又有极好的审美价值。

● **设计风格处理**

有人认为，宾馆客房一般都是标准大小，很难做出各种风格的造型，这种观念是不对的。风格可以体现在有代表性的装饰构件上；有明显风格的灯具、家具以及图案、色彩上等。从风格的从属性上讲，由于宾馆套房既是宾馆整体的一个重要的组成部分，又具有相对的独立性，所以在风格的选择上就有很大的余地。既可以延续整体宾馆的风格，又可以创造属于客房本身的风格，这样还有助于接待来自不同国家和地区的客户。

7.2　星级宾馆装潢设计思路

在绘制星级宾馆空间装潢方案图时，可以参照如下思路。

第一，首先根据原有建筑平面图或测量数据，绘制并规划套房各功能区平面图。

第二，根据绘制出的套房平面图，绘制各功能区的平面布置图和地面材质图。

第三，根据套房平面布置图绘制各功能区的天花吊顶方案图，要注意各功能区的协调。

第四，根据套房的平面布置图，绘制墙面的投影图，具体有墙面装饰轮廓的表达、立面构件的配置以及文字尺寸的标注等内容。

7.3　绘制星级宾馆墙体结构图

本节主要学习某星级宾馆墙体结构平面图的绘制方法和具体绘制过程。星级宾馆墙体结构图的最终绘制效果如图 7-1 所示。

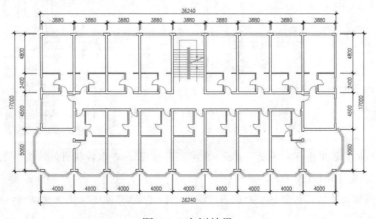

图 7-1　实例效果

7.3.1 绘制星级宾馆墙体轴线

（1）单击"快速访问"工具栏→"新建"按钮，以随书光盘中的"\样板文件\商业装潢样板.dwt"作为基础样板，新建文件。

（2）展开"默认"选项卡→"图层"面板→"图层"下拉列表，选择"轴线层"，将其设置为当前图层。

（3）单击"默认"选项卡→"绘图"面板→"矩形"按钮，绘制长度为16760、宽度为8400的矩形作为基准轴线。

（4）单击"默认"选项卡→"修改"面板→"分解"按钮，将矩形分解。

（5）单击"默认"选项卡→"修改"面板→"偏移"按钮，将左侧的垂直边向左偏移3700和5060个单位。

（6）重复执行"偏移"命令，根据图示尺寸，分别对上侧水平边和右侧垂直边进行偏移，以定位内部的轴线，结果如图7-2所示。

（7）单击"默认"选项卡→"修改"面板→"移动"按钮，将最上侧的水平轴线向下移动400个单位，然后对最左侧的垂直轴线向右夹点拉伸120个单位，结果如图7-3所示。

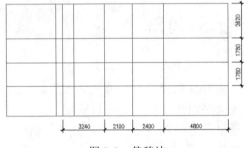

图7-2　偏移边

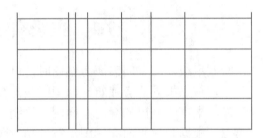

图7-3　操作结果

（8）单击"默认"选项卡→"修改"面板→"偏移"按钮，将最下侧的水平轴线向上偏移5380个单位，结果如图7-4所示。

（9）夹点显示内部的轴线，使用夹点拉伸功能对水平轴线和垂直轴线进行拉伸编辑，结果如图7-5所示。

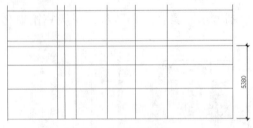

图7-4　偏移结果

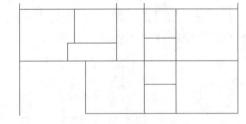

图7-5　编辑结果

（10）单击"默认"选项卡→"修改"面板→"偏移"按钮，将最上侧的水平轴线向下偏移400和3530个单位，结果如图7-6所示。

（11）单击"默认"选项卡→"修改"面板→"修剪"按钮，以偏移出的轴线作为边界，对左侧的垂直轴线进行修剪，结果如图7-7所示。

（12）删除所偏移出的轴线，然后综合使用"修剪"和"偏移"、"删除"等命令，分别创建其他位置的洞口，结果如图7-8所示。

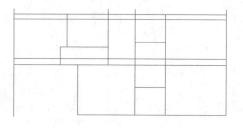
图 7-6 偏移结果

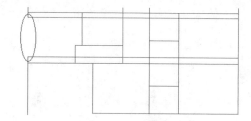
图 7-7 修剪结果

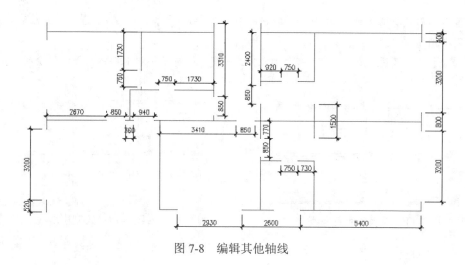
图 7-8 编辑其他轴线

（13）使用快捷键"LT"激活"线型"命令，在打开的"线型管理器"对话框中设置线型比例60。
至次，墙体轴线绘制完毕，下一小节将学习主次墙线的绘制过程。

7.3.2 绘制星级宾馆主次墙线

（1）继续上节操作。

（2）展开"默认"选项卡→"图层"面板→"图层"下拉列表，将"墙线层"设为当前图层。

（3）选择菜单栏"绘图"→"多线"命令，配合端点捕捉功能绘制主墙线，命令行操作如下。

```
命令：_mline
当前设置：对正 = 上，比例 = 20.00，样式 = 墙线样式
指定起点或 [对正(J)/比例(S)/样式(ST)]：        //s Enter
输入多线比例 <20.00>：                         //240 Enter
当前设置：对正 = 上，比例 = 240.00，样式 = 墙线样式样式
指定起点或 [对正(J)/比例(S)/样式(ST)]：        //j Enter
输入对正类型 [上(T)/无(Z)/下(B)] <上>：        //z Enter
当前设置：对正 = 无，比例 = 240.00，样式 = 墙线样式样式
指定起点或 [对正(J)/比例(S)/样式(ST)]：        //捕捉图 7-9 所示的端点 1
指定下一点：                                   //捕捉端点 2
指定下一点或 [闭合(C)/放弃(U)]：               //捕捉端点 3
指定下一点或 [闭合(C)/放弃(U)]：               // Enter，绘制结果如图 7-10 所示
```

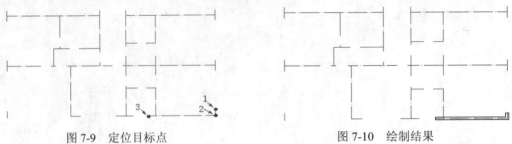

图 7-9　定位目标点　　　　　　　　　　图 7-10　绘制结果

（4）重复执行"多线"命令，设置多线比例和对正方式保持不变，配合端点捕捉功能绘制其他主墙线，结果如图 7-11 所示。

（5）重复执行"多线"命令，设置多线对正方式不变，绘制宽度为 120 的次墙线，绘制结果如图 7-12 所示。

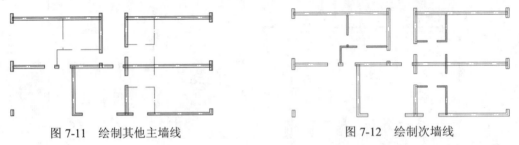

图 7-11　绘制其他主墙线　　　　　　　　图 7-12　绘制次墙线

（6）展开"默认"选项卡→"图层"面板→"图层"下拉列表，关闭"轴线层"，图形的显示结果如图 7-13 所示。

（7）在墙线上双击左键，打开"多线编辑工具"对话框，在打开的"多线编辑工具"对话框内单击的￣￣按钮，激活"T 形合并"功能，对 T 形相交的墙线进行合并，结果如图 7-14 所示。

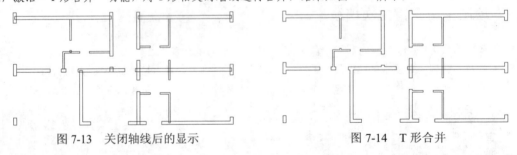

图 7-13　关闭轴线后的显示　　　　　　　图 7-14　T 形合并

（8）重复执行"多线编辑"工具，在打开的对话框中单击￣￣按钮，对十字相交的墙线进行合并，合并结果如图 7-15 所示。

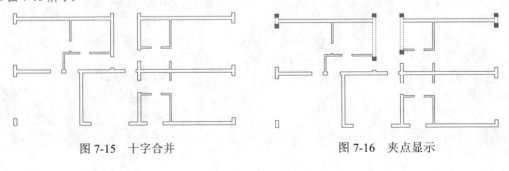

图 7-15　十字合并　　　　　　　　　　　图 7-16　夹点显示

（9）在无命令执行的前提下夹点显示图 7-16 所示的四条墙线，然后单击"默认"选项卡→"修改"面板→"分解"按钮 ，将其分解。

（10）综合使用"删除"、"直线"命令，绘制上端的折断线，结果如图 7-17 所示。

至此，宾馆套房平面图中的墙线绘制完毕，下一小节将绘制套房平面图中的平面窗、凸窗等建筑构件。

7.3.3 绘制星级宾馆窗子构件

（1）继续上节操作。

（2）展开"默认"选项卡→"图层"面板→"图层"下拉列表，将"门窗层"设置为当前图层。

（3）选择菜单栏"格式"→"多线样式"命令，在打开"多线样式"对话框中设置"窗线样式"为当前样式。

（4）选择菜单栏"绘图"→"多线"命令，配合中点捕捉功能绘制窗线，命令行操作如下。

```
命令：_mline
当前设置：对正 = 上，比例 = 120.00，样式 = 窗线样式
指定起点或 [对正(J)/比例(S)/样式(ST)]:          //s Enter
输入多线比例 <20.00>:                           //240 Enter
当前设置：对正 = 上，比例 = 240.00，样式 = 窗线样式
指定起点或 [对正(J)/比例(S)/样式(ST)]:          //j Enter
输入对正类型 [上(T)/无(Z)/下(B)] <上>:         //z Enter
当前设置：对正 = 无，比例 = 200.00，样式 = 窗线样式
指定起点或 [对正(J)/比例(S)/样式(ST)]:          //捕捉如图 7-18 所示中点
指定下一点：                                    //捕捉如图 7-19 所示中点
指定下一点或 [放弃(U)]:      // Enter
```

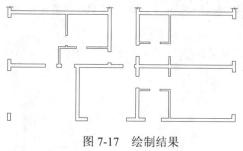

图 7-17　绘制结果

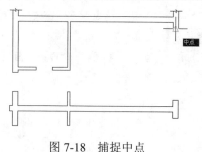

图 7-18　捕捉中点

（5）重复上一步骤，设置多线比例和对正方式保持不变，配合中点捕捉绘制下侧的窗线，结果如图 7-20 所示。

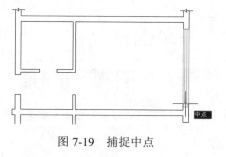

图 7-19　捕捉中点

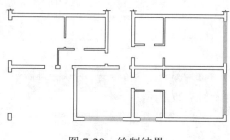

图 7-20　绘制结果

（6）单击"默认"选项卡→"绘图"面板→"多段线"按钮，配合捕捉、追踪与坐标输入功能绘制窗线，命令行操作如下。

```
命令: _pline
指定起点:                                    //捕捉如图7-21所示的追踪虚线的交点
当前线宽为 0.5
指定下一个点或 [圆弧(A)/半宽(H)/长度(L)/放弃(U)/宽度(W)]: //w Enter
指定起点宽度 <0.5>:                          //0 Enter
指定端点宽度 <0.0>:                          //0 Enter
指定下一个点或 [圆弧(A)/半宽(H)/长度(L)/放弃(U)/宽度(W)]:
                                            //@-630,-735.25 Enter
指定下一点或 [圆弧(A)/闭合(C)/半宽(H)/长度(L)/放弃(U)/宽度(W)]:
                                            //@0,-2289.5 Enter
指定下一点或 [圆弧(A)/闭合(C)/半宽(H)/长度(L)/放弃(U)/宽度(W)]:
                                            //@630,-735.25 Enter
指定下一点或 [圆弧(A)/闭合(C)/半宽(H)/长度(L)/放弃(U)/宽度(W)]:
                                            // Enter，绘制结果如图7-22所示
```

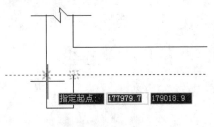

图7-21　捕捉交点

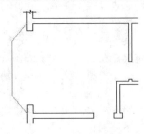

图7-22　绘制结果

（7）单击"默认"选项卡→"修改"面板→"偏移"按钮，将刚绘制的多段线向右偏移 80、160 和 240 个单位，结果如图7-23所示。

（8）单击"默认"选项卡→"修改"面板→"复制"按钮，将刚绘制的窗线进行复制，结果如图7-24所示。

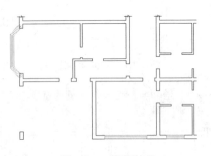

图7-23　偏移结果

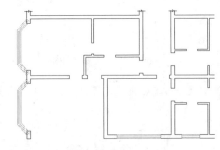

图7-24　复制结果

（9）单击"默认"选项卡→"修改"面板→"修剪"按钮，以墙线作为边界，对多段线进行修整完善，结果如图7-25所示。

（10）单击"默认"选项卡→"绘图"面板→"多段线"按钮，配合坐标输入和端点捕捉功能绘制下侧的窗子外轮廓线，命令行操作如下。

```
命令：_pline
指定起点：                                     //捕捉左下角墙线的右下角点
当前线宽为 0.0
指定下一个点或 [圆弧(A)/半宽(H)/长度(L)/放弃(U)/宽度(W)]：  //@0,-330 Enter
指定下一点或 [圆弧(A)/闭合(C)/半宽(H)/长度(L)/放弃(U)/宽度(W)]：  //@1020,-570 Enter
指定下一点或 [圆弧(A)/闭合(C)/半宽(H)/长度(L)/放弃(U)/宽度(W)]：  //@3260,0 Enter
指定下一点或 [圆弧(A)/闭合(C)/半宽(H)/长度(L)/放弃(U)/宽度(W)]：  //@1020,570 Enter
指定下一点或 [圆弧(A)/闭合(C)/半宽(H)/长度(L)/放弃(U)/宽度(W)]：  //@0,330 Enter
指定下一点或 [圆弧(A)/闭合(C)/半宽(H)/长度(L)/放弃(U)/宽度(W)]：
                                  // Enter，绘制结果如图 7-26 所示
```

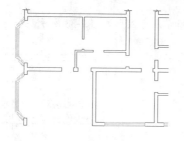
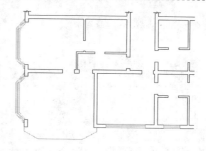

图 7-25　完善结果　　　　　　　　　　图 7-26　绘制结果

（11）单击“默认”选项卡→“修改”面板→“偏移”按钮，将刚绘制的多段线向上偏移 80、160 和 240 个单位，结果如图 7-27 所示。

图 7-27　偏移结果

至此，窗子构件绘制完毕，下一小节将绘制平面门构件的快速绘制技巧。

7.3.4　绘制星级宾馆平面门构件

（1）继续上节操作。

（2）单击“默认”选项卡→“块”面板→“插入”按钮，插入随书光盘“\图块文件\单开门.dwg”，参数设置如图 7-28 所示，插入点如图 7-29 所示的中点。

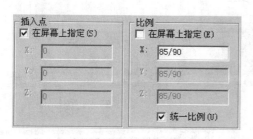
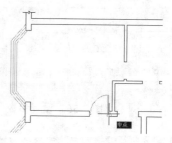

图 7-28　设置参数　　　　　　　　　图 7-29　定位插入点

（3）重复执行"插入块"命令，设置插入参数如图7-30所示，插入点如图7-31所示。

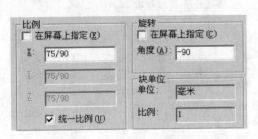

图7-30 设置参数

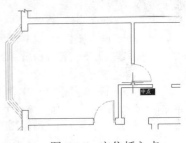

图7-31 定位插入点

（4）重复执行"插入块"命令，设置插入参数如图7-32所示，插入点如图7-33所示。

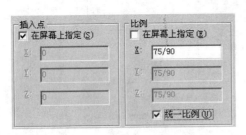

图7-32 设置参数

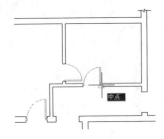

图7-33 定位插入点

（5）重复执行"插入块"命令，设置插入参数如图7-34所示，插入点如图7-35所示。

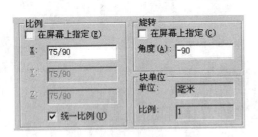

图7-34 设置参数

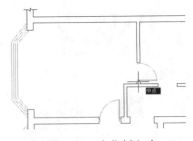

图7-35 定位插入点

（6）重复执行"插入块"命令，设置插入参数如图7-36所示，插入点如图7-37所示。

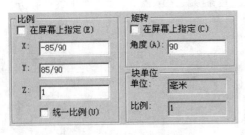

图7-36 设置参数

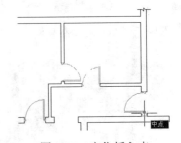

图7-37 定位插入点

（7）重复执行"插入块"命令，设置插入参数如图7-38所示，插入点如图7-39所示。

（8）重复执行"插入块"命令，设置插入参数如图7-40所示，插入点如图7-41所示。

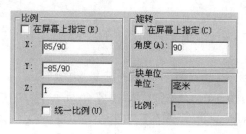

图 7-38　设置参数

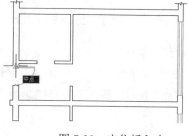

图 7-39　定位插入点

图 7-40　设置参数

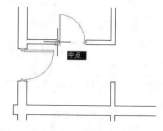

图 7-41　定位插入点

（9）单击"默认"选项卡→"修改"面板→"镜像"按钮 ◢▮，配合中点捕捉功能，选择如图 7-42 所示的两个单开门图块进行镜像，镜像结果如图 7-43 所示。

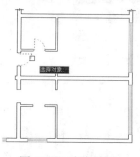

图 7-42　选择结果

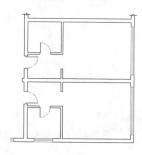

图 7-43　镜像结果

（10）单击"默认"选项卡→"块"面板→"插入"按钮 ，设置插入参数如图 7-44 所示，插入点如图 7-45 所示。

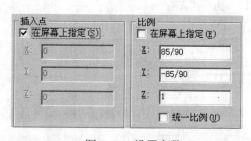

图 7-44　设置参数

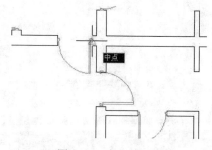

图 7-45　定位插入点

至此，平面门构件绘制完毕，下一小节将对星级宾馆墙体图进行完善。

7.3.5 完善星级宾馆墙体结构图

（1）继续上节操作。

（2）展开"默认"选项卡→"图层"面板→"图层"下拉列表，打开被关闭的"轴线层"。

（3）综合使用"分解"和"修剪"命令，对墙体平面图进行修整，结果如图 7-46 所示。

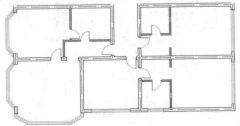

图 7-46　修整结果　　　　　　　　　　　图 7-47　选择对象

（4）单击"默认"选项卡→"修改"面板→"复制"按钮，选择如图 7-47 所示的对象，垂直向上复制 4000 个单位，结果如图 7-48 所示。

（5）综合使用"分解"、"修剪"和"删除"命令，对复制出的图线进行修整，结果如图 7-49 所示。

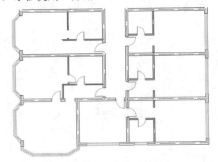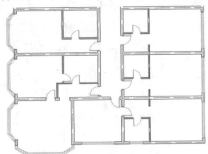

图 7-48　复制结果　　　　　　　　　　　图 7-49　修整结果

（6）单击"默认"选项卡→"修改"面板→"矩形阵列"按钮，选择上侧的墙体结构图进行阵列，命令行操作如下。

```
命令：_arrayrect
选择对象：                                    //选择如图 7-50 所示的对象
选择对象：                                    // Enter
类型 = 矩形  关联 = 是
选择夹点以编辑阵列或 [关联(AS)/基点(B)/计数(COU)/间距(S)/列数(COL)/行数(R)/层数
(L)/退出(X)] <退出>：                         //COU Enter
输入列数数或 [表达式(E)] <4>：                 //1 Enter
输入行数或 [表达式(E)] <3>：                   //5 Enter
选择夹点以编辑阵列或 [关联(AS)/基点(B)/计数(COU)/间距(S)/列数(COL)/行数(R)/层数
(L)/退出(X)] <退出>：                         //s Enter
指定列之间的距离或 [单位单元(U)] <0>：         //1 Enter
指定行之间的距离 <1>：                         //4000 Enter
选择夹点以编辑阵列或 [关联(AS)/基点(B)/计数(COU)/间距(S)/列数(COL)/行数(R)/层数
(L)/退出(X)] <退出>：                         //AS Enter
```

创建关联阵列 [是(Y)/否(N)] <否>:   //N Enter

选择夹点以编辑阵列或 [关联(AS)/基点(B)/计数(COU)/间距(S)/列数(COL)/行数(R)/层数(L)/退出(X)] <退出>:   // Enter，阵列结果如图 7-51 所示

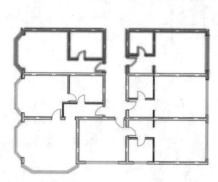

图 7-50　选择对象

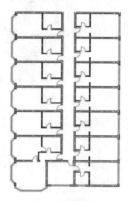

图 7-51　阵列结果

（7）单击"默认"选项卡→"修改"面板→"镜像"按钮◭，选择如图 7-52 所示的墙体结构图进行镜像，镜像线上的点为图 7-53 所示的中点，镜像结果如图 7-54 所示。

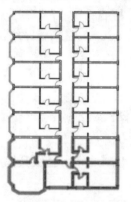

图 7-52　选择对象

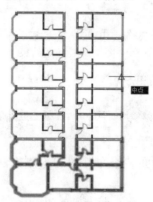

图 7-53　捕捉中点

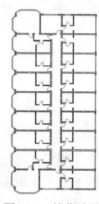

图 7-54　镜像结果

（8）单击"默认"选项卡→"修改"面板→"旋转"按钮◯，将镜像后的图形旋转 90 度，结果如图 7-55 所示。

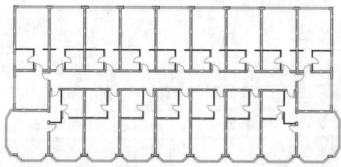

图 7-55　旋转结果

（9）接下来综合使用"分解"、"修剪"和"延伸"命令，对平面图进行修整完善，结果如图 7-56 所示。

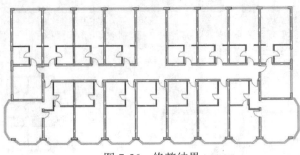

图7-56　修整结果

（10）展开"默认"选项卡→"图层"面板→"图层"下拉列表，关闭"轴线层"，并将"楼梯层"设为当前层。

（11）使用快捷键"I"激活"插入块"命令，以默认参数插入随书光盘中的"\图块文件\楼梯01.dwg"，插入结果如图7-57所示。

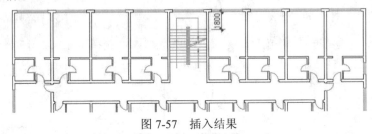

图7-57　插入结果

（12）最后执行"保存"命令，将图形命名存储为"绘制星级宾馆墙体结构图.dwg"。

7.4　绘制星级宾馆装修布置图

本节主要学习某星级宾馆平面装修布置图的绘制方法和具体绘制过程。星级宾馆布置图的最终绘制效果如图7-58所示。

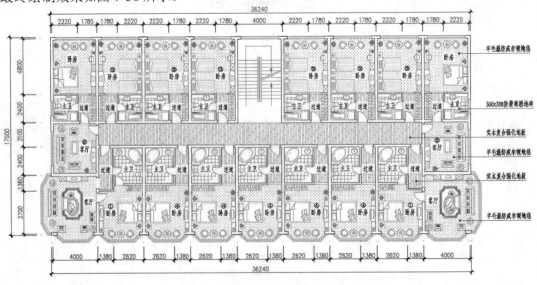

图7-58　实例效果

7.4.1 绘制星级宾馆家具布置图

（1）打开上例保存的"绘制星级宾馆墙体结构图.dwg"，或直接从随书光盘"\效果文件\第7章\"目录下调用此文件。

（2）展开"默认"选项卡→"图层"面板→"图层"下拉列表，将"家具层"设置为当前图层。

（3）单击"默认"选项卡→"块"面板→"插入"按钮，选择随书光盘中的"\图块文件\双人床 06.dwg"，块参数设置如图 7-59 所示。

（4）返回绘图区，在命令行"指定插入点或 [基点(B)/比例(S)/X/Y/Z/旋转(R)]:"提示下引出如图 7-60 所示的追踪虚线，输入 1440Enter 定位插入点，插入结果如图 7-61 所示。

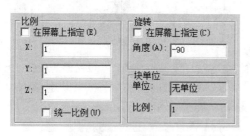

图 7-59　设置参数

图 7-60　引出对象追踪虚线

（5）重复执行"插入块"命令，插入光盘"\图块文件\休闲桌椅.dwg"，参数设置如图 7-62 所示，插入结果如图 7-63 所示。

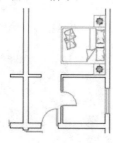

图 7-61　插入结果

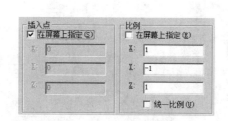

图 7-62　设置参数

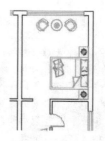

图 7-63　插入结果

（6）接下来多次执行"插入块"命令，分别布置其他房间的家具图例及卫生器具，结果如图 7-64 所示。

（7）单击"默认"选项卡→"修改"面板→"镜像"按钮，选择如图 7-65 所示的图例进行镜像，结果如图 7-66 所示。

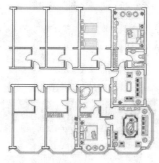

图 7-64　布置结果

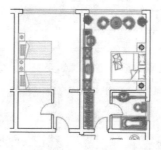

图 7-65　选择对象

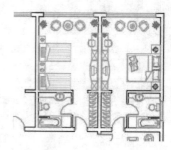

图 7-66　镜像结果

（8）单击"默认"选项卡→"修改"面板→"复制"按钮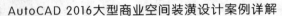，选择如图 7-67 所示的图例进行镜像，结果如图 7-68 所示。

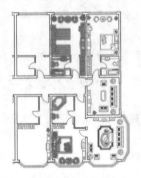

图 7-67　选择对象

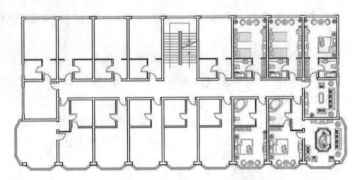

图 7-68　复制结果

（9）单击"默认"选项卡→"修改"面板→"矩形阵列"按钮，选择如图 7-69 所示的图例进行阵列，命令行操作如下。

```
命令：_arrayrect
选择对象：                               //选择如图 7-69 所示的对象
选择对象：                               // Enter
类型 = 矩形　关联 = 是
选择夹点以编辑阵列或 [关联(AS)/基点(B)/计数(COU)/间距(S)/列数(COL)/行数(R)/层数
(L)/退出(X)] <退出>：                     //COU Enter
输入列数数或 [表达式(E)] <4>：            //5 Enter
输入行数数或 [表达式(E)] <3>：            //1nter
选择夹点以编辑阵列或 [关联(AS)/基点(B)/计数(COU)/间距(S)/列数(COL)/行数(R)/层数
(L)/退出(X)] <退出>：                     //s Enter
指定列之间的距离或 [单位单元(U)] <0>：    //-4000 Enter
指定行之间的距离 <1>：                    //Enter
选择夹点以编辑阵列或 [关联(AS)/基点(B)/计数(COU)/间距(S)/列数(COL)/行数(R)/层数
(L)/退出(X)] <退出>：                     //AS Enter
创建关联阵列 [是(Y)/否(N)] <否>：         //N Enter
选择夹点以编辑阵列或 [关联(AS)/基点(B)/计数(COU)/间距(S)/列数(COL)/行数(R)/层数
(L)/退出(X)] <退出>：                     // Enter，阵列结果如图 7-70 所示
```

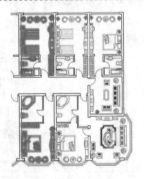

图 7-69　选择对象

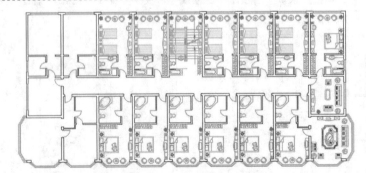

图 7-70　阵列结果

（10）单击"默认"选项卡→"修改"面板→"镜像"按钮，选择如图 7-71 所示的图例进行镜像，结果如图 7-72 所示。

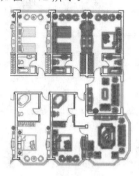
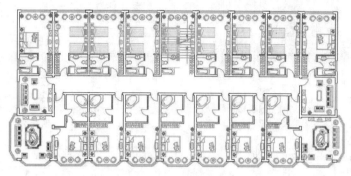

图 7-71　选择对象　　　　　　　　　　　图 7-72　镜像结果

（11）使用快捷键"E"激活"删除"命令，删除楼梯间位置的家具图例和卫生器具图例，删除结果如图 7-73 所示。

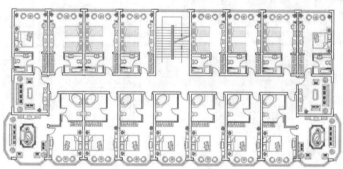

图 7-73　删除结果

至此，星级宾馆家具布置图绘制完毕，下一小节将学习宾馆地面材质图的绘制过程和技巧。

7.4.2　绘制星级宾馆地面材质图

（1）继续上节操作。

（2）展开"默认"选项卡→"图层"面板→"图层"下拉列表，在打开的对话框中，双击"填充层"，将其设置为当前层。

（3）单击"默认"选项卡→"绘图"面板→"直线"按钮，配合捕捉功能封闭右侧客房内的门洞，结果如图 7-74 所示。

（4）在无命令执行的前提下夹点显示如图 7-75 所示的图块，将其放到"0 图层"上，并冻结"家具层"，此时平面图的显示效果如图 7-76 所示。

（5）单击"默认"选项卡→"绘图"面板→"图案填充"按钮，设置填充图案及填充参数如图 7-77 所示，填充如图 7-78 所示的地毯图案。

（6）将客房内的家具图块放到"家具层"上，然后解冻该图层，此时平面图的显示效果如图 7-79 所示。

（7）参照 4～6 操作，按照当前的填充图案与填充参数，分别为其他卧房和客厅填充地毯图案，并打开状态栏上的透明度功能，结果如图 7-80 所示。

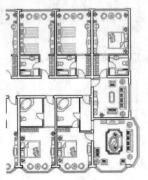

图 7-74　绘制结果

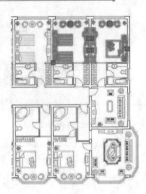

图 7-75　夹点效果

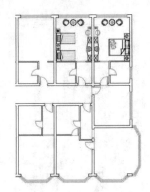

图 7-76　平面图的显示效果

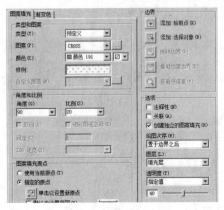

图 7-77　设置填充参数

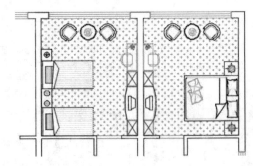

图 7-78　填充结果

（8）使用快捷键"I"激活"插入块"命令，以 90 度的旋转角度，在"家具层"图内插入随书光盘中的"\图块文件\洗手盆 05.dwg"，结果如图 7-81 所示。

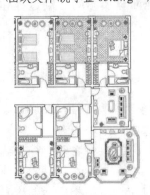

图 7-79　平面图的显示效果

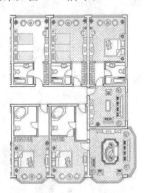

图 7-80　填充结果

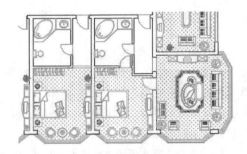

图 7-81　插入结果

（9）为下侧卫生间布置"洗手盘 05.dwg"图例，然后在无命令执行的前提下夹点显示各卫生间内的图例，然后展开"默认"选项卡→"图层"面板→"图层"下拉列表，将夹点图块放到"0 图层"上，同时冻结"家具层"，此时平面图的显示结果如图 7-82 所示。

（10）单击"默认"选项卡→"绘图"面板→"图案填充"按钮，设置填充图案及填充参数如图 7-83 所示，为卫生间填充如图 7-84 所示的地砖图案。

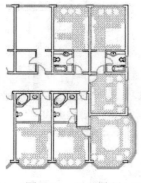
图 7-82 显示结果

图 7-83 设置填充参数

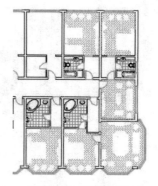
图 7-84 填充结果

（11）将卫生间位置的图块放到"家具层"上，然后解冻该图层，结果如图 7-85 所示。

（12）在无命令执行的前提下夹点显示如图 7-86 所示的衣柜图例，然后展开"图层控制"下拉列表，将其放到"0 图层"上，然后冻结"家具层"，结果如图 7-87 所示。

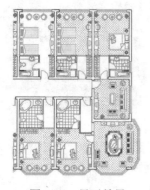
图 7-85 显示效果

图 7-86 夹点效果

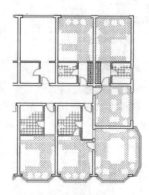
图 7-87 操作结果

（13）单击"默认"选项卡→"绘图"面板→"图案填充"按钮，设置填充图案及填充参数如图 7-88 所示，为过道填充如图 7-89 所示的地板图案。

图 7-88 设置填充参数

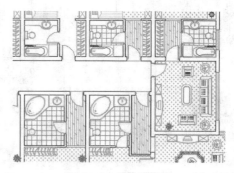
图 7-89 填充结果

（14）夹点显示两个衣柜图块，将其放到"家具层"上，然后解冻该图层。

（15）单击"默认"选项卡→"修改"面板→"复制"按钮，选择如图 7-90 所示的材质图案向左复制 4000 个单位，结果如图 7-91 所示。

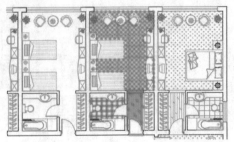

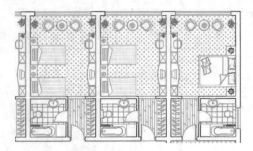

图 7-90　选择对象

图 7-91　复制结果

（16）单击"默认"选项卡→"修改"面板→"矩形阵列"按钮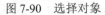，选择如图 7-92 所示的对象进行阵列，命令行操作如下。

```
命令：_arrayrect
选择对象：                                        //选择如图 7-92 所示的对象
选择对象：                                        // Enter
类型 ＝ 矩形　关联 ＝ 是
选择夹点以编辑阵列或 [关联(AS)/基点(B)/计数(COU)/间距(S)/列数(COL)/行数(R)/层数
(L)/退出(X)] <退出>：                             //COU Enter
输入列数数或 [表达式(E)] <4>：                     //5 Enter
输入行数数或 [表达式(E)] <3>：                     //1nter
选择夹点以编辑阵列或 [关联(AS)/基点(B)/计数(COU)/间距(S)/列数(COL)/行数(R)/层数
(L)/退出(X)] <退出>：                             //s Enter
指定列之间的距离或 [单位单元(U)] <0>：             //-4000 Enter
指定行之间的距离 <1>：                             //Enter
选择夹点以编辑阵列或 [关联(AS)/基点(B)/计数(COU)/间距(S)/列数(COL)/行数(R)/层数
(L)/退出(X)] <退出>：                             //AS Enter
创建关联阵列 [是(Y)/否(N)] <否>：                  //N Enter
选择夹点以编辑阵列或 [关联(AS)/基点(B)/计数(COU)/间距(S)/列数(COL)/行数(R)/层数
(L)/退出(X)] <退出>：                             // Enter，阵列结果如图 7-93 所示
```

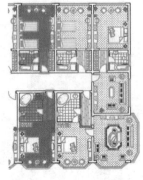

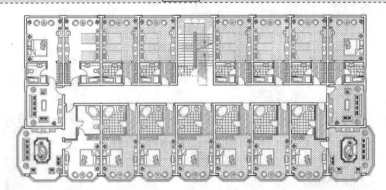

图 7-92　选择对象

图 7-93　阵列结果

（17）使用快捷键"E"激活"删除"命令，删除楼梯间位置的阵列对象，删除结果如图 7-94 所示。

（18）单击"默认"选项卡→"修改"面板→"镜像"按钮，选择如图 7-95 所示的图例进行镜像，结果如图 7-96 所示。

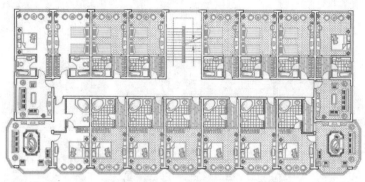

图 7-94　删除结果

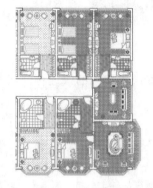

图 7-95　选择对象

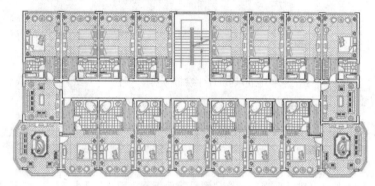

图 7-96　镜像结果

（19）展开"图层控制"下拉列表，冻结"家具层"，并使用"直线"命令封闭楼梯间，结果如图 7-97 所示。

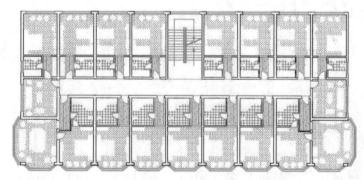

图 7-97　操作结果

（20）单击"默认"选项卡→"绘图"面板→"图案填充"按钮，设置填充图案及填充参数如图 7-88 所示，为过道填充如图 7-98 所示的地板图案。

图 7-98　填充结果

（21）展开"默认"选项卡→"图层"面板→"图层"下拉列表，解冻"家具层"，此时平面图的显示效果如图 7-99 所示。

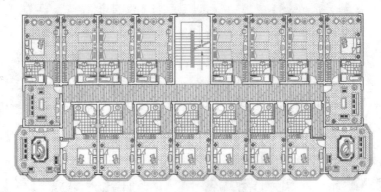

图 7-99　操作结果

至此，星级宾馆地面材质图绘制完毕，下一小节将学习宾馆布置图尺寸的快速标注过程和技巧。

7.4.3　标注星级宾馆布置图尺寸

（1）继续上节操作。

（2）展开"默认"选项卡→"图层"面板→"图层"下拉列表，打开"轴线层"，冻结"家具层、填充层、墙线层"，并将"尺寸层"设置为当前操作层。

（3）单击"默认"选项卡→"注释"面板→"标注样式"按钮 ，设置"建筑标注"为当前样式，并修改标注比例为 125。

（4）使用快捷键"XL"激活"构造线"命令，配合端点捕捉功能绘制如图 7-100 所示的两条构造线作为尺寸定位辅助线。

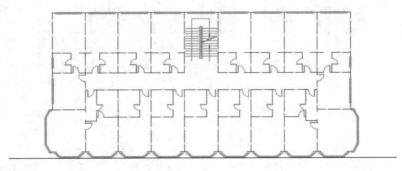

图 7-100　绘制结果

（5）单击"注释"选项卡→"标注释"面板→"快速"按钮 ，根据命令行的提示，选择如图 7-101 所示的垂直轴线，标注如图 7-102 所示的轴线尺寸。

（6）在无命令执行的前提下夹点显示刚标注的所有尺寸，然后单击其中的一个夹点进入夹点编辑模式。

（7）按住 Shift 键分别单击处在同一水平位置上的夹点，将其转变为夹基点，如图 7-103 所示。

（8）单击其中一个夹基点，然后根据命令行的提示，对尺寸进行夹点编辑，将夹基点移至尺寸定位辅助线上，如图 7-104 所示。

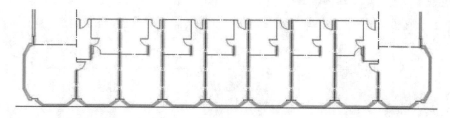

图 7-101　选择对象

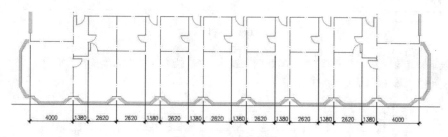

图 7-102　标注结果

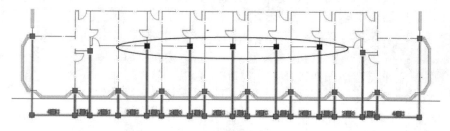

图 7-103　夹基点

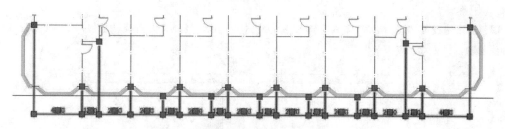

图 7-104　编辑结果

（9）参照 7~8 操作步骤，使用夹点编辑功能分别对其他尺寸进行拉伸，并取消夹点显示，编辑结果如图 7-105 所示。

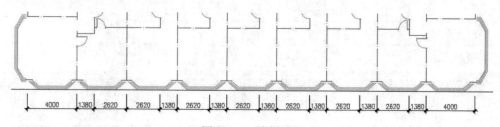

图 7-105　编辑结果

（10）单击"默认"选项卡→"注释"面板→"线性"按钮├─┤，标注平面图下侧的总尺寸，结果如图7-106所示。

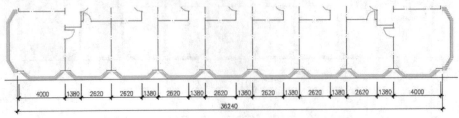

图7-106　标注总尺寸

（11）接下来综合使用"构造线"、"快速标注"、"线性"、"夹点编辑"等命令，分别标注平面图其他位置的尺寸，结果如图7-107所示。

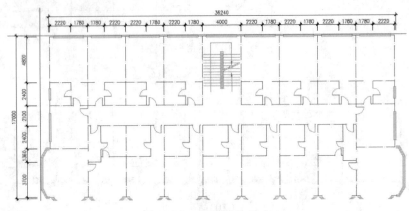

图7-107　标注其他尺寸

（12）使用快捷键"E"激活"删除"命令，删除尺寸定位辅助线，并解冻"墙线层、家具层和填充层，关闭轴线层"，结果如图7-108所示。

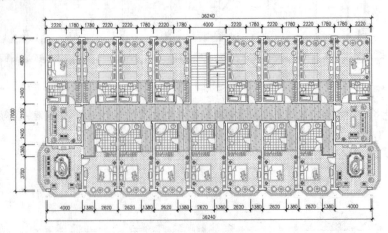

图7-108　删除结果

至此，星级宾馆装修布置图尺寸标注完毕，下一小节为宾馆平面布置图标注房间功能性注释。

7.4.4　标注宾馆布置图房间功能

（1）继续上节操作。

（2）展开"默认"选项卡→"图层"面板→"图层"下拉列表，将"文本层"设置为当前图层。

（3）展开"文字样式控制"下拉列表，将"仿宋体"设置为当前样式。

（4）使用快捷键"DT"激活"单行文字"命令，设置字高为420，标注如图7-109所示的文字注释。

（5）重复执行"单行文字"命令，按照当前的参数设置，分别标注其他位置的文字注释，结果如图7-110所示。

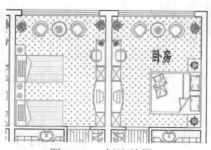

图 7-109　标注结果

图 7-110　标注其他文字

（6）使用快捷键"I"激活"插入块"命令，插入光盘中的"\图块文件\轴标号.dwg"，块参数设置如图7-111所示，插入结果如图7-112所示。

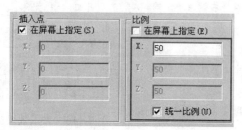

图 7-111　设置参数

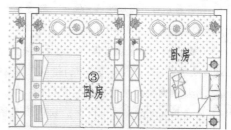

图 7-112　插入结果

（7）重复执行"插入块"命令，将"轴标号"图块分别插入其他位置，块的缩放比例为 50，插入结果如图7-113所示。

（8）在无命令执行的前提下夹点显示如图7-114所示序号和文字对象。

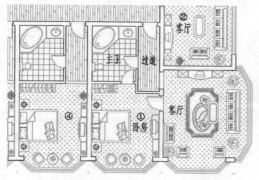

图 7-113　插入结果

图 7-114　夹点效果

（9）单击"默认"选项卡→"修改"面板→"矩形阵列"按钮，将夹点对象阵列6列1行，其中列偏移为−4000，并删除楼梯间位置的阵列对象，结果如图7-115所示。

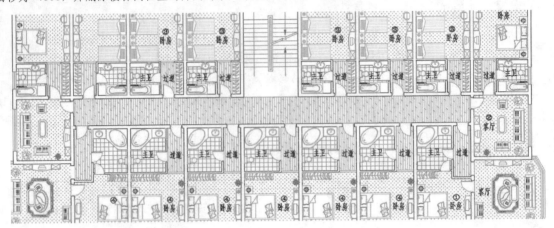

图7-115　阵列结果

（10）删除最左侧的序号4阵列对象，然后夹点显示如图7-116所示的对象。

（11）单击"默认"选项卡→"修改"面板→"镜像"按钮，配合中点捕捉功能对夹点对象进行镜像，结果如图7-117所示。

（12）夹点显示右下侧地毯填充图案，然后单击右键，选择右键菜单上的"图案填充编辑"选项，如图7-118所示。

（13）在打开的"图案填充编辑"对话框中单击"添加：选择对象"按钮，返回绘图区，在"选择对象或 [拾取内部点(K)/删除边界(B)]:"提示下，选择"客厅满铺"对象，如图7-119所示。

（14）敲击 Enter 键，结果文字后面的填充图案被删除，如图7-120所示。

图7-116　夹点效果

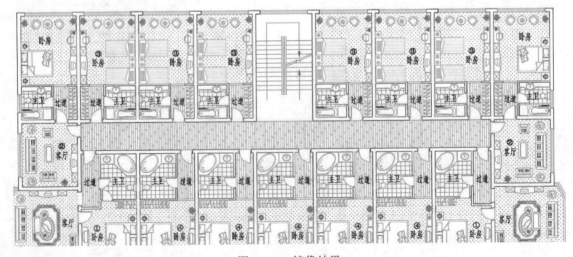

图7-117　镜像结果

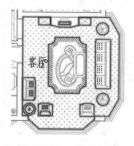

图 7-118 选择文字对象	图 7-119 编辑结果	图 7-120 操作结果

（15）参照 12～14 操作步骤，分别修改其他位置的填充图案，使文字区域内的图案以孤岛的形式排除在填充区外，结果如图 7-121 所示。

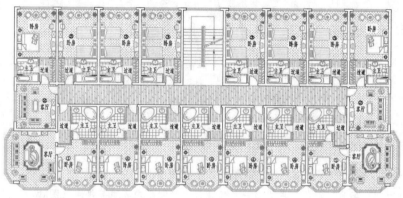

图 7-121 修改结果

至此，宾馆布置图房间功能标注完毕，下一小节为宾馆平面布置图标注地面装修材质注释。

7.4.5 标注宾馆布置图装修材质

（1）继续上节操作。

（2）使用快捷键"D"激活"标注样式"命令，将"引线标注"设置为当前标注样式，同时修改标注比例为 140。

（3）使用快捷键"LE"激活"快速引线"命令，设置引线参数如图 7-122 和图 7-123 所示。

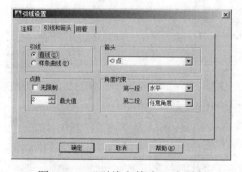

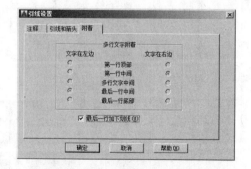

图 7-122 "引线和箭头"选项卡	图 7-123 "附着"选项卡

（4）单击"引线设置"对话框中的 确定 按钮，返回绘图区指定引线点，绘制引线并输入引线注释，标注结果如图 7-124 所示。

图 7-124　标注结果

（5）重复执行"快速引线"命令，按照当前的引线参数设置，分别标注其他位置的引线注释，标注结果如图 7-125 所示。

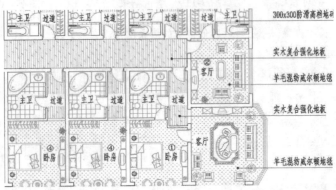

图 7-125　标注其他注释

（6）调整视图，将图形全部显示，最终效果如图 7-58 所示。

（7）最后执行"另存为"命令，将图形另名存储为"绘制星级宾馆装修布置图.dwg"。

7.5　绘制星级宾馆吊顶装修图

本节主要学习星级宾馆吊顶装修图的绘制方法和具体绘制过程，星级宾馆的最终绘制效果如图 7-126 所示。

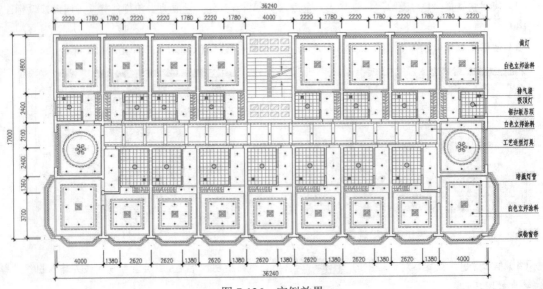

图 7-126　实例效果

7.5.1 绘制星级宾馆吊顶图

（1）打开上例保存的"绘制星级宾馆装修布置图.dwg"，或直接从随书光盘"\效果文件\第7章\"目录下调用此文件。

（2）展开"默认"选项卡→"图层"面板→"图层"下拉列表，将"吊顶层"设置为当前图层，并冻结"尺寸层、填充层和其他层"。

（3）单击"默认"选项卡→"实用工具"面板→"快速选择"按钮，设置过滤参数如图7-127所示，选择"文本层"上的所有对象进行删除。

（4）在无命令执行的前提下夹点显示衣柜及窗子构件，然后展开"图层控制"下拉列表，将夹点对象放在"吊顶层"上。

（5）再次展开"默认"选项卡→"图层"面板→"图层"下拉列表，冻结"家具层和门窗层"，此时平面图的显示效果如图7-128所示。

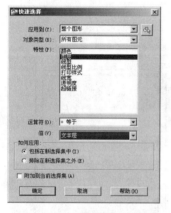

图 7-127 设置过滤参数

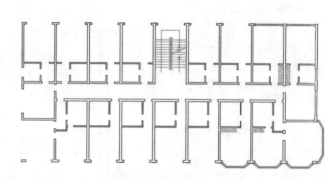

图 7-128 操作结果

（6）单击"默认"选项卡→"绘图"面板→"直线"按钮，配合端点捕捉功能绘制门窗洞位置的轮廓线，结果如图7-129所示。

（7）重复执行"直线"命令，配合捕捉与追踪功能绘制如图7-130所示的水平直线作为窗帘盒轮廓线。

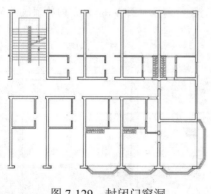

图 7-129 封闭门窗洞

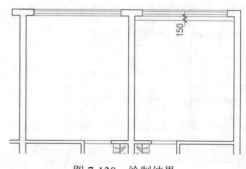

图 7-130 绘制结果

（8）单击"默认"选项卡→"修改"面板→"偏移"按钮，将窗帘盒轮廓线分别向下偏移75个单位，作为窗帘，如图7-131所示。

（9）使用快捷键"LT"激活"线型"命令，加载如图 7-132 所示的两种线型，并设置线型比例为 5。

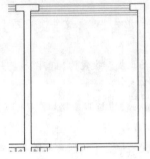

图 7-131　偏移结果

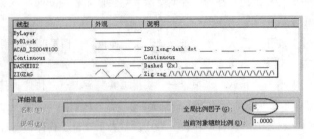

图 7-132　加载线型

（10）夹点显示窗帘轮廓线，然后打开"特性"窗口，修改窗帘轮廓线的颜色、线型和线型比例，如图 7-133 所示，修改后的图线显示效果如图 7-134 所示。

图 7-133　修改特性

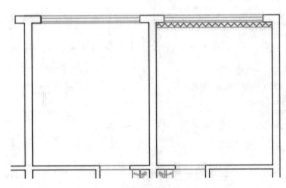

图 7-134　修改结果

（11）参照 7~10 操作步骤，综合使用"直线"、"偏移"、"特性"等命令绘制右侧的窗帘及窗帘盒轮廓线，结果如图 7-135 所示。

（12）单击"默认"选项卡→"修改"面板→"偏移"按钮，选择如图 7-136 所示的轮廓线，向上偏移 75 和 150 个单位，结果如图 7-137 所示。

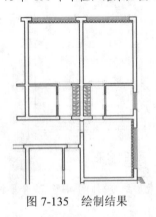

图 7-135　绘制结果

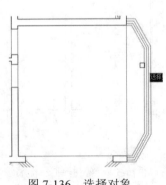

图 7-136　选择对象

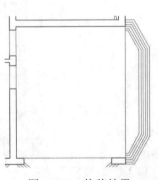

图 7-137　偏移结果

（13）使用快捷键"MA"激活"特性匹配"命令，对窗帘轮廓线进行匹配线型及颜色特性，结果如图 7-138 所示。

（14）参照 12、13 操作步骤，综合使用"偏移"、"特性匹配"命令绘制其他位置的窗帘及窗帘盒轮廓线，并使用"延伸"命令对窗帘及窗帘盒进行延伸，结果如图 7-139 所示。

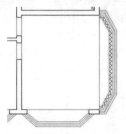

图 7-138　匹配结果

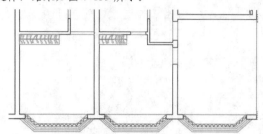

图 7-139　绘制结果

（15）单击"默认"选项卡→"绘图"面板→"构造线" ，绘制如图 7-140 所示的水平辅助线。

（16）单击"默认"选项卡→"绘图"面板→"边界"按钮 ，在卧房内单击左键，提取如图 7-141 所示的多段线边界。

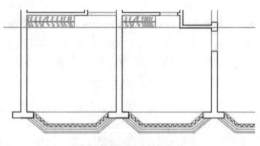

图 7-140　绘制辅助线

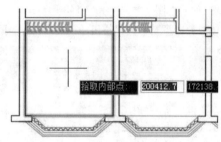

图 7-141　提取边界

（17）删除构造线，然后单击"默认"选项卡→"修改"面板→"偏移"按钮 ，将提取的边界向内偏移 100、600 和 750 个单位，并删除源边界，结果如图 7-142 所示。

（18）参照 16、17 操作步骤，综合使用"边界"、"偏移"和"复制"命令，分别创建其他位置的吊顶结构，结果如图 7-143 所示。

（19）单击"默认"选项卡→"绘图"面板→"边界"按钮 ，分别在三个卫生间内提取一条闭合的边界，然后将边界向内偏移 35 个单位，并删除提取的边界，操作结果如图 7-144 所示。

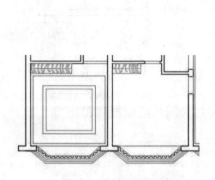

图 7-142　偏移结果

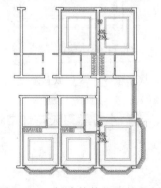

图 7-143　创建其他位置的吊顶

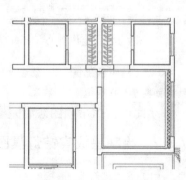

图 7-144　操作结果

（20）单击"默认"选项卡→"绘图"面板→"图案填充"按钮 ▨，设置填充图案与参数如图 7-145 所示，为卫生间填充如图 7-146 所示的吊顶图案。

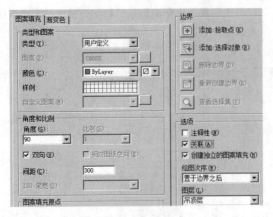

图 7-145　设置填充图案与参数　　　　　图 7-146　填充结果

（21）使用快捷键"C"激活"圆"命令，以如图 7-147 所示的几何中心点作为圆心，绘制半径为 1180 和 1380 的同心圆，结果如图 7-148 所示。

（22）选择菜单栏"绘图"→"修订云线"命令，将外侧的大圆转化为修订云线，命令行操作如下。

```
命令：_revcloud
最小弧长：175　最大弧长：175　样式：普通
指定起点或 [弧长(A)/对象(O)/样式(S)] <对象>：       //a Enter
指定最小弧长 <15>：                                  //175 Enter
指定最大弧长 <30>：                                  //175 Enter
指定起点或 [弧长(A)/对象(O)/样式(S)] <对象>：       //o Enter
选择对象：                                          //选择外侧的大圆
反转方向 [是(Y)/否(N)] <否>：                        // Enter，结果如图 7-149 所示
```

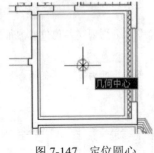　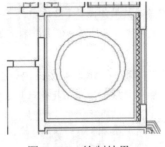　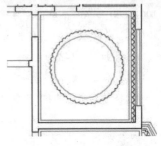

图 7-147　定位圆心　　　　　图 7-148　绘制结果　　　　　图 7-149　操作结果

（23）使用快捷键"I"激活"插入块"命令，采用默认参数插入光盘中的"\图块文件\排气扇.dwg"，结果如图 7-150 所示。

至此，宾馆吊顶图绘制完毕，下一小节学习天花灯带和灯具图的绘制过程和技巧。

7.5.2　绘制星级宾馆灯具图

（1）继续上例操作。

（2）展开"默认"选项卡→"图层"面板→"图层"下拉列表，将"灯具层"设置为当前图层。

（3）单击"默认"选项卡→"修改"面板→"偏移"按钮，将图 7-151 夹点所示的吊顶灯池分别向外偏移 80 个单位，将圆形吊顶向外偏移 300 个单位，作为灯带，并将偏移出的灯带放到"灯具层"上，偏移结果如图 7-152 所示。

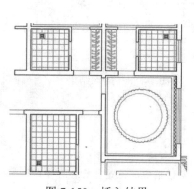

图 7-150　插入结果

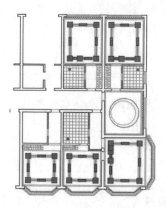

图 7-151　夹点效果

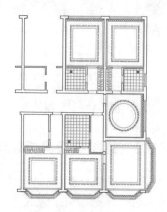

图 7-152　偏移结果

（4）夹点显示偏移出的灯带轮廓线，然后打开"特性"窗口，修改其线型及比例特性，如图 7-153 所示。

（5）按 Esc 键，取消对象的夹点显示，此时灯带的显示效果如图 7-154 所示。

（6）单击"默认"选项卡→"块"面板→"插入"按钮，配合捕捉与追踪功能，采用默认参数插入随书光盘"\图块文件\工艺吊灯 03.dwg"，插入点为图 7-155 所示的追踪虚线的交点。

图 7-153　修改对象特性

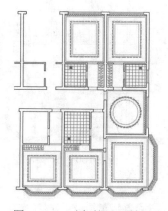

图 7-154　对象的显示效果

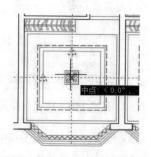

图 7-155　定位插入点

（7）单击"默认"选项卡→"修改"面板→"复制"按钮，配合中点捕捉和对象追踪功能，将插入的灯具图块分别复制到其他位置上，结果如图 7-156 所示。

（8）重复执行"插入块"命令，采用默认参数插入随书光盘"\图块文件\艺术吊顶 04.dwg"，插入点为如图 7-157 所示的圆心。

（9）重复执行"插入块"命令，配合几何中心点捕捉功能，插入随书光盘"\图块文件\吸顶灯.dwg"，缩放比例为 0.8，结果如图 7-158 所示。

至此，宾馆吊顶灯具图绘制完毕，下一小节学习吊顶辅助灯具图的绘制过程和技巧。

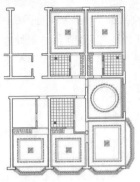

图 7-156 复制结果

图 7-157 定位插入点

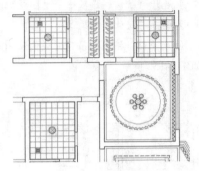

图 7-158 插入结果

7.5.3 绘制星级宾馆辅助灯具

（1）继续上例操作。

（2）选择菜单栏"格式"→"点样式"命令，在打开的"点样式"对话框中，设置当前点的样式和点的大小，如图 7-159 所示。

（3）单击"默认"选项卡→"修改"面板→"偏移"按钮，将内侧的矩形灯池向内偏移 200 个单位，作为辅助灯具定位线，如图 7-160 所示。

（4）单击"默认"选项卡→"绘图"面板→"直线"按钮，配合中点捕捉、延伸捕捉和"极轴追踪"功能绘制如图 7-161 所示的 8 条直线作为辅助线。

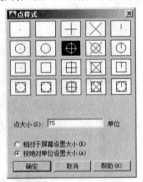

图 7-159 设置点样式

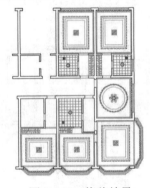

图 7-160 偏移结果

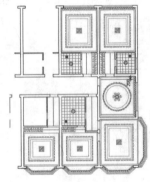

图 7-161 绘制结果

（5）将当前颜色设为 240 号色，然后单击"默认"选项卡→"绘图"面板→"多点"按钮，配合中点捕捉和端点捕捉功能绘制如图 7-162 所示的点作为筒灯。

（6）单击"默认"选项卡→"修改"面板→"镜像"按钮，对卧房和客厅吊顶内的辅助灯具进行镜像，结果如图 7-163 所示。

（7）单击"默认"选项卡→"修改"面板→"复制"按钮，窗口选择如图 7-164 所示的两个筒灯，对称复制 1200 个单位，结果如图 7-165 所示。

（8）重复执行"复制"命令，将过道位置的筒灯对称复制，结果如图 7-166 所示。

（9）使用快捷键"DIV"激活"定数等分"命令，将另外 3 条辅助线等分三份，结果如图 7-167 所示。

（10）单击"默认"选项卡→"修改"面板→"移动"按钮，将过道位置的两组灯具向两侧移动 230 个单位，将下侧卧房内的辅助灯具向两侧移动 156.7 个单位，结果如图 7-168 所示。

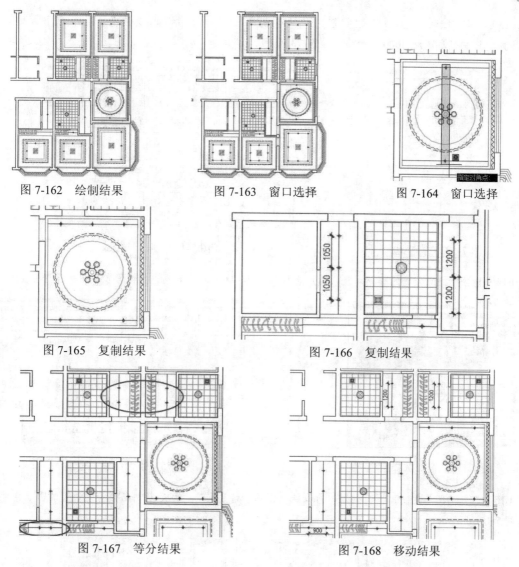

图 7-162　绘制结果　　　　　图 7-163　窗口选择　　　　　图 7-164　窗口选择

图 7-165　复制结果　　　　　　　图 7-166　复制结果

图 7-167　等分结果　　　　　　　图 7-168　移动结果

（11）使用快捷键"E"激活"删除"命令，删除灯具定位辅助线，结果如图 7-169 所示。

（12）暂时关闭"墙线层"，然后选择如图 7-170 所示的对象水平向左复制 4000 个单位，结果如图 7-171 所示。

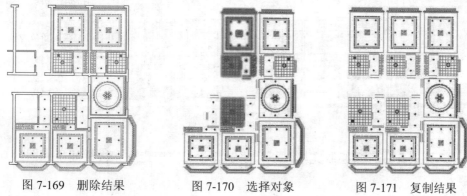

图 7-169　删除结果　　　　　图 7-170　选择对象　　　　　图 7-171　复制结果

（13）单击"默认"选项卡→"修改"面板→"矩形阵列"按钮⊞，窗交选择如图 7-172 所示的对象，阵列 5 列，其中列偏移为–4000，结果如图 7-173 所示。

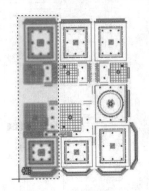

图 7-172　窗交选择

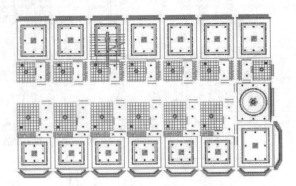

图 7-173　阵列结果

（14）删除楼梯间位置的阵列对象，然后选择如图 7-174 所示的对象进行镜像，结果如图 7-175 所示。

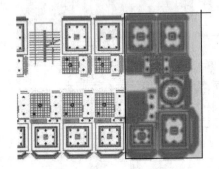

图 7-174　窗口选择

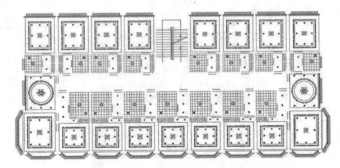

图 7-175　镜像结果

（15）展开"图层控制"下拉列表，打开被关闭的"墙线层"，然后复制出楼梯间位置的窗子构件，结果如图 7-176 所示。

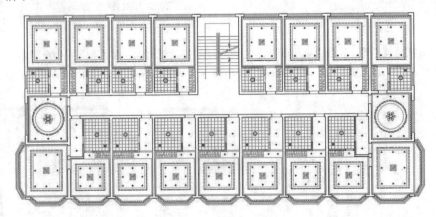

图 7-176　操作结果

　　至此，宾馆天花灯具图绘制完毕，下一小节将学习宾馆走廊和楼梯间吊顶图的具体绘制过程和技巧。

7.5.4 绘制走廊与楼梯间吊顶

（1）继续上节操作。

（2）展开"默认"选项卡→"图层"面板→"图层"下拉列表，选择"吊顶层"设置为当前图层。

（3）单击"默认"选项卡→"绘图"面板→"矩形"按钮▢，配合端点捕捉功能绘制走廊吊顶外边缘，绘制的矩形夹点效果如图 7-177 所示。

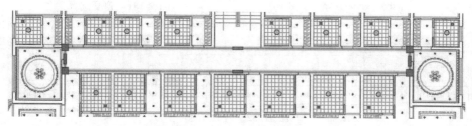

图 7-177　绘制结果

（4）单击"默认"选项卡→"修改"面板→"分解"按钮，将刚绘制的矩形分解。

（5）单击"默认"选项卡→"修改"面板→"偏移"按钮，将矩形左侧垂直边向右偏移 1500 和 1750；将两侧的水平边向内侧偏移 100 和 300，结果如图 7-178 所示。

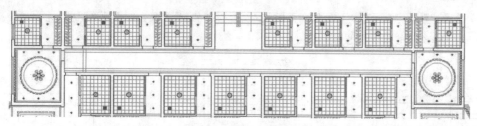

图 7-178　偏移结果

（6）单击"默认"选项卡→"特性"面板→"特性匹配"按钮，匹配客房吊顶灯带的线型及颜色，并对偏移出的图线修剪，结果如图 7-179 所示。

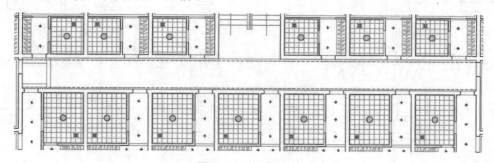

图 7-179　操作结果

（7）单击"默认"选项卡→"修改"面板→"复制"按钮，配合"两点之间的中点"功能复制任一位置的筒灯，结果如图 7-180 所示。

（8）单击"默认"选项卡→"修改"面板→"矩形阵列"按钮，窗交选择如图 7-181 所示的图线及灯具阵列 15 份，其中列偏移为 1750，阵列结果如图 7-182 所示。

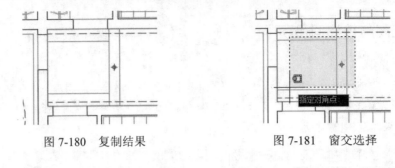

图 7-180　复制结果　　　　　　　图 7-181　窗交选择

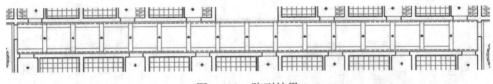

图 7-182　阵列结果

（9）使用快捷键 "L" 激活 "直线" 命令，配合延伸捕捉和交点捕捉功能补画如图 7-183 所示的两条水平图线。

（10）分解楼梯间的楼梯图块，然后综合使用 "修剪"、"合并" 命令对楼梯进行修整，结果如图 7-184 所示。

（11）单击 "默认" 选项卡→ "绘图" 面板→ "直线" 按钮 ，配合 "极轴追踪虚" 和 "延伸捕捉" 功能绘制如图 7-185 所示的三条水平图线。

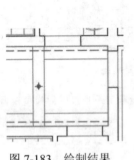

图 7-183　绘制结果

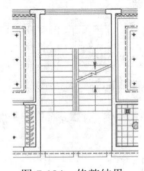

图 7-184　修整结果

图 7-185　绘制结果

（12）单击 "默认" 选项卡→ "绘图" 面板→ "矩形" 按钮 ，配合 "捕捉自" 功能绘制如图 7-186 所示的矩形。

（13）单击 "默认" 选项卡→ "绘图" 面板→ "圆" 按钮 ，绘制如图 7-187 所示的圆，圆直径为 20。

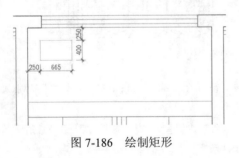

图 7-186　绘制矩形

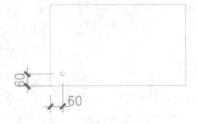

图 7-187　绘制圆

（14）单击"默认"选项卡→"修改"面板→"矩形阵列"按钮，将圆阵列 4 份，其中列偏移为 545，行偏移为 280，结果如图 7-188 所示。

（15）单击"默认"选项卡→"绘图"面板→"图案填充"按钮，设置填充图案与参数如图 7-189 所示，填充结果如图 7-190 所示。

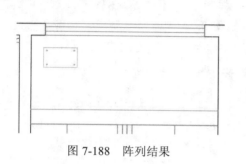  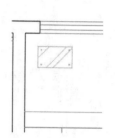

图 7-188　阵列结果　　　　图 7-189　设置填充图案与参数　　　图 7-190　填充结果

（16）重复执行"矩形阵列"命令，窗口选择如图 7-191 所示的对象进行阵列，其中列偏移为 865，行偏移为−600，阵列结果如图 7-192 所示。

（17）单击"默认"选项卡→"修改"面板→"镜像"按钮，配合"两点之间的中点"功能，对阵列集合进行阵列，结果如图 7-193 所示。

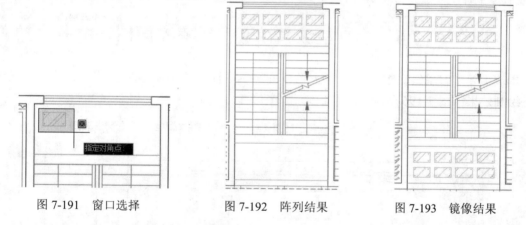

图 7-191　窗口选择　　　　图 7-192　阵列结果　　　　图 7-193　镜像结果

至此，宾馆走廊和楼梯间吊顶图绘制完毕，下一小节将为宾馆吊顶装修图标注文字注释。

7.5.5　标注星级宾馆吊顶图

（1）继续上节操作。

（2）展开"默认"选项卡→"图层"面板→"图层"下拉列表，打开"尺寸层"，然后将"文本层"设置为当前图层。

（3）使用快捷键"D"激活"标注样式"命令，将"引线标注"设置为当前标注样式，同时修改标注比例为 140。

（4）使用快捷键"LE"激活"快速引线"命令，设置引线参数如图 7-122 和图 7-123 所示。

（5）单击"引线设置"对话框中的 确定 按钮，返回绘图区指定引线点，绘制引线并输入引线注释，标注结果如图 7-194 所示。

（6）重复执行"快速引线"命令，按照当前的引线参数设置，分别标注其他位置的引线注释，标注结果如图 7-195 所示。

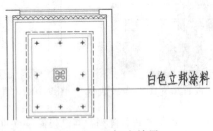

图 7-194　标注结果

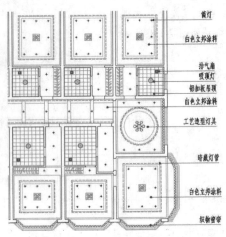

图 7-195　标注其他注释

（7）调整视图，将图形全部显示，最终效果如图 7-126 所示。

（8）最后执行"另存为"命令，将图形命名存储为"绘制星级宾馆吊顶装修图.dwg"。

7.6　绘制星级宾馆套房卧室立面图

本节主要学习星级宾馆 1 号套房卧室 D 向装饰立面图的具体绘制过程和绘制技巧，本例最终绘制效果如图 7-196 所示。

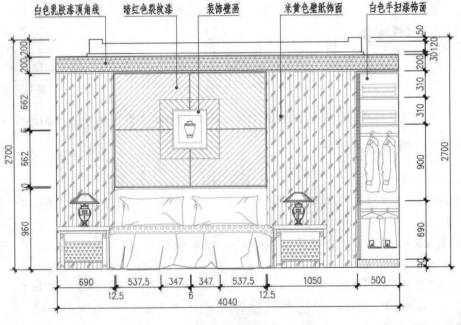

图 7-196　实例效果

7.6.1 绘制宾馆卧房墙面轮廓图

（1）单击"快速访问"工具栏→"新建"按钮，以随书光盘中的"\样板文件\商业装潢样板.dwt"作为基础样板，新建文件。

（2）展开"默认"选项卡→"图层"面板→"图层"下拉列表，设置"轮廓线"为当前图层。

（3）单击"默认"选项卡→"绘图"面板→"矩形"按钮，绘制长度为4040、宽度为2530的矩形作为卧房外轮廓线。

（4）单击"默认"选项卡→"修改"面板→"分解"按钮，将矩形分解。

（5）单击"默认"选项卡→"修改"面板→"偏移"按钮，将矩形左侧垂直边作为首次偏移对象向右偏移，间距为690、1800和1115；将下侧水平边作为首次偏移对象向上偏移，间距为960、1340、20、160；将上侧水平边向下偏移30，结果如图7-197所示。

（6）单击"默认"选项卡→"修改"面板→"修剪"按钮，对偏移出的图线进行修剪，结果如图7-198所示。

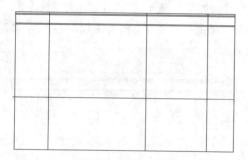

图7-197　偏移结果

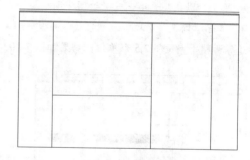

图7-198　修剪结果

（7）单击"默认"选项卡→"修改"面板→"拉长"按钮，将最上侧的水平轮廓线两端缩短420个单位，并将缩短后的水平图线向右位移20个单位，结果如图7-199所示。

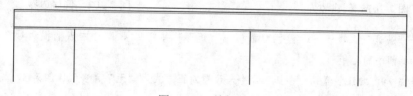

图7-199　缩短结果

（8）单击"默认"选项卡→"修改"面板→"直线"按钮，配合坐标输入功能绘制上侧的吊顶轮廓线，命令行操作如下。

```
命令：_line
指定第一点：                        //激活"捕捉自"功能
_from 基点：                        //捕捉最上侧水平轮廓线的左端点
<偏移>：                            //@-30,-30 Enter
指定下一点或 [放弃(U)]：            //@0,30 Enter
指定下一点或 [放弃(U)]：            //@30,0 Enter
指定下一点或 [闭合(C)/放弃(U)]：    //@0,170 Enter
```

指定下一点或 [闭合(C)/放弃(U)]:   //@150,0 Enter
指定下一点或 [闭合(C)/放弃(U)]:   //@0,50 Enter
指定下一点或 [闭合(C)/放弃(U)]:   //@2900,0 Enter
指定下一点或 [闭合(C)/放弃(U)]:   //@0,50 Enter
指定下一点或 [闭合(C)/放弃(U)]:   //@150,0 Enter
指定下一点或 [闭合(C)/放弃(U)]:   //@30,0 Enter
指定下一点或 [闭合(C)/放弃(U)]:   //@0,-30 Enter
指定下一点或 [闭合(C)/放弃(U)]:   // Enter，绘制结果如图 7-200 所示

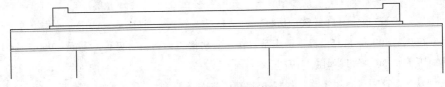

图 7-200 绘制结果

（9）单击"默认"选项卡→"绘图"面板→"边界"按钮，创建如图 7-201 所示的虚线边界。

（10）单击"默认"选项卡→"修改"面板→"偏移"按钮，将边界向内偏移 12.5 个单位，然后将偏移出的边界两端垂直拉伸 2.5 个单位，结果如图 7-202 所示。

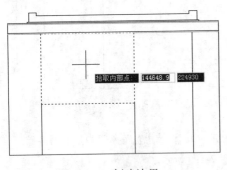

图 7-201 创建边界

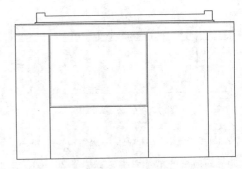

图 7-202 偏移边界

（11）单击"默认"选项卡→"绘图"面板→"矩形"按钮，配合中点捕捉和对象追踪功能绘制如图 7-203 所示的两个同心矩形。

（12）使用快捷键"ML"激活"多线"命令，设置对正方式为"无"、多线比例为 8，配合中点捕捉功能绘制如图 7-204 所示的分格线。

图 7-203 绘制结果

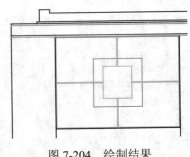

图 7-204 绘制结果

至此，宾馆卧房 D 向轮廓图绘制完毕，下一小节将学习墙面构件图的绘制过程和技巧。

7.6.2 绘制宾馆卧房立面构件图

（1）继续上节操作。

（2）展开"默认"选项卡→"图层"面板→"图层"下拉列表，将"图块层"设置为当前图层。

（3）单击"默认"选项卡→"块"面板→"插入"按钮，选择光盘中的"/图块文件\\立面床 02.dwg"。

（4）返回绘图区，以默认参数插入立面图中，插入点为左下角角点，插入结果如图 7-205 所示。

（5）重复执行"插入块"命令，采用默认参数插入随书光盘中的"\图块文件\"目录下的"立面衣柜 06.dwg 和装饰画 05.dwg"，结果如图 7-206 所示。

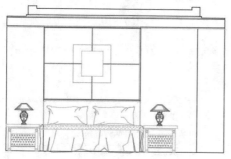

图 7-205　插入结果

图 7-206　插入结果

（6）单击"默认"选项卡→"修改"面板→"修剪"按钮，对立面图进行修整和完善，删除被立面床遮挡住的垂直图线。

至此，宾馆卧房墙面构件图绘制完毕，下小节将学习卧房墙面装饰线的具体绘制过程和技巧。

7.6.3 绘制宾馆卧房墙面装饰线

（1）继续上节操作。

（2）展开"默认"选项卡→"图层"面板→"图层"下拉列表，将"填充层"设为当前层。

（3）单击"默认"选项卡→"绘图"面板→"图案填充"按钮，设置填充图案及填充参数如图 7-207 所示，为立面图填充如图 7-208 所示的图案。

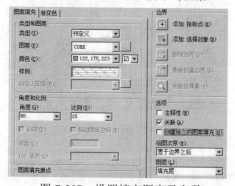

图 7-207　设置填充图案及参数

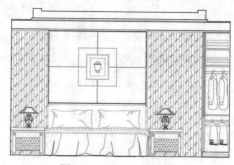

图 7-208　填充结果

（4）重复执行"图案填充"命令，设置填充图案及填充参数如图 7-209 所示，为立面图填充如图 7-210 所示的图案。

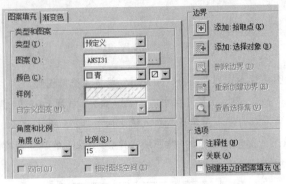

图 7-209 设置填充图案及参数 图 7-210 填充结果

（5）重复执行"图案填充"命令，设置填充图案及填充参数如图 7-211 所示，为立面图填充如图 7-212 所示的图案。

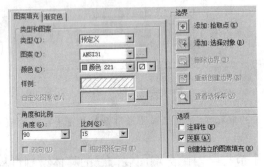

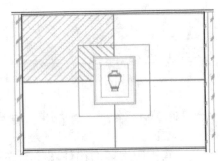

图 7-211 设置填充图案及参数 图 7-212 填充结果

（6）重复执行"图案填充"命令，设置填充图案及填充参数如图 7-213 所示，为立面图填充如图 7-214 所示的图案。

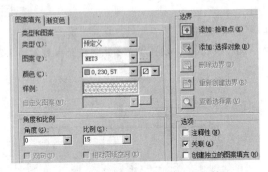

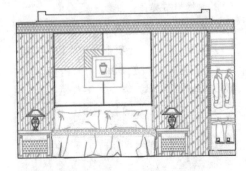

图 7-213 设置填充图案及参数 图 7-214 填充结果

（7）将后续填充的两种图案分解，然后单击"默认"选项卡→"修改"面板→"镜像"按钮 ，配合中点捕捉功能进行镜像，结果如图 7-215 所示。

（8）单击"默认"选项卡→"修改"面板→"修剪"按钮 ，以立面床靠背作为边界，对垂直的墙面分隔线进行修剪，结果图 7-216 所示。

至此，宾馆卧房墙面装饰线绘制完毕，下小节将学习卧房立面尺寸的标注过程和技巧。

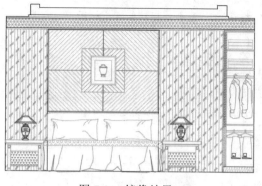

图 7-215 镜像结果

图 7-216　完善结果

7.6.4　标注宾馆卧房立面图尺寸

（1）继续上节操作。

（2）展开"默认"选项卡→"图层"面板→"图层"下拉列表，将"尺寸层"设置为当前图层。

（3）单击"默认"选项卡→"注释"面板→"标注样式"按钮，将"建筑标注"设置为当前样式，并修改标注比例为 25，修改线性标注的精度为 0.0。

（4）单击"默认"选项卡→"注释"面板→"线性"按钮，配合端点捕捉功能标注如图 7-217 所示的线性尺寸作为基准尺寸。

（5）单击"注释"选项卡→"标注"面板→"连续"按钮，配合捕捉和追踪功能，标注如图 7-218 所示的连续尺寸作为细部尺寸。

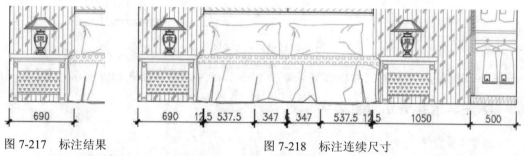

图 7-217　标注结果　　　　　　　　　　　图 7-218　标注连续尺寸

（6）在无命令执行的前提下单击标注文字为 12.5 和 6 的对象，使其呈现夹点显示状态。

（7）将光标放在标注文字夹点上，然后从弹出的快捷菜单中选择"仅移动文字"选项。

（8）在命令行"** 仅移动文字 **指定目标点:"提示下，在适当位置指定文字的位置，并按 Esc 键取消尺寸的夹点，调整结果如图 7-219 所示。

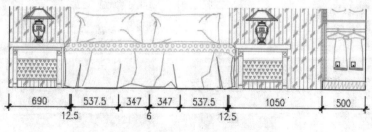

图 7-219　调整结果

（9）单击"默认"选项卡→"注释"面板→"线性"按钮┣┥，配合捕捉功能标注如图 7-220 所示的总尺寸。

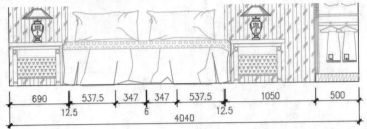

图 7-220　标注总尺寸

（10）参照 4~9 操作步骤，综合使用"线性"、"连续"等命令分别标注其他侧的尺寸，并对重叠尺寸进行适当的调整，结果如图 7-221 所示。

图 7-221　标注其他尺寸

至此，宾馆卧房立面图尺寸标注完毕，下一小节将为卧房立面图标注文字注释。

7.6.5　标注宾馆卧房立面图文字

（1）继续上节操作。

（2）展开"默认"选项卡→"图层"面板→"图层"下拉列表，设置"文本层"为当前图层。

（3）单击"默认"选项卡→"注释"面板→"标注样式"按钮，将"引线标注"设置为当前标注样式，同时修改标注比例为 30。

（4）使用快捷键"LE"激活"快速引线"命令，设置引线参数如图 7-222 和图 7-223 所示。

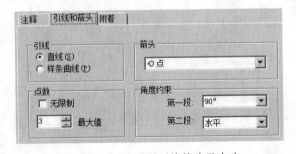

图 7-222　设置引线箭头及大小

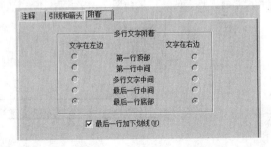

图 7-223　设置角度约束

（5）根据命令行的提示指定引线点，绘制引线并输入文字，标注如图7-224所示的引线注释。

（6）重复执行"快速引线"命令，按照当前的引线参数设置，标注其他位置的引线注释，结果如图7-225所示。

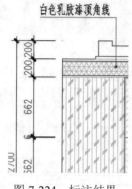

图 7-224　标注结果　　　　　　　　　图 7-225　标注其他引线注释

（7）调整视图，使立面图全部显示，最终结果如图7-196所示。

（8）最后执行"保存"命令，将图形命名存储为"绘制星级宾馆套房卧室立面图.dwg"。

7.7　绘制星级宾馆套房客厅立面图

本节主要学习星级宾馆1号套房客厅B向装饰立面图的具体绘制过程和绘制技巧。本例最终绘制效果如图7-226所示。

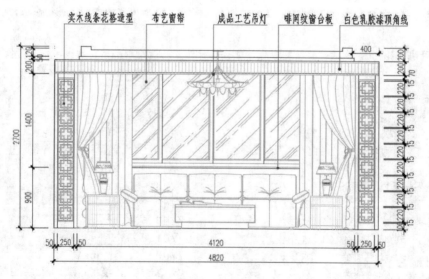

图 7-226　实例效果

7.7.1　绘制宾馆客厅墙面轮廓图

（1）单击"快速访问"工具栏→"新建"按钮，以随书光盘中的"\样板文件\商业装潢样板.dwt"作为基础样板，新建文件。

（2）展开"默认"选项卡→"图层"面板→"图层"下拉列表，设置"轮廓线"为当前图层。

（3）单击"默认"选项卡→"绘图"面板→"直线"按钮，配合坐标输入功能绘制墙面外轮廓线，命令行操作如下。

```
命令：_line
指定第一点：                               //在绘图区拾取一点
指定下一点或 [放弃(U)]：                    //@0,2550 Enter
指定下一点或 [放弃(U)]：                    //@4820,0 Enter
指定下一点或 [闭合(C)/放弃(U)]：            //@0,-2550 Enter
指定下一点或 [闭合(C)/放弃(U)]：            //c Enter，结果如图7-227所示
```

（4）单击"默认"选项卡→"修改"面板→"偏移"按钮，根据图示尺寸对外轮廓线进行偏移，结果如图7-228所示。

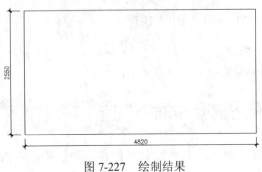

图7-227　绘制结果

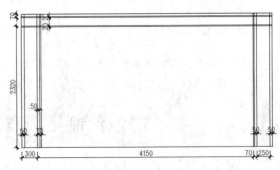

图7-228　偏移结果

（5）单击"默认"选项卡→"修改"面板→"修剪"按钮，对偏移的各图线进行修剪，结果如图7-229所示。

（6）使用快捷键"L"激活"直线"命令，配合坐标输入功能绘制吊顶轮廓线，命令行操作如下。

```
命令：l                                   // Enter
LINE 指定第一点：                          //激活"捕捉自"功能
_from 基点：                              //捕捉最上侧水平轮廓线的左端点
<偏移>：                                  //@30,0 Enter
指定下一点或 [放弃(U)]：                    //@0,150 Enter
指定下一点或 [放弃(U)]：                    //@150,0 Enter
指定下一点或 [闭合(C)/放弃(U)]：            //@0,-50 Enter
指定下一点或 [闭合(C)/放弃(U)]：            //@3720,0 Enter
指定下一点或 [闭合(C)/放弃(U)]：            //@0,50 Enter
指定下一点或 [闭合(C)/放弃(U)]：            //@150,0 Enter
指定下一点或 [闭合(C)/放弃(U)]：            //@0,-150 Enter
指定下一点或 [闭合(C)/放弃(U)]：            // Enter，绘制结果如图7-230所示
```

（7）单击"默认"选项卡→"修改"面板→"偏移"按钮，将下侧水平轮廓线向上偏移900个单位，结果如图7-231所示。

（8）单击"默认"选项卡→"修改"面板→"修剪"按钮，对偏移出的水平图线进行修剪，结果如图7-232所示。

图 7-229　修剪结果

图 7-230　绘制结果

图 7-231　偏移结果

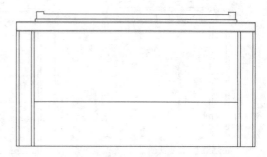

图 7-232　修剪结果

（9）展开"默认"选项卡→"图层"面板→"图层"下拉列表，将"填充层"设置为当前图层。

（11）单击"默认"选项卡→"绘图"面板→"图案填充"按钮，在命令行"拾取内部点或 [选择对象(S)/设置(T)]:"提示下，激活"设置"选项，打开"图案填充和渐变色"对话框。

（12）在"图案填充和渐变色"对话框中选择图案并设置填充比例、角度、关联特性等，如图 7-233 所示。

（13）单击"添加：拾取点"按钮，返回绘图区在所需区域单击左键，拾取如填充区域，为立面图填充如图 7-234 所示的图案。

图 7-233　设置填充图案与参数

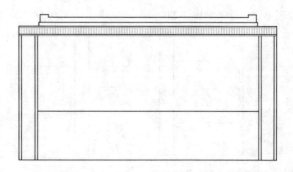

图 7-234　填充结果

至此，宾馆套房客厅 B 向墙面轮廓图绘制完毕，下一小节将学习客厅墙面花格造型图的绘制过程和技巧。

7.7.2　绘制宾馆客厅墙面花格造型

（1）继续上节操作。

（2）展开"默认"选项卡→"图层"面板→"图层"下拉列表，选择"家具层"设置为当前图层。

（3）单击"默认"选项卡→"绘图"面板→"直线"按钮 ✐，配合"延伸捕捉和极轴追踪"功能，绘制如图 7-235 所示的水平轮廓线。

（4）单击"默认"选项卡→"修改"面板→"偏移"按钮 ⏣，将绘制的水平轮廓线向上偏移 2130 个绘图单位，结果如图 7-236 所示。

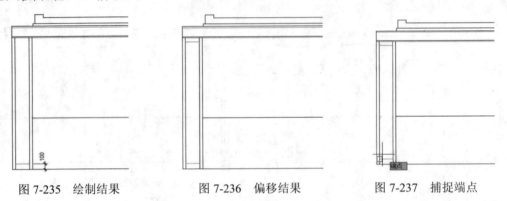

图 7-235　绘制结果　　　　图 7-236　偏移结果　　　　图 7-237　捕捉端点

（5）单击"默认"选项卡→"绘图"面板→"矩形"按钮 ▭，配合"捕捉自"功能绘制矩形，命令行操作如下。

```
命令: rectang
指定第一个角点或 [倒角(C)/标高(E)/圆角(F)/厚度(T)/宽度(W)]: //激活"捕捉自"功能
_from 基点:                  //捕捉如图 7-237 所示的端点
<偏移>:                      //@15,15 Enter
指定另一个角点或 [面积(A)/尺寸(D)/旋转(R)]:
                            //@220,220,Enter, 绘制结果如图 7-238 所示
```

（6）单击"默认"选项卡→"修改"面板→"偏移"按钮 ⏣，将刚绘制的矩形向内侧偏移 30 和 40 个绘图单位，结果如图 7-239 所示。

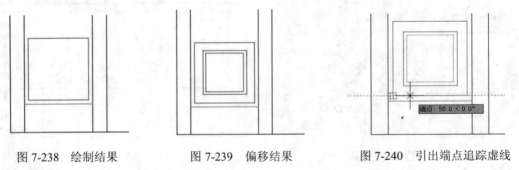

图 7-238　绘制结果　　　　图 7-239　偏移结果　　　　图 7-240　引出端点追踪虚线

（7）选择菜单栏"绘图"→"多线"命令，配合"对象追踪和极轴追踪"功能绘制多线，命令行操作如下。

```
命令：_mline
当前设置：对正 = 上，比例 = 20.00，样式 =墙线样式
当前设置：对正 = 无，比例 = 20.00，样式 =墙线样式
指定起点或 [对正(J)/比例(S)/样式(ST)]:    // S Enter
输入多线比例 <20.00>:                    //10 Enter
当前设置：对正 = 上，比例 = 10.00，样式 =墙线样式
指定起点或 [对正(J)/比例(S)/样式(ST)]:
    //引出如图 7-240 所示的端点追踪虚线，输入 75 Enter
指定下一点：                              //向上引出 90 度极轴追踪虚线，输入 75Enter
指定下一点或 [放弃(U)]:                   //向左引出 180 度极轴追踪虚线，输入 75 Enter
指定下一点或 [闭合(C)/放弃(U)]:           // Enter，绘制结果如图 7-241 所示
```

（8）单击"默认"选项卡→"修改"面板→"镜像"按钮，配合中点捕捉功能对多线进行镜像，结果如图 7-242 所示。

（9）重复执行"镜像"命令，继续对两条多线进行镜像，结果如图 7-243 所示。

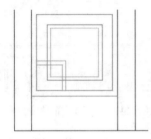

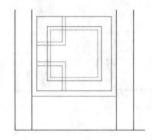

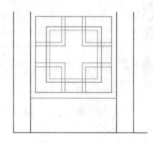

图 7-241　绘制结果　　　　　图 7-242　镜像结果　　　　　图 7-243　镜像结果

（10）单击"默认"选项卡→"修改"面板→"分解"按钮，选择四条多线进行分解。

（11）单击"默认"选项卡→"修改"面板→"修剪"按钮，对矩形和分解后的多线进行修剪，结果如图 7-244 所示。

（12）单击"默认"选项卡→"修改"面板→"矩形阵列"按钮，对修剪后的花格单元进行阵列，命令行操作如下。

```
命令：_arrayrect
选择对象：                              //窗口选择如图 7-245 所示的对象
选择对象：                              // Enter
类型 = 矩形　关联 = 是
选择夹点以编辑阵列或 [关联(AS)/基点(B)/计数(COU)/间距(S)/列数(COL)/行数(R)/层数
(L)/退出(X)] <退出>:                    //COU Enter
    输入列数数或 [表达式(E)] <4>:       //1 Enter
    输入行数数或 [表达式(E)] <3>:       //9 Enter
    选择夹点以编辑阵列或 [关联(AS)/基点(B)/计数(COU)/间距(S)/列数(COL)/行数(R)/层数
(L)/退出(X)] <退出>:                    //S Enter
    指定列之间的距离或 [单位单元(U)] <0>: //1 Enter
    指定行之间的距离 <1>:               //235Enter
    选择夹点以编辑阵列或 [关联(AS)/基点(B)/计数(COU)/间距(S)/列数(COL)/行数(R)/层数
(L)/退出(X)] <退出>:                    //AS Enter
    创建关联阵列 [是(Y)/否(N)] <否>:    //Y Enter
```

选择夹点以编辑阵列或 [关联(AS)/基点(B)/计数(COU)/间距(S)/列数(COL)/行数(R)/层数(L)/退出(X)] <退出>:   // Enter，阵列结果如图 7-246 所示

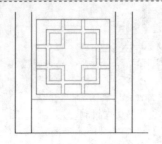

图 7-244　修剪结果

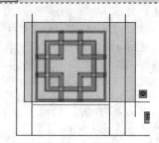

图 7-245　窗口选择

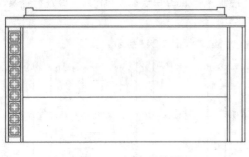

图 7-246　阵列结果

图 7-247　窗交选择

（13）单击"默认"选项卡→"修改"面板→"镜像"按钮 ⚹，配合中点捕捉功能，窗交选择如图 7-247 所示的花格造型进行镜像，结果如图 7-248 所示。

图 7-248　镜像结果

至此，宾馆套房客厅 B 向墙面花格窗造型图绘制完毕，下一小节将学习客厅墙面构件图的绘制过程和技巧。

7.7.3　绘制宾馆客厅立面构件图

（1）继续上节操作。

（2）展开"默认"选项卡→"图层"面板→"图层"下拉列表，选择"图块层"设置为当前图层。

（3）单击"默认"选项卡→"块"面板→"插入"按钮 🔳，采用默认参数插入随书光盘中的"\图块文件\窗帘与沙帘 02.dwg"，插入点为图 7-249 所示的端点，插入结果如图 7-250 所示。

图 7-249　捕捉端点　　　　　　　　　　图 7-250　插入结果

（4）重复执行"插入块"命令，以默认参数插入光盘中的"\图块文件\立面窗 05.dwg"，插入点为图 7-251 所示的中点，插入结果如图 7-252 所示。

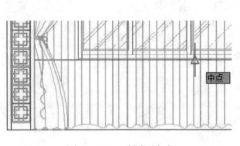

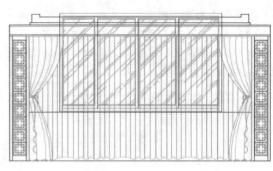

图 7-251　捕捉端点　　　　　　　　　　图 7-252　插入结果

（5）重复执行"插入块"命令，采用默认参数插入随书光盘中的"\图块文件\"目录下的"立面沙发组 03.dwg"，插入点为下侧水平轮廓线的中点，插入结果如图 7-253 所示。

（6）重复执行"插入块"命令，采用默认参数插入随书光盘中的"\图块文件\"目录下的"立面灯具 02.dwg"，插入点为上侧水平轮廓线的中点，插入结果如图 7-254 所示

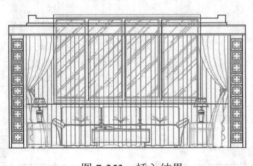

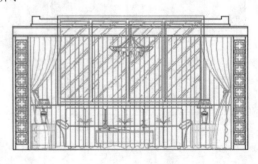

图 7-253　插入结果　　　　　　　　　　图 7-254　插入结果

（7）单击"默认"选项卡→"修改"面板→"分解"按钮，选择插入的窗帘、立面窗图块分解。

（8）接下来综合使用"修剪"和"删除"命令对图形进行编辑，删除被遮挡住的图线，结果如图 7-255 所示。

　　至此，星级宾馆套房客厅 B 向立面构件图绘制完毕，下一小节将学习客厅立面图尺寸的标注过程和技巧。

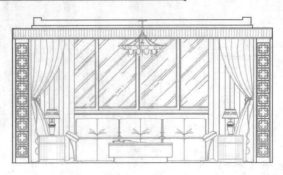

图 7-255　操作结果

7.7.4　标注宾馆客厅立面图尺寸

（1）继续上节操作。

（2）展开"默认"选项卡→"图层"面板→"图层"下拉列表，将"尺寸层"设置为当前图层。

（3）单击"默认"选项卡→"注释"面板→"标注样式"按钮，将"建筑标注"设置为当前样式，并修改标注比例为 28。

（4）单击"默认"选项卡→"注释"面板→"线性"按钮，配合端点捕捉功能标注如图 7-256 所示的线性尺寸作为基准尺寸。

（5）单击"注释"选项卡→"标注"面板→"连续"按钮，配合捕捉和追踪功能，标注如图 7-257 所示的连续尺寸作为细部尺寸。

图 7-256　标注结果

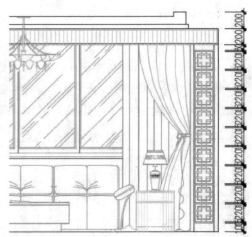

图 7-257　标注连续尺寸

（6）在无命令执行的前提下单击标注文字为 15 和 70 的对象，使其呈现夹点显示状态，如图 7-258 所示。

（7）按住 shift 键分别单击标注文字位置的夹点，使其转换为夹基点。

（8）在任一夹基点上单击左键，然后根据命令行的提示，在适当位置指定标注文字的位置，如图 7-259 所示。

（9）按 Esc 键取消尺寸的夹点显示，调整结果如图 7-260 所示。

（10）参照 4~9 操作步骤，综合使用"线性"、"连续"及夹点编辑等命令分别标注其他侧的尺寸，并对重叠尺寸进行适当的调整，结果如图 7-261 所示。

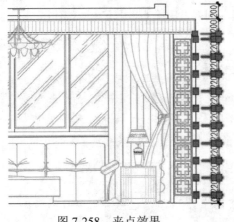

图 7-258 夹点效果

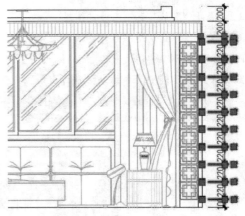

图 7-259 夹点编辑

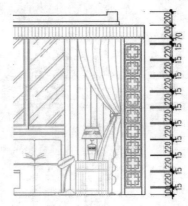

图 7-260 取消夹点后的效果

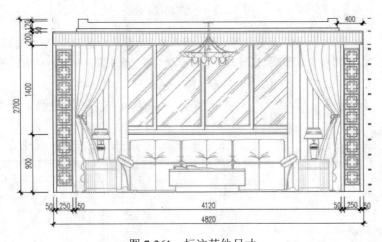

图 7-261 标注其他尺寸

至此，星级宾馆客厅 B 向立面图尺寸标注完毕，下一小节将为客厅 B 立面图标注文字注释。

7.7.5 标注宾馆卧房立面图文字

（1）继续上节操作。

（2）展开"默认"选项卡→"图层"面板→"图层"下拉列表，设置"文本层"为当前图层。

（3）单击"默认"选项卡→"注释"面板→"标注样式"按钮，将"引线标注"设置为当前标注样式，同时修改标注比例 40。

（4）使用快捷键"LE"激活"快速引线"命令，设置引线参数如图 7-262 和图 7-263 所示。

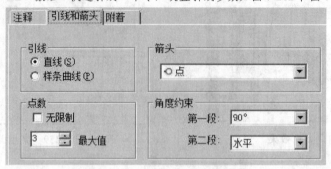

图 7-262 设置引线箭头及大小

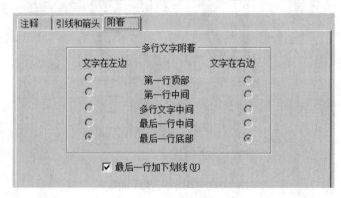

图 7-263 设置角度约束

（5）根据命令行的提示指定引线点，绘制引线并输入文字，标注如图 7-264 所示的引线注释。

（6）重复执行"快速引线"命令，按照当前的引线参数设置，标注其他位置的引线注释，结果如图 7-265 所示。

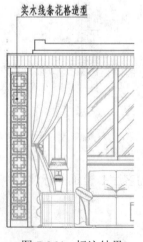

图 7-264 标注结果

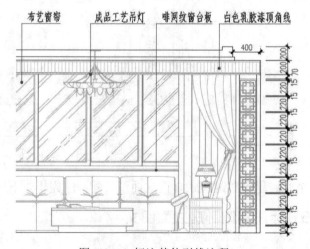

图 7-265 标注其他引线注释

（7）使用"全部缩放"功能调整视图，使立面图全部显示，最终结果如图 7-226 所示。

（8）最后执行"保存"命令，将图形命名存储为"绘制星级宾馆套房客厅立面图.dwg"。

7.8　本 章 小 结

本章在概述星级宾馆装潢理论知识的前提下，通过绘制某星级宾馆墙体结构图、绘制星级宾馆装潢布置图、绘制星级宾馆吊顶装修图、绘制星级宾馆套房卧室和客厅立面图等典型实例，系统地讲述了星级宾馆装修图的绘制思路、表达内容、绘制过程以及相关绘制技巧。

希望读者通过本章的学习，在理解和掌握相关设计理念和设计技巧的前提下，了解和掌握星级宾馆装修方案需要表达的内容、表达思路及具体的设计过程等。

第8章 多功能厅空间装潢设计

所谓多功能厅，指的就是包含多种功能的房间。随着经济、社会的发展，在建筑方面出现较大变化，各个单位建设时，往往将会议厅改成具有多种功能的厅，兼顾报告厅、学术讨论厅、培训教室，以及视频会议厅等。多功能厅经过合理的布置，并按所需增添各种功能，增设相应的设备和采取相应的技术措施，就能够达到多种功能的使用目的，实现现代化的会议、教学、培训和学术讨论。现在许多宾馆、酒店、会议展览中心，及大剧院、图书馆、博览中心，甚至学校都设有多功能厅。本章主要学习多功能厅装修图的表达内容、绘制过程以及绘制技巧。

■ **本章内容**

◇ 多功能厅空间装潢理念
◇ 多功能厅装潢设计思路
◇ 绘制多功能厅墙体结构图
◇ 绘制多功能厅装修布置图
◇ 标注多功能厅装修布置图
◇ 绘制多功能厅吊顶装修图
◇ 本章小结

8.1 多功能厅空间装潢理念

多功能厅具有灵活多变的特点，在空间设计的过程中，必须对空间分割的合理性和科学性进行不断的分析，尽量利用开阔的空间，进行合理布局，使其具有较强的序列、秩序和变化，突出开阔、简洁、大方和朴素的设计理念。

另外，在规划与设计多功能厅内部空间时，需兼顾以下几个系统。

◆ 多媒体显示系统。多媒体显示系统由高亮度、高分辨率的液晶投影机和电动屏幕构成，完成对各种图文信息的大屏幕显示，以让各个位置的人都能够更清楚的观看。

◆ A/V 系统。A/V 系统由算机、摄像机、DVD、VCR、MD 机、实物展台、调音台、话筒、功放、音箱、数字硬盘录像机等 A/V 设备构成。完成对各种图文信息的播放功能，实现多功能厅的现场扩音、播音，配合大屏幕投影系统，提供优良的视听效果。

◆ 会议室环境系统。会议室环境系统由会议室的灯光（包括白炽灯、日光灯）、窗帘等设备构成；完成对整个会议室环境、气氛的改变，以自动适应当前的需要；譬如播放 DVD 时，灯光会自动变暗，窗帘自动关闭。

◆ 智能型多媒体中央控制系统。采用目前业内档次最高、技术最成熟、功能最齐全，用途最广的中央控制系统，实现多媒体电教室各种电子设备的集中控制。

8.2　多功能厅装潢设计思路

在绘制并设计多功能厅方案图时，可以参照如下思路。

第一，首先根据提供的测量数据，绘制出多功能厅的建筑结构平面图。

第二，根据绘制的多功能厅建筑结构图以及需要发挥的多种使用功能，进行建筑空间的规划与布置，科学合理的绘制出多功能厅的平面布置图。

第三，根据绘制的多功能厅平面布置图，在其基础上快速绘制其天花装修图，重点在天花吊顶的表达以及天花灯具定位和布局。

第四，根据实际情况及需要，绘制出多功能厅的墙面装饰投影图，必要时附着文字说明。

8.3　绘制多功能厅墙体结构图

本节主要学习多功能厅墙体结构图的具体绘制过程和绘制技巧。多功能厅墙体结构图的最终绘制效果，如图8-1所示。

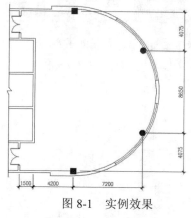

图 8-1　实例效果

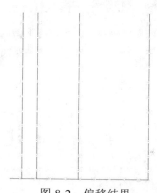

图 8-2　偏移结果

8.3.1　绘制多功能厅定位轴线

（1）单击"快速访问"工具栏→"新建"按钮 🗋，以随书光盘中的"\样板文件\商业装潢样板.dwt"作为基础样板，新建文件。

（2）展开"默认"选项卡→"图层"面板→"图层"下拉列表，选择"轴线层"，将其设置为当前图层。

（3）使用快捷键"LT"激活"线型"命令，在打开的"线型管理器"对话框中设置线型比例为50。

（4）单击状态栏上的 ⬒ 按钮或按下 F8 功能键，打开"正交"功能。

（5）单击"默认"选项卡→"绘图"面板→"直线"按钮 ⟋，绘制两条垂直相交的直线作为基准轴线，其中水平直线长度为14040，垂直直线长度为16800。

（6）单击"默认"选项卡→"修改"面板→"偏移"按钮 ⟠，将垂直基准轴线向左偏移，命令行操作如下。

```
命令：_offset
当前设置：删除源=否  图层=源  OFFSETGAPTYPE=0
```

```
指定偏移距离或 [通过(T)/删除(E)/图层(L)] <通过>:          //7200 Enter
选择要偏移的对象，或 [退出(E)/放弃(U)] <退出>:           //选择垂直基准轴线
指定要偏移的那一侧上的点，或 [退出(E)/多个(M)/放弃(U)] <退出>:
                          //在所选轴线的左侧拾取点
选择要偏移的对象，或 [退出(E)/放弃(U)] <退出>:           // Enter，结束命令
命令:
OFFSET 当前设置: 删除源=否   图层=源   OFFSETGAPTYPE=0
指定偏移距离或 [通过(T)/删除(E)/图层(L)] <7200.0>:      //4200 Enter
选择要偏移的对象，或 [退出(E)/放弃(U)] <退出>:           //选择刚偏移出的垂直轴线
指定要偏移的那一侧上的点，或 [退出(E)/多个(M)/放弃(U)] <退出>:
                          //在所选轴线的左侧拾取点
选择要偏移的对象，或 [退出(E)/放弃(U)] <退出>:           // Enter，结束命令
命令:
OFFSET 当前设置: 删除源=否   图层=源   OFFSETGAPTYPE=0
指定偏移距离或 [通过(T)/删除(E)/图层(L)] <4200.0>:      //1500 Enter
选择要偏移的对象，或 [退出(E)/放弃(U)] <退出>:           //选择刚偏移出的垂直轴线
指定要偏移的那一侧上的点，或 [退出(E)/多个(M)/放弃(U)] <退出>:
                          //在所选轴线的左侧拾取点
选择要偏移的对象，或 [退出(E)/放弃(U)] <退出>://Enter，偏移结果如图 8-2 所示
```

（7）重复执行"偏移"命令，将下侧的水平定位轴线向上侧偏移，结果如图 8-3 所示。

（8）重复执行"偏移"命令，将两侧的水平定位线向下侧偏移，结果如图 8-4 所示。

图 8-3　偏移结果

图 8-4　偏移结果

至此，多功能厅定位轴线图绘制完毕，下一小节将学习定位轴线的快速编辑过程和技巧。

8.3.2　编辑多功能厅定位轴线

（1）继续上节操作。

（2）在无命令执行的前提下，选择上侧第二条水平轴线，使其呈现夹点显示状态。

（3）在上侧的夹点上单击左键，使其变为夹基点（也称热点），此时该点变为红色。

（4）在命令行"** 拉伸 ** 指定拉伸点或 [基点(B)/复制(C)/放弃(U)/退出(X)]:"提示下对其进行夹点拉伸，取消夹点后的拉伸结果如图 8-5 所示。

（5）参照第 2~4 操作步骤，配合端点捕捉和交点捕捉功能，分别对其他轴线进行夹点拉伸，编辑结果如图 8-6 所示。

（6）单击"默认"选项卡→"修改"面板→"修剪"按钮 ⊁，对左侧的垂直轴线进行修剪，结果如图8-7所示。

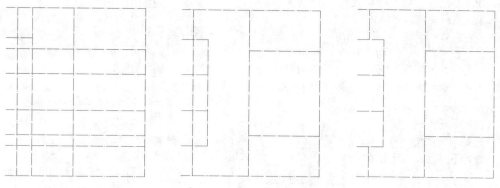

图8-5　取消夹点后的效果　　　　图8-6　编辑其他轴线　　　　　图8-7　修剪结果

（7）单击"默认"选项卡→"修改"面板→"偏移"按钮 ⊆，将两侧的水平轴线分别向内侧偏移 550 和 2350 个单位，如图8-8所示。

（8）单击"默认"选项卡→"修改"面板→"修剪"按钮 ⊁，以刚偏移出的四条辅助轴线作为边界，对左侧的垂直轴线进行修剪，以创建宽度为1800的门洞，修剪结果如图8-9所示。

（9）使用快捷键"E"激活"删除"命令，删除刚偏移出的四条水平辅助线，结果如图8-10所示。

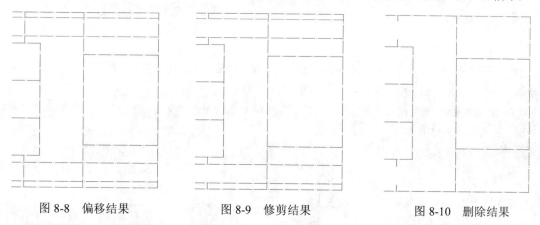

图8-8　偏移结果　　　　　图8-9　修剪结果　　　　　图8-10　删除结果

至此，多功能厅定位轴线编辑完毕，下一小节主要学习多功能厅户型墙线和窗线的绘制过程和技巧。

8.3.3　绘制多功能厅墙体结构图

（1）继续上节操作。

（2）展开"默认"选项卡→"图层"面板→"图层"下拉列表，将"墙线层"设为当前图层。

（3）选择菜单栏"格式"→"多线样式"命令，在打开的"多线样式"对话框中设置"墙线样式"为当前样式。

（4）打开"对象捕捉"功能，并设置捕捉模式为端点捕捉和交点捕捉。

（5）选择菜单栏"绘图"→"多线"命令，配合端点捕捉功能绘制主墙线，命令行操作如下。

```
命令：_mline
当前设置：对正 = 上，比例 = 20.00，样式 = 墙线样式
指定起点或 [对正(J)/比例(S)/样式(ST)]：          //s Enter
输入多线比例 <20.00>：                            //200 Enter
当前设置：对正 = 上，比例 = 180.00，样式 = 墙线样式
指定起点或 [对正(J)/比例(S)/样式(ST)]：          //j Enter
输入对正类型 [上(T)/无(Z)/下(B)] <上>：          //z Enter
当前设置：对正 = 无，比例 = 180.00，样式 = 墙线样式
指定起点或 [对正(J)/比例(S)/样式(ST)]：          //捕捉如图 8-11 所示的端点 1
指定下一点：                                      //捕捉端点 2
指定下一点或 [闭合(C)/放弃(U)]：                  //捕捉端点 3
指定下一点或 [闭合(C)/放弃(U)]：                  //捕捉端点 4
指定下一点或 [闭合(C)/放弃(U)]：                  // Enter，绘制结果如图 8-12 所示
```

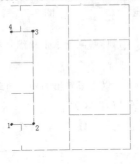

图 8-11　定位点

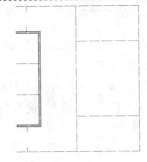

图 8-12　绘制结果

（6）重复执行"多线"命令，配合端点捕捉和交点捕捉功能绘制其他主墙线，然后将上下两侧的两条水平墙线，分别向外侧位移 100 个单位，结果如图 8-13 所示。

（7）使用快捷键"C"激活"圆"命令，以如图 8-14 所示的中点作为圆心，绘制半径为 8600 和 8900 的同心圆，结果如图 8-15 所示。

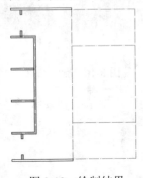

图 8-13　绘制结果

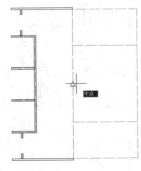

图 8-14　捕捉中点

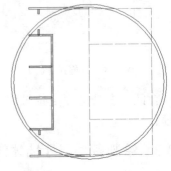

图 8-15　绘制结果

（8）将两侧的两条水平墙线分解，然后单击"默认"选项卡→"修改"面板→"偏移"按钮，将分解后的外侧墙线向外偏移 300，结果如图 8-16 所示。

（9）单击"默认"选项卡→"绘图"面板→"构造线" 绘制如图 8-17 所示的垂直构造线。

（10）然后单击"默认"选项卡→"修改"面板→"修剪"按钮，对图线进行编辑完善，结果如图 8-18 所示。

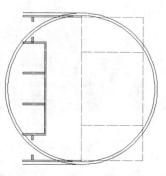

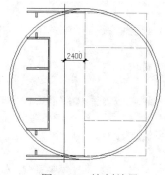

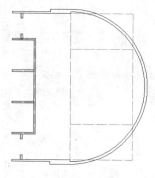

图 8-16　偏移结果　　　　　图 8-17　绘制结果　　　　　图 8-18　编辑结果

（11）展开"默认"选项卡→"图层"面板→"图层"下拉列表，关闭"轴线层"，此时平面图的显示结果如图 8-19 所示。

（12）执行"编辑多线工具"命令，对内侧的墙线进行编辑完善，结果如图 8-20 所示。

（13）单击"默认"选项卡→"绘图"面板→"直线"按钮，配合捕捉或追踪功能绘制如图 8-21 所示的折断线。

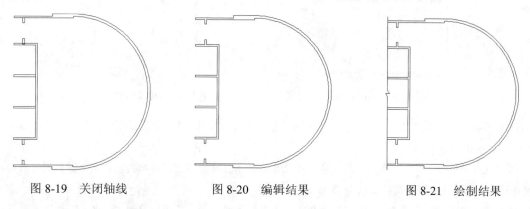

图 8-19　关闭轴线　　　　　图 8-20　编辑结果　　　　　图 8-21　绘制结果

至此，多功能厅墙体图绘制完毕，下一小节将学习门窗柱构件的具体绘制过程和相关技巧。

8.3.4　编辑多功能厅门窗柱构件图

（1）继续上节操作。

（2）展开"默认"选项卡→"图层"面板→"图层"下拉列表，将"门窗层"设置为当前图层，并打开"轴线层"。

（3）单击"默认"选项卡→"绘图"面板→"构造线"配合中点捕捉功能绘制如图 8-22 所示的水平构造线。

（4）夹点显示刚绘制的水平构造线，然后使用夹点编辑功能对其进行旋转并复制，命令行操作如下。

```
命令：
** 拉伸 **
指定拉伸点或 [基点(B)/复制(C)/放弃(U)/退出(X)]：　　//单击右键，选择"旋转"选项
** 旋转 **
指定旋转角度或 [基点(B)/复制(C)/放弃(U)/参照(R)/退出(X)]：　　//C Enter
```

```
** 旋转 (多重) **
指定旋转角度或 [基点(B)/复制(C)/放弃(U)/参照(R)/退出(X)]:     //8.05 Enter
** 旋转 (多重) **
指定旋转角度或 [基点(B)/复制(C)/放弃(U)/参照(R)/退出(X)]:     //-8.05 Enter
** 旋转 (多重) **
指定旋转角度或 [基点(B)/复制(C)/放弃(U)/参照(R)/退出(X)]:     //60 Enter
** 旋转 (多重) **
指定旋转角度或 [基点(B)/复制(C)/放弃(U)/参照(R)/退出(X)]:     //-60 Enter
** 旋转 (多重) **
指定旋转角度或 [基点(B)/复制(C)/放弃(U)/参照(R)/退出(X)]:     // Enter，结束命令
```

（5）执行"删除"命令，删除夹点显示的水平构造线，夹点编辑的结果如图 8-23 所示。

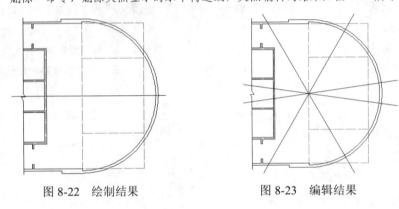

图 8-22　绘制结果　　　　　　　　　　图 8-23　编辑结果

（6）单击"默认"选项卡→"修改"面板→"修剪"按钮 ，以同心圆弧作为边界，对构造线进行修剪，结果如图 8-24 所示。

（7）执行"打断于点"命令，分别以修剪后产生的四条直线的端点作为端点，对同心圆弧进行打断，然后夹点显示打断后的四条圆弧，如图 8-25 所示。

（8）展开"默认"选项卡→"图层"面板→"图层"下拉列表，将圆弧放到"门窗层"上，同时将外侧的圆弧向内侧偏移 150 个单位，结果如图 8-26 所示。

图 8-24　修剪结果　　　　　　图 8-25　夹点效果　　　　　　图 8-26　操作结果

（9）执行"圆"命令，配合端点捕捉或交点捕捉功能，绘制如图 8-27 所示的两个圆，作为柱子外轮廓，其中圆的直径为 600。

（10）执行"正多边形"命令，配合交点捕捉功能绘制内切圆半径为 300 的两个正四边形柱，如图 8-28 所示。

（11）使用快捷键"H"激活"图案填充"命令，为柱子填充实体图案，结果如图 8-29 所示。

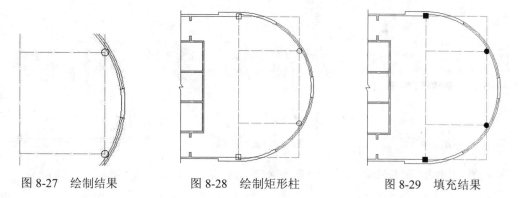

图 8-27 绘制结果 　　图 8-28 绘制矩形柱 　　图 8-29 填充结果

（12）单击"默认"选项卡→"块"面板→"插入"按钮 ，设置块参数如图 8-30 所示，插入随书光盘中的"\图块文件\双开门.dwg"，插入结果如图 8-31 所示。

（13）最后执行"保存"命令，将图形命名存储为"绘制多功能厅墙体结构图.dwg"。

8.4 绘制多功能厅装修布置图

本节主要学习多功能厅空间装潢布置图的绘制方法和具体绘制过程。多功能厅布置图的最终绘制效果如图 8-32 所示。

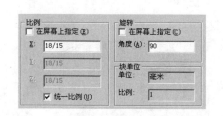
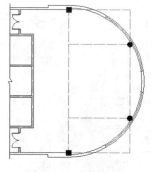
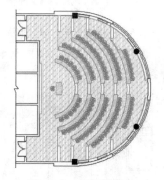

图 8-30 设置参数 　　　图 8-31 镜像结果 　　　图 8-32 实例效果

8.4.1 绘制多功能厅地面铺装图

（1）打开上例存储的"绘制多功能厅墙体结构图.dwg"，或直接从随书光盘中的"\效果文件\第 8 章\"目录下调用此文件。

（2）展开"默认"选项卡→"图层"面板→"图层"下拉列表，将"轮廓线"设置为当前图层，并关闭"轴线层"。

（3）单击"默认"选项卡→"绘图"面板→"构造线" ，根据命令行的提示水平向右引出如图 8-33 所示的水平追踪虚线，输入 2150 后按 Enter 键，绘制如图 8-34 所示的垂直构造线。

（4）单击"默认"选项卡→"绘图"面板→"矩形"按钮 ，配合交点捕捉和坐标输入功能绘制长度为 300、宽度为 1800 的矩形，如图 8-35 所示。

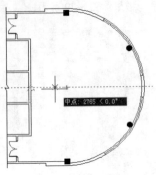
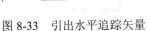

图 8-33　引出水平追踪矢量

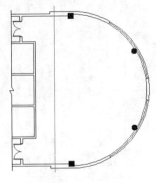

图 8-34　绘制结果

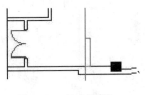

图 8-35　绘制结果

（5）单击"默认"选项卡→"修改"面板→"复制"按钮 对构造线和矩形进行复制，命令行操作如下。

```
命令：_copy
选择对象：                                              //选择构造线和矩形
选择对象：                                              // Enter
当前设置：复制模式 = 多个
指定基点或 [位移(D)/模式(O)] <位移>：                   //拾取任一点
指定第二个点或 [阵列(A)] <使用第一个点作为位移>：       //@1500,0 Enter
指定第二个点或 [阵列(A)/退出(E)/放弃(U)] <退出>：       //@3300,0 Enter
指定第二个点或 [阵列(A)/退出(E)/放弃(U)] <退出>：       //@6100,0 Enter
指定第二个点或 [阵列(A)/退出(E)/放弃(U)] <退出>：       // Enter，结果如图 8-36 所示
```

（6）使用快捷键"M"激活"移动"命令，将最右侧的矩形垂直向上移动 775 个单位，结果如图 8-37 所示。

（7）单击"默认"选项卡→"修改"面板→"镜像"按钮 ，配合中点捕捉功能对四个矩形进行镜像，结果如图 8-38 所示。

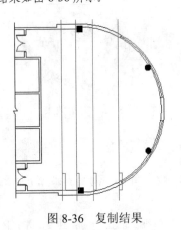

图 8-36　复制结果

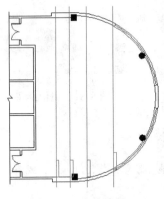

图 8-37　移动结果

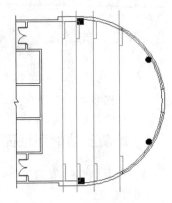

图 8-38　镜像结果

（8）使用快捷键"C"激活"圆"命令，根据命令行的提示水平向右引出如图 8-39 所示的中点追踪虚线，输入 1052.5 并按 Enter 键，定位圆心，绘制半径为 4600 的圆，结果如图 8-40 所示。

（9）单击"默认"选项卡→"修改"面板→"偏移"按钮 ，刚绘制的圆向外侧偏移，间距为 1500，结果如图 8-41 所示。

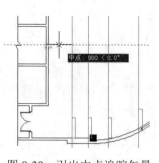

图 8-39 引出中点追踪矢量

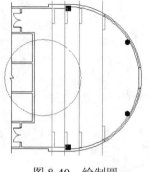

图 8-40 绘制圆

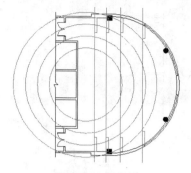

图 8-41 偏移圆

（10）单击"默认"选项卡→"修改"面板→"修剪"按钮 ⁄ᐧᐧ，对图线进行编辑完善，结果如图 8-42 所示。

至此，多功能厅地面铺装图绘制完毕，下一小节将学习栏杆、暖气等室内构件图的具体绘制过程。

8.4.2 绘制栏杆、暖气等室内构件

（1）继续上节操作。

（2）单击"默认"选项卡→"修改"面板→"偏移"按钮 ，选择内侧的一条弧形墙线，向内偏移 300，并将偏移出的圆弧放到"轮廓线"上，结果如图 8-43 所示。

（3）单击"默认"选项卡→"修改"面板→"延伸"按钮 ⁄，以下侧的矩形柱作为边界，对偏移出的圆弧进行延伸，结果如图 8-44 所示。

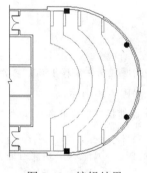

图 8-42 编辑结果

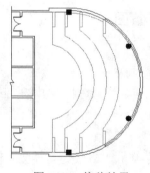

图 8-43 偏移结果

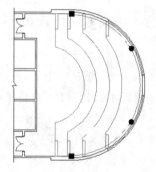

图 8-44 延伸结果

（4）单击"默认"选项卡→"修改"面板→"修剪"按钮 ⁄ᐧᐧ，以偏移出的圆弧作为边界，对地面铺装轮廓进行修整和完善，结果如图 8-45 所示。

（5）单击"默认"选项卡→"修改"面板→"偏移"按钮 ，将偏移出的圆弧向外侧偏移 40 个单位，作为栏杆轮廓线，然后使用画线命令绘制窗子两侧的轮廓线，结果如图 8-46 所示。

（6）单击"默认"选项卡→"修改"面板→"修剪"按钮 ⁄ᐧᐧ，对圆弧进行修剪编辑，结果如图 8-47 所示。

（7）单击"默认"选项卡→"绘图"面板→"矩形"按钮 ，绘制长度为 1200、宽度为 200 的矩形三个矩形作为暖气，如图 8-48 所示。

（8）单击"默认"选项卡→"修改"面板→"镜像"按钮 ，配合中点捕捉功能对三个矩形进行镜像，结果如图 8-49 所示。

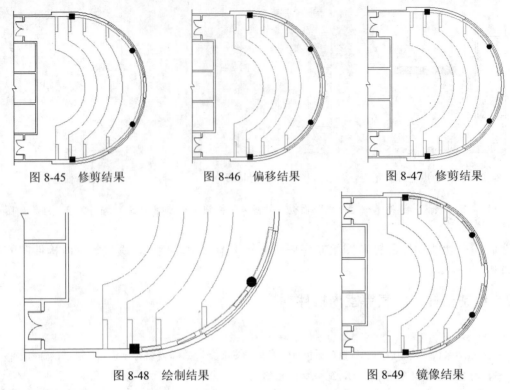

图 8-45 修剪结果　　　　图 8-46 偏移结果　　　　图 8-47 修剪结果

图 8-48 绘制结果　　　　　　　　　图 8-49 镜像结果

　　至此，多功能厅栏杆、暖气等构件图绘制完毕，下一小节将学习多功能厅条形桌布置图的具体绘制过程和技巧。

8.4.3 绘制多功能厅条形桌布置图

　　（1）继续上节操作。

　　（2）单击"默认"选项卡→"修改"面板→"偏移"按钮 ⛃，将左侧的圆弧向左偏移 1500，然后将偏移出的圆弧向右偏移 450，并将偏移出的两条圆弧放到"家具层"上，结果如图 8-50 所示。

　　（3）单击"默认"选项卡→"绘图"面板→"直线"按钮 ╱，配合端点捕捉功能绘制条形桌两侧的倾斜轮廓线，结果如图 8-51 所示。

　　（4）单击"默认"选项卡→"修改"面板→"偏移"按钮 ⛃，将右侧的四条同心圆弧分别向右偏移 450 个单位，并修改圆弧所在层为"家具层"，结果如图 8-52 所示。

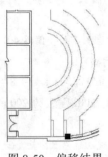

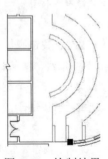

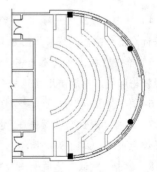

图 8-50 偏移结果　　　　图 8-51 绘制结果　　　　图 8-52 偏移结果

（5）单击"默认"选项卡→"绘图"面板→"直线"按钮 ，配合端点捕捉功能绘制条形桌两侧的倾斜轮廓线，结果如图8-53所示。

（6）单击"默认"选项卡→"修改"面板→"偏移"按钮 ，将最右侧的圆弧向左偏移350个单位，结果如图8-54所示。

（7）使用快捷键"XL"激活"构造线"命令，通过同心圆弧的圆心绘制一条水平的构造线，结果如图8-55所示。

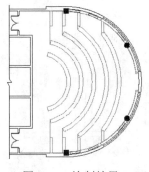

图8-53　绘制结果

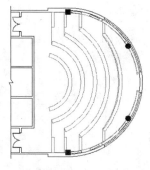

图8-54　偏移结果

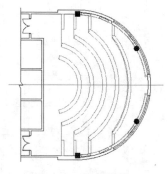

图8-55　绘制结果

（8）单击"默认"选项卡→"修改"面板→"偏移"按钮 ，将水平的构造线对称偏移600个单位，结果如图8-56所示。

（9）夹点显示中间的水平构造线，然后使用夹点旋转并复制功能对其进行旋转复制，旋转角度为29和负29，结果如图8-57所示。

（10）删除中间的水平构造线，然后单击"默认"选项卡→"修改"面板→"修剪"按钮 ，对构造线和圆弧进行修剪编辑，结果如图8-58所示。

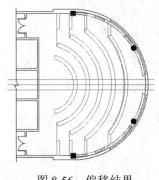

图8-56　偏移结果

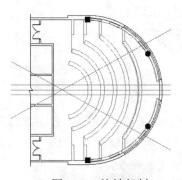

图8-57　旋转复制

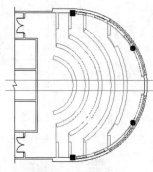

图8-58　修剪结果

（11）单击"默认"选项卡→"修改"面板→"偏移"按钮 ，分别将条形桌的内侧圆弧边向右偏移300个单位，结果如图8-59所示。

（12）重复执行"偏移"命令，将两条水平构造线分别向两侧偏移60个单位，结果如图8-60所示。

（13）单击"默认"选项卡→"修改"面板→"修剪"按钮 ，以刚偏移出的两条水平构造线作为边界，对条形桌的外轮廓边进行修剪，并删除偏移出的两条水平构造线，结果如图8-61所示。

（14）单击"默认"选项卡→"绘图"面板→"直线"按钮 ，配合交点捕捉功能绘制如图8-62所示的倾斜轮廓线。

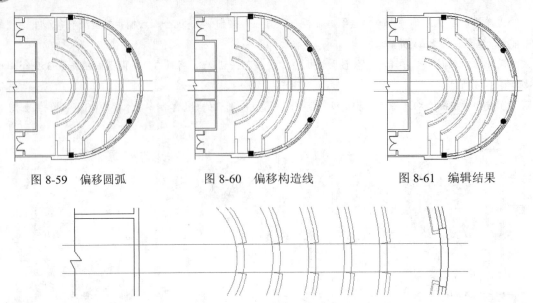

图 8-59　偏移圆弧　　　　图 8-60　偏移构造线　　　　图 8-61　编辑结果

图 8-62　绘制结果

（15）使用快捷键"E"激活"删除"命令，删除两条水平的构造线，结果如图 8-63 所示。

（16）单击"默认"选项卡→"修改"面板→"修剪"按钮 ⁄——，对圆弧进行修剪，结果如图 8-64 所示。

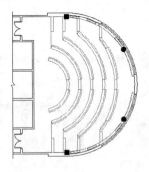

图 8-63　删除结果

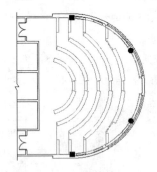

图 8-64　修剪结果

（17）单击"默认"选项卡→"绘图"面板→"图案填充"按钮 ▨ ，设置填充图案与参数如图 8-65 所示，在"填充层"内为条形桌布置图填充如图 8-66 所示的图案。

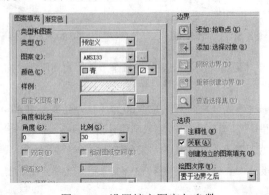

图 8-65　设置填充图案与参数

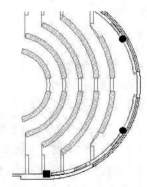

图 8-66　填充结果

至此，多功能厅条形桌布置图绘制完毕，下一小节将学习多功能厅其他构件布置图的具体绘制过程和绘制技巧。

8.4.4 绘制多功能厅平面布置图

（1）继续上节操作。

（2）单击"默认"选项卡→"绘图"面板→"矩形"按钮□，绘制长度为250、宽度为5800的矩形，如图8-67所示。

（3）展开"默认"选项卡→"图层"面板→"图层"下拉列表，将"图块层"设置为当前图层。

（4）单击"默认"选项卡→"块"面板→"插入"按钮，以默认参数插入随书光盘中的"\图块文件\讲桌.dwg"。

（5）在命令行"指定插入点"提示下，水平向右引出如图 8-68 所示的中点追踪虚线，输入 1700 Enter 键，插入结果如图8-69所示。

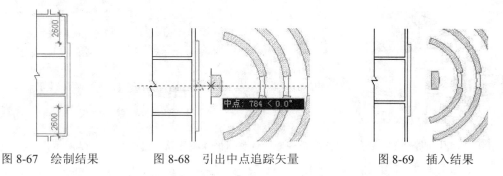

图8-67　绘制结果　　　　图8-68　引出中点追踪矢量　　　　图8-69　插入结果

（6）重复执行"插入块"命令，设置块参数如图8-70所示，插入随书光盘中的"\图块文件\椅子01.dwg"，插入结果如图8-71所示。

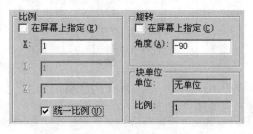

图8-70　设置块参数　　　　　　　图8-71　插入结果

（7）单击"默认"选项卡→"修改"面板→"偏移"按钮，将条形桌外侧轮廓线向右侧偏移 290 个单位，结果如图8-72所示。

（8）使用快捷键"DIV"激活"定数等分"命令，对偏移出的轮廓线进行定数等分，命令行操作如下。

```
命令：div
DIVIDE 选择要定数等分的对象：          //选择如图 8-73 所示的圆弧
输入线段数目或 [块(B)]：              //b Enter
输入要插入的块名：                    //椅子 01 Enter
是否对齐块和对象？[是(Y)/否(N)] <Y>：  // Enter
输入线段数目：                        //7 Enter，等分结果如图 8-74 所示
```

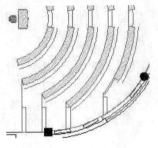

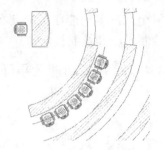

图 8-72　偏移结果　　　　　　图 8-73　选择等分对象　　　　　图 8-74　等分结果

（9）重复执行"定数等分"命令，将图 8-75 所示的圆弧 1 等分 11 份、将圆弧 2 等分 12 份、将圆弧 3 等分 13 份、将圆弧 4 等分 8 份，并在等分点处放置"椅子 01.dwg"内部块，结果如图 8-76 所示。

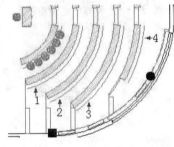

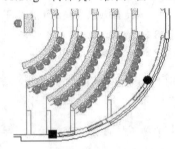

图 8-75　指定等分对象　　　　　　　　　　图 8-76　等分结果

（10）使用快捷键"E"激活"删除"命令删除偏移出的 4 条圆弧，结果如图 8-77 所示。

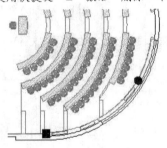

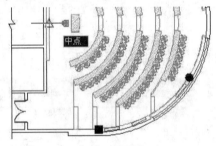

图 8-77　删除结果　　　　　　　　　　　图 8-78　捕捉中点

（11）单击"默认"选项卡→"修改"面板→"镜像"按钮，选择所示有的椅子图块进行镜像，镜像线上的点为如图 8-78 和图 8-79 所示的中点，镜像结果如图 8-80 所示。

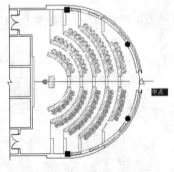

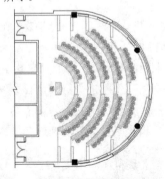

图 8-79　捕捉中点　　　　　　　　　　　图 8-80　镜像结果

（12）展开"默认"选项卡→"图层"面板→"图层"下拉列表，选择"填充层"设置为当前图层。

（13）单击"默认"选项卡→"绘图"面板→"直线"按钮，封闭门洞，结果如图8-81所示。

（14）单击"默认"选项卡→"绘图"面板→"图案填充"按钮，设置填充图案与参数如图8-82所示，为平面图填充如图8-32所示的地板图案。

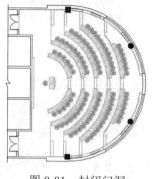

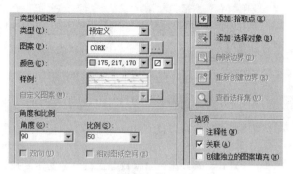

图 8-81　封闭门洞　　　　　　　　　　图 8-82　设置填充图案与参数

（15）最后执行"保存"命令，将图形命名存储为"绘制多功能厅装修布置图.dwg"。

8.5　标注多功能厅装修布置图

本节主要学习多功能厅装修布置图的后期标注过程和标注技巧，具体有尺寸、标高、文字和墙面投影等内容。多功能厅装修布置图的最终标注效果如图8-83所示。

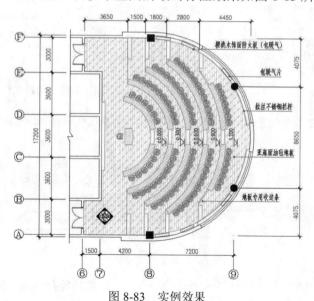

图 8-83　实例效果

8.5.1　标注多功能厅布置图标高

（1）打开上例存储的"绘制多功能厅装修布置图.dwg"，或直接从随书光盘中的"\效果文件\第8章\"目录下调用此文件。

（2）展开"默认"选项卡→"图层"面板→"图层"下拉列表，将"其他层"设置为当前图层。

（3）单击"默认"选项卡→"块"面板→"插入"按钮，设置块参数如图 8-84 所示，以默认属性值插入随书光盘中的"\图块文件\标高符号 02.dwg"，插入结果如图 8-85 所示。

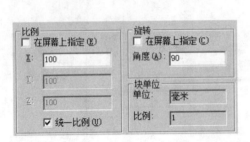

图 8-84　设置块参数

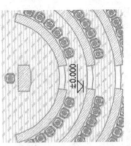

图 8-85　插入结果

（4）单击"默认"选项卡→"修改"面板→"复制"按钮，将标高符号分别复制到其他位置上，结果如图 8-86 所示。

（5）在复制出如标高符号上双击左键，打开"增强属性编辑器"对话框，修改标高属性值如图 8-87 所示。

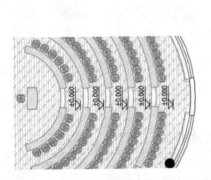

图 8-86　复制结果

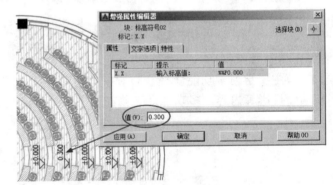

图 8-87　修改属性值

（6）接下来分别修改其他位置的标高属性块，修改标高的属性值，结果如图 8-88 所示。

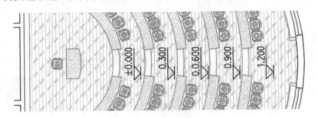

图 8-88　修改其他标高值

至此，多功能厅布置图标高标注完毕，下一小节为多功能厅布置图标注文字注释的快速标注过程。

8.5.2　标注多功能厅布置图文字

（1）继续上节操作。

（2）展开"默认"选项卡→"图层"面板→"图层"下拉列表，将"文本层"设置为当前图层。

（3）使用快捷键"D"激活"标注样式"命令，将"引线标注"设置为当前标注样式，同时修改标注比例为150。

（4）使用快捷键"LE"激活"快速引线"命令，在命令行"指定第一个引线点或 [设置(S)] <设置>："提示下，输入"S"打开"引线设置"对话框，分别设置引线参数如图8-89和图8-90所示。

图8-89　设置符号和箭头

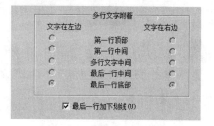

图8-90　设置文字附着位置

（5）返回绘图区根据命令行 的提示分别在绘图区指定引线点，然后标注如图8-91所示的引线注释。

（6）重复执行"快速引线"命令，按照上述的参数设置，分别标注其他位置的引线文本，标注结果如图8-92所示。

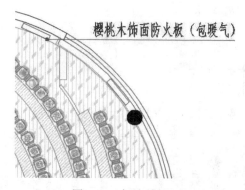

图8-91　标注结果

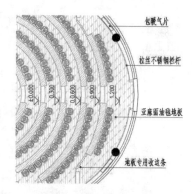

图8-92　标注其他引线文本

至此，多功能厅布置图引线注释标注完毕，下一小节将学习多功能厅布置图尺寸的快速标注过程。

8.5.3　标注多功能厅布置图尺寸

（1）继续上节操作。

（2）展开"默认"选项卡→"图层"面板→"图层"下拉列表，半闭"文本层"和其他层"，并将"尺寸层"设置为当前图层，并打开"轴线层"。

（3）单击"默认"选项卡→"注释"面板→"标注样式"按钮，修改"建筑标注"样式的标注比例为100，同时将此样式设置当前尺寸样式。

（4）单击"默认"选项卡→"注释"面板→"线性"按钮，在"指定第一条尺寸界线原点或 <选择对象>："提示下，配合捕捉与追踪功能捕捉如图8-93所示的虚线交点作为第一条延界线的起点。

（5）在"指定第二条尺寸界线原点:"提示下，捕捉如图8-94所示的追踪虚线的交点。

（6）在"指定尺寸线位置或 [多行文字(M)/文字(T)/角度(A)/水平(H)/垂直(V)/旋转(R)]:"提示下，在适当位置指定尺寸线位置，标注结果如图8-95所示。

图 8-93 定位第一原点

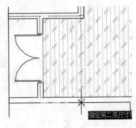

图 8-94 定位第二原点

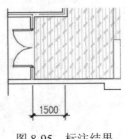

图 8-95 标注结果

（7）单击"注释"选项卡→"标注"面板→"连续"按钮 ，标注结果如图 8-96 所示的连续尺寸作为细部尺寸。

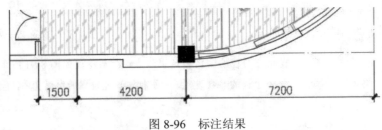

图 8-96 标注结果

（8）参照上述操作，重复使用"线性"和"连续"命令，标注其他两侧位置的尺寸，结果如图 8-97 所示。

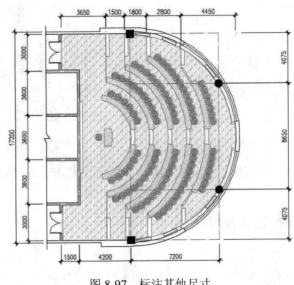

图 8-97 标注其他尺寸

至此，多功能厅布置图引线注释标注完毕，下一小节将学习多功能厅布置图轴号和投影符号的快速标注过程。

8.5.4 标注多功能厅布置图符号

（1）继续上节操作。

（2）展开"默认"选项卡→"图层"面板→"图层"下拉列表，打开"其他层"，并将"其他层"设为当前层。

（3）在无命令执行的前提下夹点显示如图 8-98 所示的尺寸，然后打开"特性"窗口，修改其尺寸界线的特性，如图 8-99 所示。

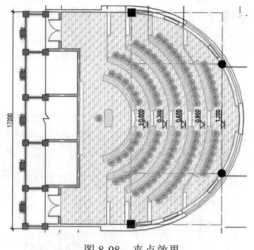

图 8-98　夹点效果

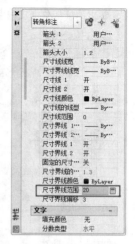

图 8-99　特性编辑

（4）关闭"特性"窗口，并取消尺寸的夹点显示，结果如图 8-100 所示。

（5）参照 3、4 操作步骤，修改下侧尺寸的尺寸界线范围为 10，修改后的结果如图 8-101 所示。

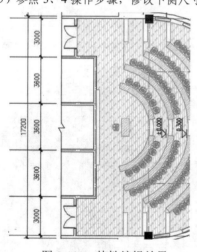

图 8-100　特性编辑效果

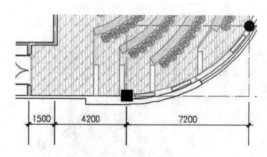

图 8-101　修改结果

（6）关闭"轴线层"，然后单击"默认"选项卡→"块"面板→"插入"按钮 ，设置块参数如图 8-102 所示，插入随书光盘中的"\图块文件\轴标号.dwg"，插入结果如图 8-103 所示。

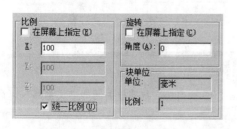

图 8-102　设置块参数

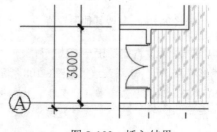

图 8-103　插入结果

（7）单击"默认"选项卡→"修改"面板→"复制"按钮，将刚插入的轴标号分别复制到其他位置上，结果如图 8-104 所示。

（8）在复制出的轴标号上双击左键，打开"增强属性编辑器"对话框，然后修改属性值，如图 8-105 所示。

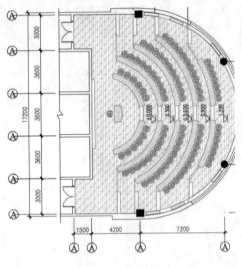

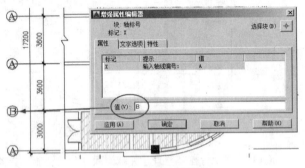

图 8-104　复制结果　　　　　　　　　　　　　　图 8-105　修改属性值

（9）参照上一操作步骤，分别修改其他位置的轴标号属性值，结果如图 8-106 所示。

（10）单击"默认"选项卡→"修改"面板→"移动"按钮，配合交点捕捉和象限点捕捉功能，将轴标号进行外移，结果如图 8-107 所示。

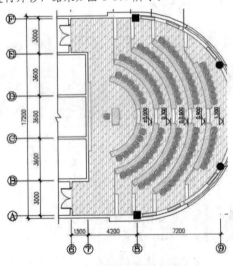

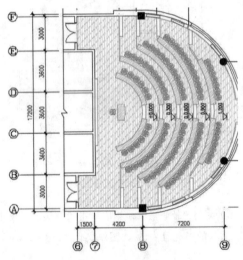

图 8-106　修改其他属性值　　　　　　　　　　　图 8-107　移动结果

（11）单击"默认"选项卡→"块"面板→"插入"按钮，以默认参数插入随书光盘中的"\图块文件\四面投影符号.dwg"，插入结果如图 8-108 所示。

（12）展开"默认"选项卡→"图层"面板→"图层"下拉列表，打开被关闭的"文本层"，最终结果如图 8-83 所示。

（13）最后执行"另存为"命令，将图形另名存储为"标注多功能厅装修布置图.dwg"。

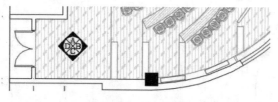

图 8-108　插入结果

8.6　绘制多功能厅吊顶装修图

本例主要学习多功能厅吊顶装修图的绘制方法和绘制过程。多功能厅吊顶图的最终绘制效果如图 8-109 所示。

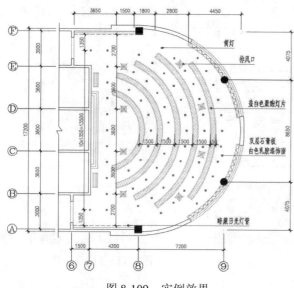

图 8-109　实例效果

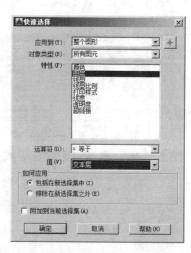

图 8-110　设置过滤参数

8.6.1　绘制多功能厅吊顶墙体图

（1）打开上例存储的"标注多功能厅装修布置图.dwg"，或直接从随书光盘中的"\效果文件\第 8 章\"目录下调用此文件。

（2）单击"默认"选项卡→"实用工具"面板→"快速选择"按钮，设置过滤参数如图 8-110 所示，选择"文本层"上的所有对象，然后按 Delete 键删除。

（3）展开"默认"选项卡→"图层"面板→"图层"下拉列表，冻结"尺寸层、其他层、填充层、图块层、家具层和轮廓线"，并设置"吊顶层"为当前图层，此时平面图的显示结果如图 8-111 所示。

（4）使用快捷键"E"激活"删除"命令，删除双开门构件，然后使用"直线"命令封闭门洞，结果如图 8-112 所示。

（5）在无命令执行的前提下夹点显示窗子构件，然后展开"图层控制"列表，更改其图层为"吊顶层"。

（6）单击"默认"选项卡→"修改"面板→"偏移"按钮，将图 8-112 所示的轮廓线 1 和 2 分别向内侧偏移 150 和 300，作为吸音板和灯带，并将偏移出的图线放在"吊顶层"上，结果如图 8-113 所示。

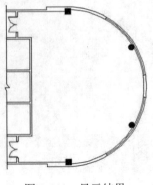

图 8-111　显示结果

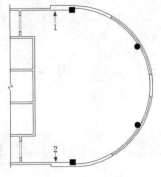

图 8-112　操作结果

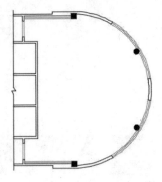

图 8-113　绘制结果

（7）使用快捷键"LT"激活"线型"命令，加载如图 8-114 所示的两种线型，并设置线型比例为 25。

（8）在无命令执行的前提下夹点显示两条灯带轮廓线，然后按下 Ctrl+1 组合键，执行"特性"命令，在打开的"特性"窗口中修改灯带的线型及颜色，如图 8-115 所示。

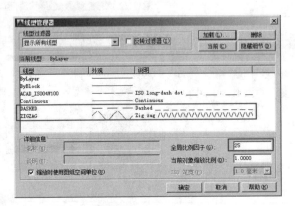

图 8-114　加载线型

图 8-115　修改特性

（9）关闭"特性"窗口，并按 Esc 键取消对象的夹点显示，观看操作后的效果，如图 8-116 所示。

至此，多功能厅墙体结构图绘制完毕，接下来学习多功能厅吊顶及吊顶构件的具体绘制过程。

8.6.2　绘制多功能厅吊顶及构件图

（1）继续上节操作。

（2）展开"默认"选项卡→"图层"面板→"图层"下拉列表，打开被冻结的"轮廓线"和"家具层"，此时平面图的显示结果如图 8-117 所示。

（3）使用快捷键"E"激活"删除"命令，删除不需要的图线，结果如图 8-118 所示。

（4）单击"默认"选项卡→"修改"面板→"偏移"按钮，将图 8-118 所示的矩形向外侧偏移 200 和 350，并将三个矩形放到"吊顶层"上，结果如图 8-119 所示。

（5）单击"默认"选项卡→"修改"面板→"修剪"按钮，以矩形进行修剪，结果如图 8-120 所示。

（6）单击"默认"选项卡→"修改"面板→"合并"按钮，分别将各组中的两条圆弧合并为一条圆弧，结果如图 8-121 所示。

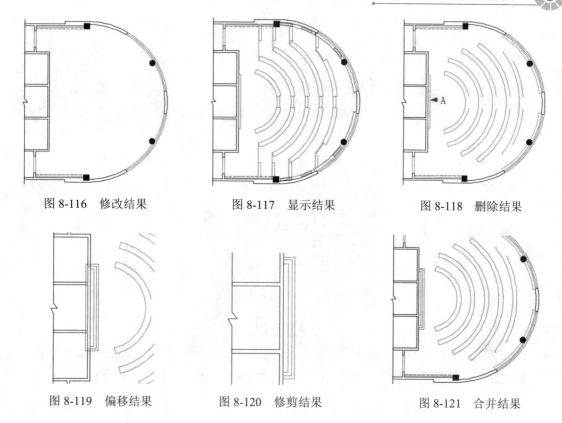

图 8-116　修改结果　　　　　　图 8-117　显示结果　　　　　　图 8-118　删除结果

图 8-119　偏移结果　　　　　　图 8-120　修剪结果　　　　　　图 8-121　合并结果

（7）单击"默认"选项卡→"修改"面板→"圆角"按钮◻，将圆角半径设置为 0，对右侧的圆弧和倾斜线段进行编辑，结果如图 8-122 所示。

（8）使用快捷键"PE"激活"编辑多段线"命令，窗口选择如图 8-123 所示的轮廓进行编辑，命令行操作如下。

```
命令: PE
PEDIT 选择多段线或 [多条(M)]:              //m Enter
选择对象:                                 //窗口选择如图 8-123 所示的轮廓线
选择对象:                                 // Enter
是否将直线、圆弧和样条曲线转换为多段线? [是(Y)/否(N)]? <Y>        // Enter
输入选项 [闭合(C)/打开(O)/合并(J)/宽度(W)/拟合(F)/样条曲线(S)/非曲线化(D)/线型
生成(L)/反转(R)/放弃(U)]:                 //J Enter
合并类型 = 延伸
输入模糊距离或 [合并类型(J)] <0.0>:       // Enter
16 条多段线已增加 5 条线段
输入选项 [闭合(C)/打开(O)/合并(J)/宽度(W)/拟合(F)/样条曲线(S)/非曲线化(D)/线型
生成(L)/反转(R)/放弃(U)]:                 // Enter，编辑后的图线夹点效果如图 8-124 所示
```

（9）单击"默认"选项卡→"修改"面板→"偏移"按钮◻，将编辑后的 5 条多段线分别向内偏移 50，结果如图 8-125 所示。

（10）单击"默认"选项卡→"绘图"面板→"图案填充"按钮◻，设置填充图案与参数如图 8-126 所示，为偏移出的 5 条闭合多段线填充如图 8-127 所示的图案。

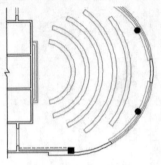

图 8-122 圆角结果

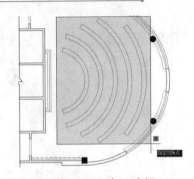

图 8-123 窗口选择

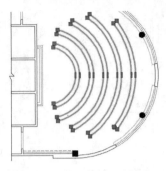

图 8-124 编辑后的夹点效果

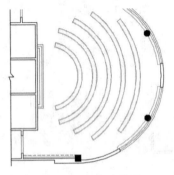

图 8-125 偏移结果

图 8-126 设置填充图案与参数

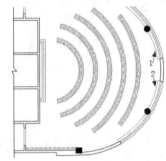

图 8-127 填充结果

（11）将图 8-127 所示的图线 1 和 2 向放在"吊顶层"上，然后单击"默认"选项卡→"修改"面板→"偏移"按钮 ，将两条图线右侧偏移 130，作为窗帘，结果如图 8-128 所示。

（12）夹点显示偏移出的两条窗帘轮廓线，然后按下 Ctrl+1 组合键，在打开的"特性"窗口中修改灯带的线型及颜色，如图 8-129 所示。

（13）关闭"特性"窗口，并按 Esc 键取消对象的夹点显示，观看操作后的效果，如图 8-130 所示。

图 8-128 偏移结果

图 8-129 修改特性

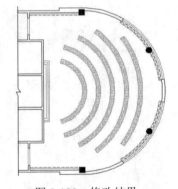

图 8-130 修改结果

至些，多功能厅吊顶及吊顶构件图绘制完毕，接下来学习多功能厅灯具布置图的绘制过程。

8.6.3 绘制多功能厅灯具布置图

（1）继续上节操作。

（2）单击"默认"选项卡→"实用工具"面板→"点样式"按钮 ，在打开的"点样式"对话框中设

置点的样式为 "⬡"，点的大小为 120 个单位。

（3）使用快捷键 "col" 激活 "颜色" 命令，将当前颜色设置为 240 号色。

（4）单击 "默认" 选项卡→ "修改" 面板→ "偏移" 按钮，将夹点显示的外侧 5 条多段线分解，如图 8-131 所示。

（5）单击 "默认" 选项卡→ "修改" 面板→ "偏移" 按钮，将分解后的右侧圆弧分别向右偏移 525 个单位，结果如图 8-132 所示。

（6）单击 "默认" 选项卡→ "绘图" 面板→ "定数等分" 按钮，将辅助线 1 等分 8 份，将辅助线 2 等分 11 份，将辅助线 3 和 4 等分 12 份，将辅助线 5 等分 10 份，结果如图 8-133 所示。

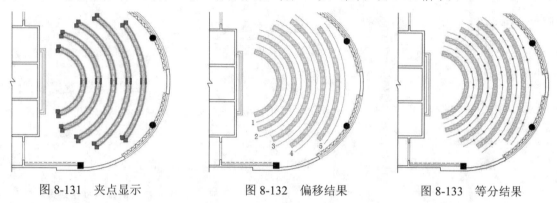

图 8-131　夹点显示　　　　　　图 8-132　偏移结果　　　　　　图 8-133　等分结果

（7）单击 "默认" 选项卡→ "绘图" 面板→ "多点" 按钮，分别在辅助线的两端绘制点作为筒灯，结果如图 8-134 所示。

（8）单击 "默认" 选项卡→ "绘图" 面板→ "直线" 按钮，绘制如图 8-135 所示的垂直辅助线。

（9）单击 "默认" 选项卡→ "绘图" 面板→ "定数等分" 按钮，将垂直辅助线等分 12 份，结果如图 8-136 所示。

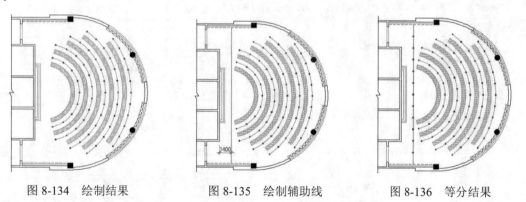

图 8-134　绘制结果　　　　　　图 8-135　绘制辅助线　　　　　　图 8-136　等分结果

（10）单击 "默认" 选项卡→ "修改" 面板→ "复制" 按钮，将两侧的等分点水平向左复制 1450 个单位，结果如图 8-137 所示。

（11）使用快捷键 "E" 激活 "删除" 命令，删除各位置的灯具定位辅助线和多余灯具，结果如图 8-138 所示。

至次，多功能厅吊顶灯具布置图绘制完毕，接下来将学习多功能厅吊顶排风口布置图的绘制过程。

8.6.4 绘制多功能厅排风口布置图

（1）继续上节操作。

（2）单击"默认"选项卡→"块"面板→"插入"按钮⟊，以默认参数插入随书光盘中的"\图块文件\排风口 01.dwg"。

（3）返回绘图区在命令行"指定插入点或 [基点(B)/比例(S)/旋转(R)]:"提示下激活"捕捉自"功能，捕捉如图 8-138 所示的端点 A 作为偏移基点，输入插入点坐标"@-1000,2700"，插入结果如图 8-139 所示。

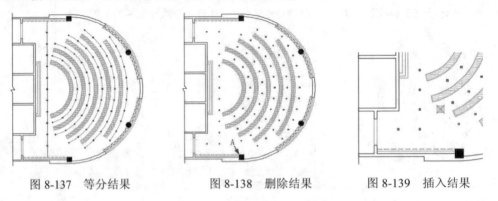

图 8-137　等分结果　　　　图 8-138　删除结果　　　　图 8-139　插入结果

（4）单击"默认"选项卡→"修改"面板→"矩形阵列"按钮▦，将刚插入的排风口图块进行阵列，命令行操作如下。

```
命令: _arrayrect
选择对象:                                      //选择刚插入的排风口图块
选择对象:                                      // Enter
类型 = 矩形   关联 = 是
选择夹点以编辑阵列或 [关联(AS)/基点(B)/计数(COU)/间距(S)/列数(COL)/行数(R)/层数
(L)/退出(X)] <退出>:                           //COU Enter
输入列数数或 [表达式(E)] <4>:                   //1 Enter
输入行数数或 [表达式(E)] <3>:                   //4 Enter
选择夹点以编辑阵列或 [关联(AS)/基点(B)/计数(COU)/间距(S)/列数(COL)/行数(R)/层数
(L)/退出(X)] <退出>:                           //s Enter
指定列之间的距离或 [单位单元(U)] <0>:           //1 Enter
指定行之间的距离 <1>:                          //3600 Enter
选择夹点以编辑阵列或 [关联(AS)/基点(B)/计数(COU)/间距(S)/列数(COL)/行数(R)/层数
(L)/退出(X)] <退出>:                           //AS Enter
创建关联阵列 [是(Y)/否(N)] <否>:               //N Enter
选择夹点以编辑阵列或 [关联(AS)/基点(B)/计数(COU)/间距(S)/列数(COL)/行数(R)/层数
(L)/退出(X)] <退出>:                           // Enter，阵列结果如图 8-140 所示
```

（5）单击"默认"选项卡→"块"面板→"插入"按钮⟊，以默认参数再次插入排风口图块，插入点为如图 8-141 所示的节点，插入结果如图 8-142 所示。

（6）单击"默认"选项卡→"修改"面板→"旋转"按钮○，选择刚插入的排风口旋转负 40.98 度，基点为如图 8-143 所示的圆心，旋转结果如图 8-144 所示。

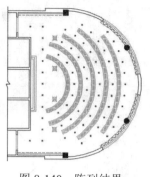
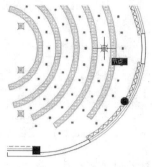
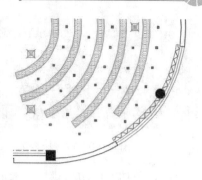

图 8-140　阵列结果　　　　　图 8-141　捕捉节点　　　　　图 8-142　插入结果

（7）单击"默认"选项卡→"修改"面板→"环形阵列"按钮，选择旋转后的排风口图块，环形阵列 4 份，命令行操作如下。

```
命令：_arraypolar
选择对象：                          //选择旋转后的排风口图块
选择对象：                          // Enter
类型 = 极轴  关联 = 否
指定阵列的中心点或 [基点(B)/旋转轴(A)]：  //再次捕捉如图 8-143 所示的圆心
选择夹点以编辑阵列或 [关联(AS)/基点(B)/项目(I)/项目间角度(A)/填充角度(F)/行
(ROW)/层(L)/旋转项目(ROT)/退出(X)] <退出>：  // I Enter
输入阵列中的项目数或 [表达式(E)] <6>：  //4 Enter
选择夹点以编辑阵列或 [关联(AS)/基点(B)/项目(I)/项目间角度(A)/填充角度(F)/行
(ROW)/层(L)/旋转项目(ROT)/退出(X)] <退出>：  //A Enter
指定项目间的角度或 [表达式(EX)] <90>：  //27.32 Enter
选择夹点以编辑阵列或 [关联(AS)/基点(B)/项目(I)/项目间角度(A)/填充角度(F)/行
(ROW)/层(L)/旋转项目(ROT)/退出(X)] <退出>：  // Enter，阵列结果如图 8-145 所示
```

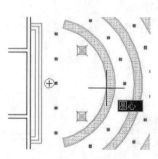
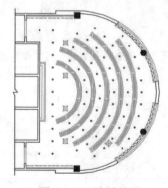
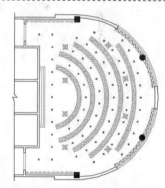

图 8-143　捕捉圆心　　　　　图 8-144　旋转结果　　　　　图 8-145　阵列结果

（8）单击"默认"选项卡→"块"面板→"插入"按钮，参数插入随书光盘中的"\图块文件\百叶风口.dwg"，参数设置如图 8-146 所示。

（9）在命令行"指定插入点或 [基点(B)/比例(S)/旋转(R)]："提示下激活"捕捉自"功能，捕捉如图 8-147 所示的端点作为偏移基点，输入插入点坐标"@200,-650"，插入结果如图 8-148 所示。

（10）单击"默认"选项卡→"修改"面板→"镜像"按钮，配合中点捕捉功能镜像刚插入的百叶风口，结果如图 8-149 所示。

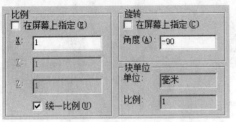

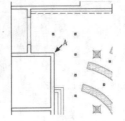

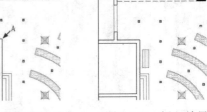

图 8-146　设置块参数　　　　图 8-147　定位偏移基点　　　图 8-148　插入结果

至此，多功能厅吊顶排风口布置图绘制完毕，接下来将为多功能厅吊顶图标注文字注释。

8.6.5　标注多功能厅吊顶图文字注释

（1）继续上节操作。

（2）展开"默认"选项卡→"图层"面板→"图层"下拉列表，选择"文本层"设置为当前图层。

（3）按 F3 功能键，暂时关闭"对象捕捉"功能。

（4）使用快捷键"D"激活"标注样式"命令，将"引线标注"设置为当前标注样式，同时修改标注比例为 150。

（5）使用快捷键"LE"激活"快速引线"命令，在命令行"指定第一个引线点或 [设置(S)] <设置>："提示下，输入"S"打开"引线设置"对话框，分别设置引线参数如图 8-89 和图 8-90 所示。

（6）返回绘图区根据命令行 的提示分别在绘图区指定引线点，然后标注如图 8-150 所示的引线注释。

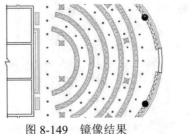

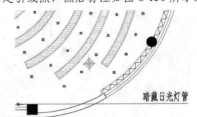

图 8-149　镜像结果　　　　　　　　　　图 8-150　标注结果

（7）重复执行"快速引线"命令，按照上述的参数设置，分别标注其他位置的引线文本，标注结果如图 8-151 所示。

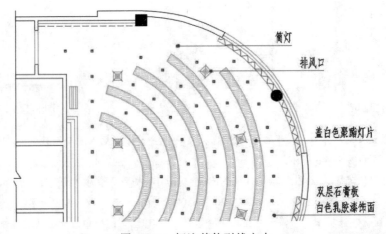

图 8-151　标注其他引线文本

至此，多功能厅吊顶图文字注释标注完毕，下一小节将学习多功能厅吊顶图尺寸的快速标注过程。

8.6.6　标注多功能厅吊顶图尺寸

（1）继续上节操作。

（2）使用快捷键"D"激活"标注样式"命令，将"建筑标注"设置为当前标注样式并修改标注比例为100。

（3）展开"默认"选项卡→"图层"面板→"图层"下拉列表，打开被关闭的"尺寸层"，并将该图层设为当前层，将当前颜色设置为随层。

（4）单击"默认"选项卡→"注释"面板→"线性"按钮╠┤，标注如图8-152所示的定位尺寸。

（5）单击"注释"选项卡→"标注"面板→"连续"按钮╟╢，标注如图8-153所示的长度尺寸。

（6）使用快捷键"ED"激活"编辑文字"命令，修改尺寸标注文字，如图8-154所示。

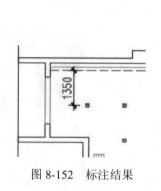

图 8-152　标注结果

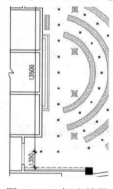

图 8-153　标注结果

（7）接下来综合使用"线性"和"连续"标注命令，分别标注吊顶图其他位置的尺寸，结果如图8-155所示。

（8）展开"默认"选项卡→"图层"面板→"图层"下拉列表，打开"其他 层"，同时删除标高及投影符号，最终结果如图8-109所示。

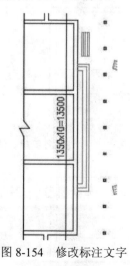

图 8-154　修改标注文字

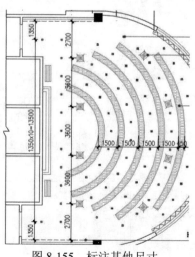

图 8-155　标注其他尺寸

（9）最后执行"另存为"命令，将图形另名存储为"绘制多功能厅吊顶图尺寸.dwg"。

8.7　绘制多功能厅装修立面图

本节主要学习多功能厅装修立面图的具体绘制过程和绘制技巧。多功能厅立面图的最终绘制效果如图 8-156 所示。

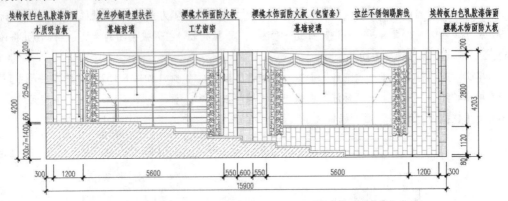

图 8-156　实例效果

8.7.1　绘制多功能厅墙面轮廓图

（1）单击"快速访问"工具栏→"新建"按钮 ，调用随书光盘"\样板文件\室内绘图样板.dwt"。

（2）展开"默认"选项卡→"图层"面板→"图层"下拉列表，设置"轮廓线"为当前操作层。

（3）单击"默认"选项卡→"绘图"面板→"矩形"按钮 ，绘制长度为 15900、宽度为 4200 的立面外轮廓线。

（4）单击"默认"选项卡→"修改"面板→"分解"按钮 ，将绘制的矩形分解为四条独立的线段。

（5）单击"默认"选项卡→"修改"面板→"偏移"按钮 ，将矩形两侧的垂直边向内侧偏移 300、1500、7100 和 7650，将上侧的水平边向下偏移 200 和 3000，结果如图 8-157 所示。

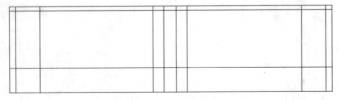

图 8-157　偏移垂直边

（6）单击"默认"选项卡→"修改"面板→"修剪"按钮 ，对偏移出的图线进行编辑，结果如图 8-158 所示。

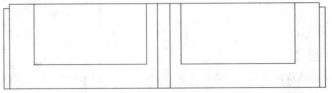

图 8-158　修剪结果

（7）单击"默认"选项卡→"修改"面板→"偏移"按钮 ⚏，将下侧的水平轮廓线向上偏移 80 个单位作为踢脚线。

8.7.2 绘制多功能厅地台截面图

（1）继续上节操作。

（2）展开"默认"选项卡→"图层"面板→"图层"下拉列表，选择"家具层"设置为当前图层。

（3）单击"默认"选项卡→"修改"面板→"偏移"按钮 ⚏，将最下侧的水平轮廓线向上偏移 1400 个单位作为辅助线。

（4）单击"默认"选项卡→"绘图"面板→"多段线"按钮 ⟲，配合坐标输入功能绘制阶梯台阶轮廓线，命令行操作如下。

```
命令: _pline
指定起点:                                           //捕捉刚偏移出的辅助线的左端点
指定下一个点或 [圆弧(A)/半宽(H)/长度(L)/放弃(U)/宽度(W)]:            //@3745,0 Enter
指定下一点或 [圆弧(A)/闭合(C)/半宽(H)/长度(L)/放弃(U)/宽度(W)]:        //@0,-200 Enter
指定下一点或 [圆弧(A)/闭合(C)/半宽(H)/长度(L)/放弃(U)/宽度(W)]:        //@1350,0 Enter
指定下一点或 [圆弧(A)/闭合(C)/半宽(H)/长度(L)/放弃(U)/宽度(W)]:        //@0,-200 Enter
指定下一点或 [圆弧(A)/闭合(C)/半宽(H)/长度(L)/放弃(U)/宽度(W)]:        //@1350,0 Enter
指定下一点或 [圆弧(A)/闭合(C)/半宽(H)/长度(L)/放弃(U)/宽度(W)]:        //@0,-200 Enter
指定下一点或 [圆弧(A)/闭合(C)/半宽(H)/长度(L)/放弃(U)/宽度(W)]:        //@1350,0 Enter
指定下一点或 [圆弧(A)/闭合(C)/半宽(H)/长度(L)/放弃(U)/宽度(W)]:        //@0,-200 Enter
指定下一点或 [圆弧(A)/闭合(C)/半宽(H)/长度(L)/放弃(U)/宽度(W)]:        //@1350,0 Enter
指定下一点或 [圆弧(A)/闭合(C)/半宽(H)/长度(L)/放弃(U)/宽度(W)]:        //@0,-200 Enter
指定下一点或 [圆弧(A)/闭合(C)/半宽(H)/长度(L)/放弃(U)/宽度(W)]:        //@1350,0 Enter
指定下一点或 [圆弧(A)/闭合(C)/半宽(H)/长度(L)/放弃(U)/宽度(W)]:        //@0,-200 Enter
指定下一点或 [圆弧(A)/闭合(C)/半宽(H)/长度(L)/放弃(U)/宽度(W)]:        //@1350,0 Enter
指定下一点或 [圆弧(A)/闭合(C)/半宽(H)/长度(L)/放弃(U)/宽度(W)]:        //@0,-200 Enter
指定下一点或 [圆弧(A)/闭合(C)/半宽(H)/长度(L)/放弃(U)/宽度(W)]:
                                       // Enter，绘制结果如图 8-159 所示
```

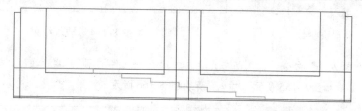

图 8-159 绘制结果

（5）单击"默认"选项卡→"修改"面板→"偏移"按钮 ⚏，将绘制的多段线向上偏移 60 个单位。

（6）综合使用"删除"和"修剪"命令，对图形进行修剪编辑，结果如图 8-160 所示。

（7）使用快捷键"H"激活"图案填充"命令，在命令行"拾取内部点或 [选择对象(S)/设置(T)]:"提示下，激活"设置"选项，打开"图案填充和渐变色"对话框。

（8）在"图案填充和渐变色"对话框中选择图案并设置填充比例、角度、关联特性等，如图 8-161 所示。

（9）单击"添加: 拾取点"按钮 ⊞，返回绘图区为台阶截面区域进行填充，结果如图 8-162 所示。

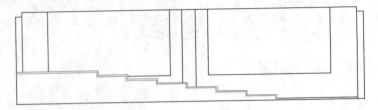

图 8-160 编辑结果

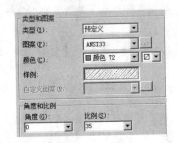

图 8-161 设置填充图案与参数

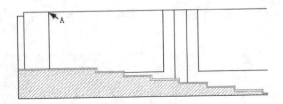

图 8-162 填充结果

8.7.3 绘制多功能厅墙面构件图

（1）继续上节操作。

（2）使用快捷键"I"激活"插入块"命令，插入随书光盘中的"\图块文件\立面窗 03.dwg"，块参数设置如图 8-163 所示。

（3）返回绘图区在"指定插入点或 [基点(B)/比例(S)/X/Y/Z/旋转(R)]:"提示下捕捉图 8-162 所示的端点作为插入点，插入结果如图 8-164 所示。

图 8-163 设置块参数

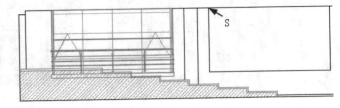

图 8-164 插入结果

（3）重复执行"插入块"命令，插入随书光盘中的"\图块文件\立面窗 04.dwg"，插入点为图 8-164 所示的端点 S，设置块参数如图 8-165 所示，插入结果如图 8-166 所示。

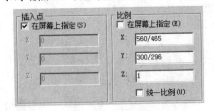

图 8-165 设置块参数

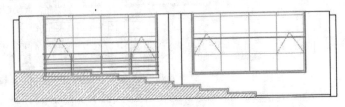

图 8-166 插入结果

（4）重复执行"插入块"命令，插入随书光盘中的"\图块文件\工艺窗帘.dwg"，插入点为图 8-164 所示的端点 S，设置块参数如图 8-167 所示，插入结果如图 8-168 所示。

图 8-167 设置块参数

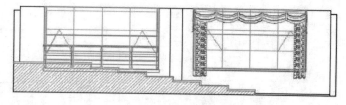

图 8-168 插入结果

（6）单击"默认"选项卡→"修改"面板→"镜像"按钮 ⚫，配合中点捕捉功能将刚插入的窗帘图块进行镜像，结果如图 8-169 所示。

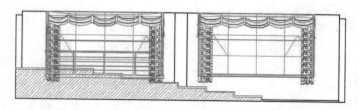

图 8-169 镜像结果

（7）单击"默认"选项卡→"修改"面板→"分解"按钮 ⚫，选择刚插入的立面窗和窗帘进行分解。

（8）接下来综合使用"修剪"和"删除"命令，对立在图进行编辑修整，去掉被遮挡的图线，结果如图 8-170 所示。

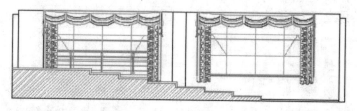

图 8-170 编辑结果

8.7.4 绘制多功能厅墙面装饰线

（1）继续上节操作。

（2）使用快捷键"LA"激活"图层"命令，在打开的"图层特性管理器"对话框中选择"填充层"为当前图层。

（3）使用快捷键"H"激活"图案填充"命令，在命令行"拾取内部点或 [选择对象(S)/设置(T)]:"提示下，激活"设置"选项，打开"图案填充和渐变色"对话框。

（4）在"图案填充和渐变色"对话框中选择图案并设置填充比例、角度、关联特性等，如图 8-171 所示。

（5）单击"添加: 拾取点"按钮 ⚫，返回绘图区在所需区域单击左键，为墙面填充如图 8-172 所示图案。

（6）单击"默认"选项卡→"绘图"面板→"图案填充"按钮 ⚫，使用命令中的"设置"选项功能设置填充图案与参数如图 8-173 所示的，为柱子填充如图 8-174 所示的图案。

（7）单击"默认"选项卡→"绘图"面板→"图案填充"按钮 ⚫，设置填充图案与参数如图 8-175 所示的，为柱子填充如图 8-176 所示的图案。

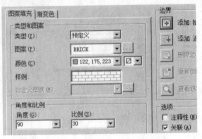

图 8-171　设置填充图案与参数

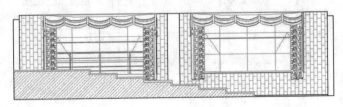

图 8-172　填充结果

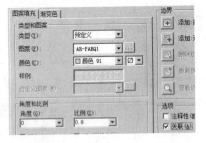

图 8-173　设置填充图案及参数

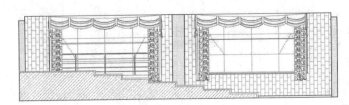

图 8-174　填充结果

图 8-175　设置填充图案及参数

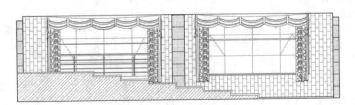

图 8-176　填充结果

8.7.5　标注多功能厅立面图尺寸

（1）继续上节操作。

（2）展开"默认"选项卡→"图层"面板→"图层"下拉列表，选择"尺寸层"设置为当前图层。

（3）使用快捷键"D"激活"标注样式"命令，将"建筑标注"设为当前标注样式，同时修改标注比例为 70。

（4）单击"默认"选项卡→"注释"面板→"线性"按钮，配合"对象捕捉"和"极轴追踪"标注如图 8-177 所示的线性尺寸作为基准尺寸。

（5）单击"注释"选项卡→"标注"面板→"连续"按钮，以刚标注的尺寸作为基准尺寸，配合追踪与捕捉功能标注如图 8-178 所示的细部尺寸。

（6）单击"默认"选项卡→"注释"面板→"线性"按钮，配合端点捕捉功能标注下侧的总尺寸，结果如图 8-179 所示。

（7）参照~操作步骤，综合使用"线性"和"连续"命令，分别标注其他位置的尺寸，结果如图 8-180 所示。

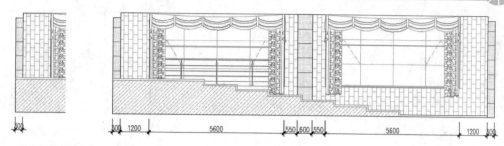

图 8-177 标注线性尺寸   图 8-178 标注连续尺寸

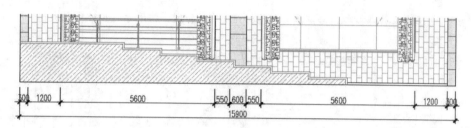

图 8-179 标注总尺寸

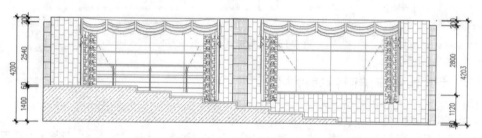

图 8-180 标注其他尺寸

8.7.6 编辑多功能厅立面图尺寸

（1）继续上节操作。

（2）使用快捷键"ED"激活"编辑文字"命令，根据命令行的提示单击文字为1400的对象，打开"文字编辑器"面板，然后修改标注文字如图8-181所示。

（3）关闭"文字编辑器"面板，修改后的结果如图8-182所示。

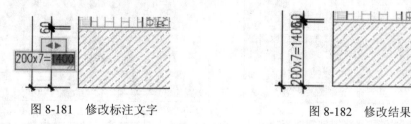

图 8-181 修改标注文字   图 8-182 修改结果

（4）在无命令执行的前提下单击标注文字为60的对象，使其呈现夹点显示状态，如图8-183所示。

（5）将光标放在标注文字夹点上，然后从弹出的快捷菜单中选择"仅移动文字"选项。

（6）在命令行"** 仅移动文字 **指定目标点:"提示下，在适当位置指定文字的位置，并按 Esc 键取消尺寸的夹点，调整结果如图8-184所示。

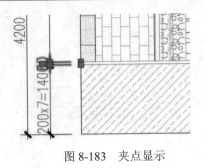

图 8-183　夹点显示

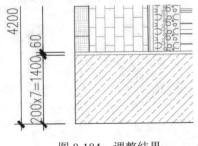

图 8-184　调整结果

（7）参照第 10～12 操作步骤，分别调整其他标注文字的位置，结果如图 8-185 所示。

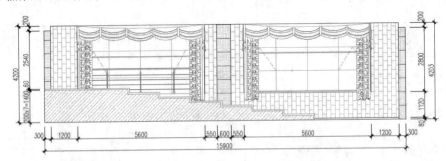

图 8-185　调整其他标注文字

8.7.7　标注多功能厅墙面材质注解

（1）继续上节操作。

（2）展开"默认"选项卡→"图层"面板→"图层"下拉列表，选择"文本层"设置为当前图层。

（3）使用快捷键"D"激活"标注样式"命令，打开"标注样式管理器"对话框，替代当前尺寸样式的引线箭头为小点，大小为 0.8、文字样式为"仿宋体"、尺寸比例为 90。

（4）使用快捷键"LE"激活"快速引线"命令，使用命令中的"设置"选项功能设置引线参数如图 8-186 所示和图 8-187 所示。

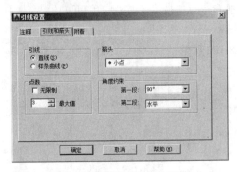

图 8-186　设置引线和箭头

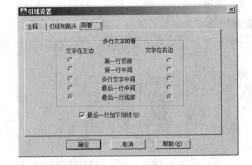

图 8-187　设置注释位置

（5）返回绘图区根据命令行的提示在适当位置指定引线点绘制引线，标注如图 8-188 所示的引线注释。

（6）调整视图，使立面图全部显示，最终结果如图 8-156 所示。

（7）最后执行"保存"命令，将图形命名存储为"绘制多功能厅装修立面图.dwg"。

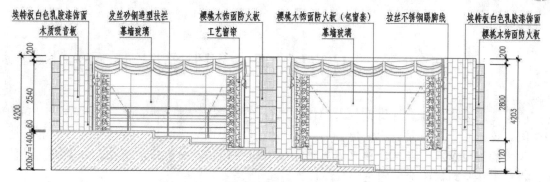

图 8-188   标注结果

8.8   本 章 小 结

　　多功能厅是时代的产物，是一种空间设计的魅力与拓新。本章在简单了解多功厅功能特点等理论知识的前提下，通过绘制多功能厅墙体结构图、绘制多功能厅装修布置图、标注多功能厅装修布置图、绘制多功能厅吊顶装修图、绘制多功能厅装修立面图等典型实例，系统讲述了多功能厅装修方案图的绘制思路、具体绘制过程以及相关绘图技巧。

　　希望读者通过本章的学习，在理解和掌握相关设计理念和设计技巧的前提下，能够了解和掌握多功能厅设计方案需要表达的内容、表达思路及具体设计过程等。

第 9 章　休闲会所空间装潢设计

所谓休闲会所，笼统地讲就是人们休闲聚会之所，是一种幽雅、安静、舒适、高尚的休闲空间。说白了其实就是放松，休息，娱乐的地方，一般这样的地方环境优美，安静舒适，可以为人们提供饮料，茶艺，棋牌等多种功能的服务项目，是放松，交友，公关等的最佳场所，本章主要学习休闲会所的空间装潢设计。

■ **本章内容**

◇ 休闲会所空间设计要点
◇ 休闲会所空间设计原则
◇ 休闲会所装潢设计思路
◇ 绘制休闲会所墙柱平面图
◇ 绘制休闲会所装修布置图
◇ 绘制休闲会所吊顶装修图
◇ 绘制休闲会所 C 向装修立面图
◇ 绘制休闲会所 B 向装修立面图
◇ 本章小结

9.1　休闲会所空间设计要点

要想打造完美的会所空间，需要从会所的格局、家具选择以及材质的环保性等多方面进行综合考虑。会所的空间设计很关键，在设计时不仅需要关注空间的格局规划，更要关注空间的独特性。除此之外，还需对会所家具的选择也应做到重视，合适的家具不仅可以使会所空间多变，还可以起到填补会所空间的作用，因此在款式方面以及风格、颜色、整体性和扩充性都要考虑的周密严谨。

另外，在提倡绿色环保的时代，休闲会所装修建材的环保问题也尤其值得重视。现如今的人大都把健康放在第一位，所以在休闲会所内部装修时，一定要以绿色环保材料为首选，这是拉回头客的一个至关重要因素。具体体现在以下几点：

◆ 休闲会所装修墙面时最好选择一些木制板材装饰，或者一些新一代无污染的 PVC 保型墙纸，以及各种天然织物墙纸。

◆ 休闲会所地面装饰材料大多是无害的，比如地砖、天然石材、木地板甚至地毯等等，但是如果休闲会所装修时用到天然石材时，要更好地检查它们的合格性，不能含有放射性元素。而一些复合地板或者是化纤地毯时，也应注意它们的有机物散发率以及地板的粘接剂含量。

◆ 休闲会所吊顶装修材料的环保性，无非就是有害气体的散发，这个总体上建议休闲会所装修时尽量不要使用木龙骨夹板，可以用一些轻钢龙骨纸面石膏板，或者是埃特板等。

◆ 休闲会所装修时的很多必备装饰物，比如窗帘沙发等，这些一定要注意所用材料是否褪色，有无异味，稳定性如何。

9.2　休闲会所空间设计原则

（1）整体性原则

整体性原则作为休闲空间首要的设计原则，体现在不仅仅要从功能出发，满足自身的需要，更要考虑综合体及公共区域间的协调。

（2）以人为本设计原则

在休闲空间的规划设计中应当明确建立人的主体地位，真正实现关心和尊重人的需求，从人的行为特征和环境心理出发，创造出符合现代的休闲空间。

（3）多样化原则

休闲空间的多样性体现在多方面。一方面，休闲空间所具有丰富的多功能性，多种多样的休闲活动能吸引人们进行多样性的选择。另一方面，休闲空间环境的多样化，这种多样化带来了丰富的视觉享受，提升了休闲空间的活力。

9.3　休闲会所装潢设计思路

在绘制并设计休闲会所方案图时，可以参照如下思路。

第一，首先根据提供的测量数据，绘制出休闲会所的建筑结构平面图。

第二，根据绘制的休闲会所建筑结构图以及需要发挥的多种使用功能，进行会所空间的规划与布置，科学合理的绘制出休闲会所的平面布置图。

第三，根据绘制的休闲会所平面布置图，在其基础上快速绘制其天花装修图，重点在天花吊顶的表达以及天花灯具定位和布局。

第四，根据实际情况及需要，绘制出休闲会所的墙面装饰投影图，必要时附着文字说明。

9.4　绘制休闲会所墙柱平面图

本节主要学习休闲会所墙柱平面图的具体绘制过程和绘制技巧。休闲会所墙柱平面图的最终绘制效果，如图9-1所示。

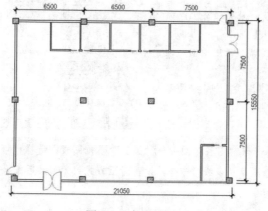

图9-1　实例效果

9.4.1 绘制休闲会所墙柱平面图

（1）单击"快速访问"工具栏→"新建"按钮 ，以随书光盘中的"\样板文件\商业装潢样板.dwt"作为基础样板，新建文件。

（2）展开"默认"选项卡→"图层"面板→"图层"下拉列表，选择"其他层"，将其设置为当前图层。

（3）单击"默认"选项卡→"绘图"面板→"矩形"按钮 ，绘制边长为 550 的正方形作为柱子外轮廓线。

（4）单击"默认"选项卡→"绘图"面板→"图案填充"按钮 ，设置填充图案与参数如图 9-2 所示，为柱子填充如图 9-3 所示的剖面图案。

图 9-2　设置填充图与参数　　　　图 9-3　填充结果

（5）单击"默认"选项卡→"修改"面板→"矩形阵列"按钮 ，选择柱子及剖面线进行阵列，命令行操作如下。

```
命令：_arrayrect
选择对象：                           //选择如图 9-3 所示的柱子图形
选择对象：                           // Enter
类型 = 矩形　关联 = 是
选择夹点以编辑阵列或 [关联(AS)/基点(B)/计数(COU)/间距(S)/列数(COL)/行数(R)/层数
(L)/退出(X)] <退出>：                //COU Enter
输入列数数或 [表达式(E)] <4>：       //4 Enter
输入行数数或 [表达式(E)] <3>：       //3 Enter
选择夹点以编辑阵列或 [关联(AS)/基点(B)/计数(COU)/间距(S)/列数(COL)/行数(R)/层数
(L)/退出(X)] <退出>：                //s Enter
指定列之间的距离或 [单位单元(U)] <0>：//6500 Enter
指定行之间的距离 <1>：               //7500 Enter
选择夹点以编辑阵列或 [关联(AS)/基点(B)/计数(COU)/间距(S)/列数(COL)/行数(R)/层数
(L)/退出(X)] <退出>：                //AS Enter
创建关联阵列 [是(Y)/否(N)] <否>：    //N Enter
选择夹点以编辑阵列或 [关联(AS)/基点(B)/计数(COU)/间距(S)/列数(COL)/行数(R)/层数
(L)/退出(X)] <退出>：                // Enter，阵列结果如图 9-4 所示
```

（6）展开"默认"选项卡→"图层"面板→"图层"下拉列表，选择"墙线层"设置为当前图层。

（7）使用快捷键"ML"激活"多线"命令，设置对正方式为无，然后配合中点捕捉功能绘制宽度为 180 的主墙体，结果如图 9-5 所示。

（8）重复执行"多线"命令，设置对正方式为下对正，多线比例不变，继续绘制如图 9-6 所示的墙线。

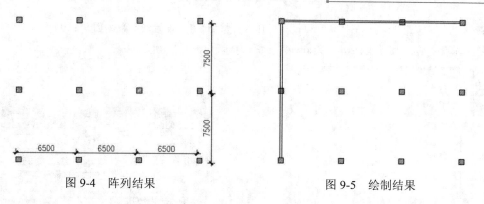

图 9-4　阵列结果　　　　　　　　　　图 9-5　绘制结果

（9）单击"默认"选项卡→"修改"面板→"修剪"按钮 ✦，以柱子外轮廓线作为修剪边界，对墙线进行修剪，结果如图 9-7 所示。

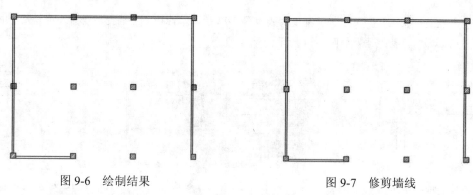

图 9-6　绘制结果　　　　　　　　　　图 9-7　修剪墙线

至此，休闲会所墙柱平面图绘制完毕，接下来学习休闲会所门窗构件图的具体绘制过程。

9.4.2　绘制休闲会所门窗构件图

（1）继续上节操作。

（2）展开"默认"选项卡→"图层"面板→"图层"下拉列表，选择"门窗层"设置为当前图层。

（9）单击"默认"选项卡→"绘图"面板→"直线"按钮 ✎，绘制如图 9-8 所示的两端直线作为窗线。

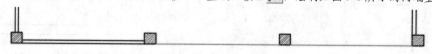

图 9-8　绘制结果

（4）单击"默认"选项卡→"修改"面板→"偏移"按钮 ⬔，将窗线向上偏移 60、120 和 180 个单位，结果如图 9-9 所示。

图 9-9　偏移结果

（5）综合使用"直线"、"偏移"和"修剪"命令，在墙线上创建宽度为 800 和 1800 的门洞，结果如图 9-10 所示。

（6）单击"默认"选项卡→"块"面板→"插入"按钮，设置块参数如图 9-11 所示，在"门窗层"内插入随书光盘中的"\图块文件\单开门.dwg"，插入结果如图 9-12 所示。

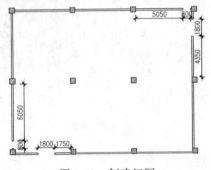

图 9-10　创建门洞

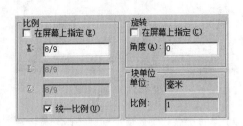

图 9-11　设置块参数

（7）重复执行"插入块"命令，设置块参数如图 9-13 所示，配合中点捕捉功能插入随书光盘中的"\图块文件\双开门.dwg"，插入结果如图 9-14 所示。

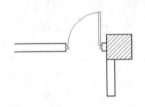

图 9-12　插入结果

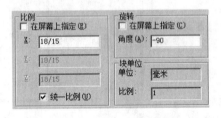

图 9-13　设置参数

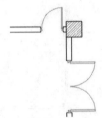

图 9-14　插入双开门

（8）重复执行"插入块"命令，设置块参数如图 9-15 所示，配合中点捕捉功能插入随书光盘中的"\图块文件\单开门.dwg"，插入结果如图 9-16 所示。

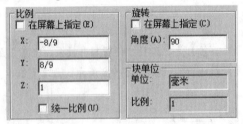

图 9-15　设置参数

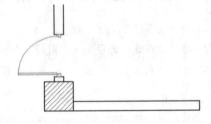

图 9-16　插入结果

（9）重复执行"插入块"命令，设置块参数如图 9-17 所示，配合中点捕捉功能插入随书光盘中的"\图块文件\双开门.dwg"，插入结果如图 9-18 所示。

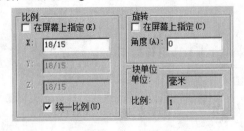

图 9-17　设置参数

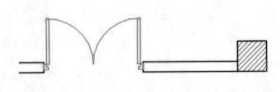

图 9-18　插入结果

（10）单击"默认"选项卡→"修改"面板→"镜像"按钮 ⚠，选择刚插入的双开门进行镜像，结果如图 9-19 所示。

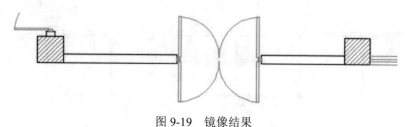

图 9-19　镜像结果

至此，休闲会所门窗构件图绘制完毕，接下来主要对休闲会所内部空间进行功能划分。

9.4.3　会所内部空间的功能划分

（1）继续上节操作。

（2）展开"默认"选项卡→"图层"面板→"图层"下拉列表，选择"墙线层"设置为当前图层。

（3）使用快捷键"ML"激活"多线"命令，设置对正方式为上，然后配合延伸捕捉功能绘制宽度为 100 的墙体，结果如图 9-20 所示。

（4）单击"默认"选项卡→"修改"面板→"拉伸"按钮 🗔，窗交选择如图 9-21 所示的对象，水平向右拉伸 1000 个单位。

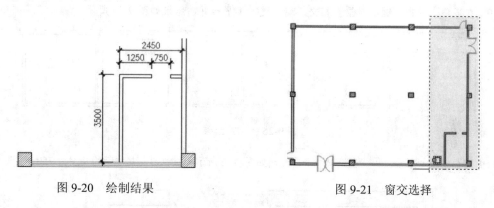

图 9-20　绘制结果

图 9-21　窗交选择

（5）展开"默认"选项卡→"图层"面板→"图层"下拉列表，选择"轴线层"设置为当前图层。

（6）使用快捷键"LT"激活"线型"命令，在打开的"线型管理器"对话框中设置线型比例为 100。

（7）综合使用"直线"、"偏移"、"修剪"等命令，绘制如图 9-22 所示的轴线，其中垂直轴线的长度为 2650。

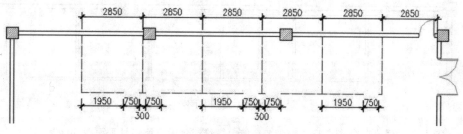

图 9-22　绘制结果

（8）将"墙线层"设为当前图层，然后使用"多线"命令，将对正方式设为无，绘制宽度为100的墙线，结果如图9-23所示。

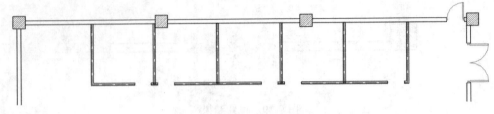

图9-23　绘制墙线

（9）展开"默认"选项卡→"图层"面板→"图层"下拉列表，关闭"轴线层"，此时平面图的显示结果如图9-24所示。

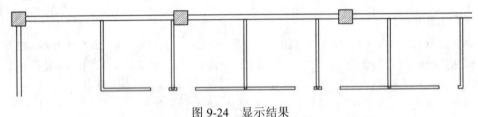

图9-24　显示结果

（10）在墙线上双击左键，对垂直相交的墙线进行T形合并，结果如图9-25所示。

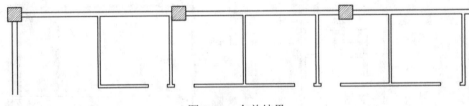

图9-25　合并结果

（11）综合使用"矩形"和"直线"命令，绘制如图9-26所示的推拉门，其中门的长度为750、宽度为50。

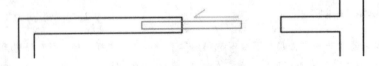

图9-26　绘制结果

（12）接下来综合使用"复制"和"镜像"命令，将推拉门复制并镜像到其他位置，结果如图9-27所示。

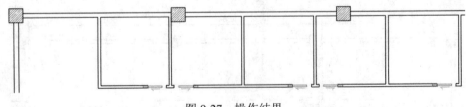

图9-27　操作结果

（13）最后执行"保存"命令，将图形命名存储为"绘制休闲会所墙柱平面图.dwg"。

9.5　绘制休闲会所装修布置图

本节主要学习休闲会所空间装潢布置图的绘制方法和具体绘制过程，休闲会所布置图的最终绘制效果如图 9-28 所示。

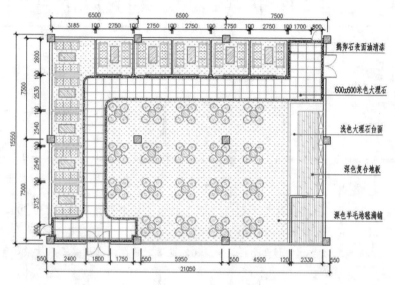

图 9-28　实例效果

9.5.1　绘制休闲会所地面分区线

（1）打开上例存储的"绘制休闲会所墙柱平面图.dwg"，或直接从随书光盘中的"\效果文件\第 9 章\"目录下调用此文件。

（2）展开"默认"选项卡→"图层"面板→"图层"下拉列表，将"轮廓线"设置为当前图层。

（3）使用快捷键"col"激活"颜色"命令，在打开的"选择颜色"对话框中将当前颜色设置为 30 号色。

（4）单击"默认"选项卡→"绘图"面板→"直线"按钮 ✏，绘制如图 9-29 所示的分区线。

（5）单击"默认"选项卡→"修改"面板→"偏移"按钮 ◓，将左侧的垂直分区线向右偏移 1800，将右侧的垂直分区线向左偏移 11125，结果如图 9-30 所示。

图 9-29　绘制结果

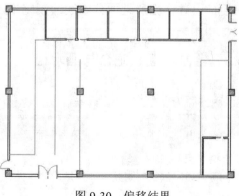

图 9-30　偏移结果

（6）单击"默认"选项卡→"修改"面板→"圆角"按钮 ，将圆角半径设置为500，对分区线进行圆角，结果如图9-31所示。

（7）单击"默认"选项卡→"修改"面板→"偏移"按钮 ，使用命令中的"通过"功能，偏移分区线L，通过点为垂直分区线M的下端点，偏移结果如图9-32所示。

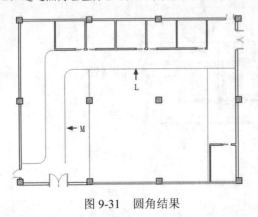

图9-31　圆角结果

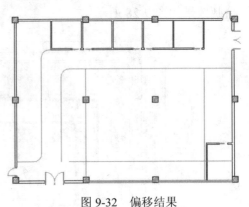

图9-32　偏移结果

（8）单击"默认"选项卡→"修改"面板→"圆角"按钮 ，将圆角半径设置为500，继续对分区线进行圆角编辑，结果如图9-33所示。

（9）重复执行"圆角"命令，将圆角半径设置为0，继续对分区线进行编辑，结果如图9-34所示。

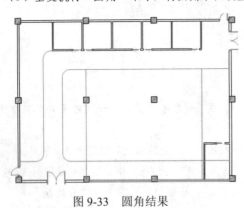

图9-33　圆角结果

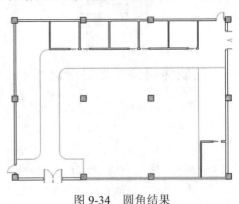

图9-34　圆角结果

（10）使用快捷键"TR"激活"修剪"命令，对下侧的垂直分区线进行修剪完善，结果如图9-35所示。

至此，休闲会所地面分区线绘制完毕，接下来学习隔断、吧台与酒水柜等构件的具体绘制过程和相关技巧。

9.5.2　绘制隔断、吧台与酒水柜

（1）继续上节操作。

（2）展开"默认"选项卡→"图层"面板→"图层"下拉列表，选择"家具层"设置为当前图层。

（3）单击"默认"选项卡→"绘图"面板→"矩形"按钮 ，绘制长度为2200、宽度为50的矩形隔断，如图9-36所示。

（4）单击"默认"选项卡→"修改"面板→"矩形阵列"按钮 ，选择矩形隔断进行阵列，命令行操作如下。

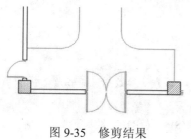

图 9-35　修剪结果

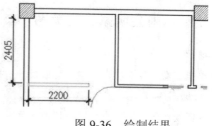

图 9-36　绘制结果

```
命令：_arrayrect
选择对象：                                          //选择矩形隔断
选择对象：                                          // Enter
类型 = 矩形  关联 = 是
选择夹点以编辑阵列或 [关联(AS)/基点(B)/计数(COU)/间距(S)/列数(COL)/行数(R)/层数
(L)/退出(X)] <退出>：                               //COU Enter
    输入列数数或 [表达式(E)] <4>：                   //1 Enter
    输入行数数或 [表达式(E)] <3>：                   //4 Enter
选择夹点以编辑阵列或 [关联(AS)/基点(B)/计数(COU)/间距(S)/列数(COL)/行数(R)/层数
(L)/退出(X)] <退出>：                               //s Enter
    指定列之间的距离或 [单位单元(U)] <0>：            //1 Enter
    指定行之间的距离 <1>：                           //-2640 Enter
选择夹点以编辑阵列或 [关联(AS)/基点(B)/计数(COU)/间距(S)/列数(COL)/行数(R)/层数
(L)/退出(X)] <退出>：                               //AS Enter
    创建关联阵列 [是(Y)/否(N)] <否>：                //N Enter
选择夹点以编辑阵列或 [关联(AS)/基点(B)/计数(COU)/间距(S)/列数(COL)/行数(R)/层数
(L)/退出(X)] <退出>：                               // Enter，阵列结果如图 9-37 所示
```

（5）综合使用"直线"和"偏移"命令，配合延伸捕捉功能绘制如图 9-38 所示的柜台轮廓线。

（6）单击"默认"选项卡→"绘图"面板→"直线"按钮 ，绘制如图 9-39 所示的酒水柜示意图。

（7）单击"默认"选项卡→"修改"面板→"矩形阵列"按钮 ，将酒水柜向上阵列 5 份，其中行偏移为 1251，阵列结果如图 9-40 所示。

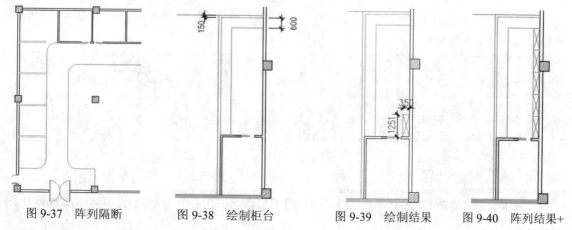

图 9-37　阵列隔断　　　　图 9-38　绘制柜台　　　　图 9-39　绘制结果　　图 9-40　阵列结果+

至此，会所隔断、吧台与酒水柜构件绘制完毕，接下来学习会所家具布置图的具体绘制过程和技巧。

9.5.3 绘制休闲会所家具布置图

（1）继续上节操作。

（2）单击"默认"选项卡→"块"面板→"插入"按钮，以默认参数插入随书光盘中的"\图块文件\沙发与茶几.dwg"。

（3）返回绘图区，在命令行"指定插入点或 [基点(B)/比例(S)/旋转(R)]:"提示下激活"捕捉自"功能，捕捉如图 9-41 所示的端点作为偏移基点，输入插入点坐标"@935,–95"，插入结果如图 9-42 所示。

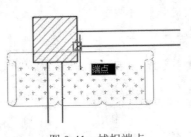

图 9-41　捕捉端点

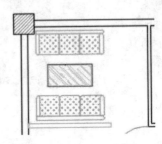

图 9-42　插入结果

（4）重复执行"插入块"命令，将旋转角度设为 90，然后继续配合"捕捉自"功能插入随书光盘中的"\图块文件\沙发与茶几.dwg"，结果如图 9-43 所示。

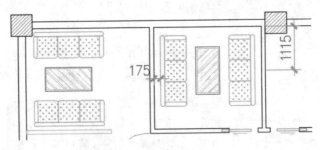

图 9-43　插入结果

（5）单击"默认"选项卡→"修改"面板→"矩形阵列"按钮，选择刚插入的沙发与茶几图块水平向右阵列，命令行操作如下。

```
命令：_arrayrect
选择对象：                              //选择最后插入的沙发与茶几图块
选择对象：                              // Enter
类型 = 矩形  关联 = 是
选择夹点以编辑阵列或 [关联(AS)/基点(B)/计数(COU)/间距(S)/列数(COL)/行数(R)/层数
(L)/退出(X)] <退出>：                    //COU Enter
输入列数数或 [表达式(E)] <4>：            //5 Enter
输入行数数或 [表达式(E)] <3>：            //1 Enter
选择夹点以编辑阵列或 [关联(AS)/基点(B)/计数(COU)/间距(S)/列数(COL)/行数(R)/层数
(L)/退出(X)] <退出>：                    //s Enter
指定列之间的距离或 [单位单元(U)] <0>：    //2850 Enter
指定行之间的距离 <1>：                    //1 Enter
```

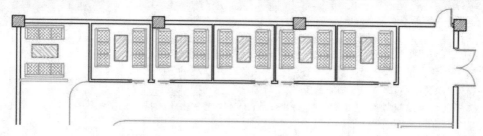

选择夹点以编辑阵列或 [关联(AS)/基点(B)/计数(COU)/间距(S)/列数(COL)/行数(R)/层数(L)/退出(X)] <退出>:　　　　　　　　　//AS Enter

创建关联阵列 [是(Y)/否(N)] <否>:　　　　　　　　　//N Enter

选择夹点以编辑阵列或 [关联(AS)/基点(B)/计数(COU)/间距(S)/列数(COL)/行数(R)/层数(L)/退出(X)] <退出>:　　　　　　　　// Enter，阵列结果如图 9-44 所示

图 9-44　阵列结果

（6）单击"默认"选项卡→"修改"面板→"复制"按钮，选择左侧的沙发与茶几图块，垂直向下复制 2690 个单位，结果如图 9-45 所示。

（7）单击"默认"选项卡→"修改"面板→"矩形阵列"按钮，选择复制出的沙发与茶几图块，垂直向下阵列 5 份，其中行偏移为-2640，阵列结果如图 9-46 所示。

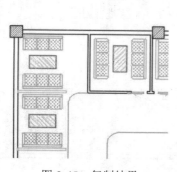

图 9-45　复制结果

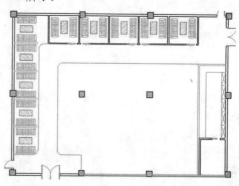

图 9-46　阵列结果

（8）单击"默认"选项卡→"块"面板→"插入"按钮，以默认参数插入随书光盘中的"\图块文件\沙发与茶几 02.dwg"。

（9）返回绘图区，在命令行"指定插入点或 [基点(B)/比例(S)/旋转(R)]:"提示下激活"捕捉自"功能，捕捉如图 9-47 所示的延伸虚线的交点作为偏移基点，输入插入点坐标"@850,-960"，插入结果如图 9-48 所示。

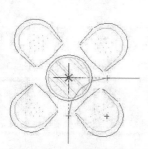

图 9-47　捕捉捕捉虚线的交点

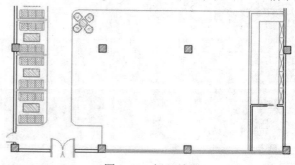

图 9-48　插入结果

（10）单击"默认"选项卡→"修改"面板→"矩形阵列"按钮，选择刚插入的沙发与茶几图块进行阵列，命令行操作如下。

```
命令：_arrayrect
选择对象：                              //选择刚插入的沙发与茶几图块
选择对象：                              // Enter
类型 = 矩形   关联 = 是
选择夹点以编辑阵列或 [关联(AS)/基点(B)/计数(COU)/间距(S)/列数(COL)/行数(R)/层数
(L)/退出(X)] <退出>：                   //COU Enter
输入列数数或 [表达式(E)] <4>：         //5 Enter
输入行数数或 [表达式(E)] <3>：         //4 Enter
选择夹点以编辑阵列或 [关联(AS)/基点(B)/计数(COU)/间距(S)/列数(COL)/行数(R)/层数
(L)/退出(X)] <退出>：                   //s Enter
指定列之间的距离或 [单位单元(U)] <0>：  //2500 Enter
指定行之间的距离 <1>：                 //-2800 Enter
选择夹点以编辑阵列或 [关联(AS)/基点(B)/计数(COU)/间距(S)/列数(COL)/行数(R)/层数
(L)/退出(X)] <退出>：                   //AS Enter
创建关联阵列 [是(Y)/否(N)] <否>：       //N Enter
选择夹点以编辑阵列或 [关联(AS)/基点(B)/计数(COU)/间距(S)/列数(COL)/行数(R)/层数
(L)/退出(X)] <退出>：                   // Enter，阵列结果如图 9-49 所示
```

（11）使用快捷键"E"激活"删除"命令，窗交选择如图 9-50 所示对象进行删除。

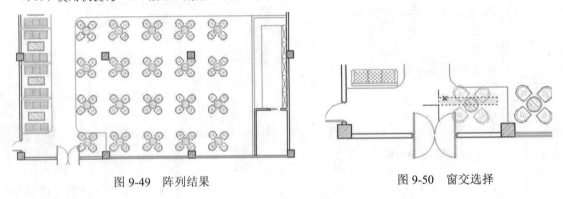

图 9-49　阵列结果　　　　　　　　　　图 9-50　窗交选择

（12）使用快捷键"M"激活"移动"命令，窗交选择如图 9-51 所示的对象，垂直下移 150 个单位，结果如图 9-52 所示。

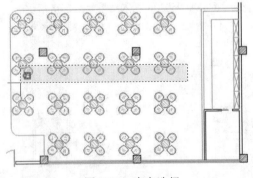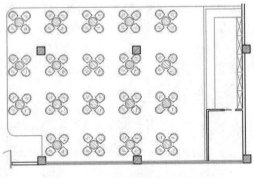

图 9-51　窗交选择　　　　　　　　　　图 9-52　移动结果

至此，休闲会所家具布置图绘制完毕，接下来学习休闲会所地面铺装图的具体绘制过程和技巧。

9.5.4 绘制休闲会所地面铺装图

（1）继续上节操作。

（2）展开"默认"选项卡→"图层"面板→"图层"下拉列表，选择"填充层"设置为当前图层。

（3）夹点显示如图 9-53 所示的双开门，然后展开"图层控制"下拉列表，将其放到"轴线层"上进行隐藏。

（4）单击"默认"选项卡→"绘图"面板→"直线"按钮 ⁄ ，配合捕捉功能封闭各位置的门洞，结果如图 9-54 所示。

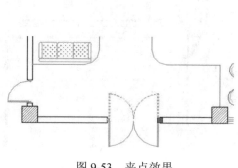

图 9-53 夹点效果

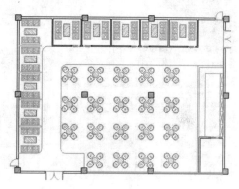

图 9-54 封闭门洞

（5）单击"默认"选项卡→"绘图"面板→"边界"按钮 ，在过道位置指定点，提取如图 9-55 所示的多段线边界。

（6）单击"默认"选项卡→"修改"面板→"偏移"按钮 ，将提取的边界向内偏移 150 个单位，并删除源边界，结果如图 9-56 所示。

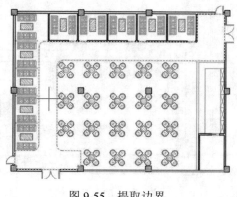

图 9-55 提取边界

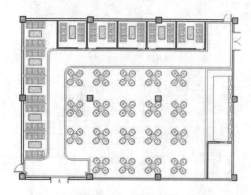

图 9-56 偏移边界

（7）单击"默认"选项卡→"绘图"面板→"图案填充"按钮 ，设置填充图案及填充参数如图 9-57 所示，在两条边界之间单击左键，填充如图 9-58 所示的地面图案。

（8）重复执行"图案填充"命令，设置填充图案及填充参数如图 9-59 所示，填充如图 9-60 所示的地砖图案。

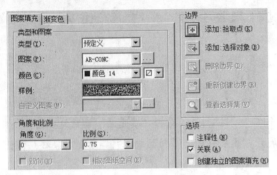

图 9-57　设置填充参数

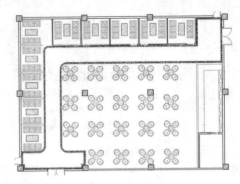

图 9-58　填充结果

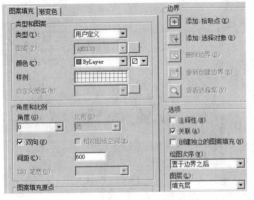

图 9-59　设置填充参数

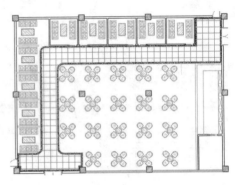

图 9-60　填充结果

（9）打开状态栏上的"透明度显示"功能，然后重复执行"图案填充"命令，设置填充图案及填充参数如图 9-61 所示，填充如图 9-62 所示的地毯图案。

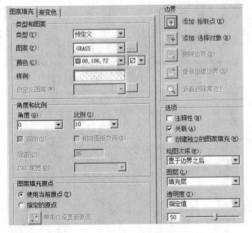

图 9-61　设置填充参数

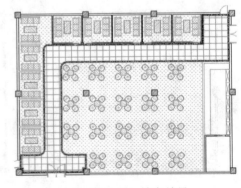

图 9-62　填充结果

（10）重复执行"图案填充"命令，设置填充图案及填充参数如图 9-63 所示，填充如图 9-64 所示的地毯图案。

至此，休闲会所装修地面铺装图绘制完毕，接下来学习休闲会所装修布置图文字注释的标注过程。

图 9-63 设置填充参数

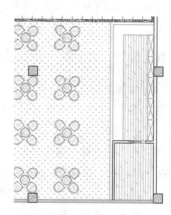

图 9-64 填充结果

9.5.5 标注休闲会所布置图文字

（1）继续上节操作。

（2）展开"默认"选项卡→"图层"面板→"图层"下拉列表，将"文本层"设置为当前图层。

（3）使用快捷键"D"激活"标注样式"命令，将"引线标注"设置为当前标注样式，同时修改标注比例为150。

（4）使用快捷键"LE"激活"快速引线"命令，在命令行"指定第一个引线点或 [设置(S)] <设置>: "提示下，输入"S"打开"引线设置"对话框，分别设置引线参数如图 9-65 和图 9-66 所示。

图 9-65 设置符号和箭头

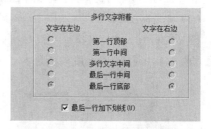

图 9-66 设置文字附着位置

（5）返回绘图区根据命令行的提示分别在绘图区指定引线点，然后标注如图 9-67 所示的引线注释。

（6）重复执行"快速引线"命令，按照上述的参数设置，分别标注其他位置的引线文本，标注结果如图 9-68 所示。

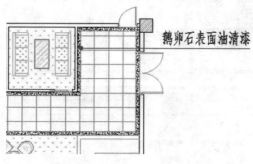

图 9-67 标注结果

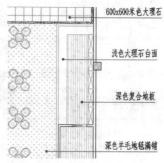

图 9-68 标注其他引线文本

至此，休闲会所布置图文字注释标注完毕，下一小节将学习休闲会所布置图尺寸的快速
注过程。

9.5.6 标注休闲会所布置图尺寸

（1）继续上节操作。

（2）展开"默认"选项卡→"图层"面板→"图层"下拉列表，关闭"文本层"和其他层"，并将"尺寸层"设置为当前图层，并打开"轴线层"。

（3）单击"默认"选项卡→"注释"面板→"标注样式"按钮，修改"建筑标注"样式的标注比例为100，同时将此样式设置当前尺寸样式。

（4）单击"默认"选项卡→"注释"面板→"线性"按钮，标注如图9-69所示的线性尺寸。

（5）单击"注释"选项卡→"标注"面板→"连续"按钮，标注结果如图9-70所示的连续尺寸作为细部尺寸。

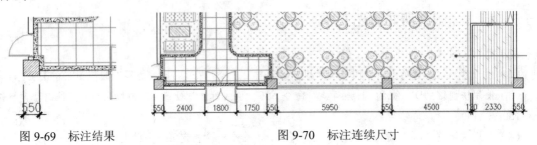

图9-69 标注结果 　　　　　　　　　　图9-70 标注连续尺寸

（6）在无命令执行的前提下单击标注文字为550和120的对象，使其呈现夹点显示状态。

（7）将光标放在标注文字夹点上，然后从弹出的快捷菜单中选择"仅移动文字"选项。

（8）在命令行"** 仅移动文字 **指定目标点:"提示下，在适当位置指定文字的位置，并按 Esc 键取消尺寸的夹点，调整结果如图9-71所示。

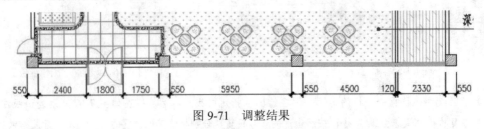

图9-71 调整结果

（9）单击"默认"选项卡→"注释"面板→"线性"按钮，标注如图9-72所示的总尺寸。

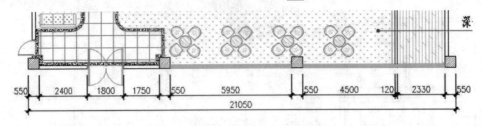

图9-72 标注总尺寸

（10）参照上述操作，重复使用"线性"和"连续"命令，标注其他两侧位置的尺寸，结果如图9-73所示。

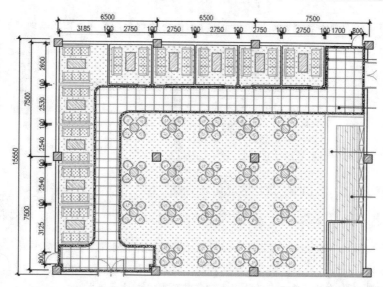

图 9-73　标注其他尺寸

（11）最后执行"另存为"命令，将图形另名存储为"绘制休闲会所装修布置图.dwg"。

9.6　绘制休闲会所吊顶装修图

本节主要学习休闲会所吊顶装修图的绘制方法和绘制过程，休闲会所吊顶图的最终绘制效果如图 9-74 所示。

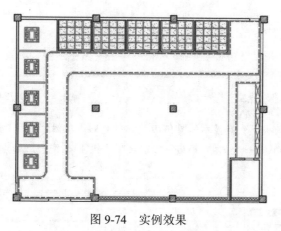

图 9-74　实例效果

9.6.1　绘制休闲会所吊顶墙体图

（1）打开上例存储的"绘制休闲会所装修布置图.dwg"，或直接从随书光盘中的"\效果文件\第 9 章\"目录下调用此文件。

（2）展开"默认"选项卡→"图层"面板→"图层"下拉列表，设置"吊顶层"为当前图层，然后冻结"尺寸层、文本层和填充层"，此时平面图的显示结果如图 9-75 所示。

（3）在无命令执行的前提下单击吧台、酒水柜和隔断，使其呈现夹点显示状态，如图 9-76 所示。

（4）展开"默认"选项卡→"图层"面板→"图层"下拉列表，将夹点图线放到"吊顶层"上。

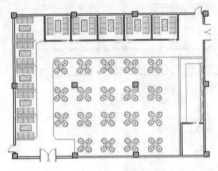

图 9-75　冻结图层后的显示

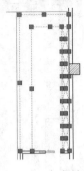

图 9-76　夹点效果

（5）再次展开"默认"选项卡→"图层"面板→"图层"下拉列表，冻结"家具层"，此时平面图的显示结果如图 9-77 所示。

（6）在无命令执行的前提下单击窗子轮廓线，使其呈现夹点显示状态。

（7）展开"默认"选项卡→"图层"面板→"图层"下拉列表，将夹点对象放到"吊顶层"，并冻结"门窗层"，此时平面图的显示结果如图 9-78 所示。

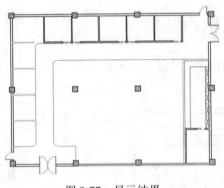

图 9-77　显示结果

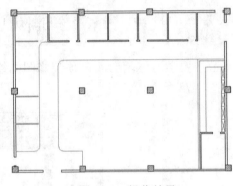

图 9-78　操作结果

（8）在无命令执行的前提下夹点显示如图 9-79 所示的轮廓线，然后使用"删除"命令进行删除。

（9）单击"默认"选项卡→"绘图"面板→"直线"按钮 ╱ ，配合"端点捕捉"功能，封闭各位置的门洞，结果如图 9-80 所示。

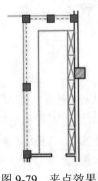

图 9-79　夹点效果

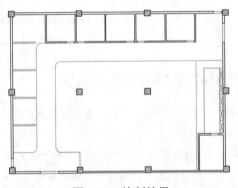

图 9-80　绘制结果

至此，休闲会所吊顶墙体图绘制完毕，接下来学习休闲会所造型吊顶的具体绘制过程和技巧。

9.6.2　绘制休闲会所造型吊顶图

（1）继续上节操作。

（2）单击"默认"选项卡→"绘图"面板→"边界"按钮 ，在包间内单击左键，提取如图9-81所示的多段线边界。

（3）单击"默认"选项卡→"修改"面板→"偏移"按钮 ，将提取的边界向内偏移80个单位，并删除源边界，结果如图9-82所示。

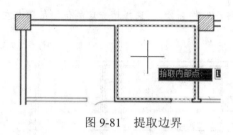 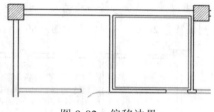

图9-81　提取边界　　　　　　　　　　图9-82　偏移边界

（4）使用快捷键"ML"激活"多线"命令，设置对正方式为无，然后配合中点捕捉功能绘制宽度为60的两条多线，如图9-83所示。

（5）单击"默认"选项卡→"修改"面板→"复制"按钮 ，将水平多线对称复制610，将垂直多线对称复制647.5，结果如图9-84所示。

 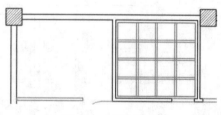

图9-83　绘制多线　　　　　　　　　　图9-84　复制结果

（6）在多线上双击左键，打开"多线编辑工具"对话框，然后单击对话框中的"十字合并"按钮 ，对多线进行合并编辑，结果如图9-85所示。

（7）单击"默认"选项卡→"绘图"面板→"图案填充"按钮 ，使用命令行中的"设置"功能，打开"图案填充和渐变色"对话框，设置填充图案及填充参数如图9-86所示。

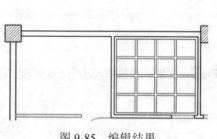 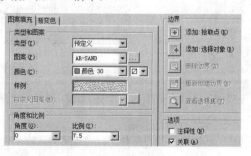

图9-85　编辑结果　　　　　　　　图9-86　设置填充图案与参数

（8）单击"图案填充和渐变色"对话框中的"添加：选择对象"按钮 ，返回绘图区选择如图 9-87 所示的多段线边界，填充如图 9-88 所示的图案。

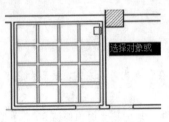 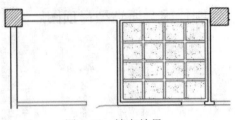

图 9-87　选择填充对象　　　　　　　　　　　　图 9-88　填充结果

（9）单击"默认"选项卡→"修改"面板→"矩形阵列"按钮，选择填充后的包间吊顶向右阵列 5 份，其中列偏移为 2850，阵列结果如图 9-89 所示。

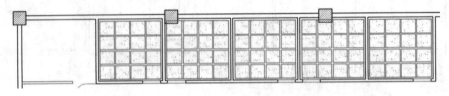

图 9-89　阵列结果

（10）单击"默认"选项卡→"绘图"面板→"多段线"按钮，配合延伸捕捉功能绘制如图 9-90 所示的两条多段线，多段线距离墙柱 80 个单位。

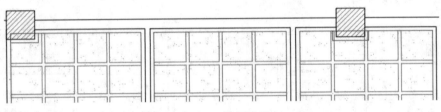

图 9-90　绘制结果

（11）单击"默认"选项卡→"修改"面板→"修剪"按钮，以刚绘制的多段线作为边界，对造型吊顶进行修剪，结果如图 9-91 所示。

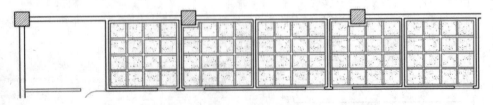

图 9-91　绘制结果

（12）单击"默认"选项卡→"块"面板→"插入"按钮，以默认参数插入随书光盘中的"\图块文件\花格窗 02.dwg"。

（13）返回绘图区，在命令行"指定插入点或 [基点(B)/比例(S)/旋转(R)]:"提示下引出如图 9-92 所示的中点追踪虚线输入 1270 并按 Enter 键，定位插入点，插入结果如图 9-93 所示。

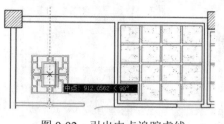

图 9-92　引出中点追踪虚线

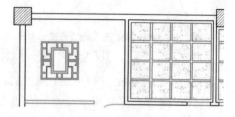

图 9-93　插入结果

（14）单击"默认"选项卡→"修改"面板→"矩形阵列"按钮 ，选择刚插入的花格窗进行阵列 5 份，其中行偏移为–2640，阵列结果如图 9-94 所示。

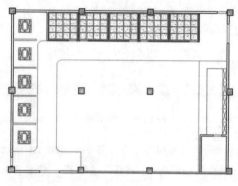

图 9-94　阵列结果

至些，休闲会所吊顶图绘制完毕，接下来学习休闲会所灯具窗帘、灯带等构件图的具体绘制过程。

9.6.3　绘制会所吊顶窗帘及灯带

（1）继续上节操作。

（2）单击"默认"选项卡→"修改"面板→"偏移"按钮 ，将会所下侧的内侧窗线向上偏移 100 和 200，分别作为窗帘及窗帘盒轮廓线，如图 9-95 所示。

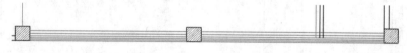

图 9-95　偏移结果

（3）单击"默认"选项卡→"修改"面板→"修剪"按钮 ，对偏移出的两条图线进行修剪，结果如图 9-96 所示。

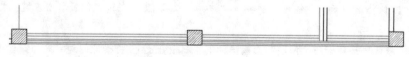

图 9-96　修剪结果

（4）使用快捷键"LT"激活"线型"命令，加载如图 9-97 所示的两种线型，并设置线型比例为 12。

（5）夹点显示窗帘轮廓线，然后打开"特性"窗口，修改窗帘轮廓线的颜色、线型和线型比例，如图 9-98 所示，修改后的图线显示效果如图 9-99 所示。

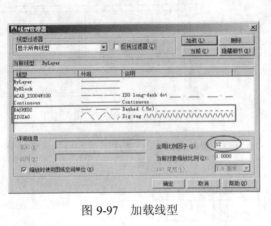

图 9-97　加载线型

图 9-98　修改特性

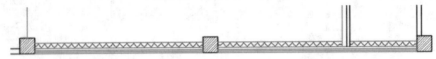

图 9-99　修改结果

（6）使用快捷键"PE"激活"编辑多段线"命令，将图 9-100 所示的两条夹点图线编辑为一条多段线。

（7）单击"默认"选项卡→"修改"面板→"偏移"按钮 ，将编辑后的多段线向外侧偏移 100，作为灯带，结果如图 9-101 所示。

（8）夹点显示偏移出的灯带轮廓线，然后打开"特性"窗口，修改图线的颜色、线型和线型比例，如图 9-102 所示，修改后的图线显示效果如图 9-103 所示。

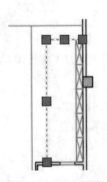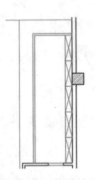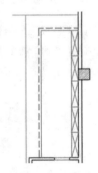

图 9-100　夹点图线　　　图 9-101　偏移结果　　　图 9-102　特性编辑　　　图 9-103　编辑结果

（9）单击"默认"选项卡→"绘图"面板→"边界"按钮 ，在过道位置单击左键，打取如图 9-104 所示的闭合边界。

（10）单击"默认"选项卡→"修改"面板→"偏移"按钮 ，将提取的边界向内偏移 100 作为灯带，结果如图 9-105 所示。

（11）使用快捷键"MA"激活"特性匹配"命令，选择吧台位置的灯带作为源对象，将其线型和颜色特性匹配刚偏移出的灯带，匹配结果如图 9-74 所示。

（12）最后执行"另存为"命令，将图形另存储为"绘制休闲会所吊顶装修图.dwg"。

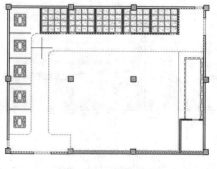

图 9-104　提取边界

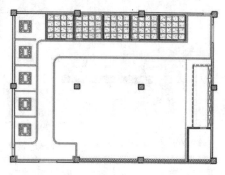

图 9-105　偏移边界

9.7　绘制休闲会所吊顶灯具图

本节主要学习休闲会所吊顶灯具图的绘制方法和绘制过程。休闲会所吊顶灯具图的最终绘制效果如图 9-106 所示。

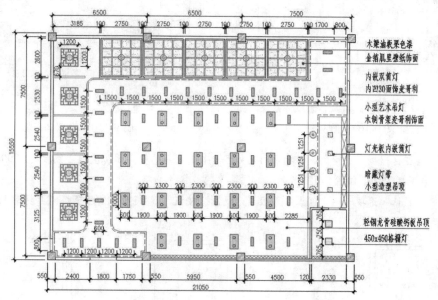

图 9-106　实例效果

9.7.1　绘制休闲会所灯具布置图

（1）打开上例存储的"绘制休闲会所吊顶装修图.dwg"，或直接从随书光盘中的"\效果文件\第9章\"目录下调用此文件。

（2）展开"默认"选项卡→"图层"面板→"图层"下拉列表，选择"灯具层"设置为当前图层。

（3）单击"默认"选项卡→"块"面板→"插入"按钮🖼️，以默认参数插入随书光盘中的"\图块文件\吊灯02.dwg"，插入点为图 9-107 所示的中点追踪虚线的交点。

（4）重复执行"插入块"命令，再次插入随书光盘中的"\图块文件\吊顶02.dwg"，插入点为图 9-108 所示的中点追踪虚线的交点。

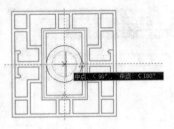

图 9-107　定位插入点

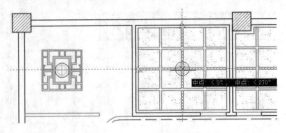

图 9-108　定位插入点

（5）单击"默认"选项卡→"修改"面板→"矩形阵列"按钮，将左侧的吊顶向下阵列 5 份，行偏移为–2640；将右侧的吊顶向右阵列 5 份，列偏移为 2850，阵列结果如图 9-109 所示。

（6）单击"默认"选项卡→"块"面板→"插入"按钮，插入随书光盘中的"\图块文件\格栅灯.dwg"，块参数设置如图 9-110 所示。

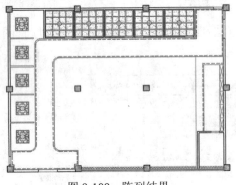

图 9-109　阵列结果

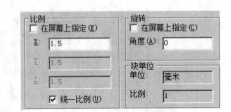

图 9-110　设置块参数

（7）返回绘图区根据命令行的提示向上引出如图 9-111 所示的中点追踪虚线，然后输入 990 并按 Enter 键，定位插入点，插入结果如图 9-112 所示。

（8）单击"默认"选项卡→"修改"面板→"复制"按钮，将插入的格栅灯向上复制 1200，结果如图 9-113 所示。

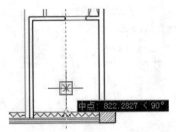

图 9-111　引出中点追踪虚线

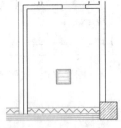

图 9-112　插入结果

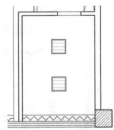

图 9-113　复制结果

（9）单击"默认"选项卡→"块"面板→"插入"按钮，以默认参数插入随书光盘中的"\图块文件\灯光板.dwg"。

（10）返回绘图区根据命令行的提示引出如图 9-114 所示的延伸虚线，然后输入 750 并按 Enter 键，定位插入点，插入结果如图 9-115 所示。

（11）单击"默认"选项卡→"块"面板→"插入"按钮，插入随书光盘中的"\图块文件\吊灯03.dwg"，其中块参数设置如图 9-116 所示。

图 9-114　引出延伸虚线

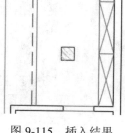

图 9-115　插入结果

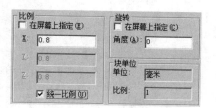

图 9-116　设置块参数

（12）返回绘图区，根据命令行的提示引出如图 9-117 所示的中点追踪虚线，然后输入 1025 并按 Enter 键，定位插入点，插入结果如图 9-118 所示。

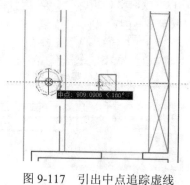

图 9-117　引出中点追踪虚线

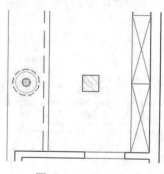

图 9-118　插入结果

（13）单击"默认"选项卡→"修改"面板→"矩形阵列"按钮▦，窗口选择如图 9-119 所示的灯具阵列 4 份，其中行偏移为 1251，阵列结果如图 9-120 所示。

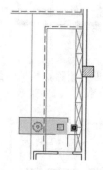

图 9-119　窗口选择

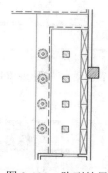

图 9-120　阵列结果

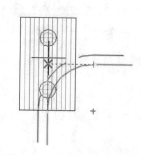

图 9-121　捕捉虚线的交点

（14）单击"默认"选项卡→"块"面板→"插入"按钮▱，以默认参数插入随书光盘中的"\图块文件\吊灯 04.dwg"。

（15）返回绘图区，在命令行"指定插入点或 [基点(B)/比例(S)/旋转(R)]:"提示下激活"捕捉自"功能，捕捉如图 9-121 延伸虚线的交点作为偏移基点，输入插入点坐标"@850,−960"，插入结果如图 9-122 所示。

（16）单击"默认"选项卡→"修改"面板→"矩形阵列"按钮▦，选择刚插入的灯具图块进行阵列，命令行操作如下。

```
命令: _arrayrect
选择对象:                              //选择刚插入的灯具
```

```
选择对象：                                    // Enter
类型 = 矩形   关联 = 是
选择夹点以编辑阵列或 [关联(AS)/基点(B)/计数(COU)/间距(S)/列数(COL)/行数(R)/层数
(L)/退出(X)] <退出>：                         //COU Enter
输入列数数或 [表达式(E)] <4>：                 //5 Enter
输入行数数或 [表达式(E)] <3>：                 //4 Enter
选择夹点以编辑阵列或 [关联(AS)/基点(B)/计数(COU)/间距(S)/列数(COL)/行数(R)/层数
(L)/退出(X)] <退出>：                         //s Enter
指定列之间的距离或 [单位单元(U)] <0>：         //2500 Enter
指定行之间的距离 <1>：                        //-2800 Enter
选择夹点以编辑阵列或 [关联(AS)/基点(B)/计数(COU)/间距(S)/列数(COL)/行数(R)/层数
(L)/退出(X)] <退出>：                         //AS Enter
创建关联阵列 [是(Y)/否(N)] <否>：             //N Enter
选择夹点以编辑阵列或 [关联(AS)/基点(B)/计数(COU)/间距(S)/列数(COL)/行数(R)/层数
(L)/退出(X)] <退出>：                         // Enter，阵列结果如图 9-123 所示
```

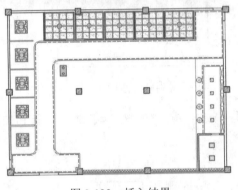
图 9-122 插入结果

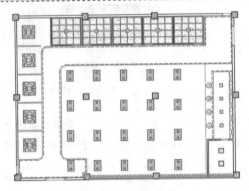
图 9-123 阵列结果

（17）使用快捷键"E"激活"删除"命令，窗交选择如图 9-124 所示对象进行删除，结果如图 9-125 所示。

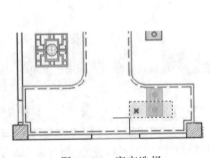
图 9-124 窗交选择

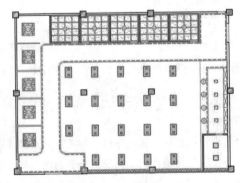
图 9-125 删除结果

至此，休闲会所吊顶灯具图绘制完毕，接下来学习休闲会所吊顶辅助灯具的具体绘制过程和技巧。

9.7.2 绘制休闲会所吊顶辅助灯具

（1）继续上节操作。

（2）单击"默认"选项卡→"绘图"面板→"直线"按钮 ⟋，配合"端点、中点以及两点之间的中点"等多种功能绘制如图9-126所示的灯具定位辅助线。

（3）单击"默认"选项卡→"块"面板→"插入"按钮 🗔，以默认参数插入随书光盘中的"\图块文件\吊灯05.dwg"，插入点为下侧水平辅助线的中点，如图9-127所示。

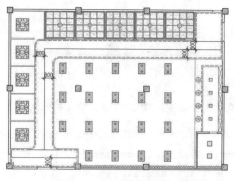

图9-126　绘制辅助线

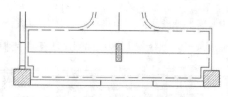

图9-127　插入结果

（4）单击"默认"选项卡→"修改"面板→"复制"按钮 🗔，将插入的灯具对称复制1200和2400个单位，结果如图9-128所示。

（5）单击"默认"选项卡→"块"面板→"插入"按钮 🗔，再次插入随书光盘中的"\图块文件\吊灯05.dwg"，其中块参数设置如图9-129所示。

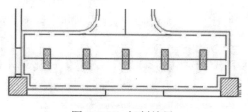

图9-128　复制结果

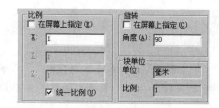

图9-129　设置块参数

（6）返回绘图区根据命令行的提示引出如图9-130所示的中点追踪虚线，然后输入750并按Enter键，定位插入点，插入结果如图9-131所示。

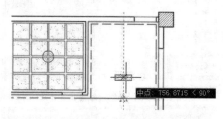

图9-130　引出中点追踪虚线

图9-131　插入结果

（7）单击"默认"选项卡→"修改"面板→"复制"按钮 🗔，将刚插入的灯具向上复制1200个单位，结果如图9-132所示。

（8）单击"默认"选项卡→"块"面板→"插入"按钮，以默认参数再次插入光盘中的"\图块文件\吊灯05.dwg"，结果如图9-133所示。

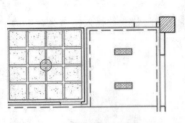

图9-132　复制结果

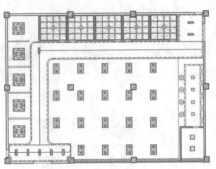

图9-133　插入结果

（9）单击"默认"选项卡→"修改"面板→"矩形阵列"按钮，选择刚插入的灯具图块水平向右阵列12份，其中列偏移为1500，阵列结果如图9-134所示。

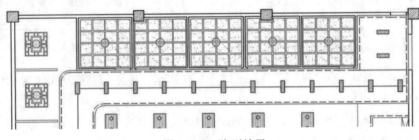

图9-134　阵列结果

（10）单击"默认"选项卡→"修改"面板→"旋转"按钮，选择左侧的灯具旋转90度，结果如图9-135所示。

（11）单击"默认"选项卡→"修改"面板→"矩形阵列"按钮，选择刚插入的灯具图块向下阵列7份，其中行偏移为–1500，阵列结果如图9-136所示。

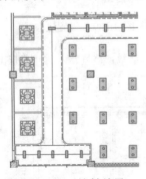

图9-135　旋转结果

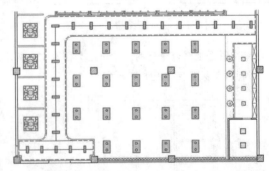

图9-136　阵列结果

（12）使用快捷键"E"激活"删除"命令，删除各位置的灯具定位辅助线，结果如图9-137所示。

（13）单击"默认"选项卡→"块"面板→"插入"按钮，配合"两点之间的中点和中点捕捉"功能，以默认参数再次插入光盘中的"\图块文件\吊灯05.dwg"，结果如图9-138所示。

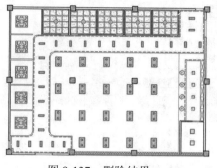

图 9-137　删除结果

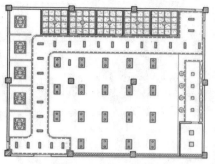

图 9-138　插入结果

（14）单击"默认"选项卡→"修改"面板→"矩形阵列"按钮，选择刚插入的灯具图块阵列 5 列 4 行，共 20 份，其中列偏移为 2500，行偏移为-2800，阵列结果如图 9-139 所示。

（15）使用快捷键"E"激活"删除"命令，删除阵列集合左下角的灯具图块，结果如图 9-140 所示。

图 9-139　阵列结果

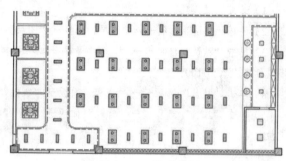

图 9-140　阵列结果

至次，休闲会所吊顶辅助灯具绘制完毕，接下来将主要为休闲会所吊顶装修图标注文字注释。

9.7.3　标注休闲会所吊顶图文字

（1）继续上节操作。

（2）展开"默认"选项卡→"图层"面板→"图层"下拉列表，将"文本层"设置为当前图层。

（3）使用快捷键"D"激活"标注样式"命令，将"引线标注"设置为当前标注样式，同时修改标注比例为 150。

（4）使用快捷键"LE"激活"快速引线"命令，在命令行"指定第一个引线点或[设置(S)] <设置>:"提示下，输入"S"打开"引线设置"对话框，分别设置引线参数如图 9-65 和图 9-66 所示。

（5）返回绘图区根据命令行 的提示分别在绘图区指定引线点，然后标注如图 9-141 所示的引线注释。

（6）重复执行"快速引线"命令，按照上述的参数设置，分别标注其他位置的引线文本，标注结果如图 9-142 所示。

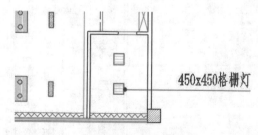

图 9-141　标注结果

至此，休闲会所吊顶图文字注释标注完毕，下一小节将学习休闲会所吊顶图尺寸的快速标注过程。

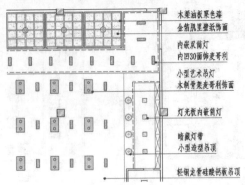

图 9-142　标注其他引线文本

9.7.4　标注休闲会所吊顶图尺寸

（1）继续上节操作。

（2）展开"默认"选项卡→"图层"面板→"图层"下拉列表，解冻"尺寸层"，并将其设为当前图层。

（3）单击"默认"选项卡→"注释"面板→"标注样式"按钮，将"建筑标注"设为当前标注样式，并修改标注比例为 100。

（4）单击"默认"选项卡→"注释"面板→"线性"按钮，标注如图 9-143 所示的线性尺寸。

（5）单击"注释"选项卡→"标注"面板→"连续"按钮，标注结果如图 9-144 所示的连续尺寸作为定位尺寸。

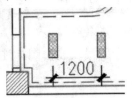

图 9-143　标注结果

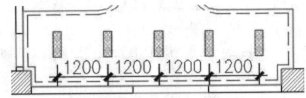

图 9-144　标注连续尺寸

（6）参照上述操作，重复使用"线性"和"连续"命令，分别标注其他定位尺寸，结果如图 9-145 所示。

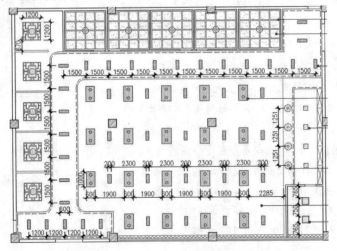

图 9-145　标注其他尺寸

（7）调整视图，使吊顶面图全部显示，最终结果如图9-106所示。

（8）最后执行"另存为"命令，将图形另名存储为"绘制休闲会所吊顶灯具图.dwg"。

9.8 绘制休闲会所 C 向装修图立面

本节通过绘制休闲会所 C 向装修立面图，主要学习休闲会所装修立面图的具体绘制过程和绘制技巧。本例最终绘制效果如图9-146所示。

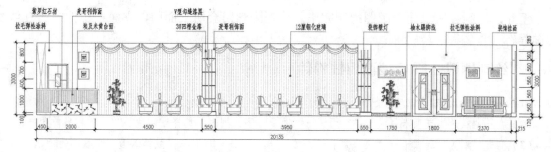

图 9-146 实例效果

9.8.1 绘制休闲会所 C 墙面轮廓图

（1）单击"快速访问"工具栏→"新建"按钮，以随书光盘中的"\样板文件\商业装潢样板.dwt"作为基础样板，新建文件。

（2）展开"默认"选项卡→"图层"面板→"图层"下拉列表，设置"轮廓线"为当前操作层。

（3）单击"默认"选项卡→"绘图"面板→"矩形"按钮，绘制长度为20135、宽度为3000的矩形作为立面外轮廓线。

（4）单击"默认"选项卡→"修改"面板→"分解"按钮，将绘制的矩形分解为四条独立的线段。

（5）单击"默认"选项卡→"修改"面板→"偏移"按钮，将矩形左侧垂直边向右偏移2450、6950、7500和13450个单位。

（6）重复执行"偏移"命令，将矩形右侧的垂直边向左偏移185、2585、4385和6135个单位，结果如图9-147所示。

图 9-147 偏移结果

（7）重复执行"偏移"命令，将矩形下侧的水平边向上偏移120个单位，结果如图9-148所示。

图 9-148 偏移结果

（8）单击"默认"选项卡→"修改"面板→"修剪"按钮 ⁄⁺，对偏移出的水平图线进行修剪编辑，结果如图 9-149 所示。

图 9-149　修剪结果

至此，休闲会所墙面轮廓图绘制完毕，接下来学习会所立面门、立面柱构件图的具体绘制过程。

9.8.2　绘制休闲会所 C 墙面门柱构件

（1）继续上节操作。

（2）展开"默认"选项卡→"图层"面板→"图层"下拉列表，选择"图块层"设置为当前图层。

（3）单击"默认"选项卡→"块"面板→"插入"按钮 ，以默认参数插入随书光盘中的"\图块文件\立面柱 01.dwg"。

（4）返回绘图区在"指定插入点或 [基点(B)/比例(S)/X/Y/Z/旋转(R)]:"提示下激活"两点之间的中点"功能，然后分别捕捉如图 9-150 和图 9-151 所示的端点，插入结果如图 9-152 所示。

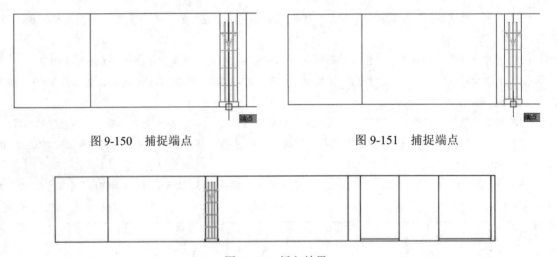

图 9-150　捕捉端点　　　　　　　　　　图 9-151　捕捉端点

图 9-152　插入结果

（5）单击"默认"选项卡→"修改"面板→"复制"按钮 ，选择刚插入的立面柱，复制到其他位置，结果如图 9-153 所示。

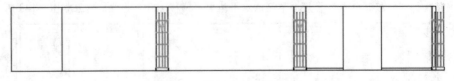

图 9-153　复制结果

（6）分解最右侧的立面柱，然后单击"默认"选项卡→"修改"面板→"修剪"按钮，以立面柱为轮廓线作为边界，对立面轮廓线进行修剪，结果如图 9-154 所示。

图 9-154　修剪结果

（7）展开"默认"选项卡→"图层"面板→"图层"下拉列表，选择"家具层"设置为当前图层。

（8）单击"默认"选项卡→"块"面板→"插入"按钮，配合"两点之间的中点"功能，以默认参数插入随书光盘中的"\图块文件\立面门 04.dwg"，结果如图 9-155 所示。

（9）综合使用"修剪"和"删除"命令，对立面图进行修整和完善，结果如图 9-156 所示。

图 9-155　插入结果

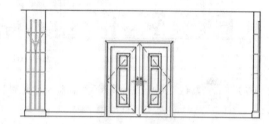

图 9-156　修整结果

至此，休闲会所立面门柱构件绘制完毕，接下来学习会所立面家具及陈设构件图的具体绘制过程。

9.8.3　绘制休闲会所 C 墙面家具陈设

（1）继续上节操作。

（2）单击"默认"选项卡→"块"面板→"插入"按钮，以默认参数插入随书光盘中的"\图块文件\吧台侧面.dwg"，插入结果如图 9-157 所示。

（3）重复执行"插入块"命令，配合"捕捉自"或追踪功能，以默认参数插入随书光盘中的"\图块文件\"目录下的"立面门 03.dwg 和装饰画 04.dwg"，插入结果如图 9-158 所示。

（4）单击"默认"选项卡→"修改"面板→"复制"按钮，将插入的装饰画向上复制 700 个单位，然后使用"直线"命令绘制酒水柜示意图，结果如图 9-159 所示。

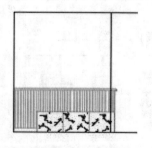

图 9-157　吧台

图 9-158　插入结果

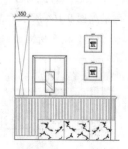

图 9-159　操作结果

（5）重复执行"插入块"命令，配合"捕捉自"或追踪功能，插入随书光盘中的"\图块文件\"目录下的"立面桌椅01.dwg和绿化植物1.dwg"，其中绿化植物图块的缩放比例为0.8，插入结果如图9-160所示。

图9-160　插入结果

（6）单击"默认"选项卡→"修改"面板→"矩形阵列"按钮，将插入的立面桌椅图块向右阵列4份，其中列偏移为2500，阵列结果如图9-161所示。

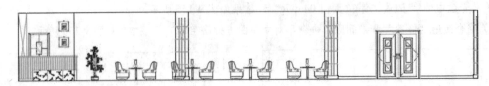

图9-161　阵列结果

（7）单击"默认"选项卡→"修改"面板→"复制"按钮，将绿化植物图块复制到右侧，结果如图9-162所示。

（8）单击"默认"选项卡→"块"面板→"插入"按钮，配合"捕捉自"或追踪功能，插入随书光盘中的"\图块文件\"目录下的"装饰画02.dwg、装饰画03.dwg、立面沙发03.dwg和立面桌01.dwg"，结果如图9-163所示。

图9-162　复制结果

图9-163　插入结果

（9）单击"默认"选项卡→"修改"面板→"分解"按钮，选择沙发和立面柱图块进行分解。

（10）接下来综合使用"修剪"和"删除"命令，对立面图进行修整和完善，修剪和删除被遮挡住的图线，结果如图9-164所示。

至此，休闲会所立面构件图绘制完结，接下来学习休闲会所窗帘和窗幔构件的绘制过程。

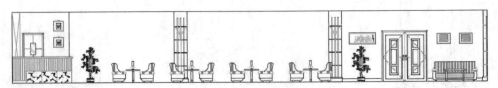

图9-164　操作结果

9.8.4 绘制休闲会所 C 墙面窗幔和窗帘

（1）继续上节操作。

（2）单击"默认"选项卡→"块"面板→"插入"按钮 ，以默认参数插入随书光盘中的"\图块文件\"目录下的"窗幔 01.dwg 和窗幔 02.dwg"，插入结果如图 9-165 所示。

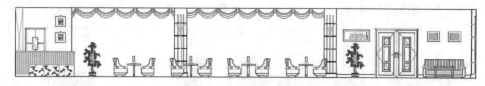

图 9-165 插入结果

（3）展开"默认"选项卡→"图层"面板→"图层"下拉列表，选择"填充层"设置为当前图层。

（4）在无命令执行的前提下夹点显示如图 9-166 所示的对象。

图 9-166 夹点效果

（5）展开"图层控制"下拉列表，将夹点对象放到"填充层"上，并冻结"家具层"，此时平面图的显示结果如图 9-167 所示。

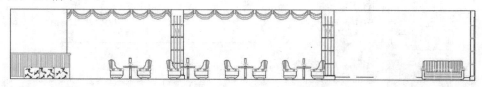

图 9-167 冻结图层后的效果

（6）单击"默认"选项卡→"绘图"面板→"图案填充"按钮 ，设置填充图案与参数如图 9-168 所示，然后返回绘图区指定如图 9-169 所示的填充区域，填充如图 9-170 所示的图案。

图 9-168 设置填充图案与参数

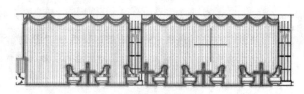

图 9-169 指定填充区域

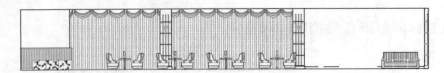

图 9-170　填充结果

（7）在无命令执行的前提分别单击吧台、立面桌椅、立面沙发等对象，使其呈现夹点显示，如图 9-171 所示。

图 9-171　夹点效果

（8）展开"默认"选项卡→"图层"面板→"图层"下拉列表，修改夹点对象的图层为"家具层"，并解冻此图层，此时平面图的显示效果如图 9-172 所示。

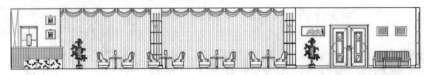

图 9-172　平面图的显示结果

（9）重复执行"图案填充"命令，设置填充图案与参数如图 9-173 所示，为立面图填充如图 9-174 所示的图案。

图 9-173　设置填充图案与参数

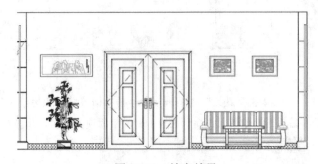

图 9-174　填充结果

至此，休闲会所窗幔、窗帘及踢脚线绘制完毕，接下来为休闲会所立面图标注尺寸。

9.8.5　标注休闲会所 C 墙面图尺寸

（1）继续上节操作。

（2）展开"默认"选项卡→"图层"面板→"图层"下拉列表，选择"尺寸层"设置为当前图层。

（3）使用快捷键"D"激活"标注样式"命令，将"建筑标注"设为当前标注样式，同时修改标注比例为 50。

（4）单击"默认"选项卡→"注释"面板→"线性"按钮，配合"对象捕捉"和"极轴追踪"标注如图 9-175 所示的线性尺寸作为基准尺寸。

（5）单击"注释"选项卡→"标注"面板→"连续"按钮 ┼┼┼，以刚标注的尺寸作为基准尺寸，配合追踪与捕捉功能标注如图 9-176 所示的细部尺寸。

（6）单击"默认"选项卡→"注释"面板→"线性"按钮 ┣┫，配合端点捕捉功能标注总尺寸，结果如图 9-177 所示。

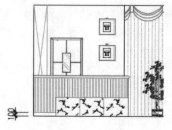
图 9-175　标注线性尺寸

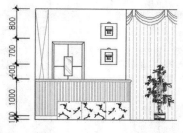
图 9-176　标注连续尺寸

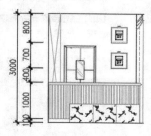
图 9-177　标注总尺寸

（7）参照~操作步骤，综合使用"线性"和"连续"命令，分别标注其他位置的尺寸，结果如图 9-178 所示。

（8）在无命令执行的前提下单击标注文字为 100 的对象，使其呈现夹点显示。

（9）将光标放在标注文字夹点上，然后从弹出的快捷菜单中选择"仅移动文字"选项。

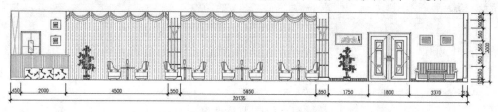
图 9-178　标注其他尺寸

（10）在命令行 "** 仅移动文字 **指定目标点:"提示下，在适当位置指定文字的位置，并按 Esc 键取消尺寸的夹点，调整结果如图 9-179 所示。

（11）参照第 9~10 操作步骤，分别调整其他标注文字的位置，结果如图 9-180 所示。

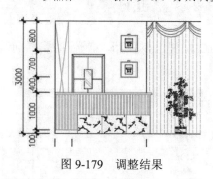
图 9-179　调整结果

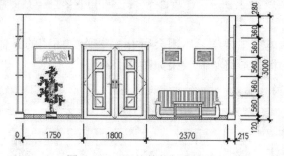
图 9-180　调整其他标注文字

至此，休闲会所装修立面图尺寸标注完毕，接下来为会所立面图标注墙面材质注释。

9.8.6　标注休闲会所 C 墙面材质注释

（1）继续上节操作。

（2）展开"默认"选项卡→"图层"面板→"图层"下拉列表，选择"文本层"设置为当前图层。

（3）使用快捷键"D"激活"标注样式"命令，将"引线标注"设置为当前标注样式，同时修改标注比例为70。

（4）使用快捷键"LE"激活"快速引线"命令，使用命令中的"设置"选项功能设置引线参数如图9-181所示和图9-182所示。

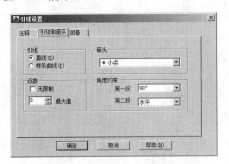

图9-181　设置引线和箭头　　　　　　　　　图9-182　设置注释位置

（5）返回绘图区根据命令行的提示在适当位置指定引线点绘制引线，标注如图9-183所示的引线注释。

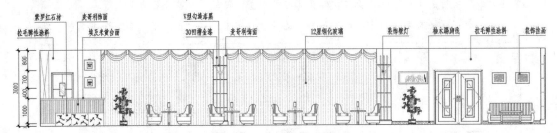

图9-183　标注结果

（6）调整视图，使立面图全部显示，最终结果如图9-146所示。

（7）最后执行"保存"命令，将图形命名存储为"绘制休闲会所C墙面装修立面图.dwg"。

9.9　绘制休闲会所B向装修立面图

本节主要学习休闲会所B向装修立面图的具体绘制过程和绘制技巧。休闲会所B向装修立面图的最终绘制效果如图9-184所示。

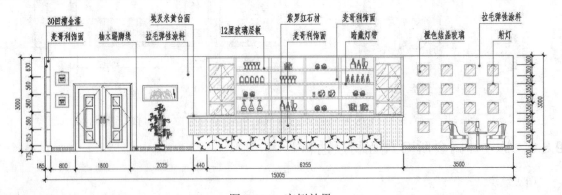

图9-184　实例效果

9.9.1 绘制休闲会所 B 墙面轮廓图

（1）单击"快速访问"工具栏→"新建"按钮 ，以随书光盘中的"\样板文件\商业装潢样板.dwt"作为基础样板，新建文件。

（2）展开"默认"选项卡→"图层"面板→"图层"下拉列表，设置"轮廓线"为当前操作层。

（3）单击"默认"选项卡→"绘图"面板→"矩形"按钮 ，绘制长度为 15005、宽度为 3000 的矩形作为立面外轮廓线。

（4）单击"默认"选项卡→"修改"面板→"分解"按钮 ，将绘制的矩形分解为四条独立的线段。

（5）单击"默认"选项卡→"修改"面板→"偏移"按钮 ，将矩形左侧垂直边向右偏移 985、2785 和 4650 个单位。

（6）重复执行"偏移"命令，将矩形右侧的垂直边向左偏移 3500 和 9755 个单位，结果如图 9-185 所示。

图 9-185　偏移结果

（7）重复执行"偏移"命令，将矩形下侧的水平边向上偏移 120 个单位，结果如图 9-186 所示。

图 9-186　偏移结果

（8）单击"默认"选项卡→"修改"面板→"修剪"按钮 ，对偏移出的水平图线进行修剪编辑，结果如图 9-187 所示。

图 9-187　修剪结果

（9）单击"默认"选项卡→"修改"面板→"偏移"按钮 ，将矩形左侧垂直边向右偏移 185 个单位，定位立面柱，结果如图 9-188 所示。

图 9-188　偏移结果

至此，休闲会所 B 墙面轮廓图绘制完毕，接下来学习会所 B 立面门、柱、吧台、酒水柜等构件图的具体绘制过程。

9.8.2　绘制休闲会所 B 墙面构件图

（1）继续上节操作。

（2）展开"默认"选项卡→"图层"面板→"图层"下拉列表，选择"家具层"设置为当前图层。

（3）使用快捷键"LT"激活"线型"命令，在打开的"线型管理器"对话框中加载线型并设置线型比例为 75。

（4）单击"默认"选项卡→"块"面板→"插入"按钮 ，以默认参数插入随书光盘中的"\图块文件\立面门 04.dwg"。

（5）返回绘图区在"指定插入点或 [基点(B)/比例(S)/X/Y/Z/旋转(R)]:"提示下激活"两点之间的中点"功能，然后分别捕捉如图 9-189 和图 9-190 所示的端点，插入结果如图 9-191 所示。

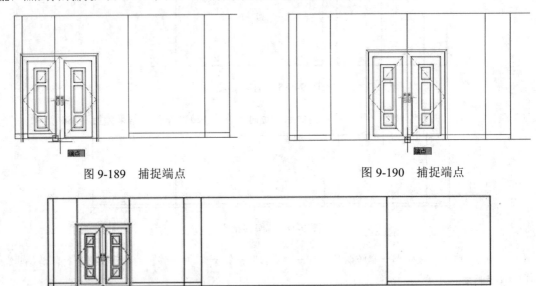

图 9-189　捕捉端点　　　　　　　　　　图 9-190　捕捉端点

图 9-191　插入结果

（6）重复执行"插入块"命令，以默认参数插入随书光盘中的"\图块文件\酒水柜.dwg"，插入点为如图 9-192 所示的端点。

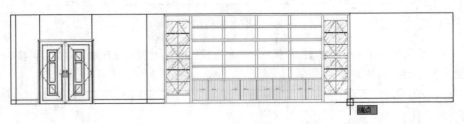

图 9-192　定位插入点

（7）重复执行"插入块"命令，以默认参数插入随书光盘中的"\图块文件\吧台 02.dwg"，插入点为如图 9-192 所示的端点，插入结果如图 9-193 所示。

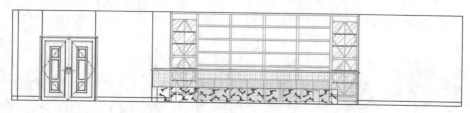

图 9-193　插入结果

（8）重复执行"插入块"命令，以默认参数插入随书光盘中的"\图块文件\"目录下的"立面柱01.dwg、绿化植物01.dwg和立面桌椅01.dwg"，结果如图9-194所示。

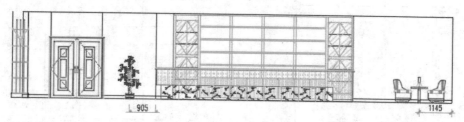

图 9-194　插入结果

（9）重复执行"插入块"命令，以默认参数插入"\图块文件\"目录下的"酒水器具.dwg"图块，结果如图9-195所示。

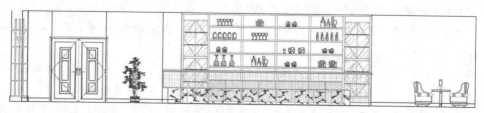

图 9-195　插入结果

（10）单击"默认"选项卡→"修改"面板→"分解"按钮，将刚插入的立面柱和酒水柜分解。

（11）接下来综合使用"修剪"和"删除"命令，对立面图进行修整和完善，修剪和删除被遮挡住的图线，结果如图9-196所示。

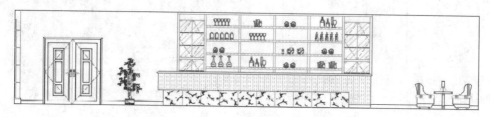

图 9-196　修整结果

至此，休闲会所立面构件图绘制完结，接下来学习休闲会所 B 墙面凹入式墙面造型的绘制过程。

9.9.3　绘制凹式墙面造型与装饰画

（1）继续上节操作。

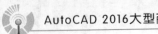

（2）单击"默认"选项卡→"绘图"面板→"矩形"按钮□，配合"捕捉自"功能绘制矩形，命令行操作如下。

```
命令：rectang
指定第一个角点或 [倒角(C)/标高(E)/圆角(F)/厚度(T)/宽度(W)]：  //激活"捕捉自"功能
_from 基点：                    //捕捉如图 9-197 所示的端点
<偏移>：                        //@-465,-300Enter
指定另一个角点或 [面积(A)/尺寸(D)/旋转(R)]：
                               //@-350,-350 Enter，绘制结果如图 9-198 所示
```

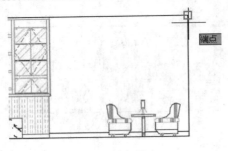
图 9-197　捕捉端点

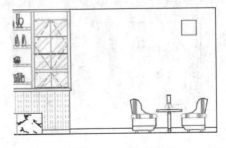
图 9-198　绘制结果

（3）单击"默认"选项卡→"块"面板→"插入"按钮，配合中点捕捉功能，以默认参数插入随书光盘中的"\图块文件\射灯 03.dwg"，结果如图 9-199 所示。

（4）单击"默认"选项卡→"绘图"面板→"直线"按钮，配合端点捕捉功能绘制如图 9-200 所示的示意线。

（5）单击"默认"选项卡→"绘图"面板→"图案填充"按钮，在命令行"拾取内部点或 [选择对象(S)/设置(T)]："提示下，激活"设置"选项，打开"图案填充和渐变色"对话框。

（6）在"图案填充和渐变色"对话框中选择图案并设置填充比例、角度、关联特性等，如图 9-201 所示。

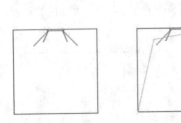
图 9-199　插入结果　　图 9-200　绘制结果

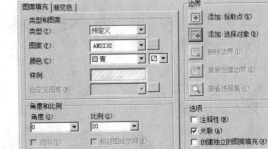
图 9-201　设置填充图案与参数

（7）单击"添加：选择对象"按钮，返回绘图区选择刚绘制的矩形，填充结果如图 9-202 所示。

（8）单击"默认"选项卡→"修改"面板→"矩形阵列"按钮，选择填充后的墙面造型进行阵列，命令行操作如下。

```
命令：_arrayrect
选择对象：                    //框选如图 9-203 所示的墙面造型
选择对象：                    // Enter
```

```
        类型 = 矩形  关联 = 是
        选择夹点以编辑阵列或 [关联(AS)/基点(B)/计数(COU)/间距(S)/列数(COL)/行数(R)/层数
(L)/退出(X)] <退出>:                        //COU Enter
        输入列数数或 [表达式(E)] <4>:              //4 Enter
        输入行数数或 [表达式(E)] <3>:              //4 Enter
        选择夹点以编辑阵列或 [关联(AS)/基点(B)/计数(COU)/间距(S)/列数(COL)/行数(R)/层数
(L)/退出(X)] <退出>:                        //s Enter
        指定列之间的距离或 [单位单元(U)] <0>:        //-740 Enter
        指定行之间的距离 <1>:                     //-600 Enter
        选择夹点以编辑阵列或 [关联(AS)/基点(B)/计数(COU)/间距(S)/列数(COL)/行数(R)/层数
(L)/退出(X)] <退出>:                        //AS Enter
        创建关联阵列 [是(Y)/否(N)] <否>:          //N Enter
        选择夹点以编辑阵列或 [关联(AS)/基点(B)/计数(COU)/间距(S)/列数(COL)/行数(R)/层数
(L)/退出(X)] <退出>:                        // Enter,阵列结果如图9-204所示
```

图 9-202　填充结果

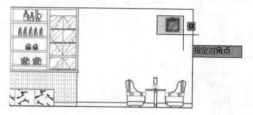

图 9-203　窗口选择

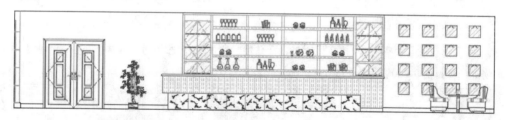

图 9-204　阵列结果

（9）单击"默认"选项卡→"绘图"面板→"图案填充"按钮，为立面图填充踢脚线图案，参数设置如图 9-173 所示。

（10）单击"默认"选项卡→"修改"面板→"修剪"按钮，将阵列出的墙面造型进行修剪编辑，结果如图 9-205 所示。

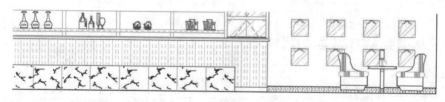

图 9-205　修剪结果

（11）单击"默认"选项卡→"块"面板→"插入"按钮，以默认参数插入随书光盘中的"\图块文件\装饰画 02.dwg"。

（12）返回绘图区根据命令行的提示，配合"捕捉自"功能，捕捉如图 9-206 所示的端点作为偏移基点，输入插入点坐标"@–1062.5,1600"，插入结果如图 9-207 所示。

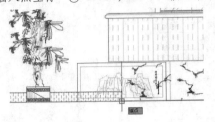

图 9-206　捕捉端点

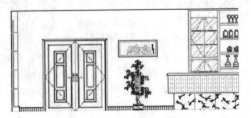

图 9-207　插入结果

（13）重复执行"插入块"命令，以默认参数插入随书光盘中的"\图块文件\装饰画 04.dwg"。

（14）返回绘图区根据命令行的提示，配合"捕捉自"功能，捕捉如图 9-208 所示的端点作为偏移基点，输入插入点坐标"@560,1400"，插入结果如图 9-209 所示。

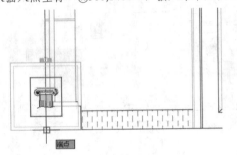

图 9-208　捕捉端点

图 9-209　插入结果

（15）单击"默认"选项卡→"修改"面板→"复制"按钮，选择插入的装饰画图块，垂直向上复制 700 个单位，结果如图 9-210 所示。

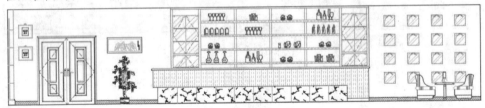

图 9-210　复制结果

至此，休闲会所墙面造型及装饰画绘制完毕，接下来学业习休闲会所装修立面图尺寸的标注过程。

9.9.4　标注休闲会所 B 墙面图尺寸

（1）继续上节操作。

（2）展开"默认"选项卡→"图层"面板→"图层"下拉列表，选择"尺寸层"设置为当前图层。

（3）使用快捷键"D"激活"标注样式"命令，将"建筑标注"设为当前标注样式，同时修改标注比例为 48。

（4）单击"默认"选项卡→"注释"面板→"线性"按钮，配合"对象捕捉"功能标注如图 9-211 所示的线性尺寸作为基准尺寸。

（5）单击"注释"选项卡→"标注"面板→"连续"按钮，以刚标注的尺寸作为基准尺寸，配合"端点捕捉"功能标注如图9-212所示的尺寸作为细部尺寸。

（6）单击"默认"选项卡→"注释"面板→"线性"按钮，配合端点捕捉功能标注总尺寸，结果如图9-213所示。

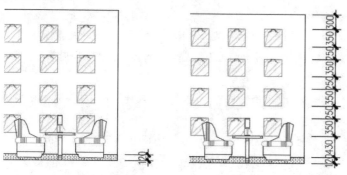

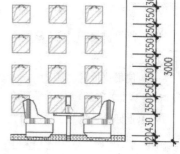

图9-211　标注线性尺寸　　　图9-212　标注连续尺寸　　　图9-213　标注总尺寸

（7）参照~操作步骤，综合使用"线性"和"连续"命令，分别标注其他位置的尺寸，结果如图9-214所示。

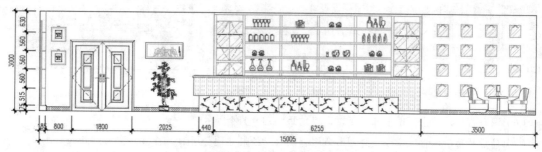

图9-214　标注其他尺寸

（8）在无命令执行的前提下单击标注文字为120的对象，使其呈现夹点显示状态。

（9）将光标放在标注文字夹点上，然后从弹出的快捷菜单中选择"仅移动文字"选项。

（10）在命令行"** 仅移动文字 **指定目标点:"提示下，在适当位置指定文字的位置，并按Esc键取消尺寸的夹点，调整结果如图9-215所示。

（11）参照第8~10操作步骤，分别调整其他标注文字的位置，结果如图9-216所示。

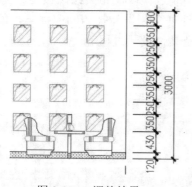

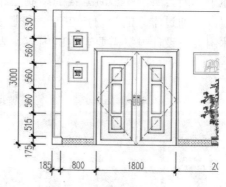

图9-215　调整结果　　　　　　图9-216　调整其他标注文字

至此，休闲会所 B 墙面装修立面图尺寸标注完毕，接下来为会所 B 立面图标注墙面材质注释。

9.9.5　标注休闲会所墙面材质注释

（1）继续上节操作。

（2）展开"默认"选项卡→"图层"面板→"图层"下拉列表，选择"文本层"设置为当前图层。

（3）使用快捷键"D"激活"标注样式"命令，将"引线标注"设置为当前标注样式，同时修改标注比例为70。

（4）使用快捷键"LE"激活"快速引线"命令，使用命令中的"设置"选项功能设置引线参数如图 9-181 所示和图 9-182 所示。

（5）返回绘图区根据命令行的提示在适当位置指定引线点绘制引线，标注如图 9-217 所示的引线注释。

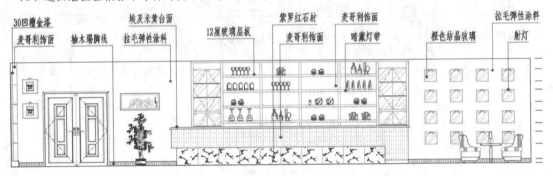

图 9-217　标注结果

（6）调整视图，使立面图全部显示，最终结果如图 9-184 所示。

（7）最后执行"保存"命令，将图形命名存储为"绘制休闲会所 B 墙面装修立面图.dwg"。

9.10　本 章 小 结

休闲会所主要是人们放松心情、释放压力的场所，随着时代的发展，其功能也日日趋完善。本章在简单了解多休闲会所装修理论知识的前提下，通过绘制休闲会所墙柱平面图、绘制休闲会所装修布置图、绘制休闲会所吊顶装修图、绘制休闲会所装修立面图等典型实例，系统讲述了休闲会所空间装潢方案的绘制思路、具体绘制过程以及相关绘图技巧。

希望读者通过本章的学习，在理解和掌握相关设计理念和设计技巧的前提下，能够了解和掌握休闲会所设计方案需要表达的内容、表达思路及具体设计过程等。

第 10 章　夜总会 KTV 空间装潢设计

夜总会 KTV 其实就是提供卡拉 ok 影音设备与视唱空间的场所，广义理解为集合卡拉 ok、慢摇、HI 房、背景音乐并提供酒水服务的主营业为夜间的一种娱乐场。KTV 空间是以 KTV 经营内容为基础，一般分为小包厢、中包厢、大包厢三种类型，必要时可提供特大包厢。小包厢设计面积一般在 8～12 平方米，中包厢设计一般在 15～20 平方米，大包厢一般在 24～30 平方米，特大包厢在一般 55 平方米以上为宜。本章主要学习夜总会 KTV 装潢方案图的绘制思路、绘制过程以及绘制技巧。

■ **本章内容**

✧ 夜总会 KTV 装潢设计要点
✧ 夜总会 KTV 装潢设计思路
✧ 绘制夜总会 KTV 平面布置图
✧ 标注夜总会 KTV 装修布置图
✧ 绘制夜总会 KTV 吊顶装修图
✧ 绘制夜总会 KTV 吊顶灯具图
✧ 标注夜总会 KTV 吊顶装修图
✧ 绘制夜总会包厢 B 立面装修图
✧ 绘制夜总会包厢 D 立面装修图
✧ 本章小结

10.1　夜总会 KTV 装潢设计要点

KTV 的装修不仅涉及建筑、结构、声学、通风、暖气、照明、音响、视频等多种方面，而且还涉及安全、实用、环保、文化等多方面问题。在装修设计时，一般要兼顾以下几点。

（1）房间结构。根据建筑学和声学原理，人体工程学和舒适度来考虑，KTV 房间的长和宽的黄金比例为 0.618，即是说如果设计为长度 1 米，宽度至少应考虑在 0.6 米偏上。

（2）房间家具。在 KYV 包厢内除包含电视、电视柜、点歌器，麦克风等视听设备外，还应配置沙发、茶几等基本家具，若 KTV 包厢内设有舞池，还应提供舞台和灯光空间。

（3）房间陈设。除包厢必备家具之外，在家具本身上面需要放置的东西有点歌本、摆放的花瓶和花、话筒托盘、宣传广告等陈设品。这些东西对有些是吸音的，有些是反射的，而有些又是扩散的，这种不规则的东西对于声音而言是起到了很好的帮助作用。

（4）空间尺寸。在装修设计 KTV 时，还应考虑客人座位与电视荧幕的最短距离，一般最小不得小于 3 到 4 米。

（5）房间的隔音。隔音是解决"串音"的最好办法，从理论上讲材料的硬度越高隔音效果就越好。最常见的装修方法是轻钢龙骨石膏板隔断墙，在石膏板的外面附加一层硬度比较高的水泥板；或 2/4 红砖墙，两边水泥墙面。

除此之外，在装修 KTV 时，还要兼顾到房间的混响、房间的装修材料以及房间的声学要求等。总之， KTV 的空间应具有封闭、隐秘、温馨的特征。

10.2　夜总会 KTV 装潢设计思路

在绘制并设计 KTV 包厢方案图时，可以参照如下思路。

（1）首先根据原有建筑平面图或事先测量出的数据，绘制并规划 KTV 包厢墙体平面图。

（2）根据绘制出的 KTV 包厢墙体平面图，绘制 KTV 包厢布置图和地面装修材质图。

（3）根据 KTV 包厢布置图绘制 KTV 包厢的吊顶方案图，要注意吊顶轮廓线的表达以及吊顶各灯具的布局。

（4）根据 KTV 包厢的平面布置图，绘制包厢墙面的投影图，重点是 KTV 包厢有墙面装饰轮廓图案的表达以及装修材料的说明等。

10.3　绘制夜总会 KTV 平面布置图

本例主要学习夜总会 KTV 包厢平面布置图的绘制方法和具体绘制过程。KTV 包厢布置图的最终绘制效果如图 10-1 所示。

10.3.1　绘制夜总会 KTV 墙体平面图

（1）单击"快速访问"工具栏→"新建"按钮，以随书光盘中的"\样板文件\商业装潢样板.dwt"作为基础样板，新建文件。

（2）使用快捷键"LA"激活"图层"命令，在打开的"图层特性管理器"对话框中双击"墙线层"，将其设置为当前图层，如图 10-2 所示。

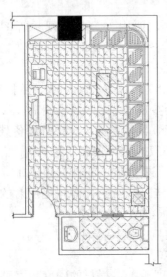

图 10-1　实例效果

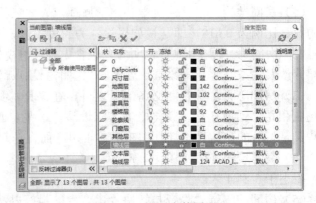

图 10-2　设置当前图层

（3）使用快捷键"ML"激活"多线"命令，绘制宽度为300的外墙线，命令行操作如下。

```
命令：_mline
当前设置：对正 = 上，比例 = 20.00，样式 = 墙线样式
指定起点或 [对正(J)/比例(S)/样式(ST)]：    //s Enter
输入多线比例 <20.00>：                      //300 Enter
当前设置：对正 = 上，比例 = 300.00，样式 = 墙线样式
指定起点或 [对正(J)/比例(S)/样式(ST)]：    //在绘图区拾取一点
指定下一点：                                //@4820,0 Enter
指定下一点或 [放弃(U)]：                    //@0,-8150 Enter
指定下一点或 [闭合(C)/放弃(U)]：           // Enter，绘制结果如图10-3所示
```

（4）重复执行"多线"命令，配合"捕捉自"功能绘制宽度为100的垂直墙线，命令行操作如下。

```
命令：_mline
当前设置：对正 = 上，比例 = 300.00，样式 = 墙线样式
指定起点或 [对正(J)/比例(S)/样式(ST)]：    //s Enter
输入多线比例 <300.00>：                     //100 Enter
当前设置：对正 = 上，比例 = 100.00，样式 = 墙线样式
指定起点或 [对正(J)/比例(S)/样式(ST)]：    //激活"捕捉自"功能
_from 基点：                               //捕捉如图10-4所示的端点
<偏移>：                                    //@-4000,0 Enter
指定下一点：                                //@0,-6200 Enter
指定下一点或 [放弃(U)]：                    // Enter，绘制结果如图10-5所示
```

   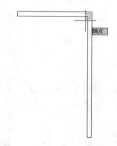   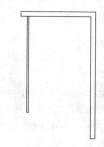

图10-3　绘制结果　　　　图10-4　捕捉端点　　　　图10-5　绘制结果

（5）重复执行"多线"命令，配合"捕捉自"功能，绘制宽度为100的水平墙线，命令行操作如下。

```
命令：_mline
当前设置：对正 = 上，比例 = 100.00，样式 = 墙线样式
指定起点或 [对正(J)/比例(S)/样式(ST)]：    //激活"捕捉自"功能
_from 基点：                               //捕捉如图10-6所示的端点
<偏移>：                                    //@0,-6300 Enter
指定下一点：                                //@-3070,0 Enter
指定下一点或 [放弃(U)]：                    // Enter，结束命令
命令：
MLINE 当前设置：对正 = 上，比例 = 100.00，样式 = 墙线样式
指定起点或 [对正(J)/比例(S)/样式(ST)]：    //激活"捕捉自"功能
_from 基点：                               //捕捉如图10-7所示的端点
```

```
<偏移>:                              //@-850,0 Enter
指定下一点:            //@-600,0 Enter
指定下一点或 [放弃(U)]: // Enter, 绘制结果如图10-8所示
```

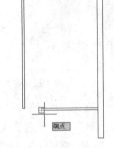
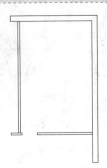

图 10-6 捕捉端点   图 10-7 捕捉端点   图 10-8 绘制结果

（6）重复执行"多线"命令，配合"捕捉自"功能，绘制卫生间墙线，命令行操作如下。

```
命令: _mline
当前设置: 对正 = 上, 比例 = 100.00, 样式 = 墙线样式
指定起点或 [对正(J)/比例(S)/样式(ST)]:   //s Enter
输入多线比例 <100.00>:              150 Enter
当前设置: 对正 = 上, 比例 = 150.00, 样式 = 墙线样式
指定起点或 [对正(J)/比例(S)/样式(ST)]:   //激活"捕捉自"功能
_from 基点:                       //捕捉如图10-9所示的端点
<偏移>:                          //@0,-1240 Enter
指定下一点:                       //@-3000,0 Enter
指定下一点或 [放弃(U)]:             // Enter, 结束命令
命令:
MLINE当前设置: 对正 = 上, 比例 = 150.00, 样式 = 墙线样式
指定起点或 [对正(J)/比例(S)/样式(ST)]:   //s Enter
输入多线比例 <150.00>:              //100 Enter
当前设置: 对正 = 上, 比例 = 100.00, 样式 = 墙线样式
指定起点或 [对正(J)/比例(S)/样式(ST)]:   //捕捉如图10-10所示的端点
指定下一点:                       //@0,1090 Enter
指定下一点或 [放弃(U)]:             // Enter, 绘制结果如图10-11所示
```

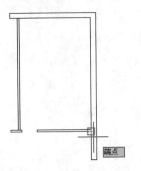
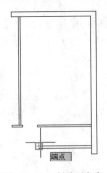
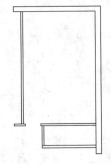

图 10-9 捕捉端点   图 10-10 捕捉端点   图 10-11 绘制结果

（7）单击"默认"选项卡→"绘图"面板→"矩形"按钮▭，绘制长宽都为 800 的柱子轮廓线，命令行操作如下。

```
命令：_rectang
指定第一个角点或 [倒角(C)/标高(E)/圆角(F)/厚度(T)/宽度(W)]：
                         //激活"捕捉自"功能
_from 基点：              //捕捉如图 10-12 所示的端点
<偏移>：                  //@-2500,0 Enter
指定另一个角点或 [面积(A)/尺寸(D)/旋转(R)]：
                         //@-800,-800 Enter，绘制结果如图 10-13 所示
```

（8）使用快捷键"H"激活"图案填充"命令，为矩形柱填充如图 10-14 所示的实体图案。

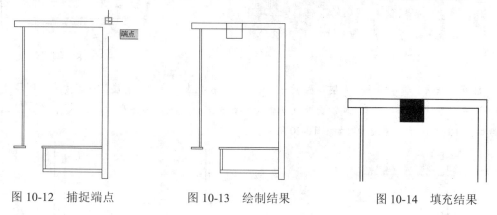

图 10-12　捕捉端点　　　　　　　图 10-13　绘制结果　　　　　　　图 10-14　填充结果

至此，夜总会 KTV 墙体平面图绘制完结，接下来绘制 KTV 平面构件图，并对墙体进行编辑完善。

10.3.2　绘制夜总会 KTV 平面构件图

（1）继续上节操作。

（2）在绘制的多线上双击左键，打开"多线编辑工具"对话框，选择如图 10-15 所示的"T 形合并"功能，对墙线进行编辑，结果如图 10-16 所示。

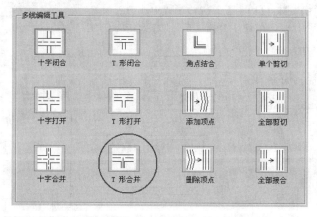

图 10-15　选择工具

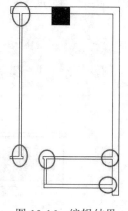

图 10-16　编辑结果

（3）再次打开"多线编辑工具"对话框，选择如图10-17所示的功能，继续对墙线进行编辑，编辑结果如图10-18所示。

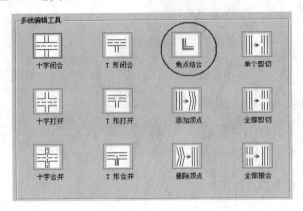

图10-17　选择工具

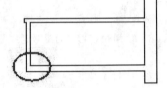

图10-18　编辑结果

（4）展开"默认"选项卡→"图层"面板→"图层"下拉列表，将"门窗层"设置为当前图层。

（5）单击"默认"选项卡→"块"面板→"插入"按钮，插入随书光盘"\图块文件\单开门.dwg"，设置参数如图10-19所示，插入结果如图10-20所示。

图10-19　绘制结果

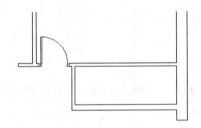

图10-20　插入单开门

（6）单击"默认"选项卡→"绘图"面板→"矩形"按钮，配合"捕捉自"功能绘制卫生间门洞，命令行操作如下。

```
命令：_rectang
指定第一个角点或 [倒角(C)/标高(E)/圆角(F)/厚度(T)/宽度(W)]：
                              //激活"捕捉自"功能
_from 基点：                  //捕捉如图10-21所示的端点
<偏移>：                      //@-1190,0 Enter
指定另一个角点或 [面积(A)/尺寸(D)/旋转(R)]：
                              //@-700,100 Enter，绘制结果如图10-22所示
```

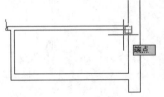

图10-21　捕捉端点

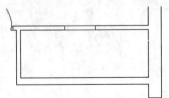

图10-22　绘制结果

（7）重复执行"矩形"命令，绘制长度为700、宽度为40的矩形，作为推拉门轮廓线，并对其进行位移，结果如图10-23所示。

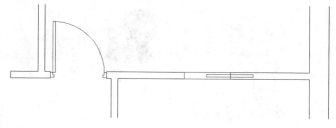

图 10-23　绘制结果

（8）夹点显示如图10-24所示的墙线，然后执行"修改"菜单中的"分解"命令，将其分解。

（9）使用快捷键"E"激活"删除"命令，删除前端的墙线，结果如图10-25所示。

（10）使用快捷键"L"激活"直线"命令，配合平行线捕捉功能绘制如图10-26所示的折断线。

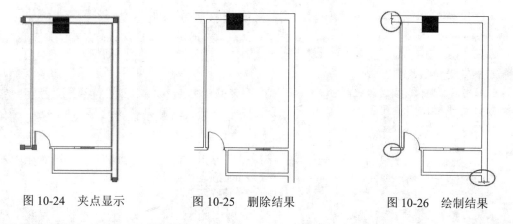

图 10-24　夹点显示　　　图 10-25　删除结果　　　图 10-26　绘制结果

至此，夜总会KTV平面构件图绘制完毕，接下来学习夜总会KTV家具布置图的具体绘制过程。

10.3.3　绘制夜总会KTV家具布置图

（1）继续上节操作。

（2）展开"默认"选项卡→"图层"面板→"图层"下拉列表，将"家具层"设置为当前图层。

（3）单击"默认"选项卡→"块"面板→"插入"按钮，采用默认设置插入随书光盘中的"\图块文件\沙发01.dwg"，插入点为图10-27所示的端点，插入结果如图10-28所示。

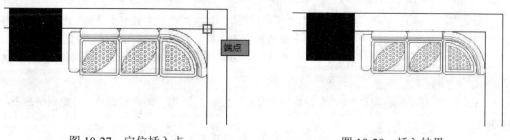

图 10-27　定位插入点　　　　　　图 10-28　插入结果

（4）重复执行"插入块"命令，配合中点捕捉和对象追踪功能，插入书光盘中的"\图块文件\沙发 02.dwg"文件，插入结果如图 10-29 所示。

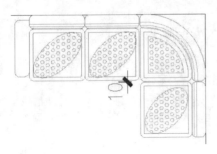

图 10-29　插入结果

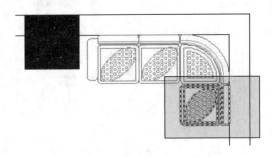

图 10-30　窗口选择

（5）单击"默认"选项卡→"修改"面板→"矩形阵列"按钮⌗，选择刚插入的图块进行阵列。命令行操作如下。

```
命令：_arrayrect
选择对象：                          //窗交选择如图 10-30 所示的对象
选择对象：                          // Enter
类型 = 矩形  关联 = 是
选择夹点以编辑阵列或 [关联(AS)/基点(B)/计数(COU)/间距(S)/列数(COL)/行数(R)/层
数(L)/退出(X)] <退出>：              //COU Enter
输入列数数或 [表达式(E)] <4>：       //1 Enter
输入行数数或 [表达式(E)] <3>：       //7 Enter
选择夹点以编辑阵列或 [关联(AS)/基点(B)/计数(COU)/间距(S)/列数(COL)/行数(R)/层
数(L)/退出(X)] <退出>：              //s Enter
指定列之间的距离或 [单位单元(U)] <0>：//1 Enter
指定行之间的距离 <540>：            //-610 Enter
选择夹点以编辑阵列或 [关联(AS)/基点(B)/计数(COU)/间距(S)/列数(COL)/行数(R)/层
数(L)/退出(X)] <退出>：              //AS Enter
创建关联阵列 [是(Y)/否(N)] <否>：    //N Enter
选择夹点以编辑阵列或 [关联(AS)/基点(B)/计数(COU)/间距(S)/列数(COL)/行数(R)/层
数(L)/退出(X)] <退出>：              // Enter，阵列结果如图 10-31 所示
```

（6）重复执行"插入块"命令，配合中点捕捉和对象追踪功能，插入书光盘中的"\图块文件\ 沙发 03.dwg"文件，插入结果如图 10-32 所示。

（7）重复执行"插入块"命令，插入随书光盘"\图块文件\"目录下的"block1.dwg 、block2.dwg 、block3.dwg、block7.dwg、面盆 01.dwg、和马桶 2.dwg"文件，插入结果如图 10-33 所示。

（8）单击"默认"选项卡→"绘图"面板→"多段线"按钮╯，配合"对象捕捉"和"极轴追踪"功能绘制如图 10-34 所示的洗手池台面轮廓线和上侧的柜子轮廓线。

（9）单击"默认"选项卡→"修改"面板→"偏移"按钮⌓，将刚绘制的矩形向内偏移 20 个单位，如图 10-35 所示。

（10）单击"默认"选项卡→"绘图"面板→"直线"按钮╱，配合端点捕捉功能，绘制示意线，结果如图 10-36 所示。

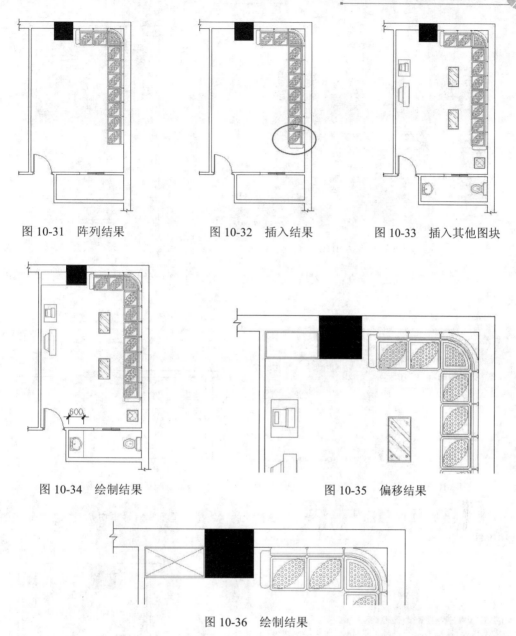

图 10-31 阵列结果 图 10-32 插入结果 图 10-33 插入其他图块

图 10-34 绘制结果 图 10-35 偏移结果

图 10-36 绘制结果

至此，夜总会 KTV 家具布置图绘制完毕，接下来学习夜总会 KTV 地面材质图的具体绘制过程。

10.3.4 绘制夜总会 KTV 地面材质图

（1）继续上节操作。

（2）展开"默认"选项卡→"图层"面板→"图层"下拉列表，将"填充层"设置为当前图层。

（3）单击"默认"选项卡→"绘图"面板→"图案填充"按钮 ▨，使用命令中的"设置"选项功能，设置填充图案及参数如图 10-37 所示，填充如图 10-38 所示的图案。

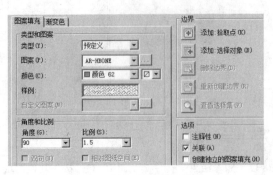

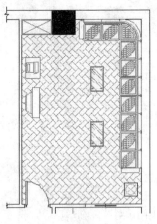

图 10-37　设置填充图案　　　　　　　　　图 10-38　填充结果

（4）重复执行"图案填充"命令，设置填充图案及参数如图 10-39 所示，为卫生间填充如图 10-40 所示的图案。

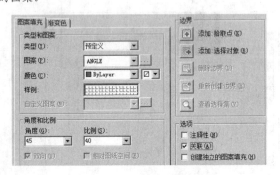

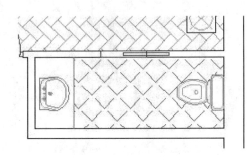

图 10-39　设置填充参数　　　　　　　　　图 10-40　填充结果

（5）使用快捷键"LT"激活"线型"命令，在打开的"线型管理器"对话框中加载线型并设置线型比例如图 10-41 所示。

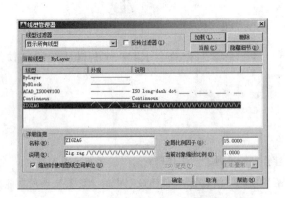

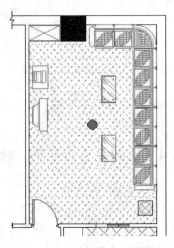

图 10-41　设置线型与比例　　　　　　　　　图 10-42　图案的夹点效果

（6）在无命令执行的前提下夹点显示如图 10-42 所示的填充图案，然后执行"特性"命令，在打开的"特性"窗口中修改图案的线型如图 10-43 所示，此时图案的显示效果如图 10-44 所示。

（7）关闭"特性"窗口，然后按 Esc 键取消图案的夹点，修改后的结果如图 10-45 所示。

图 10-43 "特性"窗口

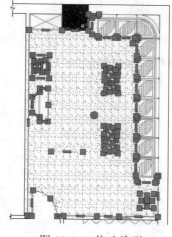

图 10-44 修改线型

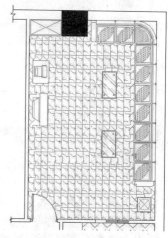

图 10-45 取消夹点后的效果

技巧提示： 如果更改线型后，填充图案无变化时，可以事先分解图案，然后再修改图案的线型。

（8）最后执行"保存"命令，将图形命名存储为"绘制夜总会 KTV 平面布置图.dwg"。

10.4 标注夜总会 KTV 装修布置图

本例主要学习夜总会 KTV 装修布置图文字、尺寸以及投影符号的标注方法和具体标注过程。本例最终标注效果如图 10-46 所示。

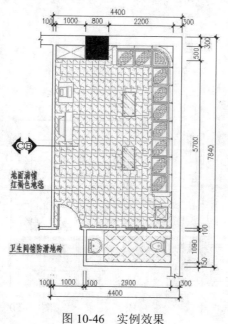

图 10-46 实例效果

10.4.1 标注夜总会 KTV 布置图尺寸

（1）打开上例存储的"绘制夜总会 KTV 平面布置图.dwg"，或直接从随书光盘中的"\效果文件\第 10 章\"目录下调用此文件。

（2）展开"默认"选项卡→"图层"面板→"图层"下拉列表，选择"尺寸层"设置为当前图层。

（3）单击"默认"选项卡→"注释"面板→"标注样式"按钮，打开"标注样式管理器"对话框中修改"建筑标注"样式的标注比例如图 10-47 所示，同时将此样式设置当前尺寸样式。

（4）单击"默认"选项卡→"注释"面板→"线性"按钮，配合捕捉与追踪功能标注如图 10-48 所示的线型尺寸。

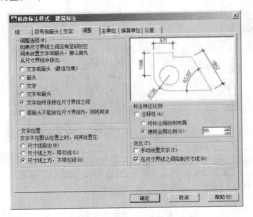

图 10-47 修改标注比例

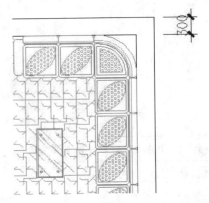

图 10-48 标注结果

（5）单击"注释"选项卡→"标注"面板→"连续"按钮，激活"连续"命令，标注如图 10-49 所示的连续尺寸作为细部尺寸。

（6）夹点显示标注文字为 300 的尺寸，然后将光标放在在标注文字位置的夹点上，在打开的夹点菜单上选择如图 10-50 所示的选项。

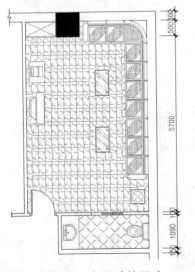

图 10-49 标注连续尺寸

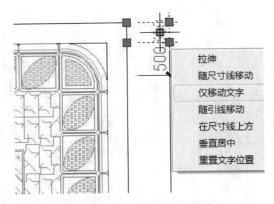

图 10-50 尺寸夹点菜单

（7）在适当的位置旋转标注文字，并取消尺寸的夹点，结果如图 10-51 所示。

（8）重复上两步操作，分别调整其他位置的标注文字，结果如图 10-52 所示。

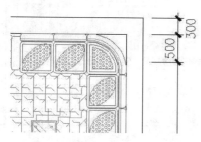

图 10-51　调整标注文字的位置

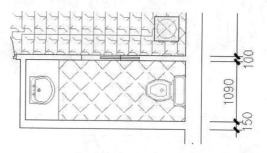

图 10-52　操作结果

（9）单击"默认"选项卡→"注释"面板→"线性"按钮，标注右侧的总尺寸，标注结果如图 10-53 所示。

（10）参照上述操作，重复使用"线性"和"连续"命令，标注其他侧的尺寸并适当调整标注文字的位置，结果如图 10-54 所示。

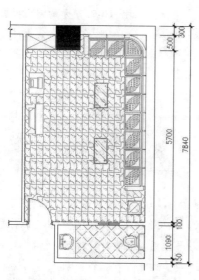

图 10-53　标注总尺寸

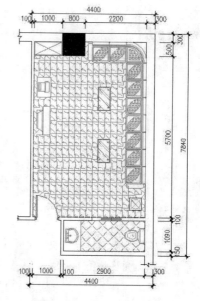

图 10-54　标注其他尺寸

至此夜总会 KTV 包厢布置图尺寸标注完毕，接下来为布置图标注文字与墙面投影符号。

10.4.2　标注夜总会 KTV 布置图文字

（1）继续上节操作。

（2）展开"默认"选项卡→"注释"面板→"文字样式"下拉列表，将"仿宋体"设置为当前样式。

（3）展开"默认"选项卡→"图层"面板→"图层"下拉列表，将"文本层"设置为当前图层。

（4）使用快捷键"L"激活"直线"命令，配合"极轴追踪"功能绘制如图 10-55 所示文字指示线。

（5）单击"默认"选项卡→"注释"面板→"单行文字"按钮，设置字高为 220，标注如图 10-56 所示的文字注释。

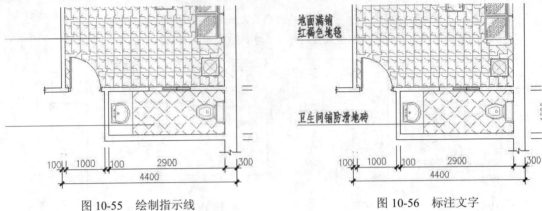

图 10-55　绘制指示线　　　　　　　　　　　图 10-56　标注文字

接下来为夜总会 KTV 装修布置图标注墙面投影符号。

10.4.3　标注夜总会 KTV 墙面投影

（1）继续上节操作。

（2）展开"默认"选项卡→"图层"面板→"图层"下拉列表，选择"其他 层"设置为当前图层。

（3）单击"默认"选项卡→"绘图"面板→"直线"按钮 ，绘制如图 10-57 所示的墙面投影指示线。

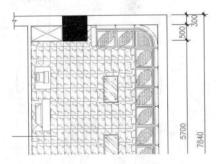

图 10-57　绘制结果

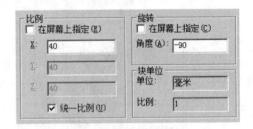

图 10-58　设置参数

（4）单击"默认"选项卡→"块"面板→"插入"按钮 ，插入随书光盘"\图块文件\投影符号.dwg"，设置块的缩放比例与角度如图 10-58 所示，为布置图插入投影符号，插入结果如图 10-59 所示。

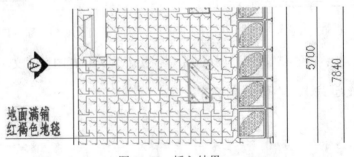

图 10-59　插入结果

（5）在插入的投影符号属性块上双击左键，在打开的"增强属性编辑器"中修改属性值如图 10-60 所示。

（6）在"增强属性编辑器"中展开"文字选项"选项卡，然后修改属性文字的旋转角度如图 10-61 所示。

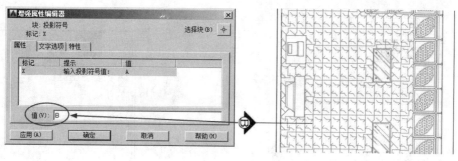

图 10-60　修改属性值

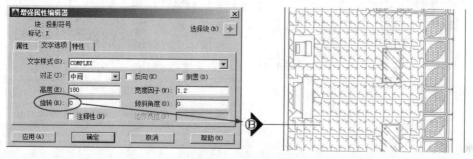

图 10-61　修改属性角度

（7）单击"默认"选项卡→"修改"面板→"镜像"按钮，配合"极轴追踪"和象限点捕捉功能对投影符号进行镜像，结果如图 10-62 所示。

（8）在镜像出的投影符号属性块上双击左键，打开"增强属性编辑器"，修改属性值为 C，结果如图 10-63所示。

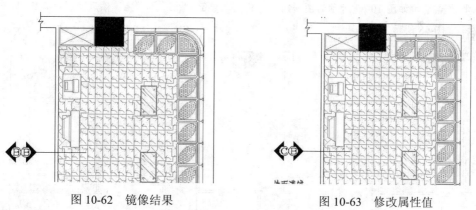

图 10-62　镜像结果　　　　　　　　　　图 10-63　修改属性值

（9）最后执行"另存为"命令，将图形另名存储为"标注 KTV 包厢装修布置图.dwg"。

10.5　绘制夜总会 KTV 吊顶装修图

本例主要学习夜总会 KTV 包厢装修吊顶装修图的绘制方法和具体绘制过程。包厢吊顶图的最终绘制效果如图 10-64 所示。

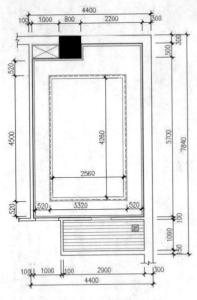

图 10-64　实例效果

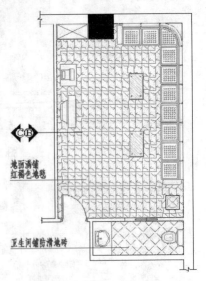

图 10-65　冻结图层后的效果

操作步骤：

（1）打开上例存储的"标注 KTV 包厢装修布置图.dwg"，或直接从随书光盘中的"\效果文件\第 10 章\"目录下调用此文件。

（2）展开"默认"选项卡→"图层"面板→"图层"下拉列表，将"吊顶层设置为当前图层，然后冻结"尺寸层"，此时平面图的显示效果如图 10-65 所示。

（3）使用快捷键"E"激活"删除"命令，删除不需要的图形对象，结果如图 10-66 所示。

（4）将夹点显示如图 10-67 所示的图形对象，将其放置到"吊顶层"上，然后使用"直线"命令封闭门洞，结果如图 10-68 所示。

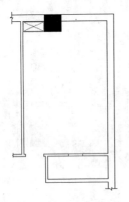

图 10-66　删除结果

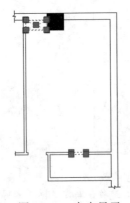

图 10-67　夹点显示

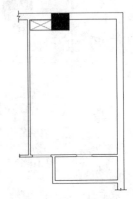

图 10-68　绘制结果

（5）单击"默认"选项卡→"绘图"面板→"多段线"按钮，配合端点捕捉功能沿着内墙线角点绘制一条闭合的多段线。

（6）单击"默认"选项卡→"修改"面板→"偏移"按钮，对绘制的多段线进行偏移，命令行操作如下。

```
命令: _offset
当前设置: 删除源=否  图层=源  OFFSETGAPTYPE=0
指定偏移距离或 [通过(T)/删除(E)/图层(L)] <20.0>:        //e Enter
要在偏移后删除源对象吗? [是(Y)/否(N)] <否>:            //y Enter
指定偏移距离或 [通过(T)/删除(E)/图层(L)] <20.0>:        //18 Enter
选择要偏移的对象, 或 [退出(E)/放弃(U)] <退出>:          //选择刚绘制的多段线
指定要偏移的那一侧上的点, 或 [退出(E)/多个(M)/放弃(U)] <退出>:
                                                   //在多段线内侧拾取点
选择要偏移的对象, 或 [退出(E)/放弃(U)] <退出>:          // Enter
命令:
OFFSET 当前设置: 删除源=是  图层=源  OFFSETGAPTYPE=0
指定偏移距离或 [通过(T)/删除(E)/图层(L)] <18.0>:        //e Enter
要在偏移后删除源对象吗? [是(Y)/否(N)] <是>:            //n Enter
指定偏移距离或 [通过(T)/删除(E)/图层(L)] <18.0>:        //44 Enter
选择要偏移的对象, 或 [退出(E)/放弃(U)] <退出>:          //选择偏移出的多段线
指定要偏移的那一侧上的点, 或 [退出(E)/多个(M)/放弃(U)] <退出>:
                                                   //在多段线内侧拾取点
选择要偏移的对象, 或 [退出(E)/放弃(U)] <退出>:          // Enter
命令:OFFSET
当前设置: 删除源=否  图层=源  OFFSETGAPTYPE=0
指定偏移距离或 [通过(T)/删除(E)/图层(L)] <44.0>:        //18 Enter
选择要偏移的对象, 或 [退出(E)/放弃(U)] <退出>:          //选择最后一次偏移出的多段线
指定要偏移的那一侧上的点, 或 [退出(E)/多个(M)/放弃(U)] <退出>:
                                   //在多段线内侧拾取点
选择要偏移的对象, 或 [退出(E)/放弃(U)] <退出>:    //Enter, 结果如图 10-69 所示
```

图 10-69　偏移结果

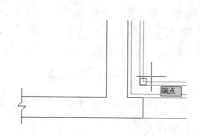

图 10-70　捕捉端点

（7）单击"默认"选项卡→"绘图"面板→"矩形"按钮 □，配合"捕捉自"功能绘制长度为 2800、宽度为 4500 的矩形吊顶，命令行操作如下。

```
命令: _rectang
指定第一个角点或 [倒角(C)/标高(E)/圆角(F)/厚度(T)/宽度(W)]:
                              //激活"捕捉自"功能
_from 基点:                   //捕捉如图 10-70 所示的端点
<偏移>:                       //@520,520 Enter
指定另一个角点或 [面积(A)/尺寸(D)/旋转(R)]:
                              //@2800,4500 Enter, 绘制结果如图 10-71 所示
```

（8）单击"默认"选项卡→"修改"面板→"偏移"按钮 ，将绘制矩形向内偏移40和120个单位，结果如图10-72所示。

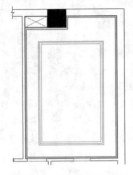

图 10-71　绘制结果　　　　　　　　　　　图 10-72　偏移结果

（9）使用快捷键"LT"激活"线型"命令，在打开的"线型管理器"对话框中加载如图10-73所示的线型，并设置线型比例为10。

（10）夹点显示中间的矩形，然后分别展开"颜色控制"和"线型控制"下拉列表，修改其线型颜色为洋红，修改线型为DASHED线型，结果如图10-74所示。

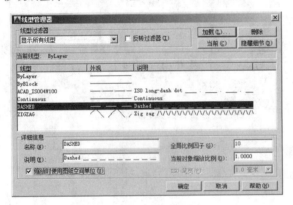

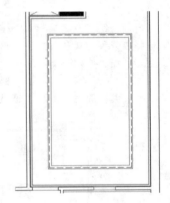

图 10-73　加载线型　　　　　　　　　　　图 10-74　修改线型

（11）使用快捷键"H"激活"图案填充"命令，设置填充图案及填充参数如图10-75所示，为卫生间填充如图10-76所示的吊顶图案。

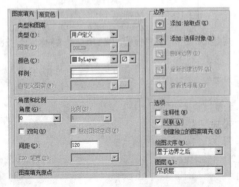

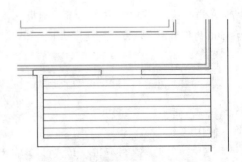

图 10-75　设置填充图案及参数　　　　　　图 10-76　填充结果

（12）单击"默认"选项卡→"块"面板→"插入"按钮🔲，以默认参数插入随书光盘中的"\图块文件\排气扇.dwg"，结果如图10-77所示。

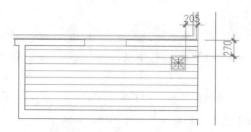

图 10-77　插入结果

（13）在卫生间吊顶图案上单击右键，选择右键菜单上的"图案填充编辑"命令，如图10-78所示。

（14）在打开的"图案填充编辑"对话框中单击"添加：拾取对象"按钮🔲，返回绘图区选择刚插入的排气扇图块，将其以孤岛的方式排除在填充区域外，结果如图10-79所示。

图 10-78　图案夹点菜单

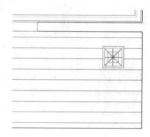

图 10-79　操作结果

（15）最后执行"另存为"命令，将图形另名存储为"绘制夜总会KTV包厢吊顶装修图.dwg"。

10.6　绘制夜总会KTV吊顶灯具图

本例主要学习夜总会KTV包厢吊顶灯具图的绘制方法和具体绘制过程。包厢吊顶灯具图的最终绘制效果如图10-80所示。

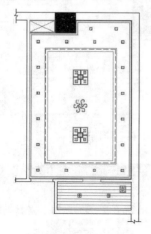

图 10-80　实例效果

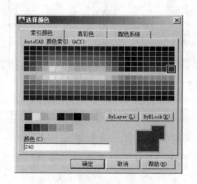

图 10-81　设置当前颜色

操作步骤：

（1）打开上例存储的"绘制夜总会 KTV 包厢吊顶装修图.dwg"，或直接从随书光盘中的"\效果文件\第10章\"目录下调用此文件。

（2）展开"默认"选项卡→"图层"面板→"图层"下拉列表，将"灯具层"设置为当前图层。

（3）展开"默认"选项卡→"特性"面板→"颜色控制"下拉列表，修改当前颜色为 240，如图 10-81 所示。

（4）单击"默认"选项卡→"修改"面板→"偏移"按钮 ，选择如图 10-82 所示的矩形，将其向外偏移 260 个单位，然后将偏移出的矩形分解，结果如图 10-83 所示。

（5）使用快捷键"L"激活"直线"命令，配合中点捕捉功能，绘制如图 10-84 所示的两条定位辅助线。

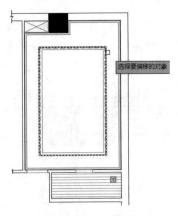
图 10-82　选择矩形

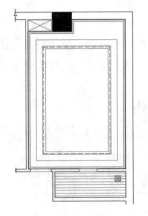
图 10-83　偏移结果

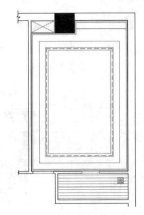
图 10-84　绘制辅助线

（6）单击"格式"菜单中的"点样式"命令，在打开的"点样式"对话框中，设置当前点的样式和点的大小，如图 10-85 所示。

（7）使用"多点"命令，配合"对象捕捉"功能绘制如图 10-86 所示的两个点作为辅助灯具。

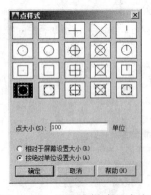
图 10-85　设置点样式及大小

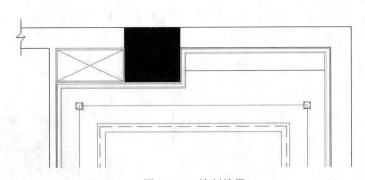
图 10-86　绘制结果

（8）单击"默认"选项卡→"绘图"面板→"定数等分"按钮 ，将分解后的矩形水平边等分三份，将矩形垂直边等分 5 份，结果如图 10-87 所示。

（9）单击"默认"选项卡→"修改"面板→"镜像"按钮 ，配合中点捕捉功能对辅助灯具进行镜像，镜像结果如图 10-88 所示。

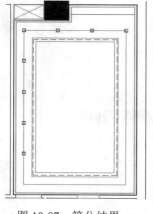

图 10-87　等分结果

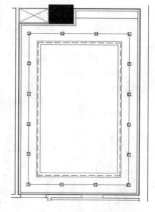

图 10-88　镜像结果

（10）单击"默认"选项卡→"绘图"面板→"定数等分"按钮 ，选择最上侧的水平辅助线等分三份，结果如图 10-89 所示。

（11）单击"默认"选项卡→"修改"面板→"移动"按钮 ，分别将两个等分点向两侧移动 160 个单位，结果如图 10-90 所示。

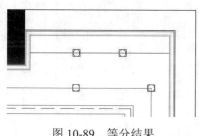

图 10-89　等分结果

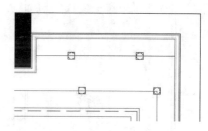

图 10-90　移动结果

（12）单击"默认"选项卡→"块"面板→"插入"按钮 ，配合中点捕捉功能插入随书光盘中的"\图块文件\防雾筒灯.dwg"，结果如图 10-91 所示。

（13）单击"默认"选项卡→"修改"面板→"复制"按钮 ，将筒灯对称复制 575 个单位，并删除源对象，结果如图 10-92 所示。

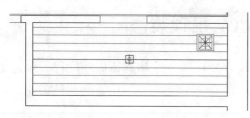

图 10-91　插入结果

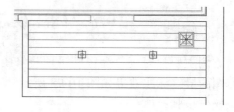

图 10-92　复制结果

（14）使用快捷键"E"激活"删除"命令，删除定位辅助线，结果如图 10-93 所示。

（15）使用快捷键"I"激活"插入块"命令，以默认参数插入随书光盘中的"\图块文件\艺术装饰.dwg"，插入点为图 10-94 所示的两条中点追踪虚线的交点。

（16）重复执行"插入块"命令，以默认参数插入随书光盘中的"\图块文件\工艺灯具 02.dwg"，插入结果如图 10-95 所示。

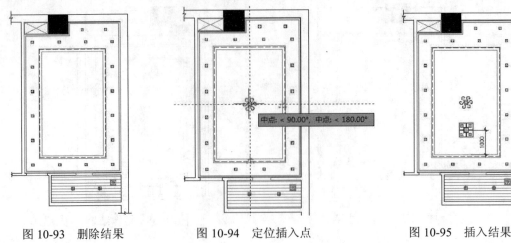

图 10-93　删除结果　　　　　　图 10-94　定位插入点　　　　　　图 10-95　插入结果

（17）单击"默认"选项卡→"修改"面板→"镜像"按钮 ⚏，配合中点捕捉功能，选择如图 10-96 所示的灯具进行镜像，镜像结果如图 10-97 所示。

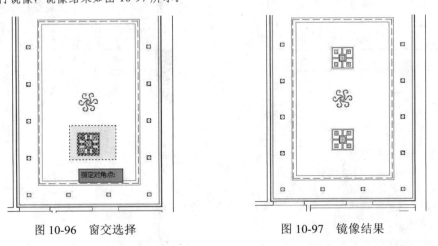

图 10-96　窗交选择　　　　　　　　图 10-97　镜像结果

（18）最后执行"另存为"命令，将图形另名存储为"绘制夜总会包厢吊顶灯具图.dwg"。

10.7　标注夜总会 KTV 吊顶装修图

　　本例主要学习夜总会包厢吊顶装修图文字与尺寸的标注方法和具体标注过程。包厢吊顶装修图的最终标注效果如图 10-98 所示。

　　操作步骤：

　　（1）打开上例存储的"绘制夜总会包厢吊顶灯具图.dwg"，或直接从随书光盘中的"\效果文件\第 10 章\"目录下调用此文件。

　　（2）展开"默认"选项卡→"图层"面板→"图层"下拉列表，将"文本层"设置为当前图层。

　　（3）展开"默认"选项卡→"图层"面板→"图层"下拉列表，将"仿宋体"设置为当前文字样式。

　　（4）暂时关闭状态栏上的"对象捕捉"功能，然后打开"极轴追踪"功能。

　　（5）单击"默认"选项卡→"绘图"面板→"直线"按钮 ⟋，绘制图 10-99 所示的文字指示线。

（6）单击"默认"选项卡→"注释"面板→"多行文字"按钮 **A**，设置字体高度为220，为吊顶图标注如图10-100所示的文字注释。

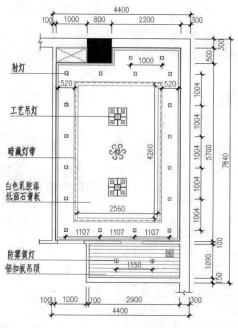

图10-98　实例效果

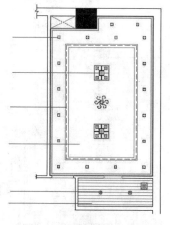

图10-99　绘制文字指示线

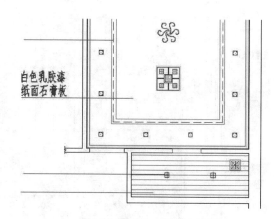

图10-100　标注文字

（7）单击"默认"选项卡→"修改"面板→"复制"按钮，配合端点捕捉功能对标注的文字对象复制到其他指示上，复制结果如图10-101所示。

（8）使用快捷键"ED"激活"编辑文字"命令，选择复制出的文字进行编辑，结果如图10-102所示。

（9）展开"默认"选项卡→"图层"面板→"图层"下拉列表，解冻"尺寸层"，并将其设置为当前图层，此时图形的显示结果如图10-103所示。

（10）展开"默认"选项卡→"特性"面板→"颜色控制"下拉列表，将当前颜色设置为随层。

（11）适当调整尺寸文字的位置，然后综合使用"线性"和"连续"命令，配合节点捕捉等功能标注如图10-104所示的定位尺寸。

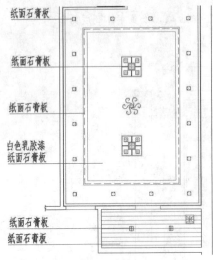

图 10-101　复制结果

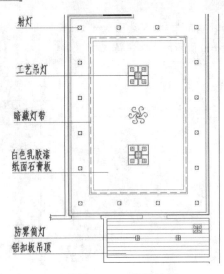

图 10-102　编辑结果

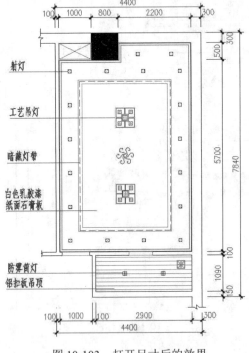

图 10-103　打开尺寸后的效果

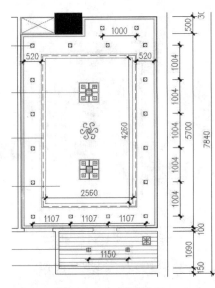

图 10-104　标注结果

（12）最后执行"另存为"命令，将图形另名存储为"标注包厢吊顶装修图.dwg"。

10.8　绘制夜总会包厢 B 立面装修图

本例主要学习夜总会包厢 B 向装修立面图的具体绘制过程和绘制技巧。夜总会包厢 B 向装修立面图的最终绘制效果如图 10-105 所示。

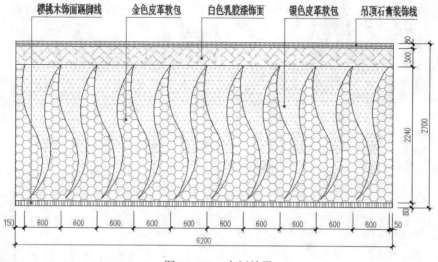

图 10-105　实例效果

10.8.1　绘制夜总会包厢 B 墙面轮廓图

（1）单击"快速访问"工具栏→"新建"按钮□，以随书光盘中的"\样板文件\商业装潢样板.dwt"作为基础样板，新建文件。

（2）展开"默认"选项卡→"图层"面板→"图层"下拉列表，设置"墙线层"为当前操作层。

（3）单击"默认"选项卡→"绘图"面板→"矩形"按钮□，绘制长度为 6200、宽度为 2700 的矩形，作为立面墙外轮廓线。

（4）单击"默认"选项卡→"修改"面板→"分解"按钮 ，将绘制的矩形分解为四条独立的线段。

（5）单击"默认"选项卡→"修改"面板→"偏移"按钮 ，将矩形上侧的水平边向下偏移 80 和 380 个绘图单位，将下侧水平边向上偏移 80 个绘图单位，结果如图 10-106 所示。

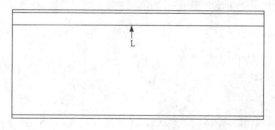

图 10-106　偏移结果

（6）单击"默认"选项卡→"绘图"面板→"多段线"按钮 ，配合捕捉功能绘制墙面装饰线，命令行操作如下。

```
命令: _pline
指定起点:                                    //激活"捕捉自"功能
_from 基点:                                  //捕捉图 10-106 所示线 L 的左端点
 <偏移>:                                     //@150,0 Enter
当前线宽为 0.0
指定下一个点或 [圆弧(A)/半宽(H)/长度(L)/放弃(U)/宽度(W)]:  //a Enter
```

```
    指定圆弧的端点或[角度(A)/圆心(CE)/方向(D)/半宽(H)/直线(L)/半径(R)/第二个点(S)/
放弃(U)/宽度(W)]:                              //s Enter
    指定圆弧上的第二个点:                      //@-28,-550 Enter
    指定圆弧的端点:                            //@185,-520 Enter
    指定圆弧的端点或[角度(A)/圆心(CE)/闭合(CL)/方向(D)/半宽(H)/直线(L)/半径(R)/第二
个点(S)/放弃(U)/宽度(W)]:    //s Enter
    指定圆弧上的第二个点:                      //@133,-575 Enter
    指定圆弧的端点:                            //@-210,-552 Enter
    指定圆弧的端点或[角度(A)/圆心(CE)/闭合(CL)/方向(D)/半宽(H)/直线(L)/半径(R)/第二
个点(S)/放弃(U)/宽度(W)]:    //s Enter
    指定圆弧上的第二个点:                      //@350,715 Enter
    指定圆弧的端点:                            //@-40,360 Enter
    指定圆弧的端点或[角度(A)/圆心(CE)/闭合(CL)/方向(D)/半宽(H)/直线(L)/半径(R)/第二
个点(S)/放弃(U)/宽度(W)]:    //s Enter
    指定圆弧上的第二个点:                      //@-60,428 Enter
    指定圆弧的端点:                            //@268,695 Enter
    指定圆弧的端点或[角度(A)/圆心(CE)/闭合(CL)/方向(D)/半宽(H)/直线(L)/半径(R)/第二
个点(S)/放弃(U)/宽度(W)]:                    // Enter,绘制结果如图10-107所示
```

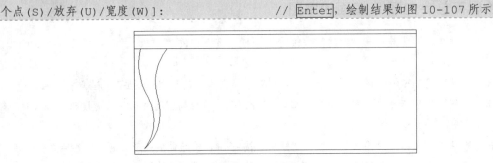

图 10-107 绘制结果

（7）单击"默认"选项卡→"修改"面板→"矩形阵列"按钮，选择刚绘制的墙面装饰线进行阵列，命令行操作如下。

```
    命令:_arrayrect
    选择对象:                                 //选择刚绘制的墙面装饰线
    选择对象:                                 // Enter
    类型 = 矩形  关联 = 是
    选择夹点以编辑阵列或 [关联(AS)/基点(B)/计数(COU)/间距(S)/列数(COL)/行数(R)/层数
(L)/退出(X)] <退出>:                         //COU Enter
    输入列数数或 [表达式(E)] <4>:             //10 Enter
    输入行数数或 [表达式(E)] <3>:             //1 Enter
    选择夹点以编辑阵列或 [关联(AS)/基点(B)/计数(COU)/间距(S)/列数(COL)/行数(R)/层数
(L)/退出(X)] <退出>:                         //s Enter
    指定列之间的距离或 [单位单元(U)] <0>://598 Enter
    指定行之间的距离 <540>:                   //1 Enter
    选择夹点以编辑阵列或 [关联(AS)/基点(B)/计数(COU)/间距(S)/列数(COL)/行数(R)/层数
(L)/退出(X)] <退出>:                         //AS Enter
    创建关联阵列 [是(Y)/否(N)] <否>:          //N Enter
```

选择夹点以编辑阵列或 [关联(AS)/基点(B)/计数(COU)/间距(S)/列数(COL)/行数(R)/层数(L)/退出(X)] <退出>: //Enter，阵列结果如图10-108所示

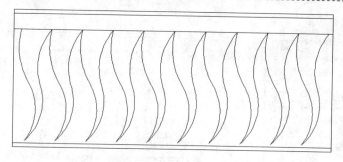

图 10-108　阵列结果

至此，夜总会包厢B向墙面轮廓图绘制完毕，接下来学习夜总会包厢B向墙面材质图的绘制过程。

10.8.2　绘制夜总会包厢B墙面材质图

（1）继续上节操作。

（2）单击"默认"选项卡→"绘图"面板→"图案填充"按钮，设置填充图案及填充参数如图10-109所示，为立面图填充如图10-110所示的图案。

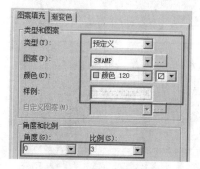

图 10-109　设置填充图案及参数

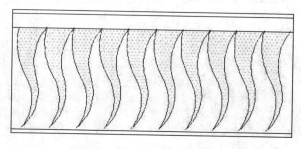

图 10-110　填充结果

（3）重复执行"图案填充"命令，设置填充图案及填充参数如图10-111所示，为立面图填充如图10-112所示的图案。

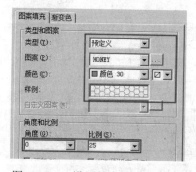

图 10-111　设置填充图案及参数

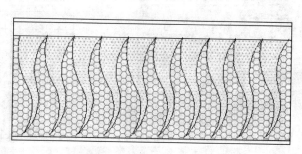

图 10-112　填充结果

（4）重复执行"图案填充"命令，设置填充图案及填充参数如图 10-113 所示，为立面图填充如图 10-114 所示的图案。

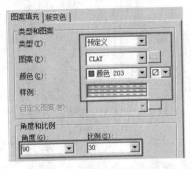

图 10-113　设置填充图案及参数

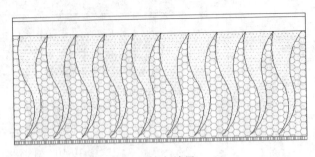

图 10-114　填充结果

（5）重复执行"图案填充"命令，设置填充图案及填充参数如图 10-115 所示，为立面图填充如图 10-116 所示的图案。

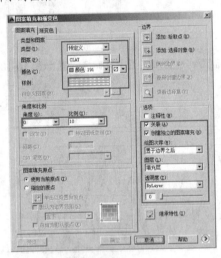

图 10-115　设置填充图案及参数

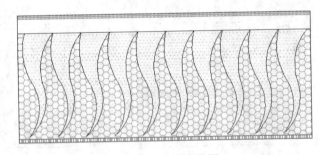

图 10-116　填充结果

（6）重复执行"图案填充"命令，设置填充图案及填充参数如图 10-117 所示，为立面图填充如图 10-118 所示的图案。

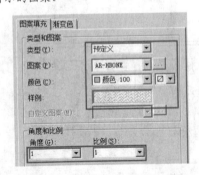

图 10-117　设置填充图案及参数

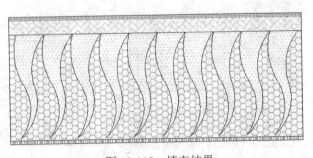

图 10-118　填充结果

（7）使用快捷键"LT"激活"线型"命令，在打开的"线型管理器"对话框中加载线型并设置线型比例如图 10-119 所示。

图 10-119　设置线型与比例

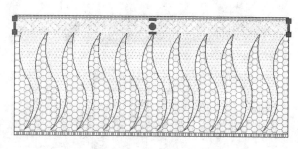

图 10-120　夹点效果

（8）在无命令执行的前提下单击如图 10-120 所示的填充图案，然后展开"线型控制"下拉列表，修改其线型如图 10-121 所示。

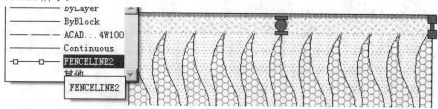

图 10-121　修改线型

（9）按 Esc 键取消夹点图案的夹点效果，修改结果如图 10-122 所示。

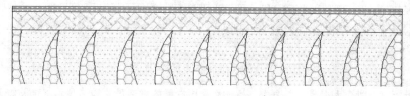

图 10-122　修改结果

至此，夜总会包厢 B 向墙面材质图绘制完毕，接下来为夜总会包厢 B 立面图标注尺寸。

10.8.3　标注夜总会包厢 B 立面图尺寸

（1）继续上节操作。

（2）展开"默认"选项卡→"图层"面板→"图层"下拉列表，将"尺寸层"设置为当前图层。

（3）使用快捷键"D"激活"标注样式"命令，设置"建筑标注"为当前样式，并修改标注比例为 30。

（4）单击"默认"选项卡→"注释"面板→"线性"按钮 ，以立面图外轮廓线的左下角点作为第一尺寸界线原点。

（5）根据命令行的提示，配合捕捉和追踪功能捕捉如图 10-123 所示的追踪虚线交点，作为第二条尺寸界线原点，标注如图 10-124 所示的线性尺寸。

（6）单击"注释"选项卡→"标注"面板→"连续"按钮 ，激活"连续"命令，配合捕捉和追踪功能，标注如图 10-125 所示的连续尺寸作为细部尺寸。

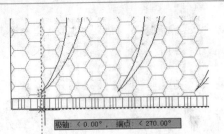

图 10-123　定位第二尺寸原点

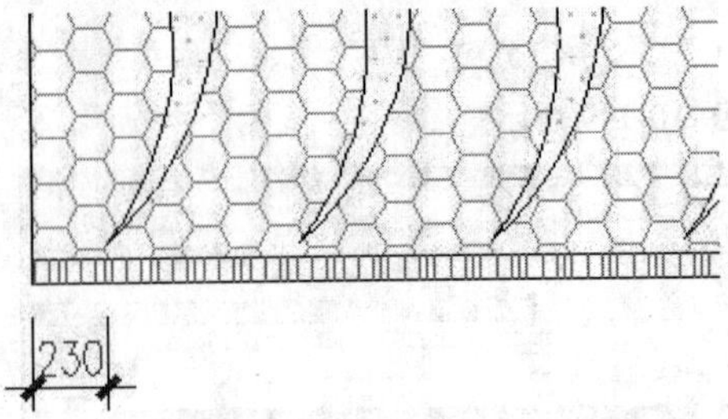

图 10-124　标注结果

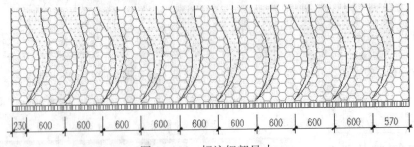

图 10-125　标注细部尺寸

（7）单击"默认"选项卡→"注释"面板→"线性"按钮，　　，配合捕捉功能标注下侧的总尺寸，标注结果如图 10-126 所示。

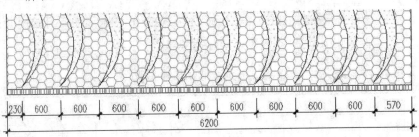

图 10-126　标注总尺寸

（8）重复执行"线性"和"连续"命令，标注立面图右侧的细部尺寸和总尺寸，结果如图 10-127 所示。

（9）在无命令执行的前提下单击标注文字为 80 的对象，使其呈现夹点显示状态。

（10）将光标放在标注文字夹点上，然后从弹出的快捷菜单中选择"仅移动文字"选项。

（11）在命令行 "** 仅移动文字 **指定目标点:" 提示下，在适当位置指定文字的位置，并按 Esc 键取消尺寸的夹点，调整结果如图 10-128 所示。

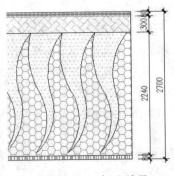

图 10-127　标注结果

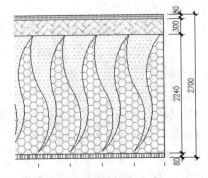

图 10-128　调整标注文字

至此夜总会 KTV 包厢 B 立面图尺寸标注完毕，接下来为包厢 B 向立面图标注文字。

10.8.4　标注夜总会包厢 B 立面图文字

（1）继续上节操作。

（2）展开"默认"选项卡→"图层"面板→"图层"下拉列表，将"文本层"设置为当前图层。

（3）使用快捷键"D"激活"标注样式"命令，将"引线标注"设为当前样式，并修改标注比例为 45。

（4）使用快捷键"LE"激活"快速引线"命令，设置引线参数如图 10-129 和图 10-130 所示。

图 10-129　"引线和箭头"选项卡

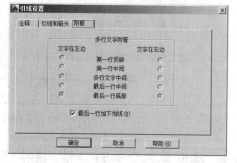

图 10-130　"附着"选项卡

（5）单击　确定　按钮，根据命令行的提示指定引线点绘制引线，并输入引线注释，标注结果如图 10-131 所示。

（6）重复执行"快速引线"命令，按照当前的引线参数设置，标注其他位置的引线注释，结果如图 10-132 所示。

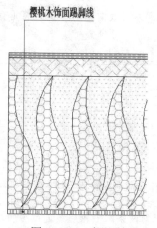

图 10-131　标注结果

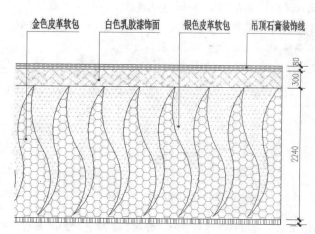

图 10-132　标注其他引线注释

（7）最后执行"保存"命令，将图形另名存储为"绘制夜总会包厢 B 立面装修图.dwg"。

10.9　绘制夜总会包厢 D 立面装修图

本例主要学习夜总会包厢 D 向装修立面图的具体绘制过程和绘制技巧。夜总会包厢 D 向装修立面图的最终绘制效果如图 10-133 所示。

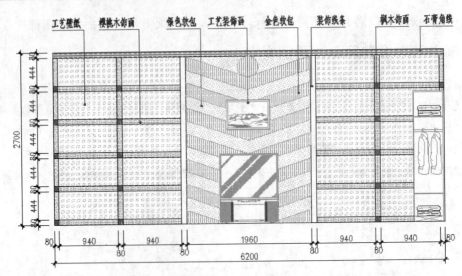

图 10-133　实例效果

10.9.1　绘制夜总会包厢 D 墙面轮廓图

（1）单击"快速访问"工具栏→"新建"按钮，以随书光盘中的"\样板文件\商业装潢样板.dwt"作为基础样板，新建文件。

（2）展开"默认"选项卡→"图层"面板→"图层"下拉列表，选择"轮廓线"设置为当前图层。

（3）单击"默认"选项卡→"绘图"面板→"直线"按钮，绘制长度为 6200、高度为 2700 的两条垂直相交的直线作为基准线，如图 10-134 所示。

（4）单击"默认"选项卡→"修改"面板→"偏移"按钮，将水平基准线向下偏移 80、将垂直基准层向右偏移 80，结果如图 10-135 所示。

图 10-134　绘制结果　　　　　　　　　　　　　　图 10-135　偏移结果

（5）单击"默认"选项卡→"修改"面板→"矩形阵列"按钮，对两条水平轮廓线进行阵列，命令行操作如下。

```
命令：_arrayrect
选择对象：                          //选择两条水平轮廓线
选择对象：                          // Enter
类型 = 矩形　关联 = 否
选择夹点以编辑阵列或 [关联(AS)/基点(B)/计数(COU)/间距(S)/列数(COL)/行数(R)/层数
(L)/退出(X)] <退出>：               //COU Enter
输入列数数或 [表达式(E)] <4>：      //1 Enter
```

```
      输入行数数或 [表达式(E)] <3>:                    //6 Enter
      选择夹点以编辑阵列或 [关联(AS)/基点(B)/计数(COU)/间距(S)/列数(COL)/行数(R)/层数
(L)/退出(X)] <退出>:                                  //s Enter
      指定列之间的距离或 [单位单元(U)] <1071>:           //1 Enter
      指定行之间的距离 <900>:                           //-524 Enter
      选择夹点以编辑阵列或 [关联(AS)/基点(B)/计数(COU)/间距(S)/列数(COL)/行数(R)/层数
(L)/退出(X)] <退出>:                      // Enter, 阵列结果如图10-136所示
```

（6）重复执行"矩形阵列"命令，对两条垂直轮廓线进行阵列，命令行操作过程如下。

```
      命令: _arrayrect
      选择对象:                           //选择两条水平轮廓线
      选择对象:                           // Enter
      类型 = 矩形  关联 = 否
      选择夹点以编辑阵列或 [关联(AS)/基点(B)/计数(COU)/间距(S)/列数(COL)/行数(R)/层数
(L)/退出(X)] <退出>:                       //COU Enter
      输入列数数或 [表达式(E)] <4>:          //7 Enter
      输入行数数或 [表达式(E)] <3>:          //1 Enter
      选择夹点以编辑阵列或 [关联(AS)/基点(B)/计数(COU)/间距(S)/列数(COL)/行数(R)/层数
(L)/退出(X)] <退出>:                       //s Enter
      指定列之间的距离或 [单位单元(U)] <1071>:  //1020 Enter
      指定行之间的距离 <900>:               //1 Enter
      选择夹点以编辑阵列或 [关联(AS)/基点(B)/计数(COU)/间距(S)/列数(COL)/行数(R)/层数
(L)/退出(X)] <退出>:                       // Enter, 阵列结果如图10-137所示
```

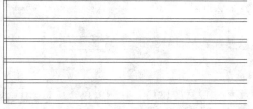

图10-136　阵列水平轮廓线

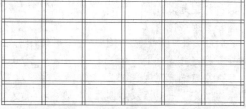

图10-137　阵列垂直轮廓线

（7）单击"默认"选项卡→"修改"面板→"修剪"按钮，对偏移出的图形进行修剪，结果如图10-138所示。

至此，夜总会包厢D向墙面主体轮廓图绘制完毕，下一小节将学习包厢D向构件图的绘制过程。

10.9.2　绘制夜总会包厢D墙面构件图

（1）继续上节操作。

（2）展开"默认"选项卡→"图层"面板→"图层"下拉列表，设置"图块层"为当前图层。

（3）单击"默认"选项卡→"块"面板→"插入"按钮，配合延伸捕捉功能，以默认设置插入随书光盘中的"\图块文件\立面衣柜03.dwg"，插入结果如图10-139所示。

（4）重复执行"插入块"命令，以默认参数插入随书光盘中的"\图块文件\立面电视02.dwg"文件，插入点为下侧水平边的中点，插入结果如图10-140所示。

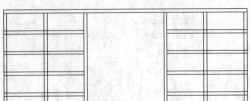
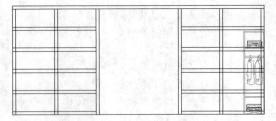

图 10-138　修剪结果　　　　　　　　　图 10-139　插入结果

（5）重复执行"插入块"命令，以 1.2 倍的缩放比例插入随书光盘中的"\图块文件\装饰画 08.dwg"文件，插入结果如图 10-141 所示。

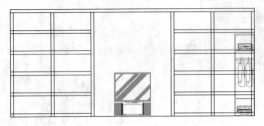
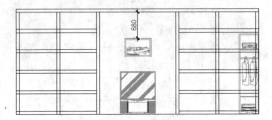

图 10-140　插入电视图块　　　　　　　图 10-141　插入参数

（6）使用快捷键"col"激活"颜色"命令，在打开的"选择颜色"对话框中将当前颜色设置为绿色。

（7）单击"默认"选项卡→"绘图"面板→"多段线"按钮，配合端点捕捉功能绘制墙面分格线，命令行操作如下。

```
命令: _pline
指定起点:                          //捕捉如图 10-142 所示的端点
当前线宽为 0.5
指定下一个点或 [圆弧(A)/半宽(H)/长度(L)/放弃(U)/宽度(W)]: //w Enter
指定起点宽度 <0.5>:               //0 Enter
指定端点宽度 <0>:                 //0 Enter
指定下一个点或 [圆弧(A)/半宽(H)/长度(L)/放弃(U)/宽度(W)]: //@980,-320 Enter
指定下一点或 [圆弧(A)/闭合(C)/半宽(H)/长度(L)/放弃(U)/宽度(W)]:
                                              //@980,320 Enter
指定下一点或 [圆弧(A)/闭合(C)/半宽(H)/长度(L)/放弃(U)/宽度(W)]:
                                     // Enter,绘制结果如图 10-143 所示
```

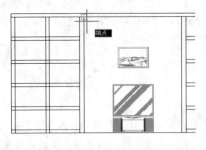
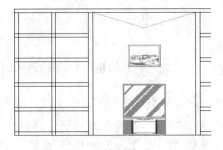

图 10-142　捕捉端点　　　　　　　　　图 10-143　绘制结果

（8）单击"默认"选项卡→"修改"面板→"移动"按钮，将刚绘制的多段线沿 Y 轴负方向位移 5 个单位。

（9）单击"默认"选项卡→"修改"面板→"矩形阵列"按钮🏳，对位移后的多段线进行阵列，命令行操作如下。

```
命令: _arrayrect
选择对象:                              //选择位移后的多段线
选择对象:                              // Enter
类型 = 矩形  关联 = 否
选择夹点以编辑阵列或 [关联(AS)/基点(B)/计数(COU)/间距(S)/列数(COL)/行数(R)/层数
(L)/退出(X)] <退出>:                    //COU Enter
输入列数数或 [表达式(E)] <4>:           //1 Enter
输入行数数或 [表达式(E)] <3>:           //13 Enter
选择夹点以编辑阵列或 [关联(AS)/基点(B)/计数(COU)/间距(S)/列数(COL)/行数(R)/层数
(L)/退出(X)] <退出>:                    //s Enter
指定列之间的距离或 [单位单元(U)] <1071>: //1 Enter
指定行之间的距离 <900>:                 //-200 Enter
选择夹点以编辑阵列或 [关联(AS)/基点(B)/计数(COU)/间距(S)/列数(COL)/行数(R)/层数
(L)/退出(X)] <退出>:                    // Enter，阵列结果如图10-144所示
```

（10）单击"默认"选项卡→"修改"面板→"修剪"按钮 ⁄-，对阵列出的多段线和墙面分隔线进行修剪，结果如图10-145所示。

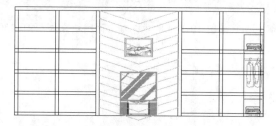

图10-144　阵列结果

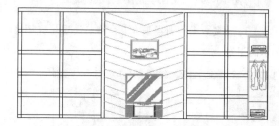

图10-145　修剪结果

（11）单击"默认"选项卡→"绘图"面板→"圆"按钮⊙，使用"两点画圆"功能，配合交点捕捉和"极轴追踪"功能绘制如图10-146所示的圆。

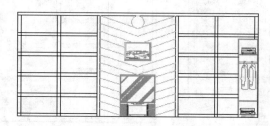

图10-146　绘制结果

至此，夜总会KTV包厢D向墙面构件图绘制完毕，下一小节将学习D向墙面装修材质图的具体绘制过程和相关技巧。

10.9.3　绘制夜总会包厢D墙面材质图

（1）继续上例操作。

（2）展开"图层控制"下拉列表，将"填充层"设置为当前图层，然后单击"默认"选项卡→"绘图"面板→"图案填充"按钮，设置填充图案及填充参数如图 10-147 所示，为立面图填充如图 10-148 所示的图案。

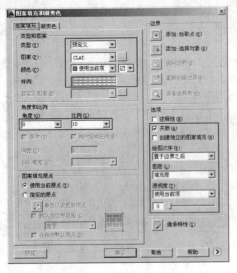

图 10-147　设置填充图案及参数

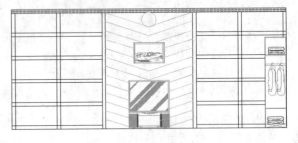

图 10-148　填充结果

（3）重复执行"图案填充"命令，设置填充图案及填充参数如图 10-149 所示，为立面图填充如图 10-150 所示的图案。

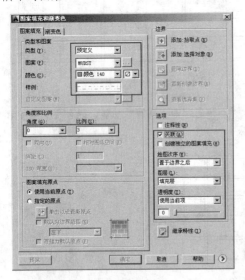

图 10-149　设置填充图案及参数

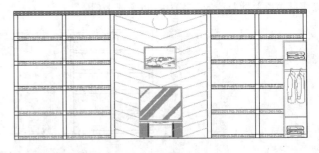

图 10-150　填充结果

（4）重复执行"图案填充"命令，设置填充图案及填充参数如图 10-151 所示，为立面图填充如图 10-152 所示的图案。

（5）重复执行"图案填充"命令，设置填充图案及填充参数如图 10-153 所示，为立面图填充如图 10-154 所示的图案。

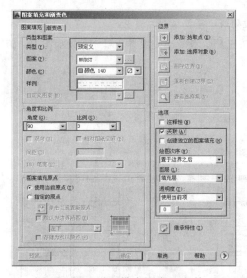

图 10-151　设置填充图案及参数

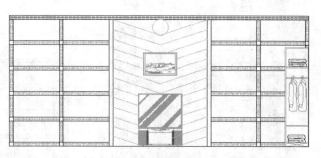

图 10-152　填充结果

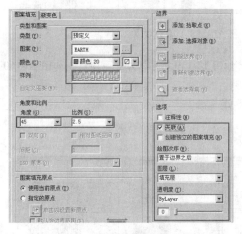

图 10-153　设置填充图案及参数

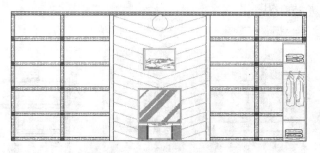

图 10-154　填充结果

（6）重复执行"图案填充"命令，设置填充图案及填充参数如图 10-155 所示，为立面图填充如图 10-156 所示的图案。

图 10-155　设置填充图案及参数

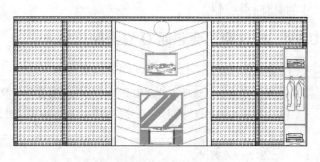

图 10-156　填充结果

（7）单击"默认"选项卡→"特性"面板→"线型"下拉列表，修改线型为随层。

（8）单击"默认"选项卡→"绘图"面板→"图案填充"按钮 ▨，设置填充图案及填充参数如图10-157所示，为立面图填充如图10-158所示的图案。

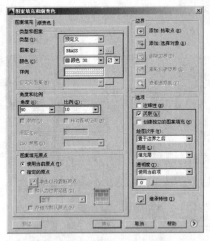

图 10-157　设置填充图案及参数

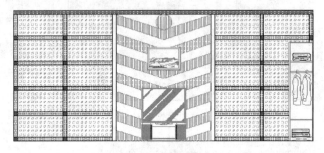

图 10-158　填充结果

（9）重复执行"图案填充"命令，设置填充图案及填充参数如图10-159所示，为立面图填充如图10-160所示的图案。

图 10-159　设置填充图案及参数

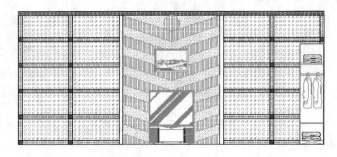

图 10-160　填充结果

至此，夜总会KTV包厢D向墙面装修材质图绘制完毕，下一小节将学习包厢D向立面尺寸的具体标注过程。

10.9.4　标注夜总会包厢D立面图尺寸

（1）继续上例操作。

（2）展开"默认"选项卡→"图层"面板→"图层"下拉列表，将"尺寸层"设置为当前图层。

（3）使用快捷键"D"激活"标注样式"命令，设置"建筑标注"为当前样式，并修改标注比例为30。

（4）单击"默认"选项卡→"注释"面板→"线性"按钮 ┠，配合端点捕捉功能标注如图10-161所示的线性尺寸作为基准尺寸。

（5）单击"注释"选项卡→"标注"面板→"连续"按钮 ⊢⊢⊣，配合捕捉和追踪功能，标注如图 10-162 所示的连续尺寸作为细部尺寸。

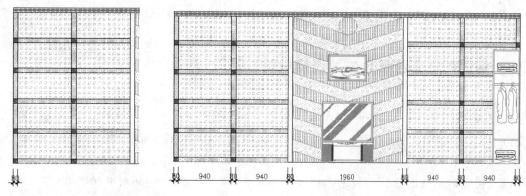

图 10-161 标注结果　　　　　　　　　图 10-162 标注细部尺寸

（6）在无命令执行的前提下单击标注文字为 80 的对象，使其呈现夹点显示状态。

（7）将光标放在标注文字夹点上，然后从弹出的快捷菜单中选择"仅移动文字"选项。

（8）在命令行"** 仅移动文字 ** 指定目标点："提示下，在适当位置指定文字的位置，并按 Esc 键取消尺寸的夹点，调整结果如图 10-163 所示。

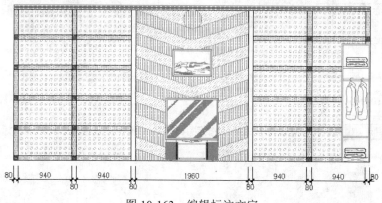

图 10-163 编辑标注文字

（9）单击"默认"选项卡→"注释"面板→"线性"按钮 ⊢⊣，配合对象捕捉功能标注总尺寸，标注结果如图 10-164 所示。

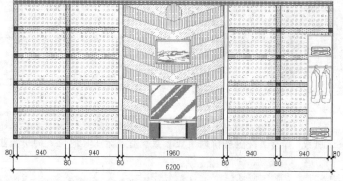

图 10-164 标注总尺寸

（10）参照上述操作，综合使用"线性"和"连续"命令，配合端点捕捉功能标注立面图左侧的尺寸，标注结果如图 10-165 所示。

至此，夜总会 KTV 包厢 D 向立面图尺寸标注完毕，下一小节将为 D 向立面图标注墙面材质注解。

10.9.5　标注夜总会包厢 D 立面装修材质

（1）继续上例操作。

（2）展开"默认"选项卡→"图层"面板→"图层"下拉列表，选择"文本层"设置为当前图层。

（3）使用快捷键"D"激活"标注样式"命令，将"引线标注"设为当前标注样式，同时修改标注比例为 45。

（4）使用快捷键"LE"激活"快速引线"命令，设置引线参数如图 10-166 和图 10-167 所示。

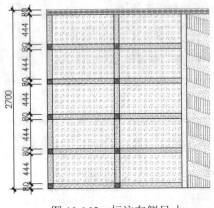

图 10-165　标注左侧尺寸

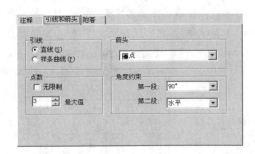

图 10-166　设置引线参数

（5）单击 **确定** 按钮，根据命令行的提示指定引线点绘制引线，并输入引线注释，标注结果如图 10-168 所示。

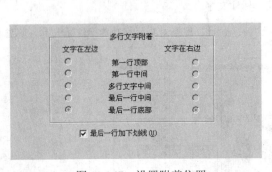

图 10-167　设置附着位置

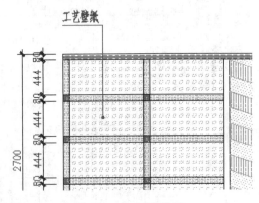

图 10-168　标注结果

（6）重复执行"快速引线"命令，按照当前的引线参数设置，标注其他位置的引线注释，结果如图 10-169 所示。

（7）最后执行"保存"命令，将图形命名存储为"绘制夜总会包厢 D 向立面装修图.dwg"。

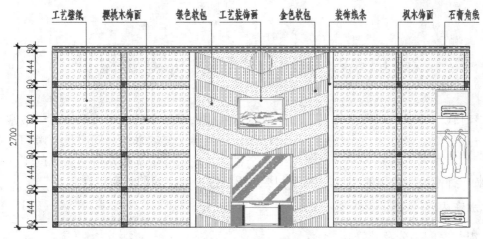

图 10-169　标注其他引线注释

10.10　本 章 小 结

　　包厢是为了满足顾客团体的需要，提供相对独立、无拘无束、畅饮畅叙的休闲和娱乐环境。本章在概述夜总会 KTV 装修理论知识的前提下，通过绘制某夜总会 KTV 包厢布置图、标注夜总会 KTV 包厢布置图、绘制夜总会 KTV 包厢天花图、绘制夜总会 KTV 包厢灯具图以及绘制 KTV 包厢装修立面图等典型案例，详细而系统地讲述了 KTV 包厢装修图的绘制思路、表达内容、具体绘制过程以及绘制技巧。

　　希望读者通过本章的学习，在理解和掌握相关设计理念和设计技巧的前提下，了解和掌握 KTV 包厢装修方案需要表达的内容、表达思路及具体的设计过程等。

第 11 章　银行内部空间装潢设计

随着时代的发展，银行已与人们的生活息息相关，现如今已成为人们生活中最常去的一个地方。银行的装修设计，不仅要体现银行整体的科学性与艺术性，同时也要考虑营业场所顾客及工作人员的人身财务安全，营造出一个科学合理、环境优雅、舒适大气的工作环境，给人带来一种愉悦，快乐的心境，本章主要介绍银行内部空间的装潢设计。

■ **本章内容**

✧ 银行空间划分及装修功能
✧ 银行空间装潢要点及风格
✧ 银行空间装潢设计思路
✧ 绘制银行墙柱平面图
✧ 绘制银行空间装潢布置图
✧ 绘制银行地面装修材质图
✧ 标注银行装修布置图文字与尺寸
✧ 绘制银行吊顶装修图
✧ 绘制银行吊顶灯具图
✧ 绘制银行装修立面图
✧ 本章小结

11.1　银行空间划分及装修功能

银行营业点一般由营业厅、自助银行、行长室、主任室、办公室，信贷部、接待室、会议室，微机房，账表库、金库、现金柜台室及其他房间组成，重点内容如下。

◆ 营业厅是银行装修设计的重点，也是最大的单元空间，营业厅的光线要亮，色调要稳重、高雅，材料要耐磨、易清洁。

◆ 信贷业务是现代银行的主营业务，信贷部门是十分重要的经营部门，也是接触各类客户的营业场所、共装修要有档次，同时光线要明亮、色调要明快、形式简洁，办公桌要有隔断，避免互相干扰。

◆ 接待室往往与信贷部紧连，一般设计成具有会客、洽谈、休闲、娱乐多种功能的室内空间，将客户变为朋友，在轻松、融洽的气氛中完成业务。接待室可根据需要设多个、行长与信贷部分用、合用皆可。接待室形式多样，可安置电视，音响和小冰柜等，以满足各种使用需要。

◆ 行长室也与接待室相邻，可分正行长、副行长、秘书和行政办公等室内空间。标志着企业领导者的形象。因此设计宜高雅、气派、安静。为确保行长的工作不受干扰，可设计为进行长室需经秘书处，让秘书来接待或安排会见，处理部分事物。

◆ 会议室的安置最好紧邻行长室，便于召开行政会议或客户洽谈业务。普通会议室的设计宜简洁、明亮，能集中与会者的注意力，提高会议效率。多功能大会议室墙面宜用吸声材料，地面要简洁耐磨。

- 办公室一般由结算室、出纳室、经警室等组成，其设计应体现企业的管理水平，简洁、明亮、经济、实用即可。
- 机房是现代银行装修的重要设施用房，是放置计算机和监控设备的工作空间，要求环境安静、防尘、抗静电。其地面一般采用活动架空地面板，以便众多设备管线的铺设和位移。还配备 UPS 装置，以防断电带来的巨大损失。
- 其他空间有账表库、金库、职工餐厅、厨房、值班室、健身房等，都有各自的设计特点。账表库房的装潢要求不高，但防火和湿度要求极高，必须采用干式防火方式，金库还有严格的保安要求；值班室应设休息床、单独空调、对外直拨电话、消防及防盗报警系统；职工餐厅宜明亮、洁净、易于清理，有条件的还应配备厨房及健身房。

11.2　银行空间装潢要点及风格

银行是为公司及个人金融理财服务的机构，首先要考虑到安全、私密，符合公安、消防安全规范要求。其次是人性化设计，以顾客为中心，提供舒适、合理、高效的办公环境，充分体现银行周到的服务特点，具体内容如下。

- 整体装饰方案必须突出本行业的企业文化。
- 强调银行自身的鲜明特性和经营特点。
- 平面布置应充分体现便利、舒适和以客为尊的服务氛围。
- 银行装修设计方案应具有很高的性价比，针对银行客户的需求，倡导个性化服务，提供全方位和尽可能无微不至的关怀和功能设置。
- 24 小时自助服务区的布局，必须有单独的对外出入口，还要与营业厅相通，并在此处安装全封闭式防火卷闸，另外为了加钞方便安全，自助银行的后台维护区与现金区设在同一区域内。
- 高端区理财间内应增设现金柜台窗口，以便让大客户充分享受贵宾级的快捷服务。
- 不管是支行还是储蓄所，在设计平面布局时要在满足其他办公空间的条件下，尽可能给营业厅予留最大空间，给每位顾客留下清新舒畅的视觉印象。大厅宽敞明亮、简洁大方，各项设施摆放合理、使用方便。
- 在材料运用上，银行选材的重点是营业厅、现金柜台，贵宾理财中心等空间，营业厅基本为瓷砖墙面，高端贵宾理财中心墙面面采用壁纸、防火板、瓷砖、玻璃隔断等相结合的材料。比如上海浦发银行和商业银行局营业厅运用各色的背漆玻璃做装饰提升视觉感染力，其他后台办公空间墙面统一为白色乳胶漆，矿棉吸音板吊顶，"有简有繁"节约材料。
- 顶部设计每家银行都有自己的模式化造型，在设计时根据空间的不同调整就可，但要考虑灯位，符合办公的要求。
- 现金区内各个空间为了安全，一般为高窗，或有的没有窗，所以要考虑通风。在适当的空间顶部安装换气扇。
- 总之，各个空间的使用功能、人的活动流向、办公设施的尺寸及摆放等，每个细节都应该考虑到位。

银行装修设计风格需要考虑的因素也很多，既要充分展示银行的实力，又要展示特有的企业文化和大众亲和力，设计风格应体现出标准化、系列化、明快、雅致、舒适、简约等，功能齐全方便，满足客户个性化要求，拉近同客户的距离，突出良好的公共形象，重视灯光设计和色彩运用，细节精细，高雅大方。

11.3　银行空间装潢设计思路

在绘制并设计银行方案图时，可以参照如下思路。

第一，首先根据提供的测量数据，绘制出银行的建筑结构平面图。

第二，根据绘制的银行建筑结构图以及需要发挥的多种使用功能，进行会所空间的规划与布置，科学合理的绘制出银行的平面布置图。

第三，根据绘制的银行平面布置图，在其基础上快速绘制其天花装修图，重点在天花吊顶的表达以及天花灯具定位和布局。

第四，根据实际情况及需要，绘制出银行的墙面装饰投影图，必要时附着文字说明。

11.4　绘制银行墙柱平面图

本节主要学习银行墙柱平面图的具体绘制过程和绘制技巧。银行墙柱平面图的最终绘制效果，如图 11-1 所示。

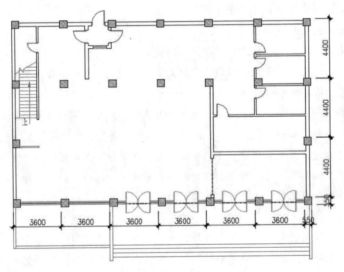

图 11-1　实例效果

11.4.1　绘制银行墙柱平面图

（1）单击"快速访问"工具栏→"新建"按钮，以随书光盘中的"\样板文件\商业装潢样板.dwt"作为基础样板，新建文件。

（2）展开"默认"选项卡→"图层"面板→"图层"下拉列表，选择"其他层"，将其设置为当前图层。

（3）单击"默认"选项卡→"绘图"面板→"矩形"按钮，绘制边长为 550 的正方形作为柱子外轮廓线。

（4）单击"默认"选项卡→"绘图"面板→"图案填充"按钮，设置填充图案与参数如图 11-2 所示，为柱子填充如图 11-3 所示的剖面图案。

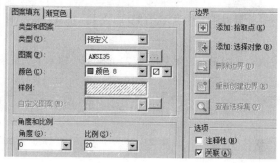

图 11-2　设置填充图与参数

图 11-3　填充结果

（5）单击"默认"选项卡→"修改"面板→"矩形阵列"按钮，选择柱子及剖面线进行阵列。命令行操作如下。

```
命令：_arrayrect
选择对象：                    //选择如图 11-3 所示的柱子图形
选择对象：                    // Enter
类型 = 矩形   关联 = 是
选择夹点以编辑阵列或 [关联(AS)/基点(B)/计数(COU)/间距(S)/列数(COL)/行数(R)/层
数(L)/退出(X)] <退出>：       //COU Enter
输入列数数或 [表达式(E)] <4>：  //7 Enter
输入行数数或 [表达式(E)] <3>：  //4 Enter
选择夹点以编辑阵列或 [关联(AS)/基点(B)/计数(COU)/间距(S)/列数(COL)/行数(R)/层
数(L)/退出(X)] <退出>：       //s Enter
指定列之间的距离或 [单位单元(U)] <0>：  //3600 Enter
指定行之间的距离 <1>：         //4400 Enter
选择夹点以编辑阵列或 [关联(AS)/基点(B)/计数(COU)/间距(S)/列数(COL)/行数(R)/层
数(L)/退出(X)] <退出>：       //AS Enter
创建关联阵列 [是(Y)/否(N)] <否>：  //N Enter
选择夹点以编辑阵列或 [关联(AS)/基点(B)/计数(COU)/间距(S)/列数(COL)/行数(R)/层
数(L)/退出(X)] <退出>：       // Enter，阵列结果如图 11-4 所示
```

（6）使用快捷键"E"激活"删除"命令，删除内部无用的柱子对象，结果如图 11-5 所示。

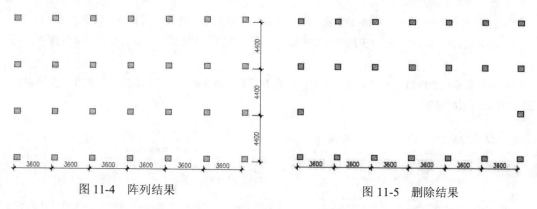

图 11-4　阵列结果　　　　　　　　　　　　　图 11-5　删除结果

（7）展开"默认"选项卡→"图层"面板→"图层"下拉列表，选择"墙线层"设置为当前图层。

（8）使用快捷键"ML"激活"多线"命令，设置对正方式为无，然后配合中点捕捉功能绘制宽度为240的主墙体，结果如图11-6所示。

（9）重复执行"多线"命令，设置对正方式为下对正，绘制宽度为240和120的墙体，结果如图11-7所示。

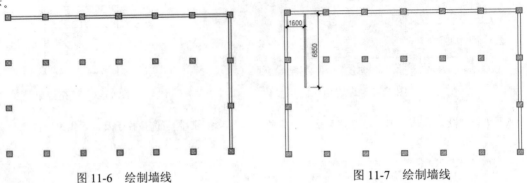

图11-6　绘制墙线　　　　　　　　　　　　　　　图11-7　绘制墙线

（10）使用快捷键"L"激活"直线"命令，配合延伸捕捉功能绘制如图11-8所示的两条垂直直线，以定位门洞。

（11）单击"默认"选项卡→"修改"面板→"修剪"按钮 ，以刚绘制的直线作为修剪边界，对墙线进行修剪，创建门洞，结果如图11-9所示。

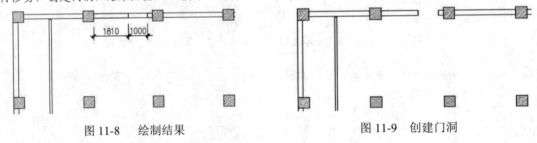

图11-8　绘制结果　　　　　　　　　　　　　　图11-9　创建门洞

至此，银行墙柱平面结构图绘制完毕，接下来学习银行门窗构件图的具体绘制过程。

11.4.2　绘制银行门窗构件图

（1）继续上节操作。

（2）展开"默认"选项卡→"图层"面板→"图层"下拉列表，选择"门窗层"设置为当前图层。

（3）选择菜单栏"格式"→"多线样式"命令，在打开的"多线样式"对话框中设置"窗线样式"为当前样式。

（4）选择菜单栏"绘图"→"多线"命令，设置多线比例为240、对正方式为无，配合中点捕捉功能绘制如图11-10所示的窗线。

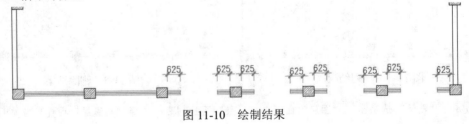

图11-10　绘制结果

（5）单击"默认"选项卡→"块"面板→"插入"按钮 ![icon]，设置块参数如图 11-11 所示，插入随书光盘中的"\图块文件\单开门.dwg"，插入结果如图 11-12 所示。

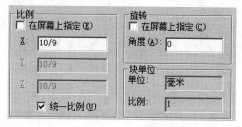

图 11-11　设置块参数

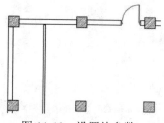

图 11-12　设置块参数

（6）重复执行"插入块"命令，设置块参数如图 11-13 所示，配合中点捕捉功能，插入随书光盘中的"\图块文件\双开门 02.dwg"，插入结果如图 11-14 所示。

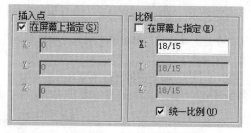

图 11-13　设置块参数

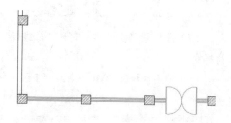

图 11-14　设置块参数

（7）单击"默认"选项卡→"修改"面板→"复制"按钮 ![icon]，选择插入的双开门图块，配合中点捕捉功能复制到右侧，结果如图 11-15 所示。

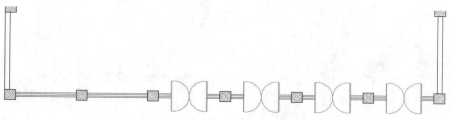

图 11-15　复制结果

（8）展开"默认"选项卡→"图层"面板→"图层"下拉列表，选择"楼梯层"设置为当前图层。

（9）单击"默认"选项卡→"块"面板→"插入"按钮 ![icon]，以默认参数插入随书光盘中的"\图块文件\楼梯 03.dwg"，插入结果如图 11-16 所示。

至此，银行门窗楼梯等建筑构件绘制完毕，接下来主要对银行内部空间进行功能划分。

11.4.3　银行内部空间的功能划分

（1）继续上节操作。

（2）展开"默认"选项卡→"图层"面板→"图层"下拉列表，选择"轴线层"设置为当前图层。

（3）使用快捷键"LT"激活"线型"命令，在打开的"线型管理器"对话框中设置线型比例为 50。

（4）单击"默认"选项卡→"绘图"面板→"直线"按钮 ![icon]，配合"对象捕捉"和"极轴追踪"功能绘制如图 11-17 所示的定位轴线。

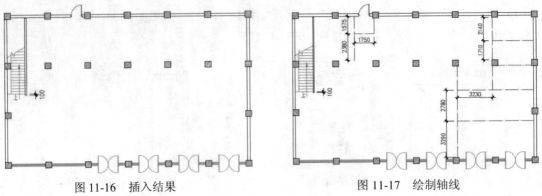

图 11-16　插入结果　　　　　　　　　　　　　图 11-17　绘制轴线

（5）单击"默认"选项卡→"修改"面板→"打断"按钮，配合坐标输入功能创建如图 11-18 所示的门洞和窗洞。

（6）展开"默认"选项卡→"图层"面板→"图层"下拉列表，选择"墙线层"设为当前图层。

（7）选择菜单栏"格式"→"多线样式"命令，在打开的"多线样式"对话框中设置"墙线样式"为当前样式。

（8）使用快捷键"ML"激活"多线"命令，设置对正方式为无，绘制宽度为 240 的墙体，结果如图 11-19 所示。

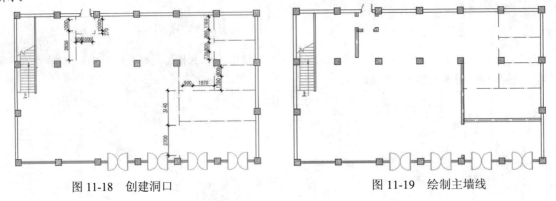

图 11-18　创建洞口　　　　　　　　　　　　　图 11-19　绘制主墙线

（9）重复执行"多线"命令，设置对正方式为无，绘制宽度为 120 的墙体，结果如图 11-20 所示。

（10）展开"默认"选项卡→"图层"面板→"图层"下拉列表，关闭"轴线层"，此时平面图的显示结果如图 11-21 所示。

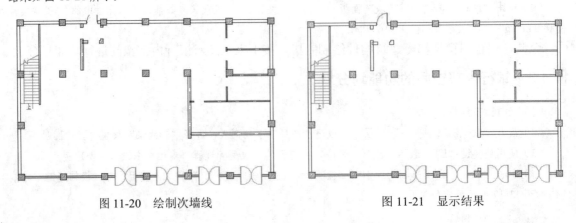

图 11-20　绘制次墙线　　　　　　　　　　　　图 11-21　显示结果

（11）在墙线上双击左键，使用"多线编辑工具"对话框中的"T 形合并"功能，对垂直相交的墙线进行 T 形合并，结果如图 11-22 所示。

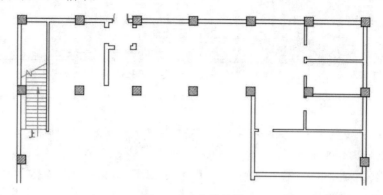

图 11-22　合并结果

至此，银行内部空间功能划分完毕，接下来学习银行内部功能空间门窗构件的具体绘制过程。

11.4.4　绘制内部房间门窗构件

（1）继续上节操作。

（2）展开"默认"选项卡→"图层"面板→"图层"下拉列表，选择"门窗层"设置为当前图层。

（3）单击"默认"选项卡→"块"面板→"插入"按钮，插入随书光盘中的"\图块文件\单开门.dwg"，参数设置如图 11-23 所示，插入点为图 11-24 所示的中点。

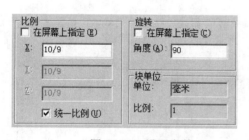

图 11-23　设置参数

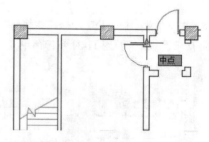

图 11-24　定位插入点

（4）单击"默认"选项卡→"修改"面板→"镜像"按钮，配合"两点之间的中点"功能对刚插入的单开门进行镜像，结果如图 11-25 所示。

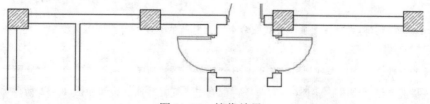

图 11-25　镜像结果

（5）重复执行"插入块"命令，继续插入随书光盘中的"\图块文件\单开门.dwg"，参数设置如图 11-26 所示，插入点为图 11-27 所示的中点。

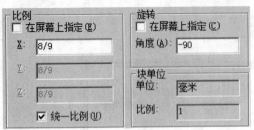

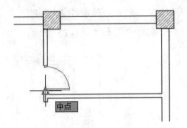

图 11-26　设置参数　　　　　　　　　　图 11-27　定位插入点

（6）单击"默认"选项卡→"修改"面板→"镜像"按钮，配合"中点捕捉"功能对刚插入的单开门进行镜像，结果如图 11-28 所示。

（7）单击"默认"选项卡→"修改"面板→"复制"按钮，配合"中点捕捉"功能对镜像出的单开门进行复制，结果如图 11-29 所示。

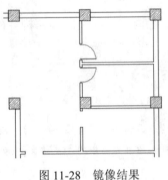

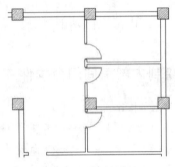

图 11-28　镜像结果　　　　　　　　　　图 11-29　复制结果

（8）重复执行"插入块"命令，继续插入随书光盘中的"\图块文件\单开门.dwg"，图块的参数设置如图 11-30 所示，插入点为图 11-31 所示的中点。

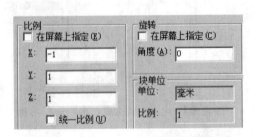

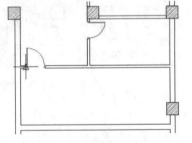

图 11-30　设置参数　　　　　　　　　　图 11-31　捕捉中点

（9）选择菜单栏"格式"→"多线样式"命令，在打开的"多线样式"对话框中设置"窗线样式"为当前样式。

（10）展开"默认"选项卡→"图层"面板→"图层"下拉列表，选择"门窗层"设置为当前图层。

（11）选择菜单栏"绘图"→"多线"命令，配合中点捕捉功能，绘制如图 11-32 所示的窗线，多线比例为 240。

（12）使用快捷键"LT"激活"线型"命令，打开"线型管理器"对话框，使用对话框中的"加载"功能，打开"加载或重载线型"对话框中加载线型，然后设置线型比例如图 11-33 所示。

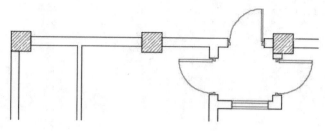

图 11-32　绘制结果

（13）将当前颜色设置为洋红，然后单击"默认"选项卡→"绘图"面板→"多段线"按钮，绘制如图 11-34 所示的多段线作为卷闸门，其中多段线的线宽为 50。

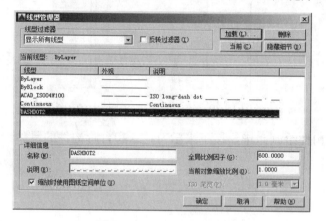

图 11-33　设置线型与比例

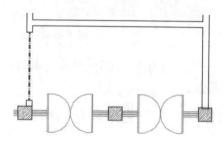

图 11-34　绘制结果

（14）重复执行"多段线"命令，按照当前的线型设置，继续绘制卷闸门，结果如图 11-35 所示。

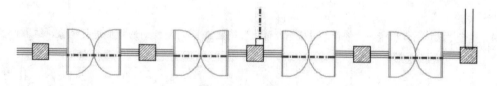

图 11-35　绘制结果

（15）单击"默认"选项卡→"特性"面板→"对象颜色"列表，将当前颜色设置为随层。

（16）单击"默认"选项卡→"特性"面板→"线型"下拉列表，修改线型为随层。

（17）展开"默认"选项卡→"图层"面板→"图层"下拉列表，选择"墙线层"设置为当前图层。

（18）单击"默认"选项卡→"绘图"面板→"直线"按钮，绘制如图 11-36 所示的两条直线段。

（19）单击"默认"选项卡→"修改"面板→"修剪"按钮，以刚绘制的直线作为边界，对垂直墙线进行修剪，创建宽度为 750 的门洞，修剪结果如图 11-37 所示。

（20）展开"默认"选项卡→"图层"面板→"图层"下拉列表，选择"门窗层"设置为当前图层。

（21）单击"默认"选项卡→"块"面板→"插入"按钮，插入随书光盘中的"\图块文件\单开门.dwg"，参数设置如图 11-38 所示，插入结果如图 11-39 所示。

（22）单击"默认"选项卡→"绘图"面板→"矩形"按钮，绘制长度为 1410、宽度为 100 的矩形作为隔断，结果如图 11-40 所示。

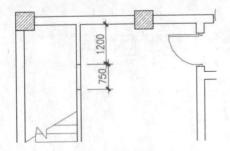

图 11-36　绘制结果

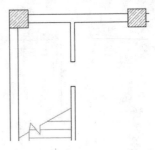

图 11-37　修剪结果

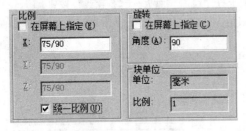

图 11-38　设置参数

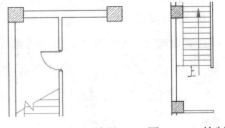

图 11-39　插入结果　　图 11-40　绘制隔断

至此，银行内部空间各位置的门窗构件绘制完毕，接下来学习花坛和台阶构件的具体绘制过程。

11.4.5　绘制台阶和花坛构件

（1）继续上节操作。

（2）使用快捷键"col"激活"颜色"命令，在打开的"选择颜色"对话框中将当前颜色设置为142号色。

（3）单击"默认"选项卡→"绘图"面板→"矩形"按钮 □，绘制长度为200、宽度为4000的矩形，如图11-41所示。

（4）单击"默认"选项卡→"修改"面板→"镜像"按钮 ⚟，对刚绘制的矩形进行镜像，结果如图11-42所示。

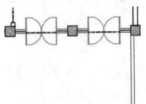

图 11-41　绘制结果

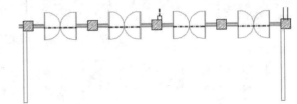

图 11-42　镜像结果

（5）单击"默认"选项卡→"绘图"面板→"直线"按钮 ╱，绘制如图11-43所示的台阶轮廓线。

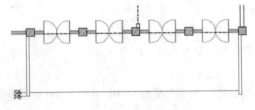

图 11-43　绘制结果

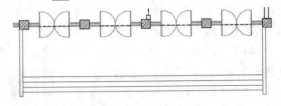

图 11-44　偏移结果

（6）单击"默认"选项卡→"修改"面板→"偏移"按钮 ，将台阶线向上偏移 300、600 和 900，结果如图 11-44 所示。

（7）单击"默认"选项卡→"绘图"面板→"矩形"按钮 ，绘制长度为 200、宽度为 3050 的矩形，如图 11-45 所示。

（8）单击"默认"选项卡→"绘图"面板→"直线"按钮 ，绘制如图 11-46 所示的两条直线作为花坛下侧的轮廓线。

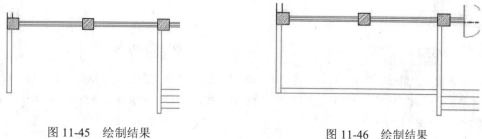

图 11-45　绘制结果　　　　　　　　　　图 11-46　绘制结果

（9）最后执行"保存"命令，将图形命名存储为"绘制银行墙柱平面图.dwg"。

11.5　绘制银行空间装潢布置图

本节主要学习银行空间装潢布置图的绘制方法和具体绘制过程。银行布置图的最终绘制效果如图 11-47 所示。

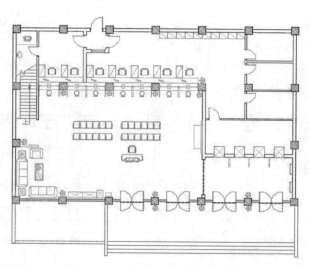

图 11-47　实例效果

11.5.1　绘制工作区家具布置图

（1）打开上例存储的"绘制银行墙柱平面图.dwg"，或直接从随书光盘中的"\效果文件\第 11 章\"目录下调用此文件。

（2）展开"默认"选项卡→"图层"面板→"图层"下拉列表，将"家具层"设置为当前图层。

（3）单击"默认"选项卡→"绘图"面板→"矩形"按钮 □，捕捉如图 11-48 所示的交点作为左下角点，绘制长度为 12440、宽度为 600 的矩形作为柜台，绘制结果如图 11-49 所示。

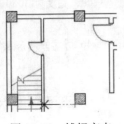
图 11-48　捕捉交点

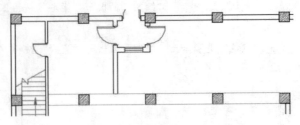
图 11-49　绘制结果

（4）重复执行"矩形"命令，绘制长度为 12440、宽度为 400 的矩形作为办公桌，如图 11-50 所示。

（5）单击"默认"选项卡→"修改"面板→"修剪"按钮 ⁄--，以垂直墙线作为边界，对刚绘制的矩形进行修剪，结果如图 11-51 所示。

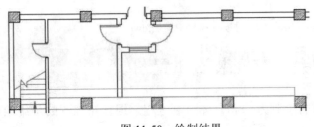
图 11-50　绘制结果

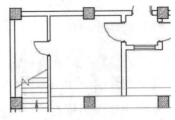
图 11-51　修剪结果

（6）单击"默认"选项卡→"块"面板→"插入"按钮 ，以默认参数插入随书光盘中的"\图块文件\办公组合 02.dwg"，插入结果如图 11-52 所示。

（7）单击"默认"选项卡→"修改"面板→"复制"按钮 ，将刚插入的办公组合向右复制 1750 和 3730 个单位，结果如图 11-53 所示。

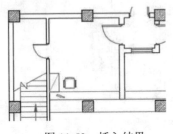
图 11-52　插入结果

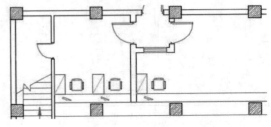
图 11-53　复制结果

（8）单击"默认"选项卡→"修改"面板→"矩形阵列"按钮 ，选择右侧的办公组合向右阵列，命令行操作如下。

```
命令：_arrayrect
选择对象：                      //选择右侧的办公组合
选择对象：                      // Enter
类型 = 矩形　关联 = 是
选择夹点以编辑阵列或 [关联(AS)/基点(B)/计数(COU)/间距(S)/列数(COL)/行数(R)/层
```

```
                   数(L)/退出(X)] <退出>:                        //COU Enter
                   输入列数数或 [表达式(E)] <4>:                 //5 Enter
                   输入行数或 [表达式(E)] <3>:                   //1 Enter
                   选择夹点以编辑阵列或 [关联(AS)/基点(B)/计数(COU)/间距(S)/列数(COL)/行数(R)/层
                   数(L)/退出(X)] <退出>:                        //s Enter
                   指定列之间的距离或 [单位单元(U)] <0>:         //1750 Enter
                   指定行之间的距离 <1>:                         //1Enter
                   选择夹点以编辑阵列或 [关联(AS)/基点(B)/计数(COU)/间距(S)/列数(COL)/行数(R)/层
                   数(L)/退出(X)] <退出>:                        //AS Enter
                   创建关联阵列 [是(Y)/否(N)] <否>:              //N Enter
                   选择夹点以编辑阵列或 [关联(AS)/基点(B)/计数(COU)/间距(S)/列数(COL)/行数(R)/层
                   数(L)/退出(X)] <退出>:                        // Enter，阵列结果如图11-54所示
```

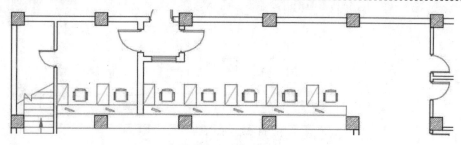

图 11-54   阵列结果

（9）单击"默认"选项卡→"绘图"面板→"矩形"按钮，绘制长度为655、宽度为500的矩形，作为资料柜，如图11-55所示。

（10）单击"默认"选项卡→"绘图"面板→"直线"按钮，配合"端点捕捉"功能绘制矩形对角线。

（11）单击"默认"选项卡→"修改"面板→"矩形阵列"按钮，选择资料柜向左阵列，命令行操作如下。

```
                   命令：_arrayrect
                   选择对象：                                    //选择如资料柜
                   选择对象：                                    // Enter
                   类型 = 矩形   关联 = 是
                   选择夹点以编辑阵列或 [关联(AS)/基点(B)/计数(COU)/间距(S)/列数(COL)/行数(R)/层
                   数(L)/退出(X)] <退出>:                        //COU Enter
                   输入列数数或 [表达式(E)] <4>:                 //10 Enter
                   输入行数数或 [表达式(E)] <3>:                 //1 Enter
                   选择夹点以编辑阵列或 [关联(AS)/基点(B)/计数(COU)/间距(S)/列数(COL)/行数(R)/层
                   数(L)/退出(X)] <退出>:                        //s Enter
                   指定列之间的距离或 [单位单元(U)] <0>:         //-665 Enter
                   指定行之间的距离 <1>:                         //1Enter
                   选择夹点以编辑阵列或 [关联(AS)/基点(B)/计数(COU)/间距(S)/列数(COL)/行数(R)/层
                   数(L)/退出(X)] <退出>:                        //AS Enter
                   创建关联阵列 [是(Y)/否(N)] <否>:              //N Enter
                   选择夹点以编辑阵列或 [关联(AS)/基点(B)/计数(COU)/间距(S)/列数(COL)/行数(R)/层
                   数(L)/退出(X)] <退出>:                        // Enter，阵列结果如图11-56所示
```

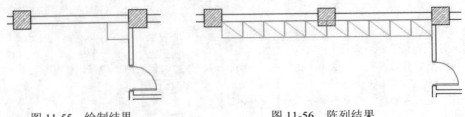

图 11-55　绘制结果　　　　　　　　　图 11-56　阵列结果

（12）单击"默认"选项卡→"块"面板→"插入"按钮，以默认参数插入随书光盘中的"\图块文件\"目录下的"坐便器 01.dwg 和洗脸盆 03.dwg"，插入结果如图 11-57 所示。

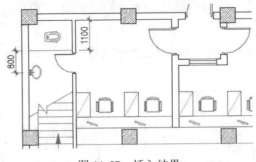

图 11-57　插入结果

至此，银行工作区办公家具布置图绘制完毕，接下来学习银行业务窗口家具布置图的绘制过程。

11.5.2　绘制业务窗口布置图

（1）继续上节操作。

（2）单击"默认"选项卡→"块"面板→"插入"按钮，以默认参数插入随书光盘中的"\图块文件\业务窗口.dwg"，插入点为图 11-58 所示的端点，插入结果如图 11-59 所示。

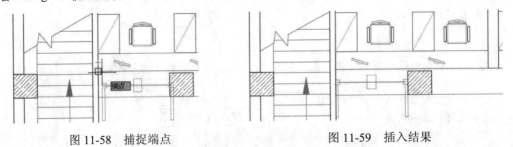

图 11-58　捕捉端点　　　　　　　　　图 11-59　插入结果

操作提示： 在此插入的图块是由两侧的矩形栏杆和中间的防盗玻璃及钱斗等多种构件的共同组合体。

（3）单击"默认"选项卡→"修改"面板→"分解"按钮，将刚插入的图块分解。

（4）单击"默认"选项卡→"修改"面板→"复制"按钮，复制分解后的部分对象，结果如图 11-60 所示。

（5）单击"默认"选项卡→"修改"面板→"拉伸"按钮，窗交选择如图 11-61 所示的对象，水平向左拉伸 32.5 个单位。

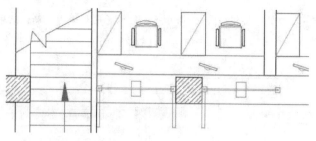

图 11-60　复制结果

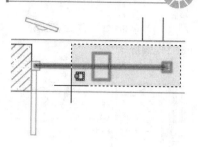

图 11-61　窗交选择

（6）重复执行"拉伸"命令，窗交选择如图 11-62 所示的对象，水平向左拉伸 32.5 个单位，拉伸结果如图 11-63 所示。

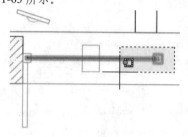

图 11-62　窗交选择

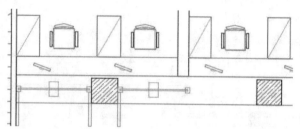

图 11-63　拉伸结果

（7）单击"默认"选项卡→"修改"面板→"镜像"按钮 ⚊，窗交选择如图 11-64 所示的对象，配合"中点捕捉"功能进行镜像，镜像结果如图 11-65 所示。

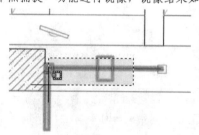

图 11-64　窗交选择

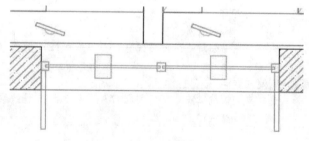

图 11-65　镜像结果

（8）单击"默认"选项卡→"修改"面板→"复制"按钮 ，配合"中点捕捉"功能和视图的实时缩放及平移功能，选择柱子一侧的栏杆进行复制，复制结果如图 11-66 所示。

（9）单击"默认"选项卡→"块"面板→"插入"按钮 ，配合中点捕捉功能，以默认参数插入随书光盘中的"\图块文件\椅子 1.dwg"，插入点为图 11-67 所示的中点。

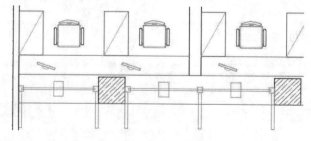

图 11-66　复制结果

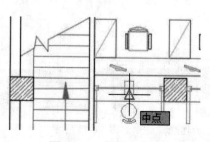

图 11-67　捕捉中点

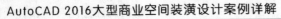
（10）单击"默认"选项卡→"修改"面板→"复制"按钮，选择刚插入的椅子图块进行复制，结果如图 11-68 所示。

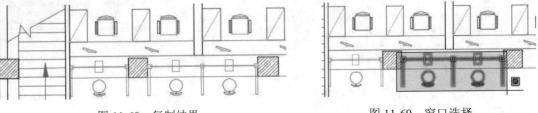

图 11-68　复制结果　　　　　　　　　　图 11-69　窗口选择

（11）单击"默认"选项卡→"修改"面板→"矩形阵列"按钮，窗口选择如图 11-69 所示的对象进行阵列，命令行操作如下。

```
命令：_arrayrect
选择对象：                           //选择如图 11-69 所示的对象
选择对象：                           // Enter
类型 = 矩形　关联 = 是
选择夹点以编辑阵列或 [关联(AS)/基点(B)/计数(COU)/间距(S)/列数(COL)/行数(R)/层
数(L)/退出(X)] <退出>：              //COU Enter
输入列数数或 [表达式(E)] <4>：        //3 Enter
输入行数数或 [表达式(E)] <3>：        //1 Enter
选择夹点以编辑阵列或 [关联(AS)/基点(B)/计数(COU)/间距(S)/列数(COL)/行数(R)/层
数(L)/退出(X)] <退出>：              //s Enter
指定列之间的距离或 [单位单元(U)] <0>： //3600 Enter
指定行之间的距离 <1>：               //1 Enter
选择夹点以编辑阵列或 [关联(AS)/基点(B)/计数(COU)/间距(S)/列数(COL)/行数(R)/层
数(L)/退出(X)] <退出>：              //AS Enter
创建关联阵列 [是(Y)/否(N)] <否>：     //N Enter
选择夹点以编辑阵列或 [关联(AS)/基点(B)/计数(COU)/间距(S)/列数(COL)/行数(R)/层
数(L)/退出(X)] <退出>：              // Enter，阵列结果如图 11-70 所示
```

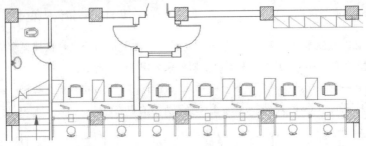

图 11-70　阵列结果

（12）在无命令执行的前提下夹点显示如图 11-71 所示的对象，然后按 Delete 键进行删除，删除结果如图 11-72 所示。

（13）单击"默认"选项卡→"修改"面板→"修剪"按钮，对平面图进行修整完善，修剪被遮挡住的图线，结果如图 11-73 所示。

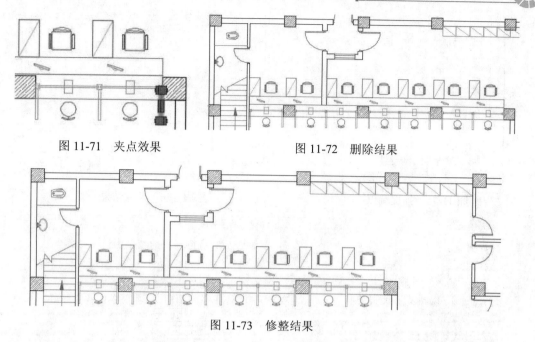

图 11-71　夹点效果　　　　　　　　　图 11-72　删除结果

图 11-73　修整结果

（14）单击"默认"选项卡→"块"面板→"插入"按钮，以默认参数插入随书光盘中的"\图块文件\绿化植物 03.dwg"，并对插入的绿化植物进行复制，结果如图 11-74 所示。

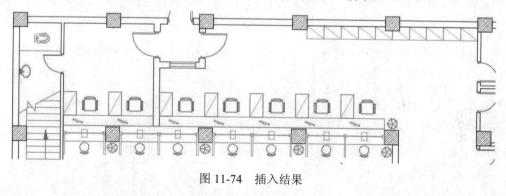

图 11-74　插入结果

至此，银行工作区办公家具布置图绘制完毕，接下来学习银行营业大厅家具布置图的绘制过程。

11.5.3　绘制营业大厅布置图

（1）继续上节操作。

（2）单击"默认"选项卡→"块"面板→"插入"按钮，以默认参数插入随书光盘中的"\图块文件\椅子 02.dwg"。

（3）返回绘图区，在命令行"指定插入点或 [基点(B)/比例(S)/旋转(R)]:"提示下激活"捕捉自"功能，捕捉如图 11-75 所示的端点作为偏移基点，输入插入点坐标"@2700,450"，插入结果如图 11-76 所示。

（4）单击"默认"选项卡→"修改"面板→"矩形阵列"按钮，选择刚插入的椅子图块进行阵列，命令行操作如下。

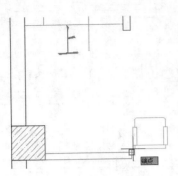

图 11-75　捕捉端点

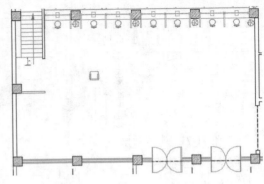

图 11-76　插入结果

```
命令: _arrayrect
选择对象:                                  //选择刚插入的椅子图块
选择对象:                                  // Enter
类型 = 矩形  关联 = 是
选择夹点以编辑阵列或 [关联(AS)/基点(B)/计数(COU)/间距(S)/列数(COL)/行数(R)/层
数(L)/退出(X)] <退出>:                     //COU Enter
输入列数数或 [表达式(E)] <4>:              //6 Enter
输入行数数或 [表达式(E)] <3>:              //1 Enter
选择夹点以编辑阵列或 [关联(AS)/基点(B)/计数(COU)/间距(S)/列数(COL)/行数(R)/层
数(L)/退出(X)] <退出>:                     //s Enter
指定列之间的距离或 [单位单元(U)] <0>:      //500 Enter
指定行之间的距离 <1>:                      //1 Enter
选择夹点以编辑阵列或 [关联(AS)/基点(B)/计数(COU)/间距(S)/列数(COL)/行数(R)/层
数(L)/退出(X)] <退出>:                     //AS Enter
创建关联阵列 [是(Y)/否(N)] <否>:           //N Enter
选择夹点以编辑阵列或 [关联(AS)/基点(B)/计数(COU)/间距(S)/列数(COL)/行数(R)/层
数(L)/退出(X)] <退出>:                     // Enter，阵列结果如图 11-77 所示
```

（5）重复执行"矩形阵列"命令，选择阵列集合继续进行阵列，命令行操作如下。

```
命令: _arrayrect
选择对象:                                  //选择阵列集合
选择对象:                                  // Enter
类型 = 矩形  关联 = 是
选择夹点以编辑阵列或 [关联(AS)/基点(B)/计数(COU)/间距(S)/列数(COL)/行数(R)/层
数(L)/退出(X)] <退出>:                     //COU Enter
输入列数数或 [表达式(E)] <4>:              //2 Enter
输入行数数或 [表达式(E)] <3>:              //2 Enter
选择夹点以编辑阵列或 [关联(AS)/基点(B)/计数(COU)/间距(S)/列数(COL)/行数(R)/层
数(L)/退出(X)] <退出>:                     //s Enter
指定列之间的距离或 [单位单元(U)] <0>:      //3760 Enter
指定行之间的距离 <1>:                      //900 Enter
选择夹点以编辑阵列或 [关联(AS)/基点(B)/计数(COU)/间距(S)/列数(COL)/行数(R)/层
数(L)/退出(X)] <退出>:                     //AS Enter
创建关联阵列 [是(Y)/否(N)] <否>:           //N Enter
选择夹点以编辑阵列或 [关联(AS)/基点(B)/计数(COU)/间距(S)/列数(COL)/行数(R)/层
数(L)/退出(X)] <退出>:                     // Enter，阵列结果如图 11-78 所示
```

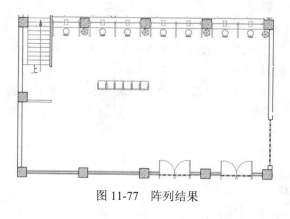

图 11-77　阵列结果

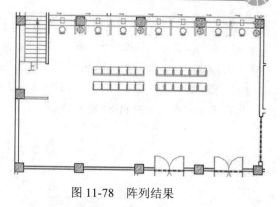

图 11-78　阵列结果

（6）单击"默认"选项卡→"块"面板→"插入"按钮 ，以默认参数插入随书光盘中的"\图块文件\咨询台.dwg"。

（7）返回绘图区，根据命令行的提示，配合"对象追踪"功能，引出如图 11-79 所示的中点追踪虚线，然后输入 3000 并按 Enter 键，定位插入点，插入结果如图 11-80 所示。

（8）单击"默认"选项卡→"绘图"面板→"矩形"按钮 ，绘制如图 11-81 所示的矩形作为利率表，其中矩形长度为 100、宽度为 2500。

（9）重复执行"矩形"命令，配合"捕捉自"功能绘制如图 11-82 所示的填单台，其中矩形长度为 600、宽度为 1800。

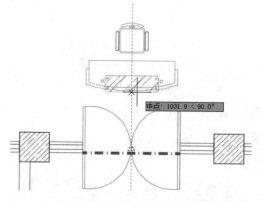

图 11-79　引出中点追踪虚线

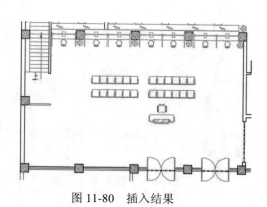

图 11-80　插入结果

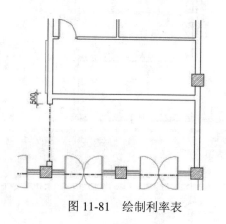

图 11-81　绘制利率表

图 11-82　绘制填单台

（10）按下键盘上的 F3 功能键，暂时关闭状态栏上的"对象捕捉"功能。

（11）单击"默认"选项卡 →"块"面板 →"插入"按钮，以默认参数插入随书光盘中的"\图块文件\沙发组合 03.dwg 和绿化植物 04.dwg"，插入结果如图 11-83 所示。

（12）重复执行"插入块"命令，以默认参数插入随书光盘中的"\图块文件\"目录下的"电子回单箱与终端.dwg"图块，结果如图 11-84 所示。

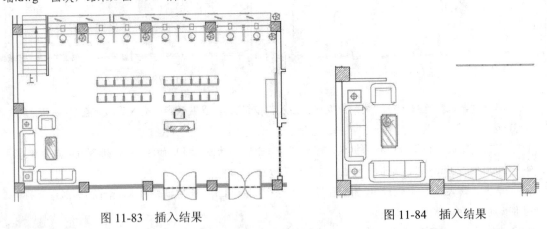

图 11-83　插入结果　　　　　　　　　　　图 11-84　插入结果

（13）单击"默认"选项卡 →"绘图"面板 →"矩形"按钮，绘制长度为 450、宽度为 250 的矩形作为取号机，如图 11-85 所示。

图 11-85　绘制结果

（14）单击"默认"选项卡 →"修改"面板 →"复制"按钮，选择绿化植物图块进行复制，复制结果如图 11-86 所示。

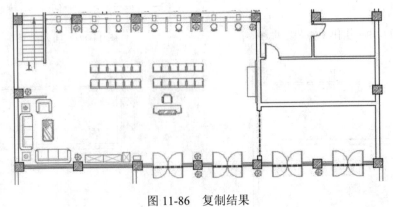

图 11-86　复制结果

　　至此，银行营业大厅办公家具布置图绘制完结，接下来学习自助银行布置图的具体绘制过程。

11.5.4 绘制自助银行布置图

（1）继续上节操作。

（2）单击"默认"选项卡→"绘图"面板→"矩形"按钮 □，配合"捕捉自"功能绘制 ATM 机，命令行操作如下。

```
命令：rectang
指定第一个角点或 [倒角(C)/标高(E)/圆角(F)/厚度(T)/宽度(W)]：
//激活"捕捉自"功能
_from 基点：                    //捕捉如图 11-87 所示的端点
<偏移>：                       //@692.5,0 Enter
指定另一个角点或 [面积(A)/尺寸(D)/旋转(R)]：
                              //@800,800 Enter，绘制结果如图 11-88 所示
```

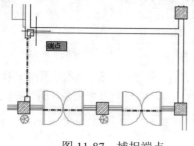

图 11-87 捕捉端点

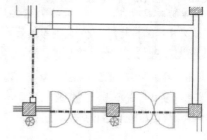

图 11-88 绘制结果

（3）单击"默认"选项卡→"绘图"面板→"直线"按钮 ，绘制矩形对角线，如图 11-89 所示。

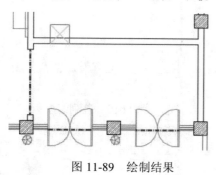

图 11-89 绘制结果

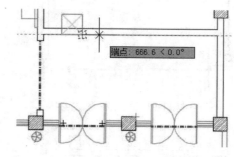

图 11-90 引出端点追踪虚线

（4）单击"默认"选项卡→"绘图"面板→"矩形"按钮 □，配合"对象追踪"功能绘制栏杆，命令行操作如下。

```
命令：rectang
指定第一个角点或 [倒角(C)/标高(E)/圆角(F)/厚度(T)/宽度(W)]：
                //引出如图 11-90 所示的对象追踪虚线，输入 340 并按 Enter
指定另一个角点或 [面积(A)/尺寸(D)/旋转(R)]：
                //@60,-750 Enter，绘制结果如图 11-91 所示
```

（5）单击"默认"选项卡→"修改"面板→"矩形阵列"按钮 ，选择 ATM 机和栏杆向右侧阵列，命令行操作如下。

```
命令: _arrayrect
选择对象:                                           //选择 ATM 机和栏杆
选择对象:                                           // Enter
类型 = 矩形   关联 = 是
选择夹点以编辑阵列或 [关联(AS)/基点(B)/计数(COU)/间距(S)/列数(COL)/行数(R)/层
数(L)/退出(X)] <退出>:                              //COU Enter
输入列数数或 [表达式(E)] <4>:                        //4 Enter
输入行数数或 [表达式(E)] <3>:                        //1 Enter
选择夹点以编辑阵列或 [关联(AS)/基点(B)/计数(COU)/间距(S)/列数(COL)/行数(R)/层
数(L)/退出(X)] <退出>:                              //s Enter
指定列之间的距离或 [单位单元(U)] <0>:               //1540 Enter
指定行之间的距离 <1>:                               //1 Enter
选择夹点以编辑阵列或 [关联(AS)/基点(B)/计数(COU)/间距(S)/列数(COL)/行数(R)/层
数(L)/退出(X)] <退出>:                              //AS Enter
创建关联阵列 [是(Y)/否(N)] <否>:                     //N Enter
选择夹点以编辑阵列或 [关联(AS)/基点(B)/计数(COU)/间距(S)/列数(COL)/行数(R)/层
数(L)/退出(X)] <退出>:                              // Enter, 阵列结果如图 11-92 所示
```

（6）使用快捷键"E"激活"删除"命令，选择阵列出的最右侧栏杆进行删除，删除结果如图 11-93 所示。

（7）单击"默认"选项卡→"修改"面板→"修剪"按钮，以 ATM 机外轮廓线作为边界，对内侧的墙线进行修剪，结果如图 11-94 所示。

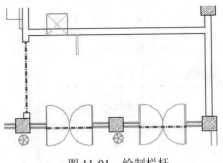

图 11-91　绘制栏杆

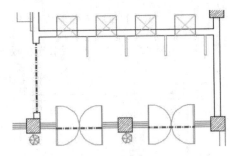

图 11-92　阵列结果

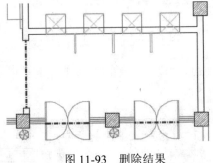

图 11-93　删除结果

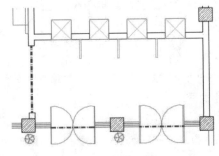

图 11-94　修剪结果

（8）单击"默认"选项卡→"绘图"面板→"多段线"按钮，配合"延伸捕捉"和"极轴追踪"功能定位起点，绘制如图 11-95 所示的多段线作为 POS 机示意线。

（9）单击"默认"选项卡→"修改"面板→"圆角"按钮，设置圆角半径 为45，使用命令中的"多个"选项功能，对多段线进行圆角，结果如图 11-96 所示。

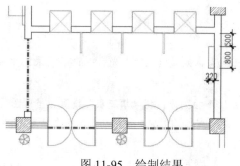

图 11-95 绘制结果

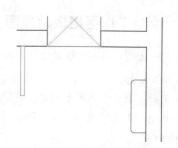

图 11-96 圆角结果

（10）单击"默认"选项卡→"修改"面板→"复制"按钮，配合"极轴追踪"功能，将 POS 机垂直向下复制 1400 个单位，作为 IC 电话屏，如图 11-97 所示。

（11）接下来重复执行"复制"命令，复制绿化植物图块，复制结果如图 11-98 所示。

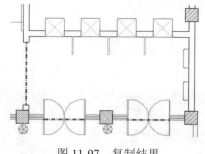

图 11-97 复制结果

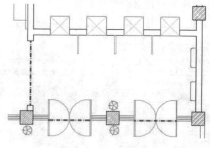

图 11-98 复制结果

（12）调整视图，使平面图全部显示，最终结果如图 11-47 所示。

（13）最后执行"另存为"命令，将图形另名存储为"绘制银行空间装潢布置图.dwg"。

11.6 绘制银行地面装修材质图

本节主要学习银行地面装修材质图的绘制方法和具体绘制过程。银行地面材质图的最终绘制效果如图 11-99 所示。

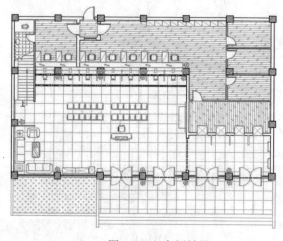

图 11-99 实例效果

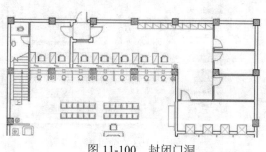

图 11-100 封闭门洞

11.6.1　绘制工作区地板材质图

（1）打开上例存储的"绘制银行空间装潢布置图.dwg"，或直接从随书光盘中的"\效果文件\第 11 章\"目录下调用此文件。

（2）展开"默认"选项卡→"图层"面板→"图层"下拉列表，将"填充层"设置为当前图层。

（3）单击"默认"选项卡→"绘图"面板→"直线"按钮，配合捕捉功能封闭各位置的门洞，结果如图 11-100 所示。

（4）使用快捷键"H"激活"图案填充"命令，在命令行"拾取内部点或 [选择对象(S)/设置(T)]:"提示下，激活"设置"选项，打开"图案填充和渐变色"对话框。

（5）在"图案填充和渐变色"对话框中选择图案并设置填充比例、角度、关联特性等，如图 11-101 所示。

（6）单击"添加：拾取点"按钮，返回绘图区在工作区域单击左键，系统自动分析出如图所示的填充边界，并按照当前设置进行填充。

（7）按 Enter 键结束命令，填充结果如图 11-102 所示。

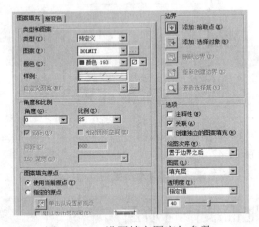

图 11-101　设置填充图案与参数

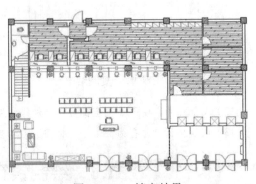

图 11-102　填充结果

（8）重复执行"图案填充"命令，使用命令中的"设置"选项，在打开的"图案填充和渐变色"对话框中设置填充图案及填充参数如图 11-103 所示，填充如图 11-104 所示的地面图案。

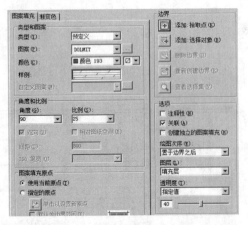

图 11-103　设置填充参数

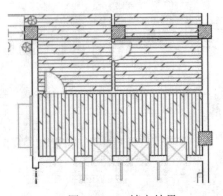

图 11-104　填充结果

（9）打开状态栏上的"透明度显示"功能，观看填充图案的显示效果，如图 11-105 所示。

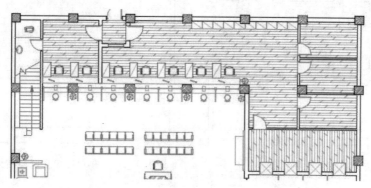

图 11-105　打开透明度后的效果

至此，银行工作区域及内部房间地板材质图绘制完毕，接下为绘制银行营业大厅、花坛等地面材质图。

11.6.2　绘制米线咖啡网格大理石材

（1）继续上节操作。

（2）在无命令执行的前提下夹点显示如图 11-106 所示的绿化植物图块。

（3）展开"默认"选项卡→"图层"面板→"图层"下拉列表，将夹点对象放在"图块层"上，并冻结"图块层"，此时平面图的显示结果如图 11-107 所示。

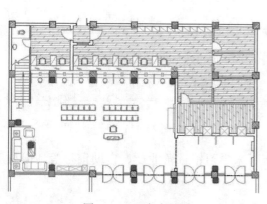

图 11-106　夹点效果

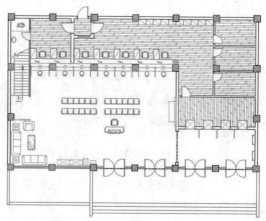

图 11-107　冻结图层后的效果

（4）单击"默认"选项卡→"绘图"面板→"直线"按钮 ，绘制如图 11-108 所示的米线。

> **技巧提示：** 在绘制米线定位起点时，可以配合"捕捉自"、"延伸捕捉"、"交点捕捉"等多种功能，另外，也可以使用"构造线"命令中的"偏移"功能，绘制构造线，然后再使用"修剪"命令将构造线修剪为米线。

（5）单击"默认"选项卡→"修改"面板→"偏移"按钮 ，将刚绘制米线向上偏移 100 和 900，结果如图 11-109 所示。

（6）单击"默认"选项卡→"绘图"面板→"图案填充"按钮 ，在命令行"拾取内部点或 [选择对象(S)/设置(T)]:"提示下，激活"设置"选项，打开"图案填充和渐变色"对话框。

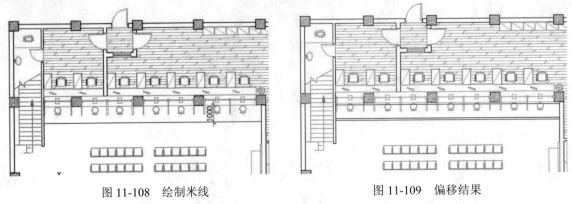

图 11-108　绘制米线　　　　　　　　　　图 11-109　偏移结果

（7）在"图案填充和渐变色"对话框中选择图案并设置填充比例、角度、关联特性等，如图 11-110 所示。

（8）单击"添加：拾取点"按钮⊞，返回绘图指定填充区域，填充如图 11-111 所示的材质图案。

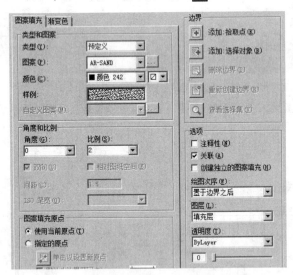

图 11-110　设置填充图案与参数

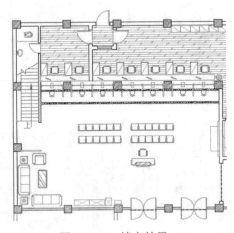

图 11-111　填充结果

至此，业务办理区米线材质图绘制完毕，接下来学习银行营业厅、自助银行等地面材质图的绘制过程。

11.6.3　绘制营业厅和自助区石材

（1）继续上节操作。

（2）单击"默认"选项卡→"绘图"面板→"图案填充"按钮▨，在命令行"拾取内部点或 [选择对象(S)/设置(T)]:"提示下，激活"设置"选项，打开"图案填充和渐变色"对话框。

（3）在"图案填充和渐变色"对话框中选择图案并设置填充比例、角度、关联特性等，如图 11-112 所示。

（4）单击"添加：拾取点"按钮⊞，返回绘图区在营业区、自助银行区等单击左键，填充如图 11-113 所示的材质图案。

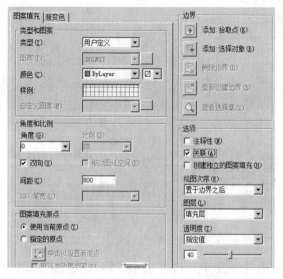

图 11-112 设置填充图案与参数

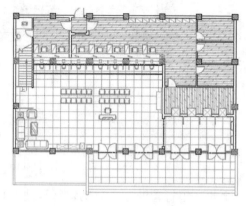

图 11-113 填充结果

（5）在无命令执行的前提下单击刚填充的图案，使其呈现夹点显示状态。

（6）在夹点图案上单击右键，选择右键菜单上的"设定原点"选项，如图 11-114 所示。

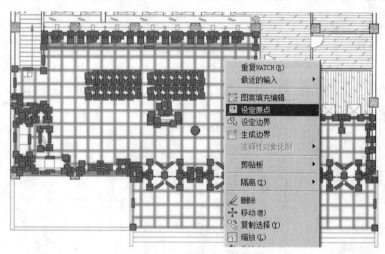

图 11-114 夹点图案右键菜单

（7）在命令行"选择新的图案填充原点:"提示下，捕捉如图 11-115 所示的中点，作为填充图案的原点，结果如图 11-116 所示。

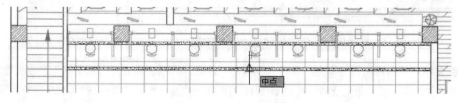

图 11-115 捕捉中点

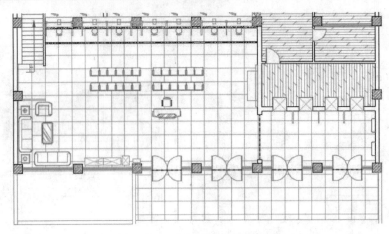

图 11-116　调整原点后的效果

至此，银行营业厅、自助银行等地面材质图绘制完毕，接下来学习银行其他区域地面材质图的绘制过程。

11.6.4　绘制银行其他区域材质图

（1）继续上节操作。

（2）单击"默认"选项卡→"绘图"面板→"图案填充"按钮，在命令行"拾取内部点或 [选择对象(S)/设置(T)]:"提示下，激活"设置"选项，打开"图案填充和渐变色"对话框。

（3）在"图案填充和渐变色"对话框中选择图案并设置填充比例、角度、关联特性等，如图 11-117 所示。

（4）单击"添加：拾取点"按钮，返回绘图区在花坛区等单击左键，填充如图 11-118 所示的材质图案。

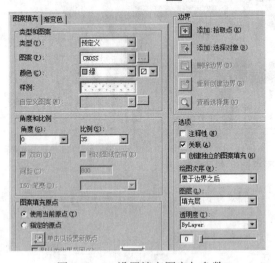

图 11-117　设置填充图案与参数

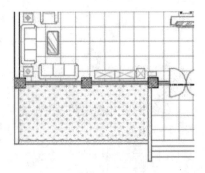

图 11-118　填充结果

（5）重复执行"图案填充"命令，使用命令中的"设置"选项功能打开"图案填充和渐变色"对话框，然后在此对话框中设置填充图案及填充参数如图 11-119 所示，为卫生间填充如图 11-120 所示的地砖图案。

（6）展开"默认"选项卡→"图层"面板→"图层"下拉列表，解冻"图块层"，此时平面图的显示结果如图 11-121 所示。

图 11-119　设置填充图案与参数

图 11-120　填充结果

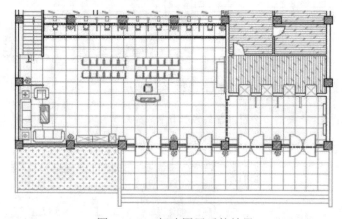

图 11-121　解冻图层后的效果

（7）使用"全部缩放"功能调整视图，使平面图完全显示，最终效果如图 11-99 所示。

（8）最后执行"另存为"命令，将图形另名存储为"绘制银行地面装修材质图.dwg"。

11.7　标注银行装修布置图文字与尺寸

本节主要学习银行装修布置图空间使用功能注释、标注空间装修使用材质注释、标注装修面布置图尺寸等内容的具体标注过程。银行装修布置图文字与尺寸的最终标注效果如图 11-122 所示。

11.7.1　标注银行布置图空间功能

（1）打开上例存储的"绘制银行地面装修材质图.dwg"，或直接从随书光盘中的"\效果文件\第 11 章\"目录下调用此文件。

（2）展开"默认"选项卡→"图层"面板→"图层"下拉列表，将"文本层"设置为当前图层。

（3）单击"默认"选项卡→"注释"面板→"单行文字"按钮**A**，设置字高为 480，标注如图 11-123 所示的房间功能。

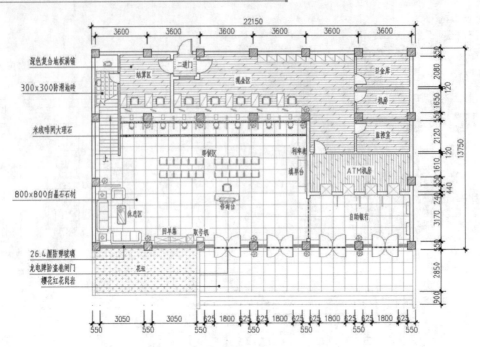

图 11-122　实例效果

（4）重复执行"单行文字"命令，按照当前的参数设置，分别标注其他位置的文字注释，结果如图 11-124 所示。

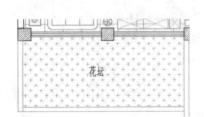

图 11-123　标注房间功能

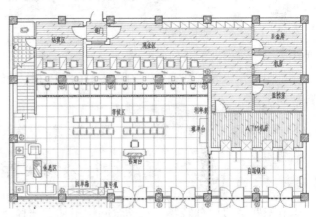

图 11-124　标注其他功能

（5）夹点显示花坛区域内的填充图案，然后单击右键，选择右键菜单中的"图案填充编辑"选项，如图 11-125 所示。

（6）此时系统打开"图案填充编辑"对话框，然后在此对话框中单击"添加：选择对象"按钮 ⊞。

（7）返回绘图区在命令行"选择对象或 [拾取内部点(K)/删除边界(B)]:"提示下，选择"花坛"文字对象，如图 11-126 所示。

（8）敲击 Enter 键，结果文字区域被以孤岛的方式排除在填充区域外，结果如图 11-127 所示。

（9）参照 5~8 操作步骤，分别修改其他位置的填充图案，使填充区内的文字以孤岛的方式排除在填充区外，结果如图 11-128 所示。

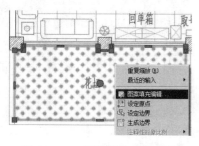

图 11-125 图案填充右键菜单

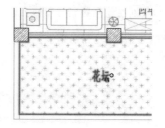

图 11-126 选择文字

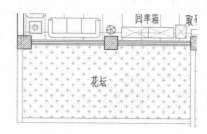

图 11-127 修改图案

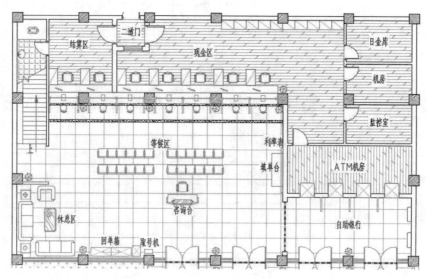

图 11-128 修改结果

至此，银行装修布置图空间使用功能标注完毕，下一小节将学习银行布置图地面装修材质的标注过程和技巧。

11.7.2 标注银行布置图装修材质

（1）继续上节操作。

（2）使用快捷键"D"激活"标注样式"命令，将"引线标注"设置为当前标注样式，同时修改标注比例为 160。

（3）使用快捷键"LE"激活"快速引线"命令，在命令行"指定第一个引线点或 [设置(S)]<设置>: "提示下，输入"S"打开"引线设置"对话框，分别设置引线参数如图 11-129 和图 11-130 所示。

图 11-129 设置符号和箭头

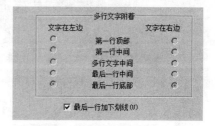

图 11-130 设置文字附着位置

（4）返回绘图区根据命令行 的提示分别在绘图区指定引线点，然后标注如图 11-131 所示的引线注释。

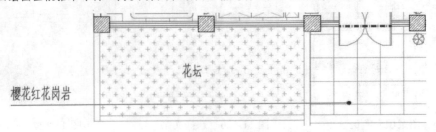

图 11-131　标注结果

（5）重复执行"快速引线"命令，按照上述的参数设置，分别标注其他位置的引线文本，标注结果如图 11-132 所示。

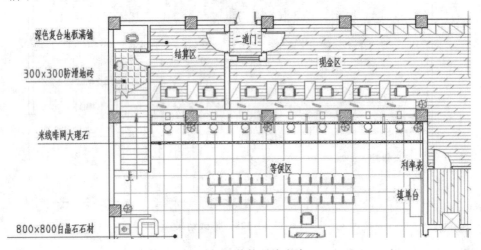

图 11-132　标注其他引线文本

（6）重复执行"快速引线"命令，在命令行"指定第一个引线点或 [设置(S)]<设置>："提示下，输入"S"打开"引线设置"对话框，分别设置引线参数如图 11-133 所示。

（7）返回绘图区根据命令行 的提示分别在绘图区指定引线点，然后标注如图 11-134 所示的引线注释。

图 11-133　设置符号和箭头

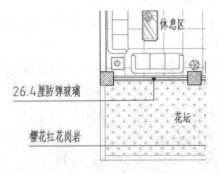

图 11-134　标注结果

（8）重复执行"快速引线"命令，按照上述的参数设置，分别标注其他位置的引线文本，标注结果如图 11-135 所示。

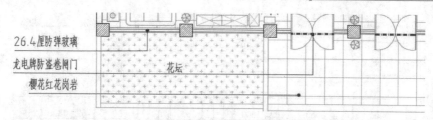

图 11-135　标注其他引线文本

至此，银行装修布置图材质注释标注完毕，下一小节将学习银行布置图尺寸的快速标注过程。

11.7.3　标注银行装修布置图尺寸

（1）继续上节操作。

（2）展开"默认"选项卡→"图层"面板→"图层"下拉列表，将"尺寸层"设置为当前图层。

（3）单击"默认"选项卡→"注释"面板→"标注样式"按钮，修改"建筑标注"样式的标注比例为 100，同时将此样式设置当前尺寸样式。

（4）单击"默认"选项卡→"绘图"面板→"构造线"，在平面图的下侧绘制一条水平的构造线作为尺寸定位辅助线，如图 11-136 所示。

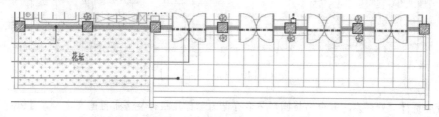

图 11-136　绘制结果

（5）单击"默认"选项卡→"注释"面板→"线性"按钮，配合"极轴追踪"和"对象追踪"功能标注如图 11-137 所示的线性尺寸。

（6）单击"注释"选项卡→"标注"面板→"连续"按钮，标注结果如图 11-138 所示的连续尺寸作为细部尺寸。

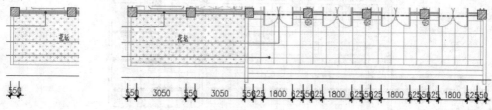

图 11-137　标注结果　　　　　　　图 11-138　标注连续尺寸

（7）在无命令执行的前提下单击标注文字为 550 的对象，使其呈现夹点显示状态。

（8）将光标放在标注文字夹点上，然后从弹出的快捷菜单中选择"仅移动文字"选项。

（9）在命令行"** 仅移动文字 **指定目标点:"提示下，在适当位置指定文字的位置，并按 Esc 键取消尺寸的夹点，调整结果如图 11-139 所示。

（10）参照上述操作，重复使用"线性"和"连续"命令，标注其他两侧位置的尺寸，结果如图 11-140 所示。

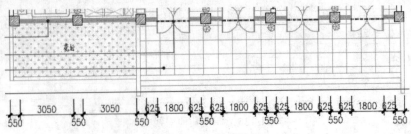

图 11-139　调整结果

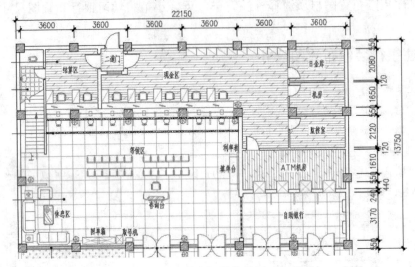

图 11-140　标注其他尺寸

（11）最后执行"另存为"命令，将图形另名存储为"标注银行装修布置图文字与尺寸.dwg"。

11.8　绘制银行吊顶装修图

本节主要学习银行吊顶装修图的绘制方法和绘制过程。银行吊顶图的最终绘制效果如图 11-141 所示。

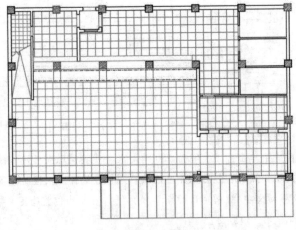

图 11-141　实例效果

11.8.1　绘制银行吊顶墙体图

（1）打开上例存储的"标注银行装修布置图文字与尺寸.dwg"，或直接从随书光盘中的"\效果文件\第11章\"目录下调用此文件。

（2）展开"默认"选项卡→"图层"面板→"图层"下拉列表，冻结"尺寸层、文本层和填充层"，并设置"吊顶层"为当前图层，此时平面图的显示结果如图11-142所示。

（3）使用快捷键"E"激活"删除"命令，删除各位置的办公家、平面门等对象，删除结果如图11-143所示。

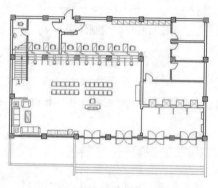

图11-142　冻结图层后的显示

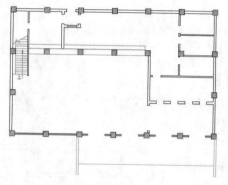

图11-143　删除结果

（4）单击"默认"选项卡→"绘图"面板→"直线"按钮，配合"端点捕捉"功能，封闭各位置的门洞，然后删除台阶轮廓线，结果如图11-144所示。

（5）单击"默认"选项卡→"修改"面板→"分解"按钮，选择楼梯图进行分解。

（6）使用快捷键"E"激活"删除"命令，删除不需要的楼梯轮廓线和柜台轮廓线，结果如图11-145所示。

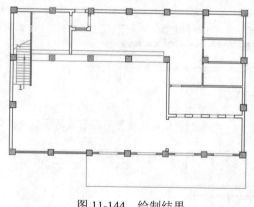

图11-144　绘制结果

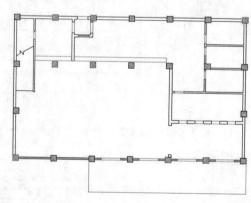

图11-145　删除结果

（7）在无命令执行的前提下夹点显示如图11-146所示的轮廓线，然后展开"默认"选项卡→"图层"面板→"图层"下拉列表，将夹点图线其放到"吊顶层"上。

（8）单击"默认"选项卡→"绘图"面板→"直线"按钮，配合端点捕捉和最近点捕捉功能，绘制如图11-147所示的楼梯间示意线及柜台位置的轮廓线。

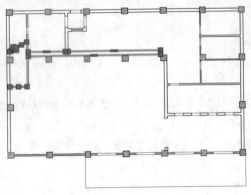

图 11-146　夹点效果

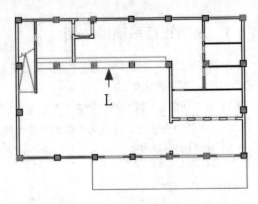

图 11-147　绘制结果

（9）单击"默认"选项卡→"修改"面板→"偏移"按钮 ⊜，将水平轮廓线 L 向下偏移 100、900 和 1000 个单位。

（10）单击"默认"选项卡→"修改"面板→"延伸"按钮 ⌐，对偏移出的三条水平图线向右延长，结果如图 11-148 所示。

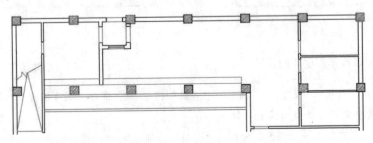

图 11-148　偏移并延长

（11）在无命令执行的前提下夹点显示如图 11-149 所示的两条水平轮廓线。

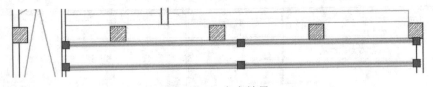

图 11-149　夹点效果

（12）按下 Ctrl+1 组合键，执行"特性"命令，在打开的"特性"窗口中修改窗帘轮廓线的线型及颜色，如图 11-150 所示。

图 11-150　修改特性

（13）关闭"特性"窗口，并按 Esc 键取消对象的夹点显示，观看操作后的效果，如图 11-151 所示。

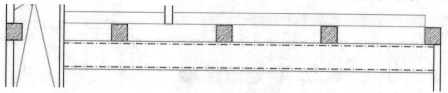

图 11-151　修改结果

至此，银行吊顶墙体图绘制完毕，接下来学习银行造型吊顶的具体绘制过程和技巧。

11.8.2　绘制银行工作区吊顶图

（1）继续上节操作。

（2）单击"默认"选项卡→"绘图"面板→"图案填充"按钮　，使用命令行中的"设置"功能，打开"图案填充和渐变色"对话框，设置填充图案及填充参数如图 11-152 所示。

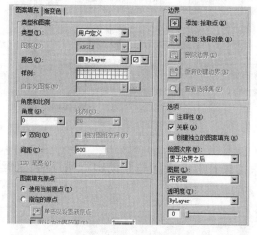

图 11-152　设置填充图案与参数

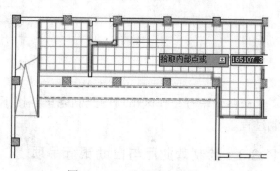

图 11-153　选择填充对象

（3）单击"图案填充和渐变色"对话框中的"添加：选择对象"按钮　，返回绘图区指定如图 11-153 所示的区域，填充如图 11-154 所示的图案。

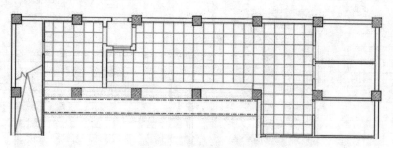

图 11-154　填充结果

（4）在无命令执行的前提下夹点显示刚填充的图案，然后在夹点图案上单击右键，选择右键菜单中的"设定原点"选项，如图 11-155 所示。

（5）在命令行"选择新的图案填充原点："提示下激活"两点之间的中点"功能。

（6）在命令行"m2p 中点的第一点："提示下捕捉如图 11-156 所示的端点。

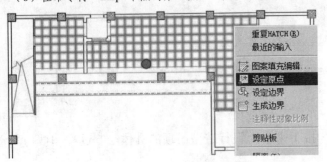

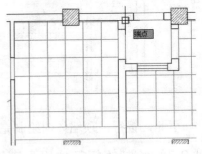

图 11-155　夹点图案右键菜单　　　　　　　　　　　图 11-156　捕捉端点

（7）在命令行"中点的第二点："提示下，捕捉如图 11-157 所示的端点，重新调整图案的原点，调整后的效果如图 11-158 所示。

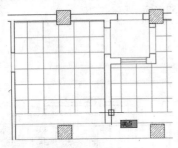

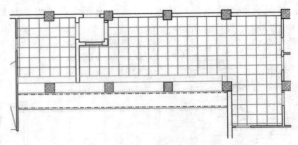

图 11-157　捕捉端点　　　　　　　　　　图 11-158　调整原点后的效果

至些，银行工作区吊顶图绘制完毕，接下来学习银行营业大厅与自助银行吊顶的具体绘制过程。

11.8.3　绘制营业厅与自助银行吊顶

（1）继续上节操作。

（2）单击"默认"选项卡→"绘图"面板→"图案填充"按钮，使用命令行中的"设置"功能，设置填充图案及填充参数如图 11-159 所示。

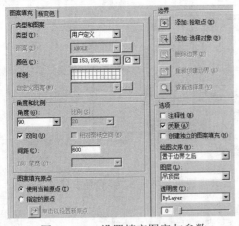

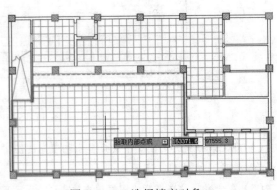

图 11-159　设置填充图案与参数　　　　　　　图 11-160　选择填充对象

（3）单击"图案填充和渐变色"对话框中的"添加：选择对象"按钮，返回绘图区指定如图 11-160 所示的区域，填充如图 11-161 所示的图案。

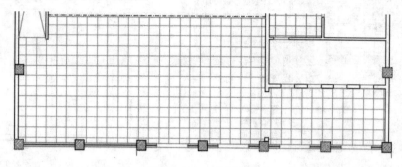

图 11-161　填充结果

（4）在无命令执行的前提下夹点显示刚填充的图案，然后在夹点图案上单击右键，选择右键菜单中的"设定原点"选项。

（5）在命令行"选择新的图案填充原点："提示下捕捉如图 11-162 所示的中点，作为新原点，调整结果如图 11-163 所示。

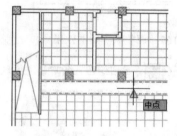

图 11-162　捕捉中点

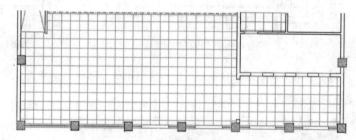

图 11-163　调整原点后的效果

至些，银行营业大厅与自助银行吊顶图绘制完毕，接下来学习银行 ATM 机房、卫生间等吊顶图的具体绘制过程。

11.8.4　绘制银行其他区域吊顶图

（1）继续上节操作。

（2）单击"默认"选项卡→"绘图"面板→"图案填充"按钮，使用命令行中的"设置"功能，在打开的"图案填充和渐变色"对话框中设置填充图案及填充参数如图 11-164 所示。

（3）单击"图案填充和渐变色"对话框中的"添加：选择对象"按钮，返回绘图区在 ATM 机房内单击左键，拾取填充区域，填充如图 11-165 所示的吊顶图案。

（4）在无命令执行的前提下单击刚填充的吊顶图案，使其呈现夹点显示状态。

（5）接下来在夹点吊顶图案上单击右键，选择夹点图案右键菜单中的"设定原点"选项。

（6）在命令行"选择新的图案填充原点："提示下捕捉如图 11-166 所示的中点，作为新的填充原点，图案填充原点调整后的结果如图 11-167 所示。

（7）重复执行"图案填充"命令，使用命令行中的"设置"功能，在打开的"图案填充和渐变色"对话框中设置填充图案与参数如图 11-168 所示。

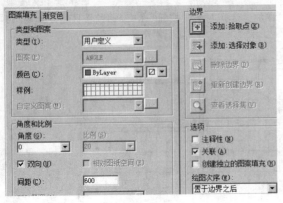

图 11-164　设置填充图案与参数

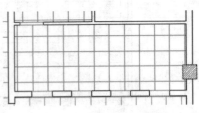

图 11-165　填充结果

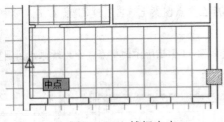

图 11-166　捕捉中点

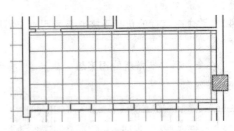

图 11-167　调整原点后的效果

（8）单击"图案填充和渐变色"对话框中的"添加：选择对象"按钮，返回绘图区拾取填充区域，为卫生间填充如图 11-169 所示的吊顶图案。

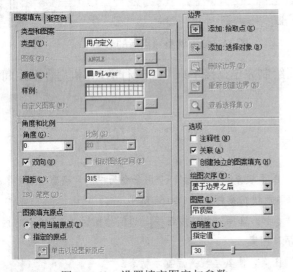

图 11-168　设置填充图案与参数

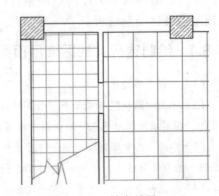

图 11-169　填充结果

（9）在无命令执行的前提下夹点显示刚填充的图案，然后在夹点图案上单击右键，选择右键菜单中的"设定原点"选项。

（10）在命令行"选择新的图案填充原点："提示下捕捉如图 11-170 所示的端点，作为新原点，调整结果如图 11-171 所示。

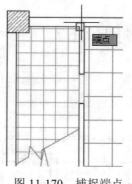

图 11-170　捕捉端点

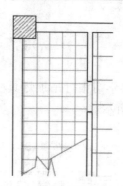

图 11-171　调整原点后的效果

（11）重复执行"图案填充"命令，使用命令行中的"设置"功能，打开"图案填充和渐变色"对话框中，然后在此对话框中设置填充图案与参数如图 11-172 所示。

（12）单击"图案填充和渐变色"对话框中的"添加：选择对象"按钮，返回绘图区拾取填充区域，填充如图 11-173 所示的吊顶图案。

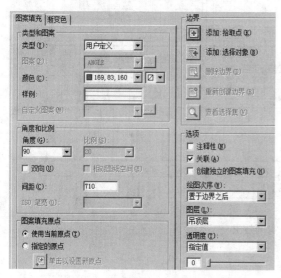

图 11-172　设置填充图案与参数

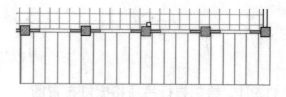

图 11-173　填充结果

（13）单击"默认"选项卡→"绘图"面板→"矩形"按钮，配合"延伸捕捉"和"对象追踪"功能绘制如图 11-174 所示的三个矩形结构。

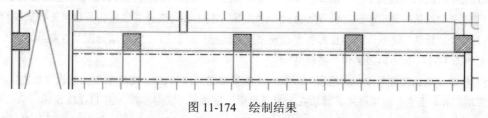

图 11-174　绘制结果

（14）使用"全部缩放"功能调整视图，使吊顶图全部显示，最终结果如图 11-141 所示。

（15）最后执行"另存为"命令，将图形另名存储为"绘制银行吊顶装修图.dwg"。

11.9　绘制银行吊顶灯具图

本节主要学习银行吊顶灯具图的绘制方法和绘制过程。银行吊顶灯具图的最终绘制效果如图 11-175 所示。

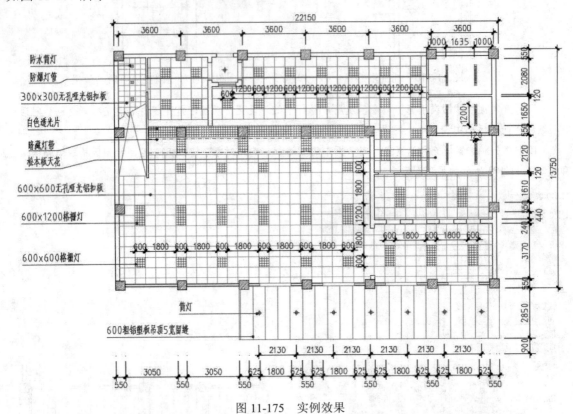

图 11-175　实例效果

11.9.1　绘制银行吊顶格栅灯布置图

（1）打开上例存储的"绘制银行吊顶装修图.dwg"，或直接从随书光盘中的"\效果文件\第 11 章\"目录下调用此文件。

（2）展开"默认"选项卡→"图层"面板→"图层"下拉列表，选择"灯具层"设置为当前图层。

（3）单击"默认"选项卡→"修改"面板→"分解"按钮，选择各位置的吊顶填充图案进行分解。

（4）单击"默认"选项卡→"绘图"面板→"图案填充"按钮，设置填充图案与参数如图 11-176 所示，填充如图 11-177 所示的图案作为格栅灯。

（5）单击"默认"选项卡→"绘图"面板→"图案填充"按钮，使用命令行中的"设置"功能，打开"图案填充和渐变色"对话框中，然后在此对话框中设置填充图案与参数如图 11-178 所示。

（6）单击"图案填充和渐变色"对话框中的"添加：选择对象"按钮，返回绘图区拾取填充区域，填充如图 11-179 所示的图案作为格栅灯示意图。

图 11-176　设置填充图案与参数

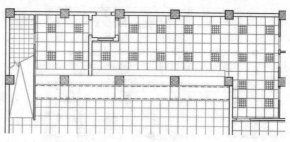

图 11-177　填充结果

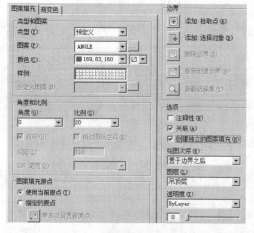

图 11-178　设置填充图案与参数

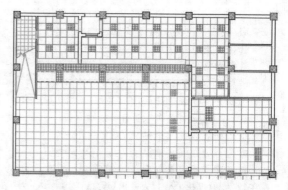

图 11-179　填充结果

（7）单击"默认"选项卡→"修改"面板→"矩形阵列"按钮 ，窗口选择如图 11-180 所示的格栅灯进行阵列，命令行操作如下。

```
命令: _arrayrect
选择对象:                              //窗口选择如图 11-180 所示的格栅灯
选择对象:                              //Enter
类型 = 矩形   关联 = 是
选择夹点以编辑阵列或 [关联(AS)/基点(B)/计数(COU)/间距(S)/列数(COL)/行数(R)/层
数(L)/退出(X)] <退出>:                  //COU Enter
输入列数数或 [表达式(E)] <4>:           //6 Enter
输入行数数或 [表达式(E)] <3>:           //1 Enter
选择夹点以编辑阵列或 [关联(AS)/基点(B)/计数(COU)/间距(S)/列数(COL)/行数(R)/层
数(L)/退出(X)] <退出>:                  //s Enter
指定列之间的距离或 [单位单元(U)] <0>:   //-2400 Enter
指定行之间的距离 <1>:                   //1 Enter
选择夹点以编辑阵列或 [关联(AS)/基点(B)/计数(COU)/间距(S)/列数(COL)/行数(R)/层
数(L)/退出(X)] <退出>:                  //AS Enter
```

创建关联阵列 [是(Y)/否(N)] <否>：　　　　　　　//N Enter
选择夹点以编辑阵列或 [关联(AS)/基点(B)/计数(COU)/间距(S)/列数(COL)/行数(R)/层数(L)/退出(X)] <退出>：　　　　　　// Enter，阵列结果如图11-181所示

（8）使用快捷键"E"激活"删除"命令，删除楼梯间位置的格栅灯。

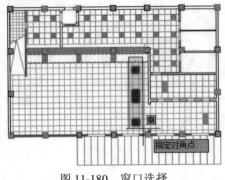

图11-180　窗口选择

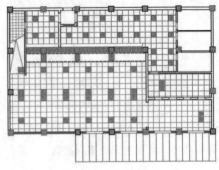

图11-181　阵列结果

（9）单击"默认"选项卡→"修改"面板→"矩形阵列"按钮 ，选择格栅灯向右阵列，命令行操作如下。

命令：_arrayrect
选择对象：　　　　　　　　　　　　//选择如图11-182所示的格栅灯
选择对象：　　　　　　　　　　　　// Enter
类型 = 矩形　关联 = 是
选择夹点以编辑阵列或 [关联(AS)/基点(B)/计数(COU)/间距(S)/列数(COL)/行数(R)/层数(L)/退出(X)] <退出>：　　　　　　//COU Enter
输入列数数或 [表达式(E)] <4>：　　　//3 Enter
输入行数数或 [表达式(E)] <3>：　　　//1 Enter
选择夹点以编辑阵列或 [关联(AS)/基点(B)/计数(COU)/间距(S)/列数(COL)/行数(R)/层数(L)/退出(X)] <退出>：　　　　　　//s Enter
指定列之间的距离或 [单位单元(U)] <0>：　　//-1800 Enter
指定行之间的距离 <1>：　　　　　　//1 Enter
选择夹点以编辑阵列或 [关联(AS)/基点(B)/计数(COU)/间距(S)/列数(COL)/行数(R)/层数(L)/退出(X)] <退出>：　　　　　　//AS Enter
创建关联阵列 [是(Y)/否(N)] <否>：　　//N Enter
选择夹点以编辑阵列或 [关联(AS)/基点(B)/计数(COU)/间距(S)/列数(COL)/行数(R)/层数(L)/退出(X)] <退出>：　　　　　// Enter，阵列结果如图11-183所示

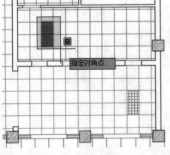

图11-182　窗口选择

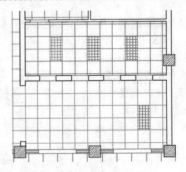

图11-183　阵列结果

（10）重复执行"矩形阵列"命令，窗口选择如图 11-184 所示的格栅灯，向左阵列 3 份，其中列偏移为 –2400，阵列结果如图 11-185 所示。

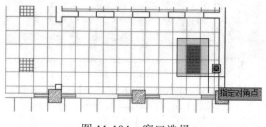

图 11-184　窗口选择

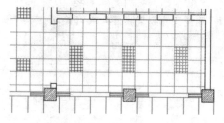

图 11-185　阵列结果

至此，银行吊顶格栅灯布置图绘制完毕，接下为学习银行吊顶筒灯及防爆灯具的绘制过程。

11.9.2　绘制筒灯和防爆灯布置图

（1）继续上节操作。

（2）单击"默认"选项卡→"块"面板→"插入"按钮，以默认参数插入随书光盘中的"\图块文件\防爆灯管.dwg"。

（3）返回绘图区，在命令行"指定插入点或 [基点(B)/比例(S)/X/Y/Z/旋转(R)]:"提示下激活"捕捉自"功能，捕捉如图 11-186 所示的端点作为偏移基点，输入插入点坐标"@1000,1060"，插入结果如图 11-187 所示。

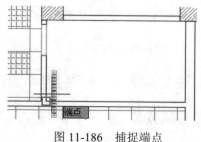

图 11-186　捕捉端点

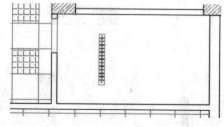

图 11-187　插入结果

（4）单击"默认"选项卡→"修改"面板→"矩形阵列"按钮，选择刚插入的灯具进行阵列，命令行操作如下。

```
命令: _arrayrect
选择对象:                              //窗交选择如图 11-188 所示的防爆灯管
选择对象:                              // Enter
类型 = 矩形  关联 = 是
选择夹点以编辑阵列或 [关联(AS)/基点(B)/计数(COU)/间距(S)/列数(COL)/行数(R)/层
数(L)/退出(X)] <退出>:                  //COU Enter
输入列数数或 [表达式(E)] <4>:            //2 Enter
输入行数数或 [表达式(E)] <3>:            //3 Enter
选择夹点以编辑阵列或 [关联(AS)/基点(B)/计数(COU)/间距(S)/列数(COL)/行数(R)/层
数(L)/退出(X)] <退出>:                  //s Enter
指定列之间的距离或 [单位单元(U)] <0>:    //1635 Enter
指定行之间的距离 <1>:                   //2220 Enter
```

选择夹点以编辑阵列或 [关联(AS)/基点(B)/计数(COU)/间距(S)/列数(COL)/行数(R)/层数(L)/退出(X)] <退出>: //AS Enter

创建关联阵列 [是(Y)/否(N)] <否>: //N Enter

选择夹点以编辑阵列或 [关联(AS)/基点(B)/计数(COU)/间距(S)/列数(COL)/行数(R)/层数(L)/退出(X)] <退出>: // Enter，阵列结果如图 11-189 所示

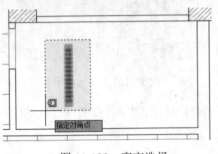

图 11-188　窗交选择

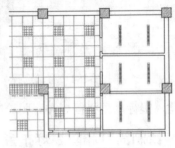

图 11-189　阵列结果

（5）单击"默认"选项卡→"修改"面板→"移动"按钮，窗交选择如图 11-190 所示的灯管，垂直向上位移 57.5 个单位，结果如图 11-191 所示。

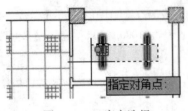

图 11-190　窗交选择

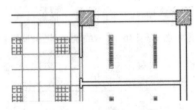

图 11-191　位移结果

（6）单击"默认"选项卡→"块"面板→"插入"按钮，以默认参数插入随书光盘中的"\图块文件\防水筒灯 01.dwg"。

（7）返回绘图区，在命令行"指定插入点或 [基点(B)/比例(S)/X/Y/Z/旋转(R)]:"提示下激活"两点之间的中点"功能。

（8）在命令行"_m2p 中点的第一点:"提示下捕捉如图 11-192 所示的交点。

（9）继续在命令行"中点的第二点:"提示下捕捉如图 11-193 所示的交点，系统自动捕捉这两交点连线的中点，作为插入点，插入防水筒灯，结果如图 11-194 所示。

图 11-192　捕捉交点

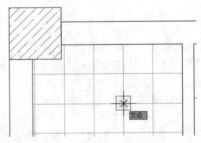

图 11-193　捕捉交点

（10）单击"默认"选项卡→"修改"面板→"矩形阵列"按钮，选择刚插入的筒灯向下阵列，命令行操作如下。

```
命令: _arrayrect
选择对象:                                          //窗口选择如图 11-195 所示的灯具
选择对象:                                          // Enter
类型 = 矩形  关联 = 是
选择夹点以编辑阵列或 [关联(AS)/基点(B)/计数(COU)/间距(S)/列数(COL)/行数(R)/层
数(L)/退出(X)] <退出>:                            //COU Enter
输入列数数或 [表达式(E)] <4>:                      //1 Enter
输入行数数或 [表达式(E)] <3>:                      //3 Enter
选择夹点以编辑阵列或 [关联(AS)/基点(B)/计数(COU)/间距(S)/列数(COL)/行数(R)/层
数(L)/退出(X)] <退出>:                            //s Enter
指定列之间的距离或 [单位单元(U)] <0>:              //1 Enter
指定行之间的距离 <1>:                              //-945 Enter
选择夹点以编辑阵列或 [关联(AS)/基点(B)/计数(COU)/间距(S)/列数(COL)/行数(R)/层
数(L)/退出(X)] <退出>:                            //AS Enter
创建关联阵列 [是(Y)/否(N)] <否>:                   //N Enter
选择夹点以编辑阵列或 [关联(AS)/基点(B)/计数(COU)/间距(S)/列数(COL)/行数(R)/层
数(L)/退出(X)] <退出>:                            // Enter,阵列结果如图 11-196 所示
```

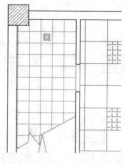

图 11-194　插入结果

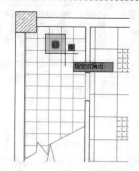

图 11-195　窗口选择

（11）选择菜单栏"格式"→"点样式"命令，在打开的"点样式"对话框中，设置当前点的样式和点的大小，如图 11-197 所示。

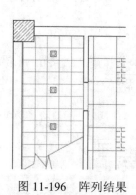

图 11-196　阵列结果

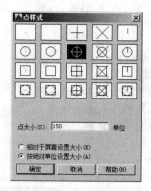

图 11-197　设置点样式

（12）单击"默认"选项卡→"绘图"面板→"直线"按钮，配合"端点、中点捕捉"功能，在平面图上侧和下侧绘制如图 11-198 所示的两条灯具定位辅助线。

（13）单击"默认"选项卡→"绘图"面板→"多点" 按钮·，配合"中点捕捉功能，分别捕捉两条辅助线中点，绘制两个点作为筒灯，结果如图 11-199 所示。

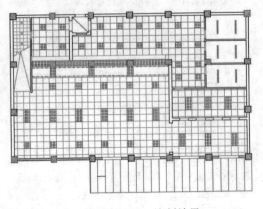

图 11-198 　绘制结果　　　　　　　　　　　　　图 11-199 　绘制结果

（14）使用快捷键"E"激活"删除"命令，删除两条辅助线，删除结果如图 11-200 所示。

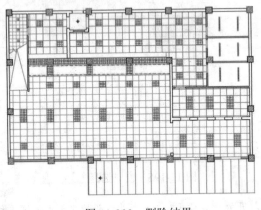

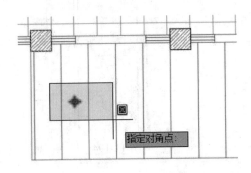

图 11-200 　删除结果　　　　　　　　　　　　　图 11-201 　窗口选择

（15）单击"默认"选项卡→"修改"面板→"矩形阵列"按钮，选择下侧的筒灯进行阵列，命令行操作如下。

```
命令：_arrayrect
选择对象：                                     //窗口选择如图 11-201 所示的筒灯
选择对象：                                     // Enter
类型 = 矩形　关联 = 是
选择夹点以编辑阵列或 [关联(AS)/基点(B)/计数(COU)/间距(S)/列数(COL)/行数(R)/层
数(L)/退出(X)] <退出>：                          //COU Enter
输入列数数或 [表达式(E)] <4>：                     //7 Enter
输入行数数或 [表达式(E)] <3>：                     //1Enter
选择夹点以编辑阵列或 [关联(AS)/基点(B)/计数(COU)/间距(S)/列数(COL)/行数(R)/层
数(L)/退出(X)] <退出>：                          //s Enter
指定列之间的距离或 [单位单元(U)] <0>：              //2130 Enter
指定行之间的距离 <1>：                            //1Enter
选择夹点以编辑阵列或 [关联(AS)/基点(B)/计数(COU)/间距(S)/列数(COL)/行数(R)/层
```

数(L)/退出(X)] <退出>:　　　　　　　//AS Enter
创建关联阵列 [是(Y)/否(N)] <否>:　　　//N Enter
选择夹点以编辑阵列或 [关联(AS)/基点(B)/计数(COU)/间距(S)/列数(COL)/行数(R)/层
数(L)/退出(X)] <退出>:　　　　　　　// Enter，阵列结果如图11-202所示

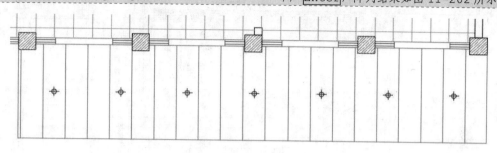

图11-202　阵列结果

11.9.3　标注银行吊顶图文字注释

（1）继续上节操作。

（2）展开"默认"选项卡→"图层"面板→"图层"下拉列表，解冻"文本层"，并将"文本层"设置为当前图层。

（3）单击"默认"选项卡→"实用工具"面板→"快速选择"按钮 ，选择"文本层"上的所有对象。

（4）使用快捷键"E"激活"删除"命令，将选择的所有文字对象删除。

（5）使用快捷键"D"激活"标注样式"命令，将"引线标注"设置为当前标注样式，同时修改标注比例为160。

（6）使用快捷键"LE"激活"快速引线"命令，在命令行"指定第一个引线点或 [设置(S)]<设置>:"提示下，输入"S"打开"引线设置"对话框，分别设置引线参数如图11-129和图11-130所示。

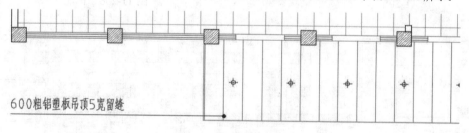

600粗铝塑板吊顶5宽留缝

图11-203　标注结果

（7）返回绘图区根据命令行的提示分别在绘图区指定引线点，然后标注如图11-203所示的引线注释。

（8）重复执行"快速引线"命令，按照上述的参数设置，分别标注其他位置的引线文本，标注结果如图11-204所示。

（9）重复执行"快速引线"命令，在命令行"指定第一个引线点或 [设置(S)]<设置>:"提示下，输入"S"打开"引线设置"对话框，设置引线参数如图11-205所示。

（10）返回绘图区根据命令行的提示分别在绘图区指定引线点，然后标注如图11-206所示的引线注释。

（11）重复执行"快速引线""命令，按照上述的参数设置，分别标注其他位置的引线注释，标注结果如图11-207所示。

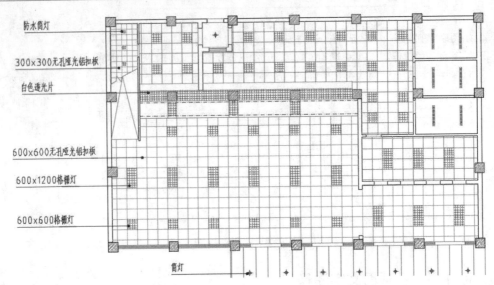

图 11-204　标注其他引线文本

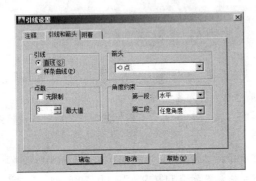

图 11-205　设置符号和箭头

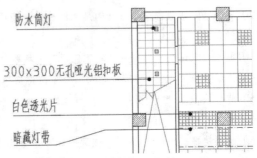

图 11-206　标注结果

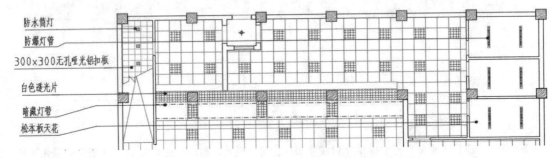

图 11-207　标注其他引线文本

至此，银行吊顶装修图文字注释标注完毕，下一小节将学习银行吊顶图尺寸的快速标注过程。

11.9.4　标注银行吊顶装修图尺寸

（1）继续上节操作。

（2）展开"默认"选项卡→"图层"面板→"图层"下拉列表，解冻"尺寸层"，并将其设为当前图层。

（3）单击"默认"选项卡→"注释"面板→"标注样式"按钮 ，将"建筑标注"设为当前标注样式，并修改标注比例为100。

（4）单击"默认"选项卡→"注释"面板→"线性"按钮 ，标注如图11-208所示的线性尺寸。

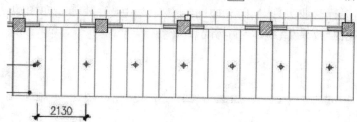

图11-208 标注结果

（4）单击"注释"选项卡→"标注"面板→"连续"按钮 ，标注结果如图11-209所示的连续尺寸作为定位尺寸。

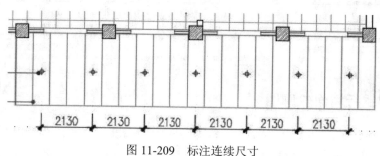

图11-209 标注连续尺寸

（5）参照上述操作，重复使用"线性"和"连续"命令，分别标注其他定位尺寸，结果如图 11-210所示。

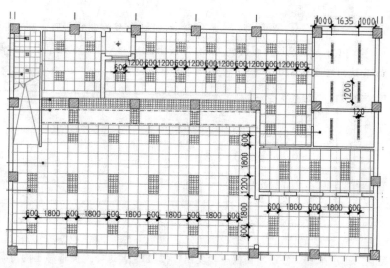

图11-210 标注其他尺寸

（6）调整视图，使吊面图全部显示，最终结果如图11-175所示。

（7）最后执行"另存为"命令，将图形另名存储为"绘制银行吊顶灯具图.dwg"。

11.10　绘制银行装修立面图

本节通过绘制银行营业大厅 A 向立面图，主要学习银行装修立面图的具体绘制过程和绘制技巧。本例最终绘制效果如图 11-211 所示。

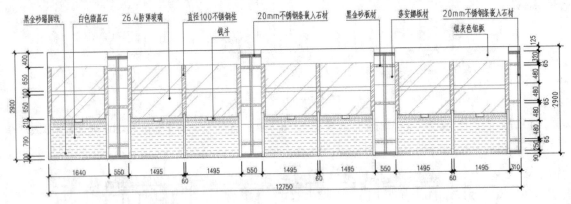

图 11-211　实例效果

11.10.1　绘制银行墙面轮廓图

（1）单击"快速访问"工具栏→"新建"按钮，以随书光盘中的"\样板文件\商业装潢样板.dwt"作为基础样板，新建文件。

（2）展开"默认"选项卡→"图层"面板→"图层"下拉列表，设置"轮廓线"为当前操作层。

（3）单击"默认"选项卡→"绘图"面板→"矩形"按钮，绘制长度为 12750、宽度为 2900 的矩形作为立面外轮廓线。

（4）单击"默认"选项卡→"修改"面板→"分解"按钮，将绘制的矩形分解为四条独立的线段。

（5）单击"默认"选项卡→"修改"面板→"偏移"按钮，将矩形左侧垂直边向右偏移 1640 和 2190 个单位，将右侧的垂直边向左偏移 310 个单位，结果如图 11-212 所示。

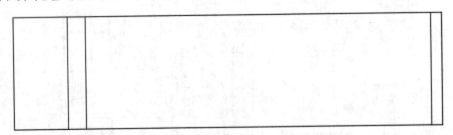

图 11-212　偏移垂直边

（6）单击"默认"选项卡→"修改"面板→"复制"按钮，选择左侧偏移出的两条垂直轮廓线，水平向右复制 3600 和 7200 个绘图单位，结果如图 11-213 所示。

（7）单击"默认"选项卡→"修改"面板→"偏移"按钮，将矩形上侧的水平边向下偏移 400、1800 和 1815 个绘图单位；将下侧的水平边向上偏移 100、890 和 995 个绘图单位，偏移结果如图 11-214 所示。

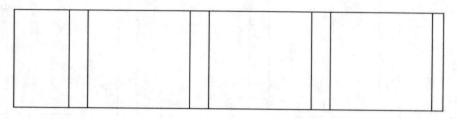

图 11-213　复制结果

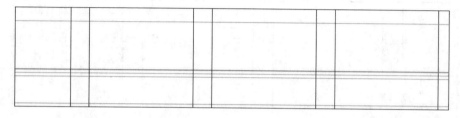

图 11-214　偏移水平边

至此，银行营业厅墙面轮廓图绘制完毕，接下来学习银行柜台立面图的具体绘制过程。

11.10.2　绘制银行柜台立面图

（1）继续上节操作。

（2）单击"默认"选项卡→"绘图"面板→"多段线"按钮，绘制直径为 60 的栏杆轮廓线，其中栏杆高度为 1200，绘制结果如图 11-215 所示。

（3）单击"默认"选项卡→"修改"面板→"镜像"按钮，配合"两点之间的中点"功能镜像栏杆，结果如图 11-216 所示。

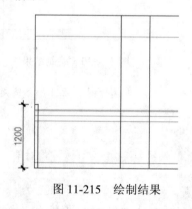

图 11-215　绘制结果

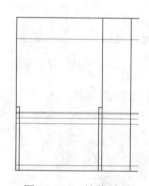

图 11-216　镜像结果

（4）单击"默认"选项卡→"修改"面板→"修剪"按钮，对内部的水平轮廓线进行修剪，结果如图 11-217 所示。

（5）单击"默认"选项卡→"修改"面板→"偏移"按钮，将左侧的两条垂直轮廓线向中间偏移 100 个单位，将上侧的水平轮廓线向下偏移 1050 和 1150 个单位，结果如图 11-218 所示。

（6）单击"默认"选项卡→"修改"面板→"修剪"按钮，对偏移出的轮廓线进行修剪，结果如图 11-219 所示。

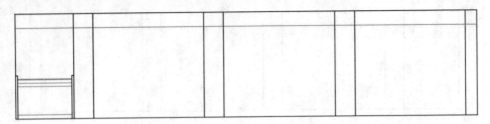

图 11-217　修剪结果

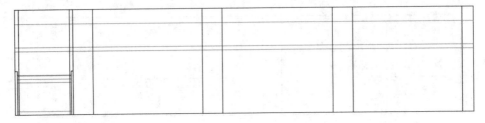

图 11-218　偏移结果

（7）单击"默认"选项卡→"绘图"面板→"多段线"按钮，配合延伸捕捉功能绘制如图11-220所示的多段线，作为钱斗。

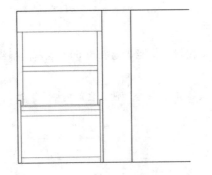

图 11-219　修剪结果

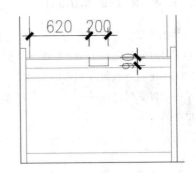

图 11-220　绘制结果

（8）单击"默认"选项卡→"修改"面板→"镜像"按钮，框选如图11-221所示的对象进行镜像，命令行操作如下。

```
命令：_mirror
选择对象：                          //窗口选择如图11-221所示的对象
选择对象：                          //Enter
指定镜像线的第一点：                //激活"两点之间的中点"捕捉功能
_m2p 中点的第一点：                 //捕捉如图11-212所示的端点
中点的第二点：                      //捕捉如图11-223所示的端点
指定镜像线的第二点：                //@0,1Enter
要删除源对象吗？[是(Y)/否(N)] <N>： //Enter，镜像结果如图11-224所示
```

（9）单击"默认"选项卡→"修改"面板→"拉伸"按钮，配合窗交选择功能对图形进行拉伸，命令行操作如下。

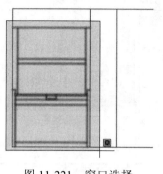
图 11-221　窗口选择

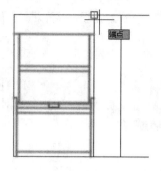
图 11-222　捕捉端点

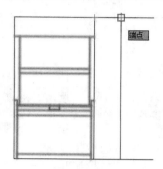
图 11-223　捕捉端点

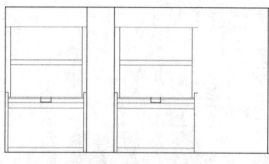
图 11-224　镜像结果

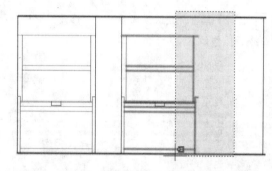
图 11-225　窗交选择

```
命令: _stretch
以交叉窗口或交叉多边形选择要拉伸的对象...
选择对象:                          //窗交选择如图 11-225 所示的对象
选择对象:                          // Enter
指定基点或 [位移(D)] <位移>:       //拾取任一点作为基点
指定第二个点或 <使用第一个点作为位移>:
                                   //@-85,Enter，结束命令，拉伸结果如图 11-226 所示
```

（10）单击"默认"选项卡→"修改"面板→"移动"按钮，选择如图 11-227 所示的垂直轮廓线，水平向右移动 20 个单位。

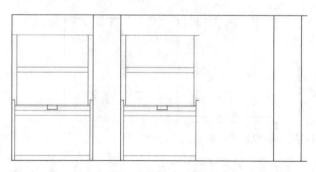
图 11-226　拉伸结果

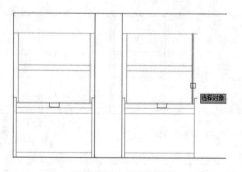
图 11-227　选择对象

（11）重复执行"移动"命令，选择如图 11-228 所示的钱斗轮廓线，水平向左移动 32.5 个单位，结果如图 11-229 所示。

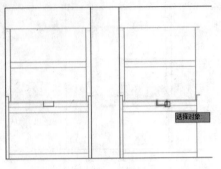
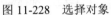

图 11-228　选择对象

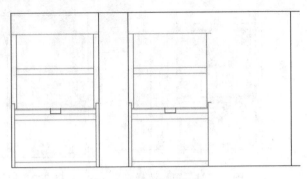

图 11-229　移动结果

（12）单击"默认"选项卡→"修改"面板→"镜像"按钮，框选如图 11-230 所示的对象进行镜像，命令行操作如下。

```
命令：_mirror
选择对象：                    //窗口选择如图 11-230 所示的对象
选择对象：                    //Enter
指定镜像线的第一点：          //捕捉如图 11-231 所示的中点
指定镜像线的第二点：          //@0,1Enter
要删除源对象吗？[是(Y)/否(N)] <N>：
                            //Enter，结束命令，镜像结果如图 11-232 所示
```

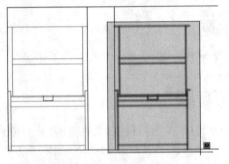

图 11-230　窗口选择

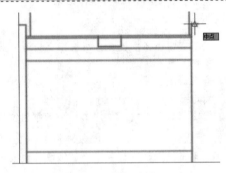

图 11-231　捕捉中点

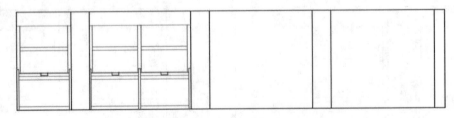

图 11-232　镜像结果

（13）单击"默认"选项卡→"修改"面板→"矩形阵列"按钮，选择窗与柜台立面进行阵列，命令行操作如下。

```
命令：_arrayrect
选择对象：                    //窗口选择如图 11-233 所示的立面窗及柜台等
选择对象：                    // Enter
```

类型 = 矩形 关联 = 是
选择夹点以编辑阵列或 [关联(AS)/基点(B)/计数(COU)/间距(S)/列数(COL)/行数(R)/层
数(L)/退出(X)] <退出>:　　　　　　　　//COU Enter
输入列数数或 [表达式(E)] <4>:　　　　　//3 Enter
输入行数数或 [表达式(E)] <3>:　　　　　//1 Enter
选择夹点以编辑阵列或 [关联(AS)/基点(B)/计数(COU)/间距(S)/列数(COL)/行数(R)/层
数(L)/退出(X)] <退出>:　　　　　　　　//s Enter
指定列之间的距离或 [单位单元(U)] <0>://3600 Enter
指定行之间的距离 <1>:　　　　　　　　 //1 Enter
选择夹点以编辑阵列或 [关联(AS)/基点(B)/计数(COU)/间距(S)/列数(COL)/行数(R)/层
数(L)/退出(X)] <退出>:　　　　　　　　//AS Enter
创建关联阵列 [是(Y)/否(N)] <否>:　　　//N Enter
选择夹点以编辑阵列或 [关联(AS)/基点(B)/计数(COU)/间距(S)/列数(COL)/行数(R)/层
数(L)/退出(X)] <退出>:　　　　　　　 // Enter, 阵列结果如图11-234所示

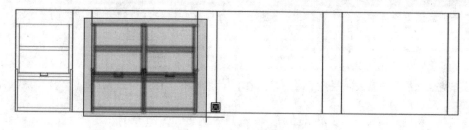

图11-233　窗口选择

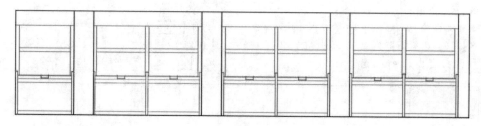

图11-234　阵列结果

至此，银行营业柜台、立面窗等构件图绘制完结，接下来学习立面柱的快速绘制过程。

11.10.3　绘制银行立面柱构件

（1）继续上节操作。

（2）展开"默认"选项卡→"图层"面板→"图层"下拉列表，选择"图块层"设置为当前图层。

（3）单击"默认"选项卡→"块"面板→"插入"按钮 ，以默认参数插入随书光盘中的"\图块文件\立面柱02.dwg"。

（4）返回绘图区在"指定插入点或 [基点(B)/比例(S)/X/Y/Z/旋转(R)]:"提示下激活"两点之间的中点"功能，然后分别捕捉如图11-235所示的端点1和2，插入结果如图11-236所示。

（5）单击"默认"选项卡→"修改"面板→"矩形阵列"按钮 ，选择刚插入的立面柱进行阵列，命令行操作如下。

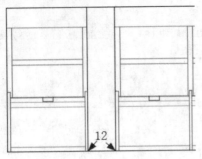

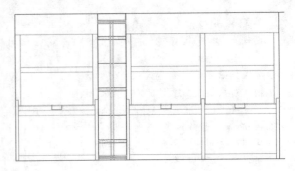

图 11-235　捕捉端点　　　　　　　　　　　　图 11-236　插入结果

```
命令: _arrayrect
选择对象:                              //选择立面柱图块
选择对象:                              // Enter
类型 = 矩形　关联 = 是
选择夹点以编辑阵列或 [关联(AS)/基点(B)/计数(COU)/间距(S)/列数(COL)/行数(R)/层
数(L)/退出(X)] <退出>:                //COU Enter
输入列数数或 [表达式(E)] <4>:          //4 Enter
输入行数数或 [表达式(E)] <3>:          //1 Enter
选择夹点以编辑阵列或 [关联(AS)/基点(B)/计数(COU)/间距(S)/列数(COL)/行数(R)/层
数(L)/退出(X)] <退出>:                //s Enter
指定列之间的距离或 [单位单元(U)] <0>: //3600 Enter
指定行之间的距离 <1>:                 //1 Enter
选择夹点以编辑阵列或 [关联(AS)/基点(B)/计数(COU)/间距(S)/列数(COL)/行数(R)/层
数(L)/退出(X)] <退出>:                //AS Enter
创建关联阵列 [是(Y)/否(N)] <否>:      //N Enter
选择夹点以编辑阵列或 [关联(AS)/基点(B)/计数(COU)/间距(S)/列数(COL)/行数(R)/层
数(L)/退出(X)] <退出>:                // Enter, 阵列结果如图 11-237 所示
```

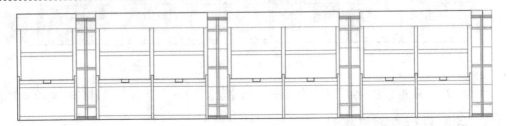

图 11-237　阵列结果

（6）单击"默认"选项卡→"修改"面板→"分解"按钮，选择最右侧的立面柱图块进行分解。

（7）单击"默认"选项卡→"修改"面板→"修剪"按钮，以最右侧墙面轮廓线作为边界，对分解后的立面柱进行修剪，并删除多余图线，结果如图 11-238 所示。

（8）在无命令执行的前提下，窗口选择如图 11-239 所示的立面柱，使其呈现夹点显示状态。

（9）展开"默认"选项卡→"图层"面板→"图层"下拉列表，将夹点对象放到"图块层"上。

（10）单击"默认"选项卡→"修改"面板→"修剪"按钮，选择如图 11-240 所示的水平图线作为边界，对垂直轮廓线进行修剪，结果如图 11-241 所示。

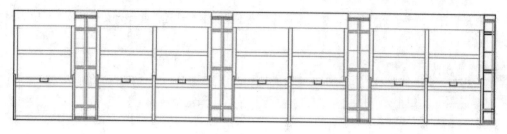

图 11-238　修剪结果

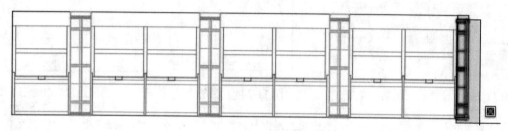

图 11-239　窗口选择

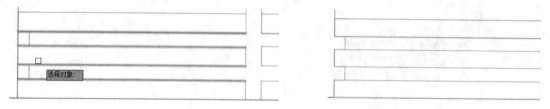

图 11-240　选择边界　　　　　　　　　　　图 11-241　修剪结果

（11）重复执行"修剪"命令，分别对其他位置的垂直轮廓线进行修剪完善，修剪后的部分效果如图 11-242 所示。

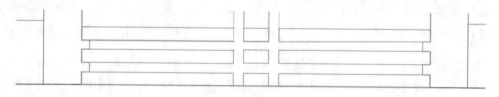

图 11-242　修剪结果

至此，银行立面柱构件绘制完毕，接下来学习银行立面装修材质图的具体绘制过程和技巧。

11.10.4　绘制银行立面材质图

（1）继续上节操作。

（2）展开"默认"选项卡→"图层"面板→"图层"下拉列表，选择"填充层"设置为当前图层。

（3）单击"默认"选项卡→"绘图"面板→"图案填充"按钮，使用命令中的"设置"功能，在打开的"图案填充和渐变色"对话框中设置填充图案与参数如图 11-243 所示。

（4）单击"图案填充和渐变色"对话框中的"添加：选择对象"按钮，返回绘图区在立面图中拾取填充区域，填充如图 11-244 所示的图案作为黑金砂材质。

（5）重复执行"图案填充"命令，按照当前的填充图案及参数设置，继续为立面图填充如图2-245所示黑金砂材质。

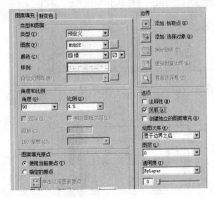

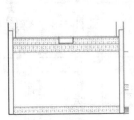

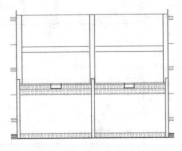

图 11-243　设置填充图案与参数　　图 11-244　填充结果　　图 11-245　填充结果

（4）重复执行"图案填充"命令，设置填充图案与参数如图11-246所示，填充如图11-247所示的图案。

（5）重复执行"图案填充"命令，按照当前的填充图案及参数设置，继续为立面图填充，结果如图2-248所示。

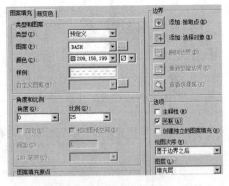

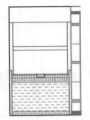

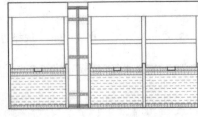

图 11-246　设置填充图案与参数　　图 11-247　填充结果　　图 11-248　填充结果

（6）重复执行"图案填充"命令，设置填充图案与参数如图11-249所示，填充如图11-250所示的图案。

（7）重复执行"图案填充"命令，按照当前的填充图案及参数设置，继续为立面图填充，结果如图2-251所示。

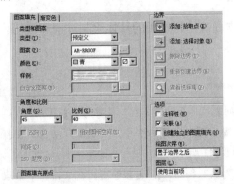

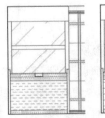

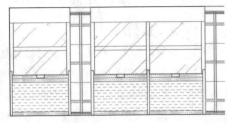

图 11-249　设置填充图案与参数　　图 11-250　填充结果　　图 11-251　填充结果

（8）重复执行"图案填充"命令，设置填充图案与参数如图 11-252 所示，填充如图 11-253 所示的图案。

（9）重复执行"图案填充"命令，按照当前的填充图案及参数设置，继续为立面图填充，结果如图 2-254 所示。

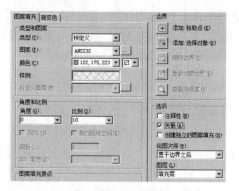 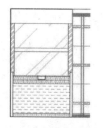 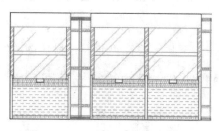

图 11-252　设置填充图案与参数　　图 11-253　填充结果　　图 11-254　填充结果

（10）单击"默认"选项卡→"修改"面板→"矩形阵列"按钮，选择如图 11-255 所示的墙面材质进行阵列，命令行操作如下。

```
命令：_arrayrect
选择对象：                              //选择如图 11-255 所示的填充图案
选择对象：                              // Enter
类型 = 矩形　关联 = 是
选择夹点以编辑阵列或 [关联(AS)/基点(B)/计数(COU)/间距(S)/列数(COL)/行数(R)/层
数(L)/退出(X)] <退出>：                  //COU Enter
输入列数数或 [表达式(E)] <4>：           //3 Enter
输入行数数或 [表达式(E)] <3>：           //1 Enter
选择夹点以编辑阵列或 [关联(AS)/基点(B)/计数(COU)/间距(S)/列数(COL)/行数(R)/层
数(L)/退出(X)] <退出>：                  //s Enter
指定列之间的距离或 [单位单元(U)] <0>：   //3600 Enter
指定行之间的距离 <1>：                   //1 Enter
选择夹点以编辑阵列或 [关联(AS)/基点(B)/计数(COU)/间距(S)/列数(COL)/行数(R)/层
数(L)/退出(X)] <退出>：                  //AS Enter
创建关联阵列 [是(Y)/否(N)] <否>：        //N Enter
选择夹点以编辑阵列或 [关联(AS)/基点(B)/计数(COU)/间距(S)/列数(COL)/行数(R)/层
数(L)/退出(X)] <退出>：                  // Enter，阵列结果如图 11-256 所示
```

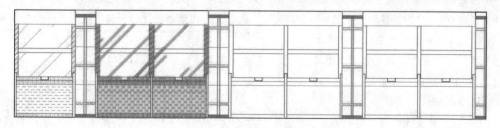

图 11-255　选择墙面材质图案

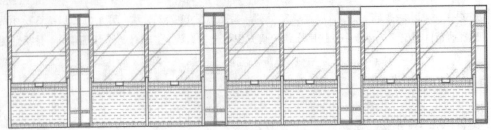

图 11-256 阵列结果

至此，银行营业柜台材质图绘制完毕，接下来学习银行立面图尺寸的具体标注过程。

11.10.5 标注银行立面图尺寸

（1）继续上节操作。

（2）展开"默认"选项卡→"图层"面板→"图层"下拉列表，选择"尺寸层"设置为当前图层。

（3）使用快捷键"D"激活"标注样式"命令，将"建筑标注"设为当前标注样式，同时修改标注比例为 40。

（4）单击"默认"选项卡→"注释"面板→"线性"按钮┌┐，配合"对象捕捉"标注如图 11-257 所示的线性尺寸作为基准尺寸。

（5）单击"注释"选项卡→"标注"面板→"连续"按钮┤┤┤，以刚标注的尺寸作为基准尺寸，配合追踪与捕捉功能标注如图 11-258 所示的细部尺寸。

（6）在无命令执行的前提下单击标注文字为 90 的对象，使其呈现夹点显示状态，如图 11-259 所示。

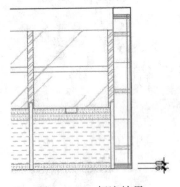
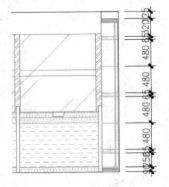
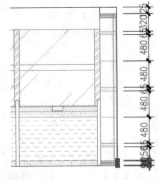

图 11-257 标注结果　　　　图 11-258 标注细部尺寸　　　　图 11-259 夹点效果

（7）将光标放在标注文字夹点上，然后从弹出的快捷菜单中选择"仅移动文字"选项。

（8）在命令行"** 仅移动文字 **指定目标点:"提示下，在适当位置指定文字的位置，并按 Esc 键取消尺寸的夹点，调整结果如图 11-260 所示。

（9）重复 6~8 操作步骤，分别调整其他位置的尺寸文字调整结果如图 11-261 所示。

（10）单击"默认"选项卡→"注释"面板→"线性"按钮┌┐，配合端点捕捉功能标注右侧的总尺寸，结果如图 11-262 所示。

（11）参照上述操作步骤，综合使用"线性"和"连续"命令，分别标注其他位置的尺寸，并调整重叠标注文字的位置，结果如图 11-263 所示。

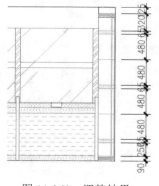

图 11-260 调整结果

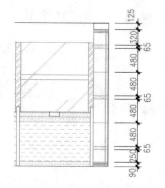

图 11-261 调整其他尺寸

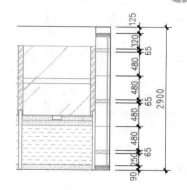

图 11-262 标注总尺寸

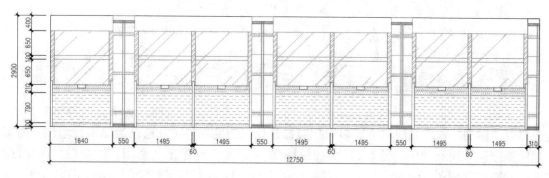

图 11-263 标注其他尺寸

至此，银行装修立面图尺寸标注完毕，接下来为学习银行装修立面图材质注释的标注过程。

11.10.6 标注银行墙面材质注释

（1）继续上节操作。

（2）展开"默认"选项卡→"图层"面板→"图层"下拉列表，选择"文本层"设置为当前图层。

（3）使用快捷键"D"激活"标注样式"命令，将"引线标注"设置为当前标注样式，同时修改标注比例为 75。

（4）使用快捷键"LE"激活"快速引线"命令，使用命令中的"设置"选项功能设置引线参数如图 11-264 和图 11-265 所示。

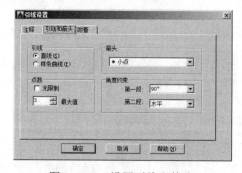

图 11-264 设置引线和箭头

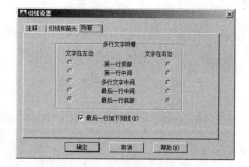

图 11-265 设置注释位置

（7）返回绘图区根据命令行的提示在适当位置指定引线点绘制引线，标注如图 11-266 所示的引线注释。

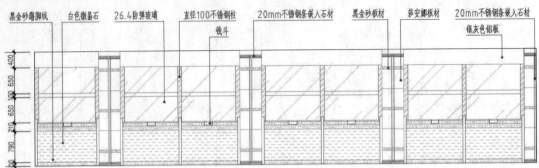

黑金砂踢脚线　白色微晶石　26.4防弹玻璃　直径100不锈钢柱　20mm不锈钢条嵌入石材　黑金砂板材　莎安娜板材　20mm不锈钢条嵌入石材

钱斗　　　　　　　　　　　　　　　　　　　　　　　　　　　　　　　　　　　　银灰色铝板

图 11-266　标注结果

（8）调整视图，使立面图全部显示，最终结果如图 11-211 所示。

（9）最后执行"保存"命令，将图形命名存储为"绘制银行装修立面图.dwg"。

11.11　本 章 小 结

　　银行是现代世界金融机构里最重要的一员，银行的存在为方便社会资金的筹措及货币的流通提供了便利。本章在简单了解多银行装修理论知识的前提下，通过绘制银行墙柱平面图、绘制银行空间装潢布置图、绘制银行地面材质图、绘制银行吊顶装修图、绘制银行吊顶灯具图、绘制装修立面图等典型实例，系统讲述了银行空间装潢方案的绘制思路、具体绘制过程以及相关绘图技巧。希望读者通过本章的学习，在理解和掌握相关设计理念和设计技巧的前提下，能够了解和掌握银行设计方案需要表达的内容、表达思路及具体设计过程等。

第三部分 输 出 篇

第12章 商业装潢图纸的后期打印

AutoCAD 提供了模型和布局两种空间，"模型空间"是图形的设计空间，它在打印方面有一定的缺陷，而"布局空间"则是 AutoCAD 的主要打印空间，打印功能比较完善。本章通过模型打印、布局打印、多比例同时打印等典型操作实例，学习 AutoCAD 在两种操作空间下的具体打印过程，以使打印出的图纸能够完整准确地表达出设计结果。

■ **本章内容**

◇ 配置打印设备
◇ 模型空间快速打印售楼部开关图
◇ 布局内精确打印星级宾馆吊顶图
◇ 并列视口多比例打印银行空间装潢图纸
◇ 相嵌视口多比例打印休闲会所装潢图纸
◇ 本章小结

12.1 配置打印设备

在打印图形之前，首先需要配置打印设备，本例通过配置光栅文字格式的打印设备和添加命名打印样式表，主要学习打印设备的配置和打印样式的添加技能。

12.1.1 配置打印机

（1）单击"输出"选项卡→"打印"面板→"绘图仪管理器"按钮，或选择菜单栏"文件"→"绘图仪管理器"命令，打开如图 12-1 所示的"Plotters"窗口。

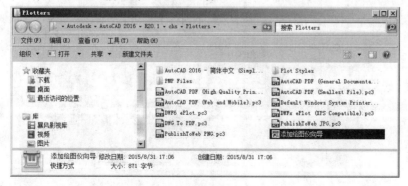

图 12-1 "Plotters"窗口

（2）双击"添加绘图仪向导"图标，打开如图 12-2 所示的"添加绘图仪-简介"对话框。

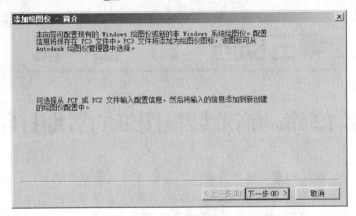

图 12-2　"添加绘图仪-简介"对话框

（3）依次单击 下一步(N) > 按钮，打开"添加绘图仪 – 绘图仪型号"对话框，设置绘图仪型号及其生产商，如图 12-3 所示。

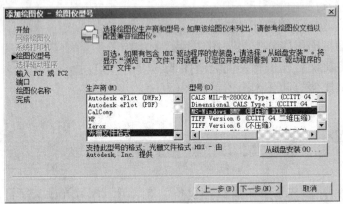

图 12-3　绘图仪型号

（4）依次单击 下一步(N) > 按钮，打开如图 12-4 所示的"添加绘图仪 –绘图仪名称"对话框，设置绘图仪名称。

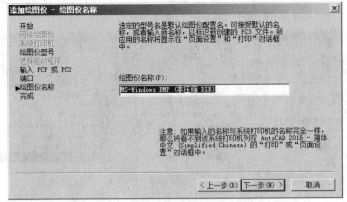

图 12-4　"添加绘图仪–绘图仪名称"对话框

（5）单击 下一步(N) > 按钮，在打开的"添加绘图仪 – 完成"对话框中单击 完成(F) 按钮，绘图仪的添加结果如图 12-5 所示。

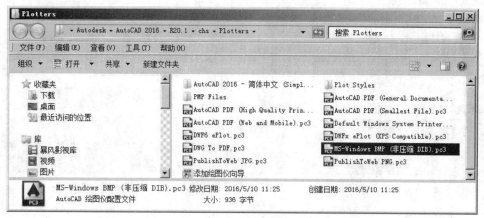

图 12-5　添加绘图仪

12.1.2　自定义图纸尺寸

每一款型号的绘图仪，都自配有相应规格的图纸尺寸，有时这些图纸尺寸与打印图形很难相匹配，需要用户重新定义图纸尺寸，下面学习图纸尺寸的定义过程。

（1）继续上述操作。

（2）在"Plotters"对话框中，双击上图 12-5 所示的打印机，打开"绘图仪配置编辑器"对话框。

（3）在"绘图仪配置编辑器"对话框中展开"设备和文档设置"选项卡，然后单击"自定义图纸尺寸"选项，打开"自定义图纸尺寸"选项组，如图 12-6 所示。

（4）单击 添加(A)... 按钮，此时系统打开如图 12-7 所示的"自定义图纸尺寸 – 开始"对话框，开始自定义图纸的尺寸。

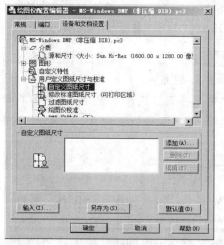

图 12-6　"绘图仪配置编辑器"对话框　　　　　图 12-7　自定义图纸尺寸

（5）单击 下一步(N) > 按钮，打开"自定义图纸尺寸 – 介质边界"对话框，然后分别设置图纸的宽度、高度以及单位，如图 12-8 所示。

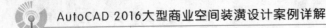

（6）单击 下一步(N) > 按钮，打开"自定义图纸尺寸 – 图纸尺寸名"对话框，设置自定义图纸尺寸名，如图 12-9 所示。

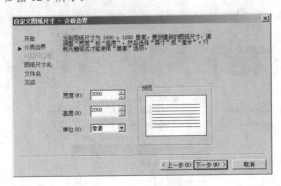

图 12-8　设置图纸尺寸

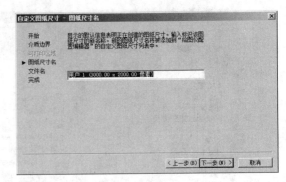

图 12-9　设置图纸尺寸名

（7）单击 下一步(N) > 按钮，打开"自定义图纸尺寸 – 文件名"对话框，设置图纸可打印区域，如图 12-10 所示。

（8）依次单击 下一步(N) > 按钮，直至打开如图 12-11 所示的"自定义图纸尺寸-完成"对话框，完成图纸尺寸的自定义过程。

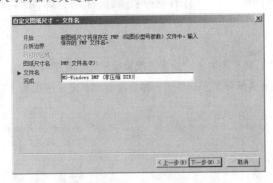

图 12-10　设置文件名

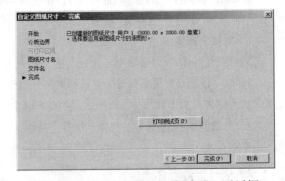

图 12-11　"自定义图纸尺寸-完成"对话框

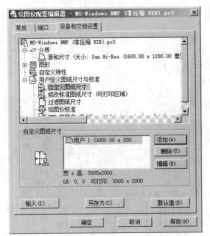

图 12-12　图纸尺寸的定义结果

（9）单击 完成(F) 按钮，结果新定义的图纸尺寸自动出现在图纸尺寸选项组中，如图 12-12 所示。

（10）如果用户需要将此图纸尺寸进行保存，可以单击 另存为(S)... 按钮；如果用户仅在当前使用一次，可以单击 确定 按钮即可。

12.1.3　配置打印样式表

打印样式表其实就是一组打印样式的集合，而打印样式则用于控制图形的打印效果，修改打印图形的外观。使用"打印样式管理器"命令可以创建和管理打印样式表。

（1）选择菜单栏"文件"→"打印样式管理器"命令，或在命令行输入 Stylesmanager 按 Enter 键，打开如图 12-13 所示的"Plot Styles"窗口。

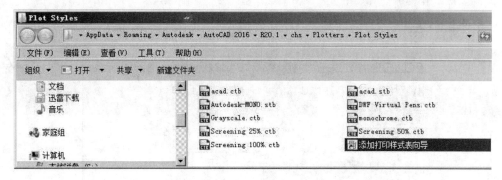

图 12-13 "Plot Styles"对话框

（2）双击窗口中的"添加打印样式表向导"图标，打开"添加打印样式表"对话框。

（3）单击 下一步(N) > 按钮，打开如图 12-14 所示的"添加打印样式表-开始"对话框，开始配置打印样式表的操作。

（4）单击 下一步(N) > 按钮，打开"添加打印样式表－选择打印样式表"对话框，选择打印样式表的类型，如图 12-15 所示。

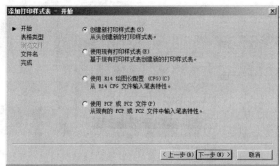

图 12-14 "添加打印样式表－开始"对话框

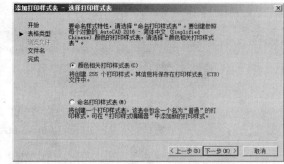

图 12-15 "添加打印样式表－选择打印样式表"对话框

（5）单击 下一步(N) > 按钮，打开"添加打印样式表-文件名"对话框，为打印样式表命名，如图 12-16 所示。

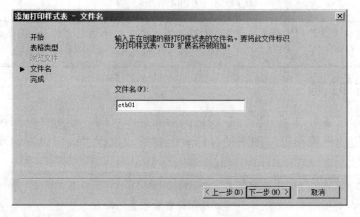

图 12-16 "添加打印样式表－文件名"对话框

（6）单击 下一步(N) > 按钮，打开如图 12-17 示的"添加打印样式表-完成"对话框，成打印样式表各参数的设置。

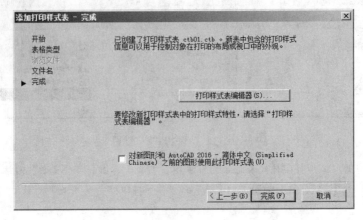

图 12-17　"添加打印样式表－完成"对话框

（7）单击 完成(F) 按钮，即可添加设置的打印样式表，新建的打印样式表文件图标显示在"Plot Styles"窗口中，如图 12-18 所示。

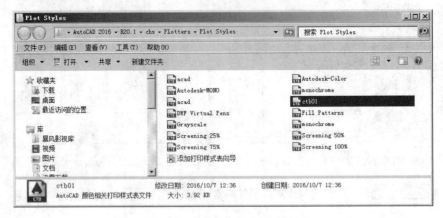

图 12-18　"Plot Styles"窗口

> **技巧提示**：一种打印样式只控制图形某一方面的打印效果，要让打印样式控制一张图纸的打印效果，就需要有一组打印样式。

12.1.4　设置打印页面

在配置好打印设备后，下一步就是设置图形的打印页面。使用"页面设置管理器"命令用户可以非常方便地设置和管理图形的打印页面参数，执行"页面设置管理器"命令主要有以下几种方式。

◆ 选择菜单栏"文件"→"页面设置管理器"命令。
◆ 在模型或布局标签上单击右键，选择"页面设置管理器"命令。
◆ 在命令行输入 Pagesetup 后按 Enter 键。
◆ 单击"输出"选项卡→"打印"面板→"页面设置管理器"按钮 。

执行"页面设置管理器"命令后，打开如图 12-19 所示的"页面设置管理器"对话框，此对话框主要用于设置、修改和管理当前的页面设置。在对话框中单击 新建(N)... 按钮，打开如图 12-20"新建页面设置"对话框，用于为新页面赋名。

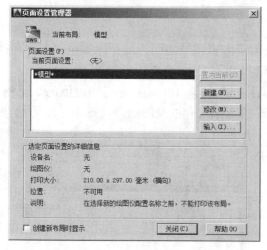

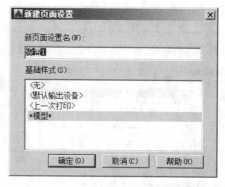

图 12-19　"页面设置管理器"对话框　　　　图 12-20　"新建页面设置"对话框

单击 确定(0) 按钮，打开如图 12-21 所示"页面设置"对话框，此对话框可以进行打印设备的配置、图纸尺寸的匹配、打印区域的选择以及打印比例的调整等操作。

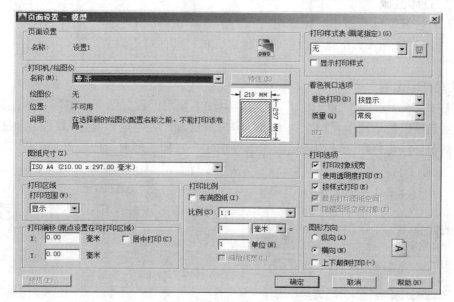

图 12-21　"页面设置"对话框

● 选择打印设备

在"打印机\绘图仪"选项组中，主要用于配置绘图仪设备，单击"名称"下拉列表，在展开的下拉列表框中进行选择 Windows 系统打印机或 AutoCAD 内部打印机（".Pc3"文件）作为输出设备，如图 12-22 所示。

如果用户在此选择了".pc3"文件打印设备，AutoCAD 则会创建出电子图纸，即将图形输出并存储为 Web 上可用的".dwf"格式的文件。AutoCAD 提供了两类用于创建".dwf"文件的".pc3"文件，分别是"ePlot.pc3"和"eView.pc3"。前者生成的".dwf"文件较适合于打印，后者生成的文件则适合于观察。

● 选择图纸幅面

如图 12-23 所示的"图纸尺寸"下拉列表用于配置图纸幅面，展开此下拉列表，在此下拉列表框内包含了选定打印设备可用的标准图纸尺寸。

当选择了某种幅面的图纸时，该列表右上角则出现所选图纸及实际打印范围的预览图像，将光标移到预览区中，光标位置处会显示出精确的图纸尺寸以及图纸的可打印区域的尺寸。

图 12-22 "打印机\绘图仪"选项组

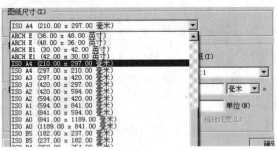
图 12-23 "图纸尺寸"下拉列表

● 设置打印区域

在"打开区域"选项组中，可以进行设置需要输出的图形范围。展开"打印范围"下拉列表框，如图 12-24 所示，在此下拉列表中包含三种打印区域的设置方式，具体有显示、窗口、图形界限等。

● 设置打印比例

在如图 12-25 所示的"打印比例"选项组中，主要用于设置图形的出图比例。其中，"布满图纸"复选项仅能适用于模型空间中的打印比例设置，当勾选该复选项后，AutoCAD 将缩放自动调整图形，与打印区域和选定的图纸等相匹配，使图形取最佳位置和比例。

图 12-24 打印范围

图 12-25 "打印比例"选项组

● 调整出图方向

在如图 12-26 所示的"图形方向"选项组中，可以调整图形在图纸上的打印方向。在右侧的图纸图标中，图标代表图纸的放置方向，图标中的字母 A 代表图形在图纸上的打印方向。共有"纵向、横向和上下颠倒打印"三种打印方向。

在如图 12-27 所示的选项组中,可以设置图形在图纸上的打印位置。默认设置下,AutoCAD 从图纸左下角打印图形。打印原点处在图纸左下角,坐标是（0,0）,用户可以在此选项组中,重新设定新的打印原点,这样图形在图纸上将沿 x 轴和 y 轴移动。

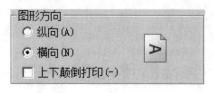

图 12-26　调整出图方向　　　　　　　　图 12-27　打印偏移

12.1.5　打印与打印预览

"打印"命令主要用于打印或预览当前已设置好的页面布局,也可直接使用此命令设置图形的打印布局,执行"打印"命令主要有以下几种方式。

◆　选择菜单栏"文件"→"打印"命令。

◆　单击"输出"选项卡→"打印"面板→"打印"按钮。

◆　单击"快速访问"工具栏→"打印"按钮。

◆　在命令行输入 Plot 后按 Enter 键。

◆　按组合键 Ctrl+P。

◆　在"模型"选项卡或"布局"选项卡上单击右键,从弹出的右键菜单中选择"打印"选项。

执行"打印"命令后,可打开如图 12-28 所示的"打印"对话框。在此对话框中,具备"页面设置管理器"对话框中的参数设置功能,用户不仅可以按照已设置好的打印页面进行预览和打印图形,还可以在对话框中重新设置、修改图形的打印参数。

单击 预览(P)... 按钮,可以提前预览图形的打印结果,单击 确定 按钮,即可对当前的页面设置进行打印。

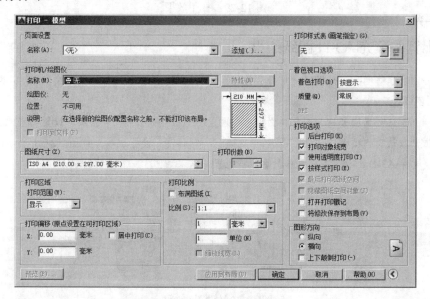

图 12-28　"打印"对话框

另外，使用"打印预览"命令也可以对设置好的打印页面进行预览和打印，执行此命令主要有以下几种方式。

◆ 选择菜单栏"文件"→"打印预览"命令。

◆ 单击"输出"选项卡→"打印"面板→"预览"按钮。

◆ 在命令行输入 Preview 后按 Enter 键。

12.2 模型空间快速打印售楼部开关图

本例通过将售楼部灯具开关控制图快速打印到 A3-H 图纸上，主要学习模型空间内的快速出图的方法和相关打印技能，售楼部灯具开关控制图的打印预览效果如图 12-29 所示。

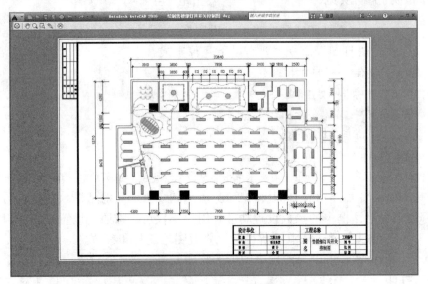

图 12-29 打印效果

12.2.1 配置并填充 A3-H 图纸边框

（1）单击"快速访问"工具栏→"打开"按钮，打开随书光盘中的"\效果文件\第 6 章\绘制售楼部灯具开关控制图.dwg"。

（2）展开"默认"选项卡→"图层"面板→"图层"下拉列表，将"0 图层"设置为当前图层。

（3）单击"默认"选项卡→"块"面板→"插入"按钮，设置块参数如图 12-30 所示，插入随书光盘中的"\图块文件\A3-H.dwg"，并适当调整图框位置，结果如图 12-31 所示。

图 12-30 设置块参数

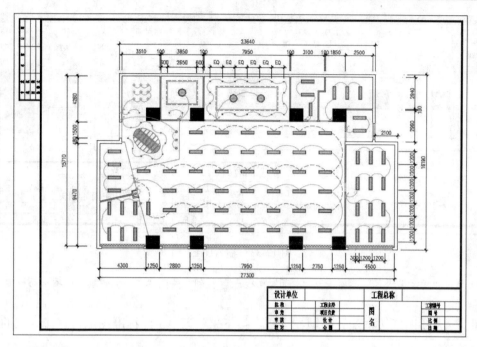

图 12-31　插入结果

（4）展开"默认"选项卡→"图层"面板→"图层"下拉列表，将"文本层"设置为当前图层。

（5）单击"默认"选项卡→"注释"面板→"文字样式"按钮 A，在打开的"文字样式"对话框中，将"宋体"设置为当前文字样式，并修改文字样式的字高为如图 12-32 所示。

（6）单击"默认"选项卡→"注释"面板→"多行文字"按钮 A，根据命令行的操作提示分别捕捉图框标题栏"图名"右侧方格的对角点，打开"文字编辑器"选项卡面板。

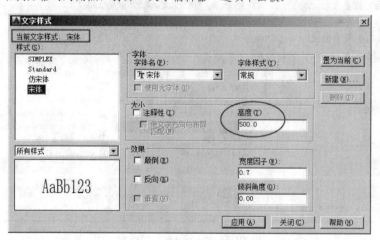

图 12-32　设置当前文字样式

（7）在"文字编辑器"选项卡→"样式"面板→"宋体"，设置当前文字的使用样式。

（8）在"文字编辑器"选项卡→"段落"面板→"对正"，将文字的对正方式设置为正中对正。

（9）在下侧的文字输入框内单击左键，以指定文字的输入位置，然后输入如图 12-33 所示的内容，填充标题栏图名。

图 12-33　输入图名

（10）单击"文字编辑器"选项卡→"关闭"面板→ <u>▨</u> 按钮，关闭"文字编辑器"选项卡面板，结束"多行文字"命令。

至此，A3-H 图纸边框配置并填充完毕，接下来学习 A3-H 标准图纸可打印区域的具体修改过程。

12.2.2　修改 A3-H 图纸可打印区域

（1）继续上节操作。

（2）单击"输出"选项卡→"打印"面板→"绘图仪管理器"按钮 <u>🖶</u>，在打开的对话框中双击如图 12-34 所示的"DWF6 ePlot"图标，打开"绘图仪配置编辑器- DWF6 ePlot.pc3"对话框。

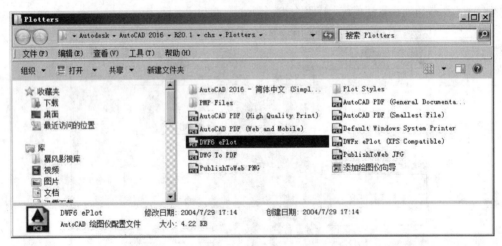

图 12-34　"Plotters"对话框

（3）在"绘图仪配置编辑器- DWF6 ePlot.pc3"对话框中展开"设备和文档设置"选项卡，然后选择"修改标准图纸尺寸可打印区域"选项，如图 12-35 所示。

（4）在"修改标准图纸尺寸"组合框内选择如图 12-36 所示的内定标准图纸尺寸，然后单击 <u>修改(M)...</u> 按钮，打开"自定义图纸尺寸—可打印区域"对话框。

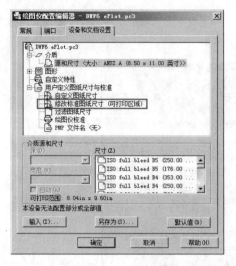
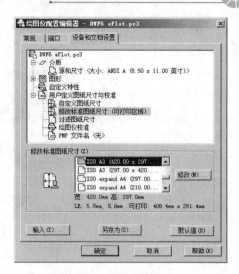

图 12-35　展开"设备和文档设置"选项卡　　　　　　图 12-36　选择图纸尺寸

（5）在打开的"自定义图纸尺寸—可打印区域"对话框中设置标准图纸上下左右四边的可打印参数，如图 12-37 所示。

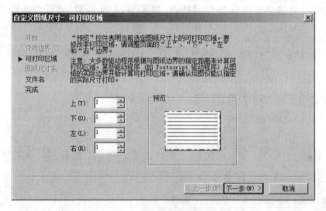

图 12-37　修改图纸打印区域

（6）单击 下一步(N) > 按钮，在打开的"自定义图纸尺寸-文件名"对话框中设置文件名，如图 12-38 所示。

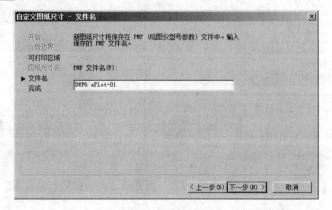

图 12-38　"自定义图纸尺寸-文件名"对话框

（7）单击 下一步(N) > 按钮，在打开的"自定义图纸尺寸—完成"对话框中，列出了所修改后的标准图纸的尺寸，如图 12-39 所示。

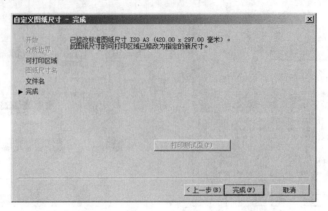

图 12-39 "自定义图纸尺寸—完成"对话框

（8）单击 完成(F) 按钮系统返回"绘图仪配置编辑器-DWF6 ePlot.pc3"对话框，然后单击 另存为(S)... 按钮，将当前配置进行保存，如图 12-40 所示。

（9）单击 保存(S) 按钮返回"绘图仪配置编辑器-DWF6 ePlot.pc3"对话框，然后单击 确定 按钮，结束命令。

至此，A3-H 标准图纸的可打印区域修改完毕，接下来学习模型空间下，打印页面的具体设置过程。

12.2.3 设置模型空间下的打印页面

（1）继续上节操作。

（2）单击"输出"选项卡→"打印"面板→"页面设置管理器"按钮 ，在打开的"页面设置管理器"对话框中单击 新建(N)... 按钮，为新页面命名，如图 12-41 所示。

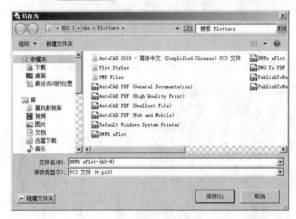

图 12-40 另存打印设备

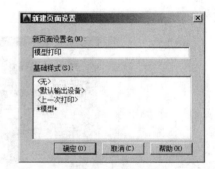

图 12-41 为新页面命名

（3）单击 确定(O) 按钮，打开"页面设置-模型"对话框，然后配置打印设备、图纸尺寸、打印偏移、打印比例和图形方向等，如图 12-42 所示。

（4）单击"打印范围"下拉列表框，在展开的下拉列表内选择"窗口"选项，如图12-43所示。

图12-42　设置页面参数　　　　　　　　图12-43　"打印范围"下拉列表

（5）返回绘图区根据命令行的操作提示，分别捕捉图框的两个对角点，指定打印区域。

（6）返回"页面设置-模型"对话框，单击 **确定** 按钮返回"页面设置管理器"对话框，将刚创建的新页面置为当前，如图12-44所示。

至此，模型空间内的图纸打印页面设置完毕，接下为学习售楼部开关控制图的打印预览及打印过程。

12.2.4　打印预览及打印售楼部开关图

（1）继续上节操作。

（2）使用快捷键"LA"激活"图层"命令，打开"图层特性管理器"对话框，然后修改"墙线层"图层的线宽为0.50mm。

（3）单击"输出"选项卡→"打印"面板→"预览"按钮 🖶 ，对图形进行打印预览，预览结果如图12-29所示。

（4）单击右键，选择"打印"选项，打开"浏览打印文件"对话框，设置打印文件的保存路径及文件名如图12-45所示。

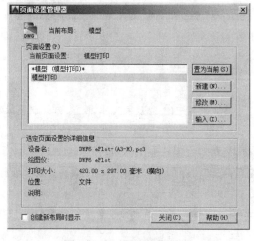

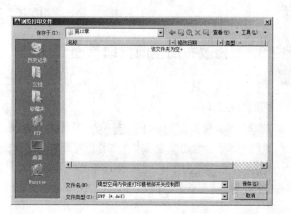

图12-44　设置当前页面　　　　　　　　图12-45　保存打印文件

技巧提示： 将打印文件进行保存，可以方便用户进行网上发布、使用和共享。

（5）单击 保存(S) 按钮，系统弹出"打印作业进度"对话框，等此对话框关闭后，打印过程即可结束。

（6）最后执行"另存为"命令，将图形另名存储为"模型空间快速打印售楼部开关控制图.dwg"。

12.3　布局内精确打印星级宾馆吊顶图

本例将在布局空间内按照1:80的精确出图比例，将星级宾馆吊顶装修图打印输出到A2-H图纸上，主要学习布局空间的精确打印技能。本例最终的打印预览效果如图12-46所示。

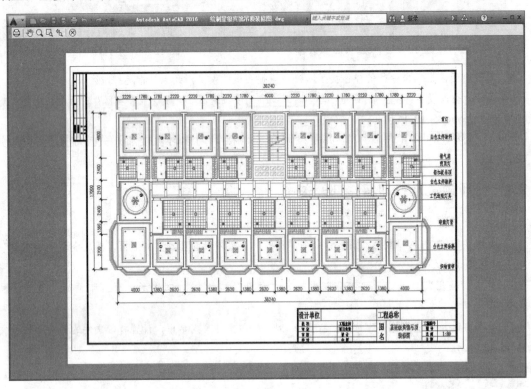

图 12-46　打印效果

12.3.1　修改布局空间打印页面

（1）单击"快速访问"工具栏→"打开"按钮 📂，打开随书光盘中的"\效果文件\第 7 章\绘制星级宾馆吊顶装修图.dwg"。

（2）单击绘图区下方的" 布局2 "标签，进入"布局 2"操作空间，如图12-47所示。

（3）单击"输出"选项卡→"打印"面板→"页面设置管理器"按钮 🖶，在打开的"页面设置管理器"对话框中单击 修改(M)... 按钮，修改布局 2 页面设置，如图12-48所示。

（4）单击 确定 按钮返回"页面设置管理器"话框，并关闭该对话框，页面设置后的效果如图12-49所示。

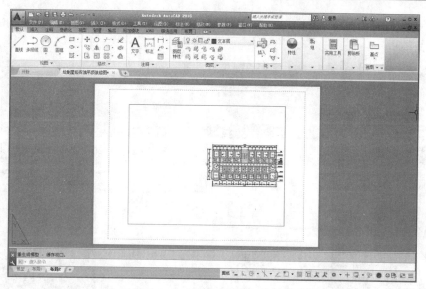

图 12-47　进入布局 2 空间

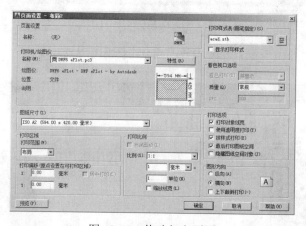

图 12-48　修改打印页面

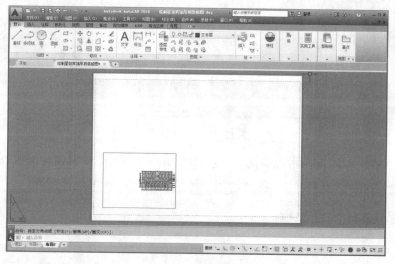

图 12-49　修改后的效果

（5）使用快捷键"E"激活"删除"命令，窗交选择如图 12-50 所示的矩形视口，进行删除，删除结果如图 12-51 所示。

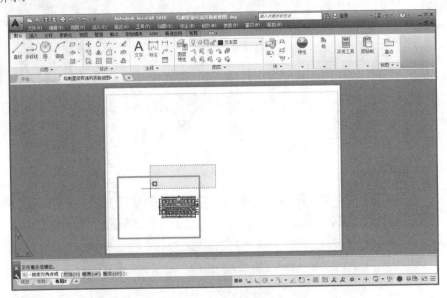

图 12-50　窗交选择视口

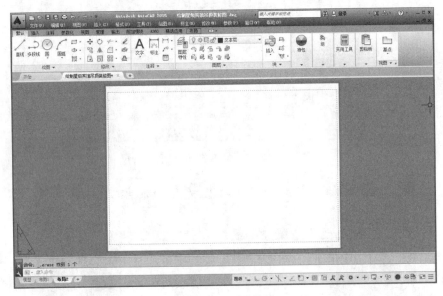

图 12-51　删除结果

至此，布局空间内的打印页面修改完毕，接下为学习 A2-H 图纸边框的具体配置过程。在配置图框时，需要根据当前打印设备内，相应图框的可打印区域进行配置。

12.3.2　配置 A2-H 图纸边框

（1）继续上节操作。

（2）展开"默认"选项卡→"图层"面板→"图层"下拉列表，选择"0 图层"设置为当前图层。

（3）单击"默认"选项卡→"绘图"面板→"插入块"按钮 ![]，插入随书光盘中的"\图块文件\A4-H"，块参数设置如图12-52所示。

图 12-52　设置块参数

（4）单击 确定 按钮，结果 A2-H 图框插入当前页面布局中的原点位置上，如图12-53所示。

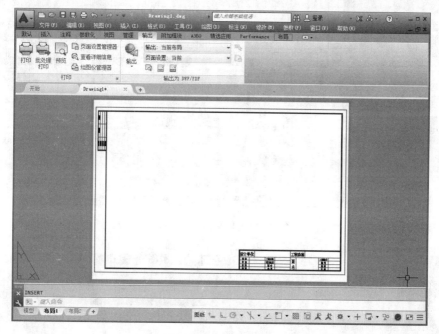

图 12-53　插入结果

至此，A2-H 图纸边框配置完毕，注意此处图框比例的设置技巧，需要根据当前页面图纸尺寸的可打印区域与实际图框尺寸的比值，作为图框的缩放比例，接下来学习出图比例的调整技能。

12.3.3　调整图形的出图比例

（1）继续上节操作。

（2）单击"布局"选项卡→"布局视口"面板→"多边形"按钮 ![]，分别捕捉图框内边框的角点，创建多边形视口，将平面图从模型空间添加到布局空间，如图12-54所示。

（3）单击状态栏上的 图纸 按钮，激活刚创建的多边形视口。

（4）单击"选定视口的比例"下三角，在弹出的快捷菜单中选择"自定义"选项，如图12-55所示。

（5）此时打开"编辑图形比例"对话框，然后单击 添加(A)... 按钮，自定义视口的比例，如图 12-56所示，添加后的结果如图12-57所示。

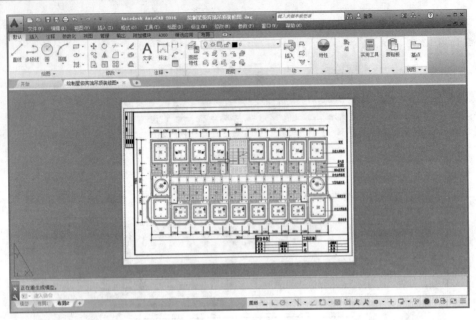

图 12-54　创建多边形视口

图 12-55　自定义视口比例

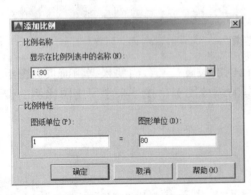

图 12-56　添加比例

图 12-57　添加结果

（6）再次单击状态栏上的"选定视口的比例"下三角，在弹出的快捷菜单中选择刚添加的视口比例作为出图比例，如图 12-58 所示，此时视口内图形的显示效果如图 12-59 所示。

至此，图形的出图比例调整完毕，接下来学习图形的出图位置的调整技能以及标题栏图名和比例的填充过程。

图 12-58　选择比例

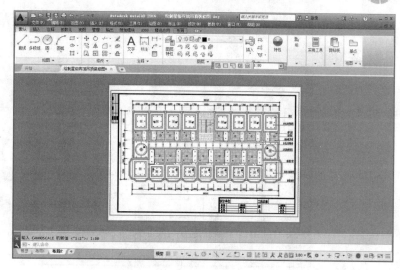

图 12-59　调整比例后的显示效果

12.3.4　调整出图位置并填充图名比例

（1）继续上节操作。

（2）单击右键，选择右键菜单上的"实时平移"功能，调整图形的出图位置，调整结果如图 12-60 所示。

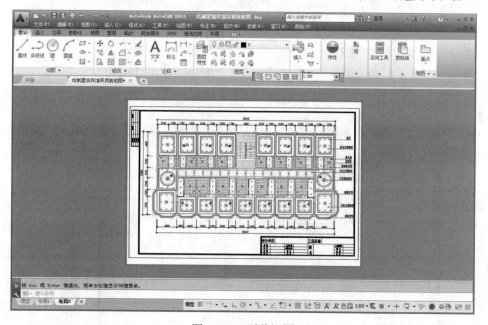

图 12-60　平移视图

（3）单击 **模型** 按钮返回图纸空间，此时，图纸的页面显示效果如图 12-61 所示。

（4）展开"默认"选项卡→"图层"面板→"图层"下拉列表，选择"文本层"设置为当前图层。

（5）单击"默认"选项卡→"注释"面板→"文字样式"按钮 A，将"宋体"设为当前样式，并修改字高如图 12-62 所示。

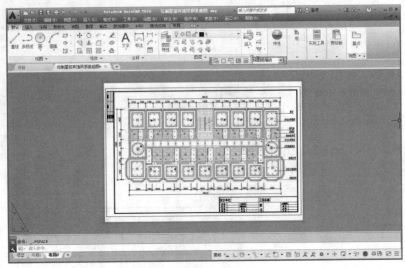

图 12-61　调整结果

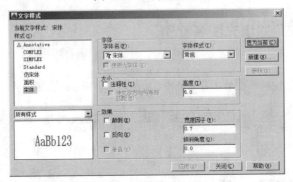

图 12-62　设置当前样式

（6）使用快捷键"Z"激活"视图缩放"命令，使用命令中的"窗口缩放"功能调整视图，结果如图 12-63 所示。

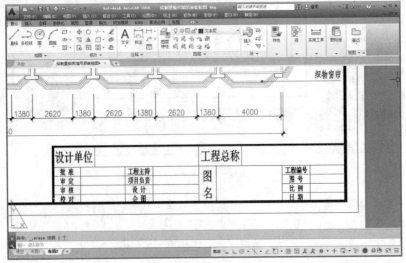

图 12-63　调整视图

（7）单击"默认"选项卡→"注释"面板→"文字样式"按钮 **A**，设置对正方式为正中对正，为标题栏填充图名，如图 12-64 示。

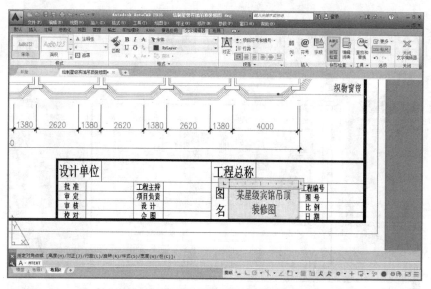

图 12-64　填充图名

（8）重复执行"多行文字"命令，设置文字样式和对正方式不变，为标题栏填充出图比例，如图 12-65 所示。

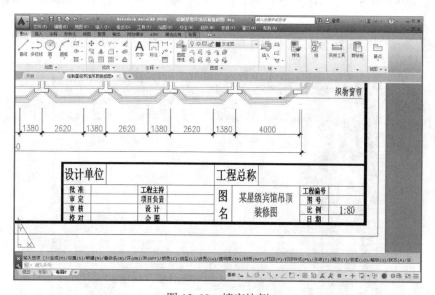

图 12-65　填充比例

至此，标题栏图名及比例填充完毕，接下来学习宾馆吊顶图的打印预览及打印过程。

12.3.5　打印预览及打印星级宾馆吊顶图

（1）继续上节操作。

（2）使用快捷键"LA"激活"图层"命令，修改"墙线层"的线宽为 0.50mm。

（3）使用快捷键"Z"激活"视图缩放"命令，使用命令中的"全部缩放"功能调整视图，结果如图 12-66 所示。

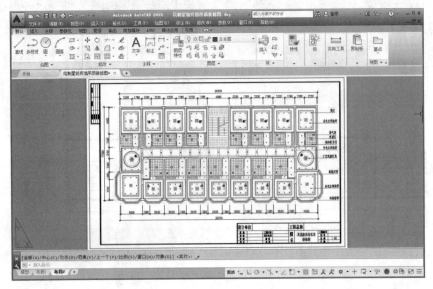

图 12-66　全部缩放

（4）单击"输出"选项卡→"打印"面板→"预览"按钮 ，对图形进行打印预览，预览结果如图 12-46 所示。

（5）单击右键，选择"打印"选项，在打开的"浏览打印文件"对话框中设置打印文件的保存路径及文件名如图 12-67 所示。

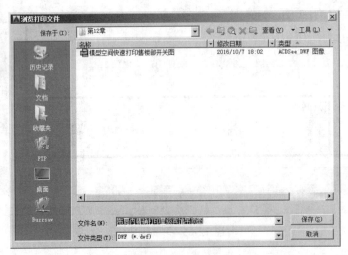

图 12-67　保存打印文件

（6）单击 保存(S) 按钮，系统弹出"打印作业进度"对话框，等此对话框关闭后，打印过程即可结束。

（7）最后执行"另存为"命令，将图形另名存储为"布局内精确打印星级宾馆吊顶图.dwg"。

12.4 并列视口多比例打印银行空间装潢图纸

本例通过将某银行空间装潢布置图、吊顶图以及立面图，以多种比例与视口的方式并列打印输出到同一张图纸上，主要学习多种比例并列打印的布局方法和打印技巧。本例最终打印预览效果如图 12-68 所示。

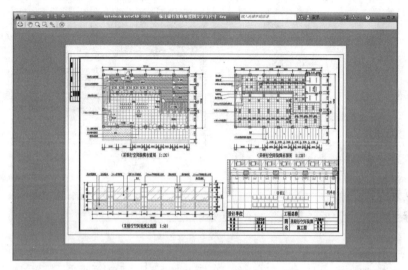

图 12-68　打印效果

12.4.1　准备需要打印的多个施工图

（1）单击"快速访问"工具栏→"打开"按钮，打开随书光盘"\效果文件\第11章\"目录下的"标注银行装修布置图文字与尺寸.dwg"、"绘制银行吊顶灯具图.dwg"和"绘制银行装修立面图.dwg"三个文件。

（2）单击"视图"选项卡→"界面"面板→"垂直平铺"按钮，将各文件进行垂直平铺，结果如图 12-69 所示。

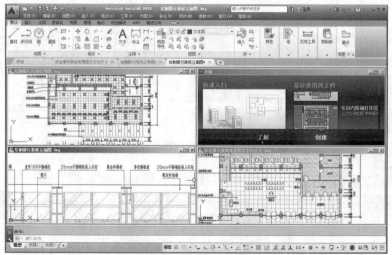

图 12-69　垂直平铺

（3）使用视图的调整工具分别调整每个文件内的视图，使每个文件内的图形全部显示，结果如图 12-70 所示。

（4）接下来使用多文档之间的数据共享功能，分别选择吊顶图和立面图，按住右键不放，直接将两个图形拖曳至布置图当中，以块的方式共享到同一文件内。

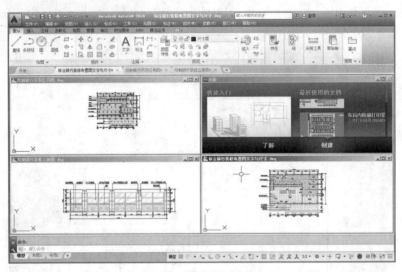

图 12-70　调整视图

（5）选择菜单栏"格式"→"点样式"命令，在打开的"点样式"对话框中，设置当前点的样式和点的大小，如图 12-71 所示。

（6）将其他文件关闭，然后将共享后的图形文件最大化显示，结果如图 12-72 所示。

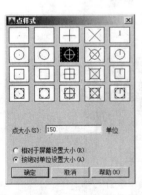

图 12-71　设置点样式

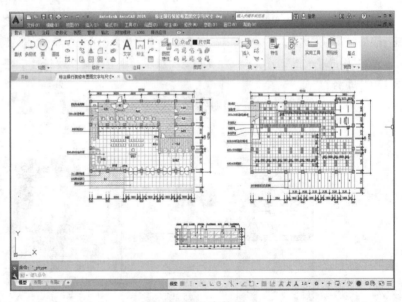

图 12-72　共享结果

至此，需要打印输出的多个施工图准备完毕，接下来学习并列视口的分割与具体的创建过程。

12.4.2 在布局内创建多个并列视口

（1）继续上节操作。

（2）展开"默认"选项卡→"图层"面板→"图层"下拉列表，设置"0图层"为当前操作层。

（3）单击绘图区底部的 布局1 标签，进入"布局1"操作空间，如图12-73所示。

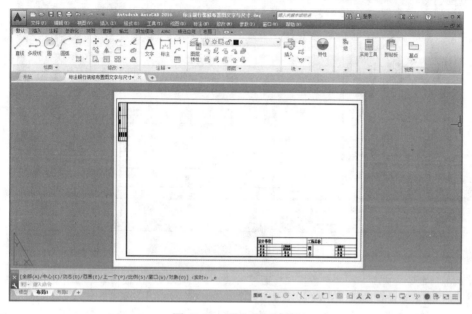

图 12-73　进入布局空间

（4）单击"默认"选项卡→"绘图"面板→"矩形"按钮 □，绘制如图12-74所示的矩形。

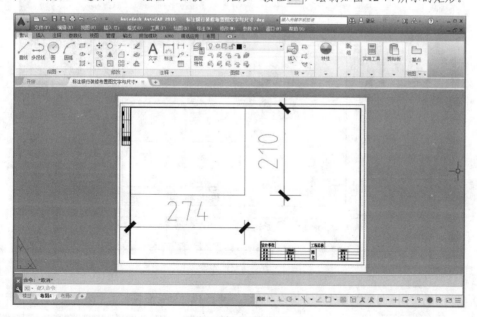

图 12-74　绘制结果

（5）将刚绘制的矩形镜像，然后配合"端点捕捉"和"对象追踪"功能，在下侧绘制如图 12-75 所示的两个矩形。

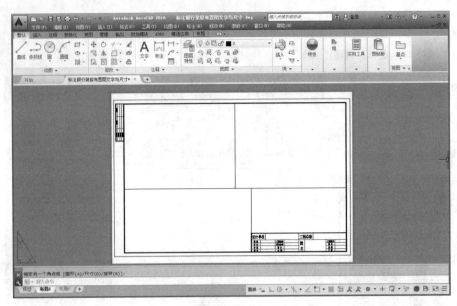

图 12-75 绘制矩形

（6）单击"布局"选项卡→"布局视口"面板→"对象"按钮，根据命令行的提示选择左上侧的矩形，将其转化为矩形视口，结果如图 12-76 所示。

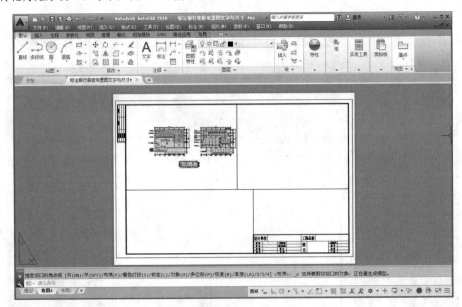

图 12-76 创建对象视口

（7）重复执行"对象视口"命令，分别将另外三个矩形转化为矩形视口，结果如图 12-77 所示。

至此，多个并列视口创建完毕，接下为学习每个视口内图形的出图比例及出图位置的具体调整过程。

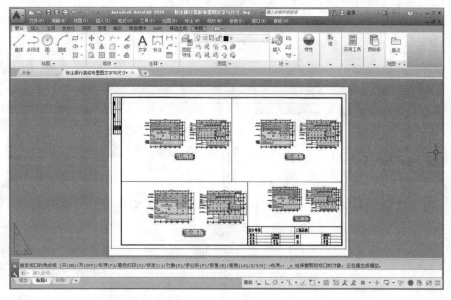

图 12-77　创建矩形视口

12.4.3　调整出图比例以及出图位置

（1）继续上节操作。

（2）单击状态栏中的 图纸 按钮，然后单击左上侧的视口，激活此视口，此时视口边框粗显。

（3）单击"视图"选项卡→"导航"面板→"缩放"按钮 ，在命令行"输入比例因子 (nX 或 nXP)："
提示下，输入 1/120xp 后按 Enter 键，将出图比例调整为 1:120，结果如图 12-78 所示。

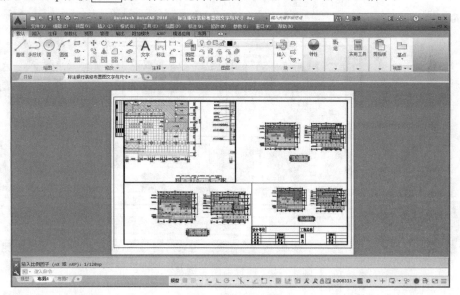

图 12-78　调整出图比例

（4）单击右键，选择右键菜单上的"实时平移"工具，调整平面图在视口内的位置，结果如图 12-79
所示。

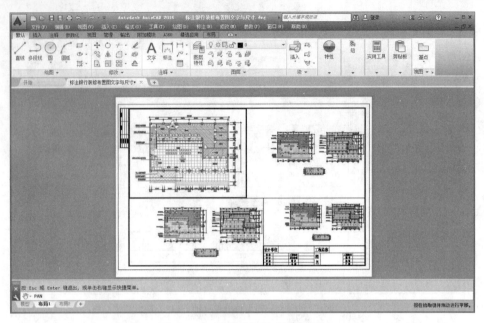

图 12-79　调整出图比例及位置

（5）接下来参照 3 和 4 两步操作，激活右上侧的矩形视口，将出图比例设置为 1:120，并使用"实时平移"工具调整出图位置，结果如图 12-80 所示。

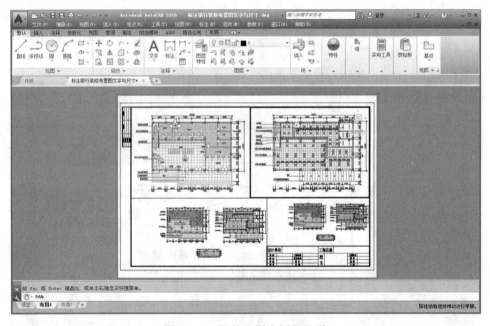

图 12-80　调整出图比例及位置

（6）参照 3 和 4 两步操作，激活左下侧的矩形视口，将出图比例调整为 1:50，并调整出图位置，结果如图 12-81 所示。

（7）激活右下侧的矩形视口，然后综合使用"窗口缩放、平移"等工具调整出图范围及出图位置，结果如图 12-82 所示。

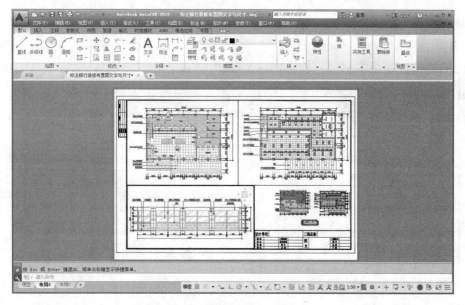

图 12-81　调整出图比例及位置

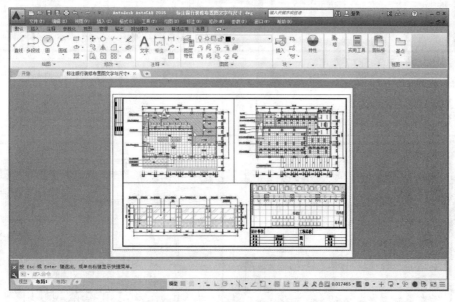

图 12-82　调整出图范围

　　至此，每个视口内的图形出图比例及出图位置调整完毕，接下来学习图框标题栏中图名及比例的填充过程。

12.4.4　填充图纸图名及出图比例

（1）继续上节操作。

（2）返回图纸空间，然后在"默认"选项卡→"图层"面板中设置"文本层"为当前操作层。

（3）展开"默认"选项卡→"注释"面板→"文字样式"下拉列表，设置"宋体"为当前文字样式。

AutoCAD 2016大型商业空间装潢设计案例详解

（4）单击"默认"选项卡→"注释"面板→"单行文字"按钮，设置文字高度为7，标注图12-83所示的图名及比例。

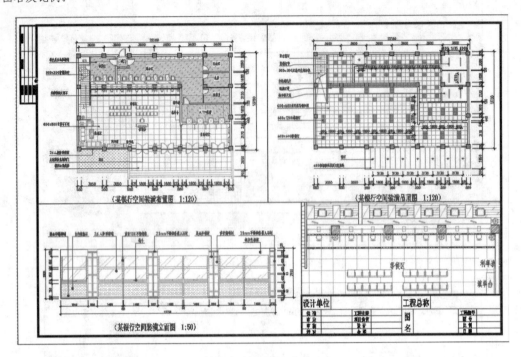

图 12-83　标注文字

（5）在无命令执行的前提下夹点显示左侧和上侧的三个矩形视口边框线，如图12-84所示。

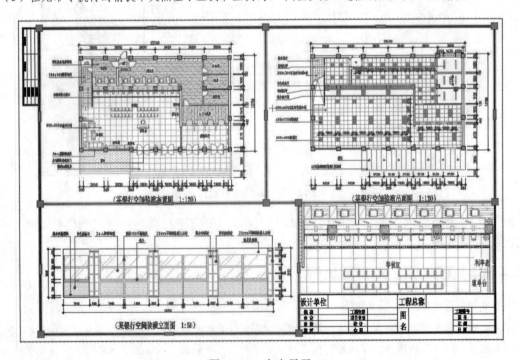

图 12-84　夹点显示

470

（6）展开"默认"选项卡→"图层"面板→"图层"下拉列表，将三个视口边框放到"轴线层"图层上进行隐藏，结果如图 12-85 所示。

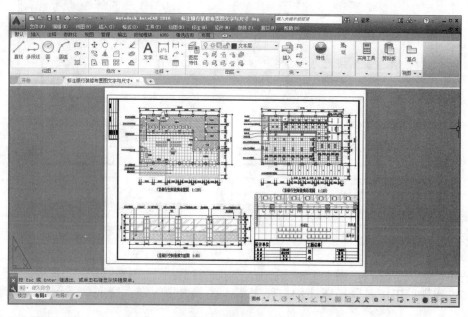

图 12-85　隐藏视口边框

（7）单击"视图"选项卡→"导航"面板→"窗口缩放"按钮，调整视图，结果如图 12-86 所示。

图 12-86　调整视图

（8）使用快捷键"T"执行"多行文字"命令，在打开的"文字格式编辑器"选项卡功能区面板中设置文字高度为 7、对正方式为"正中"，然后输入如图 12-87 所示的图名。

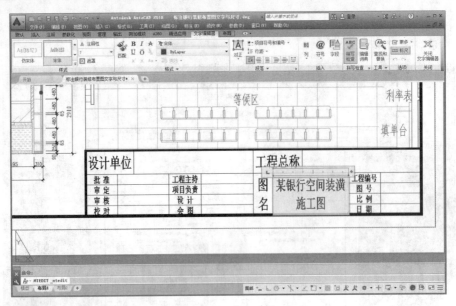

图 12-87　输入文字

　　至此，各视口内图名及出图比例填充完毕，接下为学习银行空间装潢图纸的打印预览及打印过程。

12.4.5　打印预览及打印银行空间装潢图

（1）继续上节操作。

（2）单击"视图"选项卡→"导航"面板→"全部缩放"按钮，调整视图，结果如图 12-88 所示。

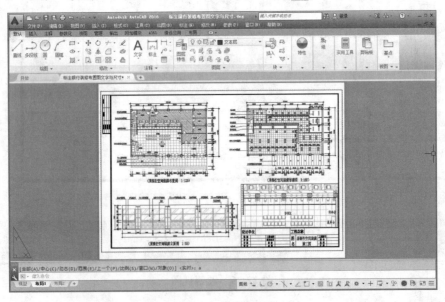

图 12-88　调整视图

　　（3）单击"输出"选项卡→"打印"面板→"预览"按钮，对图形进行打印预览，预览结果如图 12-68 所示。

（4）单击右键，选择"打印"选项，在打开的"浏览打印文件"对话框中设置打印文件的保存路径及文件名如图 12-89 所示。

图 12-89　保存打印文件

（5）单击　保存(S)　按钮，系统弹出"打印作业进度"对话框，等此对话框关闭后，打印过程即可结束。

（6）最后执行"另存为"命令，将图形另名存储为"并列视口打印银行空间装潢图纸.dwg"。

12.5　相嵌视口多比例打印休闲会所装潢图

本例通过将某休闲会所空间装潢布置图、吊顶图及立面图等，以不同比例打印输出到同一张图纸上，主要学习相嵌视口并列打印的布局方法和打印技巧。本例最终打印预览效果，如图 12-90 所示。

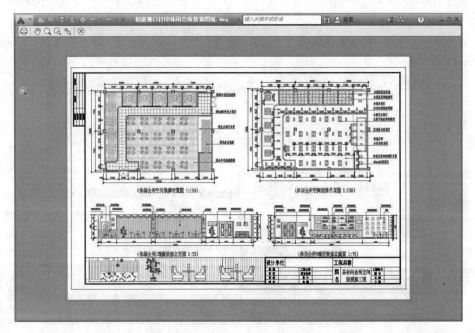

图 12-90　打印效果

12.5.1　准备需要打印的多个施工图

（1）单击"快速访问"工具栏→"打开"按钮 📂，打开随书光盘 "\效果文件\第 9 章\"目录下的"绘制休闲会所装修布置图.dwg"、"绘制休闲会所装修吊顶图.dwg" "绘制休闲会所 B 墙面装修立面图.dwg"和"绘制休闲会所 C 墙面装修立面图.dwg"四个文件。

（2）单击"视图"选项卡→"界面"面板→"垂直平铺"按钮 ⊞，将各文件进行垂直平铺，结果如图 12-91所示。

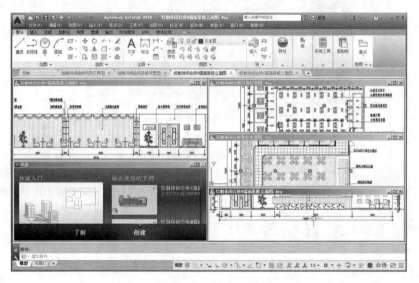

图 12-91　垂直平铺

（3）使用视图的调整工具分别调整每个文件内的视图，使每个文件内的图形完全显示，结果如图 12-92所示。

（4）在布置图文件中，使用快捷键"LT"激活"线型"命令，在打开的"线型管理器"对话框中修改线型比例为 15。

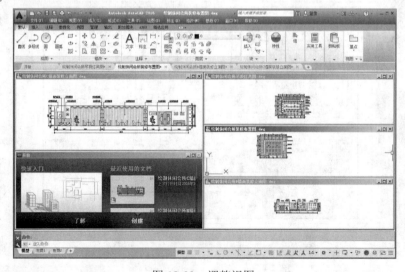

图 12-92　调整视图

（5）接下来使用多文档间的数据共享功能，分别将其他三个文件中的图形以块的方式共享到会所装潢布置图当中。

（6）将其他三个文件关闭，然后将共享后的布置图图形文件最大化显示，结果如图12-93所示。

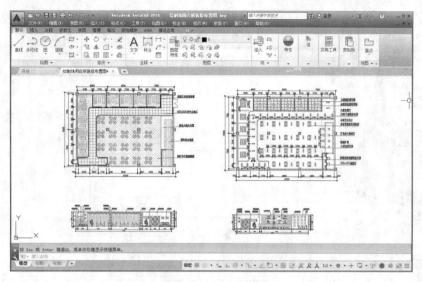

图12-93　共享结果

至此，需要打印输出的多个施工图准备完毕，接下来首先将单个视口分割为多个并列视口。

12.5.2　在布局内创建多个并列视口

（1）继续上节操作。

（2）单击绘图区底部的 **布局1** 标签，进入"布局1"空间。

（3）在"默认"选项卡→"图层"面板中设置"0图层"为当前操作层。

（4）单击"默认"选项卡→"绘图"面板→"矩形"按钮 □，绘制如图12-94所示的矩形。

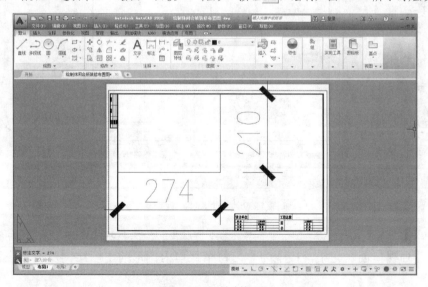

图12-94　绘制矩形

（5）将刚绘制的矩形镜像，然后配合"端点捕捉"功能，在下侧绘制如图 12-95 所示的两个矩形。

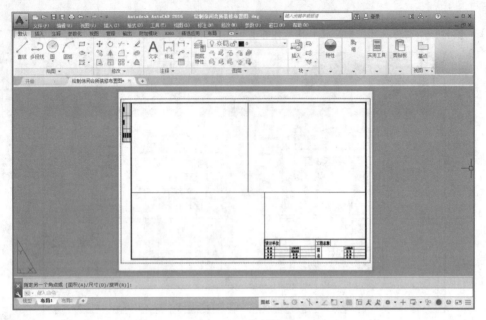

图 12-95　绘制矩形

（6）单击"布局"选项卡→"布局视口"面板→"对象"按钮 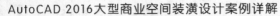，根据命令行的提示选择左上侧的矩形，将其转化为矩形视口，结果如图 12-96 所示。

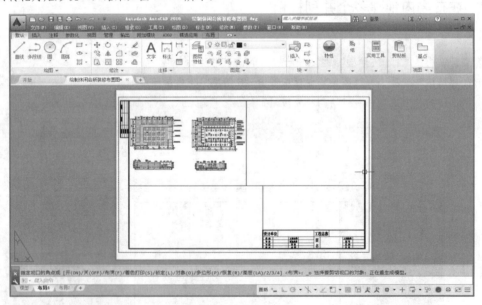

图 12-96　创建对象视口

（7）重复执行"对象视口"命令，分别将另外三个矩形转化为矩形视口，结果如图 12-97 所示。

　　至此，并列视口创建完毕，接下为学习每个视口内图形的出图比例及出图位置的具体调整过程。

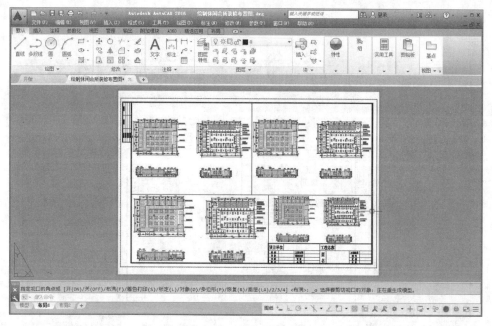

图 12-97　创建矩形视口

12.5.3　调整出图比例以及出图位置

（1）继续上节操作。

（2）单击状态栏中的图纸按钮，然后单击左上侧的视口，激活此视口，此时视口边框粗显。

（3）单击"视图"选项卡→"导航"面板→"缩放"按钮，在命令行"输入比例因子 (nX 或 nXP)："提示下，输入 1/110xp 后按 Enter 键，将出图比例调整为 1:110，结果如图 12-98 所示。

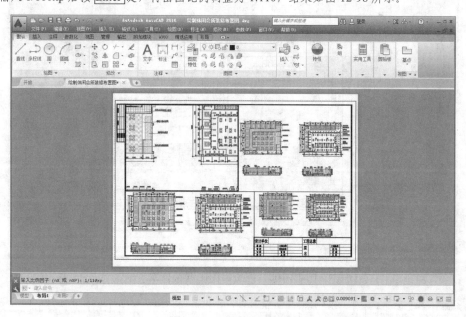

图 12-98　调整出图比例

（4）单击右键，选择右键菜单上的"实时平移"工具，调整平面图在视口内的位置，结果如图12-99所示。

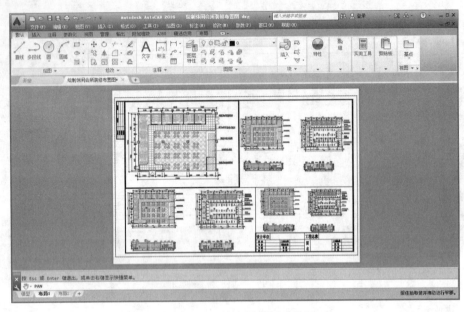

图12-99　调整出图比例及位置

（5）参照3和4操作步骤，激活右上侧矩形视口，将出图比例设置为1:110，并使用"实时平移"工具调整出图位置，结果如图12-100所示。

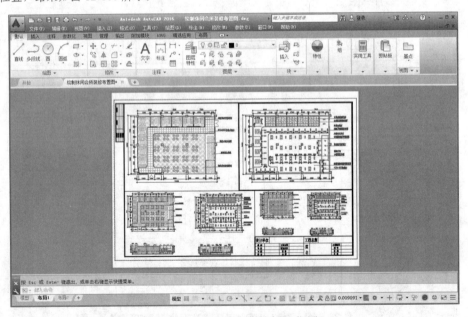

图12-100　调整出图比例及位置

（6）参照3和4两步操作，激活左下侧的矩形视口，将出图比例调整为1:75，并调整出图位置，结果如图12-101所示。

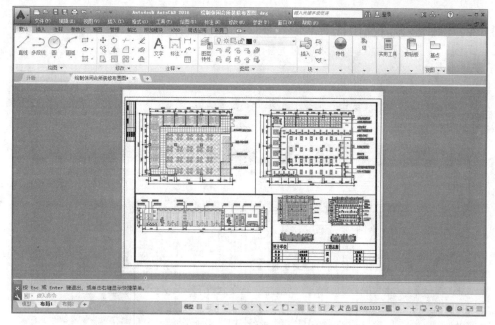

图 12-101 调整出图比例及位置

（7）参照 3 和 4 两步操作，激活右下侧的矩形视口，将出图比例调整为 1:75，并调整出图位置，结果如图 12-102 所示。

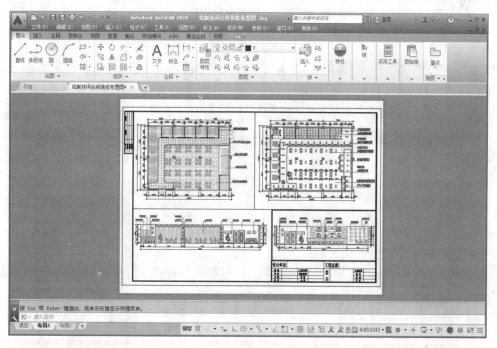

图 12-102 调整出图比例及位置

至此，每个视口内的图形出图比例及出图位置调整完毕，接下来学习相嵌视口的创建过程以及相嵌视口出图比例的设置过程。

12.5.4　创建相嵌视口及出图比例

（1）继续上节操作。

（2）单击 **模型** 按钮返回图纸空间。

（3）击"默认"选项卡→"绘图"面板→"矩形"按钮，配合"端点捕捉"功能，在左下侧绘制如图 12-103 所示的矩形。

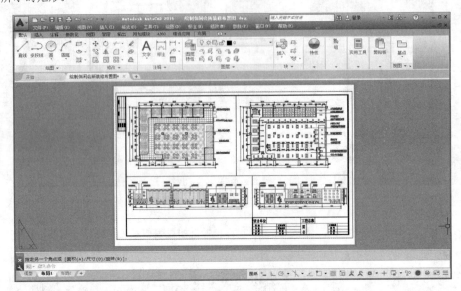

图 12-103　绘制矩形

（4）单击"布局"选项卡→"布局视口"面板→"对象"按钮，将刚绘制的矩形转化为相嵌视口，结果如图 12-104 所示。

（5）单击状态栏中的 图纸 按钮，然后单击相嵌视口，激活此视口，此时视口边框粗显。

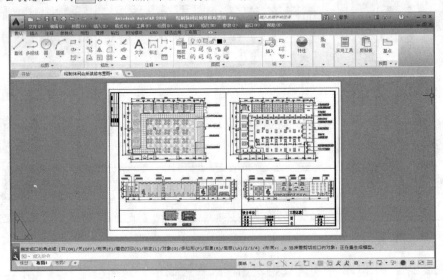

图 12-104　创建相嵌视口

（6）单击"视图"选项卡→"导航"面板→"缩放"按钮，根据命令行提示输入 1/30xp 按 Enter 键，将出图比例调整为 1:30，结果如图 12-105 所示。

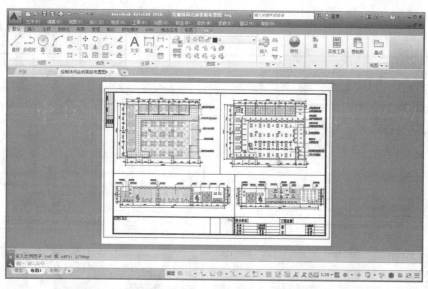

图 12-105　调整相嵌视口的出图比例

（7）单击右键，选择右键菜单上的"实时平移"工具，调整平面图在视口内的位置，结果如图 12-106 所示。

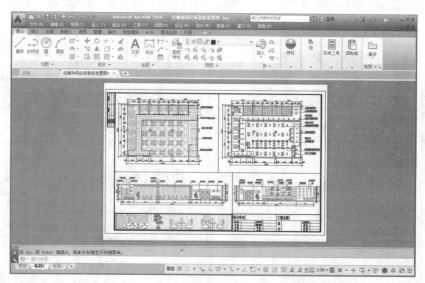

图 12-106　调整相嵌视口的出图位置

至此，相嵌视口内的图形出图比例及出图位置调整完毕，接下来学习图框标题栏中图名及比例的填充过程。

12.5.5　填充图纸图名及出图比例

（1）继续上节操作。

（2）返回图纸空间，然后在"默认"选项卡→"图层"面板中设置"文本层"为当前操作层。

（3）展开"默认"选项卡→"注释"面板→"文字样式"下拉列表，设置"宋体"为当前文字样式。

（4）单击"默认"选项卡→"注释"面板→"单行文字"按钮 **AI**，设置文字高度为 7，标注图 12-107 所示的图名及比例。

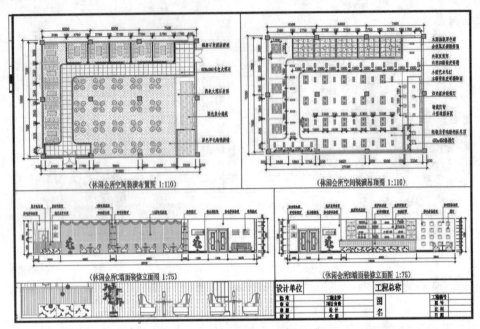

图 12-107　标注图名及比例

（5）在无命令执行的前提下夹点显示如图 12-108 所示的四个矩形视口边框。

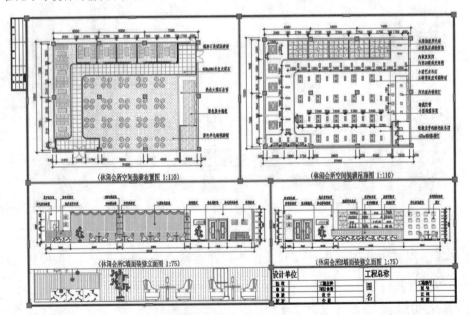

图 12-108　夹点显示

（6）展开"默认"选项卡→"图层"面板→"图层"下拉列表，将四个视口边框放到"轴线层"图层上，并关闭该图层，隐藏视口边框线，结果如图 12-109 所示。

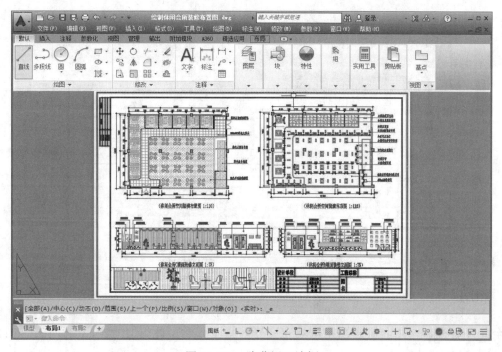

图 12-109　隐藏视口边框

（7）单击"视图"选项卡→"导航"面板→"窗口缩放"按钮，调整视图，结果如图 12-110 所示。

图 12-110　调整视图

（8）使用快捷键"T"执行"多行文字"命令，在打开的"文字格式编辑器"选项卡功能区面板中设置文字高度为7，对正方式为"正中"，然后输入如图12-111所示的图名。

图 12-111　填充标题栏图名

至此，各视口内图名及出图比例填充完毕，接下为学习休闲会所空间装潢图纸的打印预览及打印过程。

12.5.6　打印预览及打印会所空间装潢图

（1）继续上节操作。

（2）单击"视图"选项卡→"导航"面板→"全部缩放"按钮，调整视图，结果如图12-112所示。

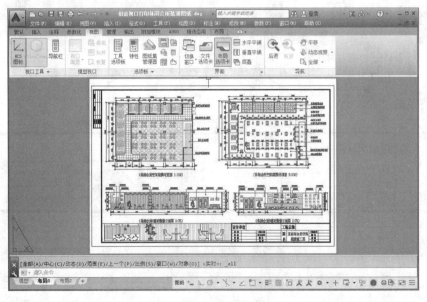

图 12-112　调整视图

（3）单击"输出"选项卡→"打印"面板→"预览"按钮，对图形进行打印预览，预览结果如图 12-90 所示。

（4）单击右键，选择"打印"选项，在打开的"浏览打印文件"对话框中设置打印文件的保存路径及文件名如图 12-113 所示。

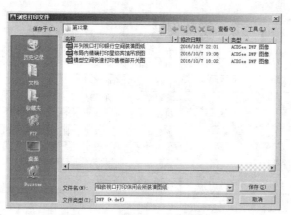

图 12-113　保存打印文件

（5）单击　保存(S)　按钮，系统弹出"打印作业进度"对话框，等此对话框关闭后，打印过程即可结束。

（6）最后执行"另存为"命令，将图形另名存储为"相嵌视口打印休闲会所装潢图纸.dwg"。

12.6　本章小结

打印输出是施工图设计的最后一个操作环节，本章主要针对这一环节，通过模型快速打印、布局精确打印、并列视口多比例打印和相嵌视口多比例打印等四个典型操作实例，详细学习了 AutoCAD 的后期打印输出技能。通过本章的学习，希望读者重点掌握打印的基本参数设置、图纸的布图技巧以及出图比例的调整等技能，灵活使用相关的出图方法精确打印施工图，使其完整准确地表达出图纸的意图和效果。

附录 A 常用快捷键命令表

命　　令	快捷键（命令简写）	功　　能
圆弧	A	用于绘制圆弧
对齐	AL	用于对齐图形对象
设计中心	ADC	设计中心资源管理器
阵列	AR	将对象矩形阵列或环形阵列
定义属性	ATT	以对话框的形式创建属性定义
创建块	B	创建内部图块，以供当前图形文件使用
边界	BO	以对话框的形式创建面域或多段线
打断	BR	删除图形一部分或把图形打断为两部分
倒角	CHA	给图形对象的边进行倒角
特性	CH	特性管理窗口
圆	C	用于绘制圆
颜色	COL	定义图形对象的颜色
复制	CO、CP	用于复制图形对象
编辑文字	ED	用于编辑文本对象和属性定义
对齐标注	DAL	用于创建对齐标注
角度标注	DAN	用于创建角度标注
基线标注	DBA	从上一或选定标注基线处创建基线标注
圆心标注	DCE	创建圆和圆弧的圆心标记或中心线
连续标注	DCO	从基准标注的第二尺寸界线处创建标注
直径标注	DDI	用于创建圆或圆弧的直径标注
编辑标注	DED	用于编辑尺寸标注
线性标注	Dli	用于创建线性尺寸标注
坐标标注	DOR	创建坐标点标注
半径标注	Dra	创建圆和圆弧的半径标注
标注样式	D	创建或修改标注样式
单行文字	DT	创建单行文字
距离	DI	用于测量两点之间的距离和角度
定数等分	DIV	按照指定的等分数目等分对象
圆环	DO	绘制填充圆或圆环
绘图顺序	DR	修改图像和其他对象的显示顺序
草图设置	DS	用于设置或修改状态栏上的辅助绘图功能
鸟瞰视图	AV	打开"鸟瞰视图"窗口
椭圆	EL	创建椭圆或椭圆弧
删除	E	用于删除图形对象
分解	X	将组合对象分解为独立对象
输出	EXP	以其他文件格式保存对象
延伸	EX	用于根据指定的边界延伸或修剪对象
拉伸	EXT	用于拉伸或放样二维对象以创建三维模型
圆角	F	用于为两对象进行圆角
编组	G	用于为对象进行编组，以创建选择集

命　令	快捷键（命令简写）	功　能
图案填充	H、BH	以对话框的形式为封闭区域填充图案
编辑图案填充	HE	修改现有的图案填充对象
消隐	HI	用于对三维模型进行消隐显示
导入	IMP	向 AutoCAD 输入多种文件格式
插入	I	用于插入已定义的图块或外部文件
交集	IN	用于创建交两对象的公共部分
图层	LA	用于设置或管理图层及图层特性
拉长	LEN	用于拉长或缩短图形对象
直线	L	创建直线
线型	LT	用于创建、加载或设置线型
列表	LI、LS	显示选定对象的数据库信息
线型比例	LTS	用于设置或修改线型的比例
线宽	LW	用于设置线宽的类型、显示及单位
特性匹配	MA	把某一对象的特性复制给其他对象
定距等分	ME	按照指定的间距等分对象
镜像	MI	根据指定的镜像轴对图形进行对称复制
多线	ML	用于绘制多线
移动	M	将图形对象从原位置移动到所指定的位置
多行文字	T、MT	创建多行文字
表格	TB	创建表格
表格样式	TS	设置和修改表格样式
偏移	O	按照指定的偏移间距对图形进行偏移复制
选项	OP	自定义 AutoCAD 设置
对象捕捉	OS	设置对象捕捉模式
实时平移	P	用于调整图形在当前视口内的显示位置
编辑多段线	PE	编辑多段线和三维多边形网格
多段线	PL	创建二维多段线
点	PO	创建点对象
正多边形	POL	用于绘制正多边形
特性	CH、PR	控制现有对象的特性
快速引线	LE	快速创建引线和引线注释
矩形	REC	绘制矩形
重画	R	刷新显示当前视口
全部重画	RA	刷新显示所有视口
重生成	RE	重生成图形并刷新显示当前视口
全部重生成	REA	重新生成图形并刷新所有视口
面域	REG	创建面域
重命名	REN	对象重新命名
渲染	RR	创建具有真实感的着色渲染
旋转实体	REV	绕轴旋转二维对象以创建对象
旋转	RO	绕基点移动对象
比例	SC	在 X、Y 和 Z 方向等比例放大或缩小对象
切割	SEC	用剖切平面和对象的交集创建面域
剖切	SL	用平面剖切一组实体对象
捕捉	SN	用于设置捕捉模式

命　　令	快捷键（命令简写）	功　　能
二维填充	SO	用于创建二维填充多边形
样条曲线	SPL	创建二次或三次(NURBS)样条曲线
编辑样条曲线	SPE	用于对样条曲线进行编辑
拉伸	S	用于移动或拉伸图形对象
样式	ST	用于设置或修改文字样式
差集	SU	用差集创建组合面域或实体对象
公差	TOL	创建形位公差标注
圆环	TOR	创建圆环形对象
修剪	TR	用其他对象定义的剪切边修剪对象
并集	UNI	用于创建并集对象
单位	UN	用于设置图形的单位及精度
视图	V	保存和恢复或修改视图
写块	W	创建外部块或将内部块转变为外部块
楔体	WE	用于创建三维楔体模型
分解	X	将组合对象分解为组建对象
外部参照管理	XR	控制图形中的外部参照
外部参照	XA	用于向当前图形中附着外部参照
外部参照绑定	XB	将外部参照依赖符号绑定到图形中
构造线	XL	创建无限长的直线（即参照线）
缩放	Z	放大或缩小当前视口对象的显示

附录 B　常用 CAD 变量

变　　量	注　　解
ANGDIR	设置正角度的方向初始值为 0，从相对于当前 UCS 的 0 角度测量角度值。0 逆时针　1 顺时针
APBOX	打开或关闭 AutoSnap 靶框。当捕捉对象时，靶框显示在十字光标的中心。0 不显示靶框　1 显示靶框
APERTURE	以像素为单位设置靶框显示尺寸。靶框是绘图命令中使用的选择工具。初始值：10
AREA	AREA 既是命令又是系统变量。存储由 AREA 计算的最后一个面积值
ATTDIA	控制 INSERT 命令是否使用对话框用于属性值的输入。0 给出命令行提示；1 使用对话框
ATTMODE	控制属性的显示。0 关，使所有属性不可见；1 普通，保持每个属性当前的可见性；2 开，使全部属性可见
ATTREQ	确定 INSERT 命令在插入块时默认属性设置。0 所有属性均采用各自的默认值；1 使用对话框获取属性值
AUNITS	设置角度单位。0 十进制度数　1 度/分/秒　2 百分度　3 弧度　4 勘测单位
AUPREC	设置所有只读角度单位（显示在状态行上）和可编辑角度单位（其精度小于或等于当前 AUPREC 的值）的小数位数
AUTOSNAP	0 关（自动捕捉）；1 开　2 开提示　4 开磁吸　8 开极轴追踪　16 开捕捉追踪　32 开极轴追踪和捕捉追踪提示
BACKZ	以绘图单位存储当前视口后向剪裁平面到目标平面的偏移值。VIEWMODE 系统变量中的后向剪裁位打开时才有效
BINDTYPE	控制绑定或在位编辑外部参照时外部参照名称的处理方式。0 传统的绑定方式；1 类似"插入"方式
BLIPMODE	控制点标记是否可见。BLIPMODE 既是命令又是系统变量。使用 SETVAR 命令访问此变量，0 关闭；1 打开
CDATE	设置日历的日期和时间，不被保存
CECOLOR	设置新对象的颜色。有效值包括 BYLAYER、BYBLOCK 以及从 1 到 255 的整数
CELTSCALE	设置当前对象的线型比例因子
CELTYPE	设置新对象的线型。初始值"BYLAYER"
CELWEIGHT	设置新对象的线宽。1 线宽为"BYLAYER"；2 线宽为"BYBLOCK"；3 线宽为"DEFAULT"
CHAMFERA	设置第一个倒角距离。初始值 0.0000
CHAMFERB	设置第二个倒角距离。初始值 0.0000
CHAMFERC	设置倒角长度。初始值 0.0000
CHAMFERD	设置倒角角度。初始值 0.0000
CHAMMODE	设置 AutoCAD 创建倒角的输入方法。0 需要两个倒角距离；1 需要一个倒角距离和一个角度
CIRCLERAD	设置默认的圆半径。0 表示无默认半径；初始值 0.0000
CLAYER	设置当前图层。初始值 0
CMDDIA	输入方式的切换。0 命令行输入；1 对话框输入
CMDNAMES	显示当前活动命令和透明命令的名称。例如 LINE'ZOOM 指示 ZOOM 命令在 LINE 命令执行期间被透明使用
CMLJUST	指定多线对正方式。0 上；1 中间；2 下。初始值 0
CMLSCALE	初始值 1.0000（英制）或 20.0000（公制），控制多线的全局宽度
CMLSTYLE	设置 AutoCAD 绘制多线的样式。初始值"STANDARD"
COMPASS	控制当前视口中三维指南针的开关状态。0 关闭三维指南针；1 打开三维指南针
COORDS	0 用定点设备指定点时更新坐标显示；1 不断地更新绝对坐标的显示；2 不断地更新绝对坐标的显示

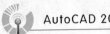

续表

变 量	注 解
CPLOTSTYLE	控制新对象的当前打印样式
CPROFILE	显示当前配置的名称
CTAB	返回图形中当前（模型或布局）选项卡的名称。通过本系统变量，用户可以确定当前的活动选项卡
CURSORSIZE	按屏幕大小的百分比确定十字光标的大小。初始值5
CVPORT	设置当前视口的标识码
DATE	存储当前日期和时间
DEFLPLSTYLE	指定图层 0 的默认打印样式
DEFPLSTYLE	为新对象指定默认打印样式
DELOBJ	控制创建其他对象的对象将从图形数据库中删除还是保留在图形数据库中。0保留对象；1删除对象
DIMADEC	1 使用 DIMDEC 设置的小数位数绘制角度标注；0-8 使用 DIMADEC 设置的小数位数绘制角度标注
DIMAPOST	为所有标注类型（角度标注除外）的换算标注测量值指定文字前缀或后缀（或两者都指定）
DIMASO	控制标注对象的关联性
DIMASSOC	控制标注对象的关联性
DIMASZ	控制尺寸线、引线箭头的大小。并控制钩线的大小
DIMATFIT	当尺寸界线的空间不足以同时放下标注文字和箭头时，本系统变量将确定这两者的排列方式
DIMAUNIT	设置角度标注的单位格式。0十进制度数；1度/分/秒；2百分度；3弧度
DIMAZIN	对角度标注作消零处理
DIMBLK	设置尺寸线或引线末端显示的箭头块
DIMBLK1	当 DIMSAH 系统变量打开时，设置尺寸线第一个端点的箭头
DIMBLK2	当 DIMSAH 系统变量打开时，设置尺寸线第二个端点的箭头
DIMCEN	控制由 DIMCENTER、DIMDIAMETER 和 DIMRADIUS 命令绘制的圆或圆弧的圆心标记和中心线图形
DIMCLRD	为尺寸线、箭头和标注引线指定颜色。同时控制由 LEADER 命令创建的引线颜色
DIMCLRE	为尺寸界线指定颜色
DIMCLRT	为标注文字指定颜色
DIMDEC	设置标注主单位显示的小数位位数。精度基于选定的单位或角度格式
DIMDLE	当使用小斜线代替箭头进行标注时，设置尺寸线超出尺寸界线的距离
DIMDLI	控制基线标注中尺寸线的间距
DIMEXE	指定尺寸界线超出尺寸线的距离
DIMEXO	指定尺寸界线偏移原点的距离
DIMJUST	控制标注文字的水平位置
DIMLDRBLK	指定引线箭头的类型。要返回默认值（实心闭合箭头显示），请输入单个句点（.）
DIMLFAC	设置线性标注测量值的比例因子
DIMLIM	将极限尺寸生成为默认文字
DIMLUNIT	为所有标注类型（除角度标注外）设置单位制
DIMLWD	指定尺寸线的线宽。其值是标准线宽。-3 BYLAYER ；-2 BYBLOCK；整数代表百分之一毫米的倍数
DIMLWE	指定尺寸界线的线宽。其值是标准线宽。-3 BYLAYER ；-2 BYBLOCK ；整数代表百分之一毫米的倍数
DIMPOST	指定标注测量值的文字前缀或后缀（或者两者都指定）
DIMRND	将所有标注距离舍入到指定值
DIMSAH	控制尺寸线箭头块的显示
DIMSCALE	为标注变量（指定尺寸、距离或偏移量）设置全局比例因子。同时还影响 LEADER 命令创建的引线对象的比例
DIMSD1	控制是否禁止显示第一条尺寸线

变　量	注　解
DIMSD2	控制是否禁止显示第二条尺寸线
DIMSE1	控制是否禁止显示第一条尺寸界线。关 不禁止显示尺寸界线 ；开 禁止显示尺寸界线
DIMSE2	控制是否禁止显示第二条尺寸界线。关 不禁止显示尺寸界线；开 禁止显示尺寸界线
DIMSOXD	控制是否允许尺寸线绘制到尺寸界线之外。关 不消除尺寸线；开 消除尺寸线
DIMSTYLE	DIMSTYLE 既是命令又是系统变量。作为系统变量，DIMSTYLE 将显示当前标注样式
DIMTAD	控制文字相对尺寸线的垂直位置
DIMTFAC	按照 DIMTXT 系统变量的设置，相对于标注文字高度给分数值和公差值的文字高度指定比例因子
DIMTIH	控制所有标注类型（坐标标注除外）的标注文字在尺寸界线内的位置
DIMTIX	在尺寸界线之间绘制文字
DIMTOFL	控制是否将尺寸线绘制在尺寸界线之间（即使文字放置在尺寸界线之外）
DIMTOH	控制标注文字在尺寸界线外的位置。0或关 将文字与尺寸线对齐 ；1或开 水平绘制文字
DIMTOL	将公差附在标注文字之后。将 DIMTOL 设置为"开"，将关闭 DIMLIM 系统变量
DIMTOLJ	设置公差值相对名词性标注文字的垂直对正方式。0 下；1 中间；2 上
DIMTP	在 DIMTOL 或 DIMLIM 系统变量设置为开的情况下，为标注文字设置最大（上）偏差。DIMTP 接受带符号的值
DIMTSZ	指定线性标注、半径标注以及直径标注中替代箭头的小斜线尺寸
DIMTVP	控制尺寸线上方或下方标注文字的垂直位置。当 DIMTAD 设置为关时，AutoCAD 将使用 DIMTVP 的值
DIMTXSTY	指定标注的文字样式
DIMTXT	指定标注文字的高度，除非当前文字样式具有固定的高度
DISTANCE	存储 DIST 命令计算的距离
DONUTID	设置圆环的默认内直径
DWGTITLED	指出当前图形是否已命名。0 图形未命名；1 图形已命名
EDGEMODE	控制 TRIM 和 EXTEND 命令确定边界的边和剪切边的方式
ELEVATION	存储当前空间当前视口中相对当前 UCS 的当前标高值
EXPERT	控制是否显示某些特定提示
EXPLMODE	控制 EXPLODE 命令是否支持比例不一致 (NUS) 的块
EXTMAX	存储图形范围右上角点的值
EXTMIN	存储图形范围左下角点的值
FILLETRAD	存储当前的圆角半径
FILLMODE	指定图案填充（包括实体填充和渐变填充）、二维实体和宽多段线是否被填充
FONTALT	在找不到指定的字体文件时指定替换字体
FONTMAP	指定要用到的字体映射文件
FRONTZ	按图形单位存储当前视口中前向剪裁平面到目标平面的偏移量
FULLOPEN	指示当前图形是否被局部打开
GFANG	指定渐变填充的角度。有效值为 0 到 360 度
GFCLR1	为单色渐变填充或双色渐变填充的第一种颜色指定颜色。有效值为"RGB 000, 000, 000"到"RGB 255, 255, 255"
GFCLR2	为双色渐变填充的第二种颜色指定颜色。有效值为"RGB 000, 000, 000"到"RGB 255, 255, 255"
GFCLRLUM	在单色渐变填充中使颜色变淡（与白色混合）或变深（与黑色混合）。有效值为 0.0（最暗）到 1.0（最亮）
GFCLRSTATE	指定是否在渐变填充中使用单色或者双色。0 双色渐变填充；1 单色渐变填充
GFNAME	指定一个渐变填充图案。有效值为 1 到 9

续表

变　量	注　解
GFSHIFT	指定在渐变填充中的图案是否是居中或是向左变换移位。0 居中；1 向左上方移动
GRIDMODE	指定打开或关闭栅格。0 关闭栅格；1 打开栅格
GRIDUNIT	指定当前视口的栅格间距（X 和 Y 方向）
GRIPBLOCK	控制块中夹点的指定。 0 只为块的插入点指定夹点；1 为块中的对象指定夹点
GRIPCOLOR	控制未选中夹点的颜色。有效取值范围为 1 到 255
GRIPHOT	控制选定夹点的颜色。有效取值范围为 1 到 255
GRIPHOVER	控制当光标停在夹点上时其夹点的填充颜色。有效取值范围为 1 到 255
GRIPOBJLIMIT	抑制当初始选择集包含的对象超过特定的数量时夹点的显示
GRIPS	控制"拉伸"、"移动"、"旋转"、"缩放"和"镜像夹点"模式中选择集夹点的使用
GRIPSIZE	以像素为单位设置夹点方框的大小。有效的取值范围为 1 到 255
GRIPTIPS	控制当光标在支持夹点提示的自定义对象上面悬停时，其夹点提示的显示
HIDETEXT	指定在执行 HIDE 命令的过程中是否处理由 TEXT、DTEXT 或 MTEXT 命令创建的文字对象
HIGHLIGHT	控制对象的亮显。它并不影响使用夹点选定的对象
HPANG	指定填充图案的角度
HPASSOC	控制图案填充和渐变填充是否关联
HPBOUND	控制 BHATCH 和 BOUNDARY 命令创建的对象类型
HPDOUBLE	指定用户定义图案的双向填充图案。双向将指定与原始直线成 90 度角绘制的第二组直线
HPNAME	设置默认填充图案，其名称最多可包含 34 个字符，其中不能有空格
HPSCALE	指定填充图案的比例因子，其值不能为零
HPSPACE	为用户定义的简单图案指定填充图案的线间隔，其值不能为零
INSUNITS	为从设计中心拖动并插入图形中的块或图像的自动缩放指定图形单位值
INSUNITSDEFSOURCE	设置源内容的单位值。有效范围是从 0 到 20
INSUNITSDEFTARGET	设置目标图形的单位值有效范围是从 0 到 20
INTERSECTIONCOLOR	指定相交多段线的颜色
INTERSECTIONDISPLA	指定相交多段线的显示
LTSCALE	设置全局线型比例因子。线型比例因子不能为零
LUNITS	设置线性单位。1 科学；2 小数；3 工程；4 建筑；5 分数
LUPREC	设置所有只读线性单位和可编辑线性单位（其精度小于或等于当前 LUPREC 的值）的小数位位数
LWDEFAULT	设置默认线宽的值。 默认线宽可以以毫米的百分之一为单位设置为任何有效线宽
LWDISPLAY	控制是否显示线宽。设置每个选项卡保存在图形中。 0 不显示线宽；1 显示线宽
LWUNITS	控制线宽单位以英寸还是毫米显示。0 英寸；1 毫米
MAXACTVP	设置布局中一次最多可以激活多少视口。 MAXACTVP 不影响打印视口的数目
MAXSORT	设置列表命令可以排序的符号名或块名的最大数目。 如果项目总数超过了本系统变量的值，将不进行排序
MBUTTONPAN	控制定点设备第三按钮或滑轮的动作响应
MEASUREINIT	设置初始图形单位（英制或公制）
MEASUREMENT	仅设置当前图形的图形单位（英制或公制）
MENUCTL	控制屏幕菜单中的页切换
MENUECHO	设置菜单回显和提示控制位
MENUNAME	存储菜单文件名，包括文件名路径

变　量	注　解
MIRRTEXT	控制 MIRROR 命令影响文字的方式。0 保持文字方向；1 镜像显示文字
MTEXTFIXED	控制多行文字编辑器的外观
MTJIGSTRING	设置当 MTEXT 命令使用后，在光标位置处显示样例文字的内容
OFFSETDIST	设置默认的偏移距离
OFFSETGAPTYPE	当偏移多段线时，控制如何处理线段之间的潜在间隙
OSNAPCOORD	控制是否从命令行输入坐标替代对象捕捉
PALETTEOPAQUE	控制窗口透明性
PAPERUPDATE	控制 AutoCAD R14 或更早版本中创建的没有用 AutoCAD 2000 或更高版本格式保存的图形的默认打印设置
PDMODE	控制如何显示点对象
PDSIZE	设置显示的点对象大小
PEDITACCEPT	抑制在使用 PEDIT 时，显示"选取的对象不是多段线"的提示
PELLIPSE	控制由 ELLIPSE 命令创建的椭圆类型
PERIMETER	存储由 AREA、DBLIST 或 LIST 命令计算的最后一个周长值
PFACEVMAX	设置每个面顶点的最大数目
PICKADD	控制后续选定对象是替换还是添加到当前选择集
PICKAUTO	控制"选择对象"提示下是否自动显示选择窗口
PICKBOX	以像素为单位设置对象选择目标的高度
PICKDRAG	控制绘制选择窗口的方式
PICKFIRST	控制在发出命令之前（先选择后执行）还是之后选择对象
PICKSTYLE	控制编组选择和关联填充选择的使用
PLATFORM	指示 AutoCAD 工作的操作系统平台
PLINEGEN	设置如何围绕二维多段线的顶点生成线型图案
PLINETYPE	指定 AutoCAD 是否使用优化的二维多段线
PLINEWID	存储多段线的默认宽度
PLOTROTMODE	控制打印方向
PLQUIET	控制显示可选对话框以及脚本和批处理打印的非致命错误
POLARADDANG	包含用户定义的极轴角
POLARANG	设置极轴角增量。值可设置为 90、45、30、22.5、18、15、10 和 5
POLARDIST	当 SNAPTYPE 系统变量设置为 1（极轴捕捉）时，设置捕捉增量
POLARMODE	控制极轴和对象捕捉追踪设置
POLYSIDES	为 POLYGON 命令设置默认边数。取值范围为 3 到 1024
POPUPS	显示当前配置的显示驱动程序状态
PROJECTNAME	为当前图形指定工程名称
PROJMODE	设置修剪和延伸的当前"投影"模式
REGENMODE	控制图形的自动重生成
RTDISPLAY	控制实时 ZOOM 或 PAN 时光栅图像的显示。 存储当前用于自动保存的文件名
SAVEFILEPATH	指定 AutoCAD 任务的所有自动保存文件目录的路径
SAVENAME	在保存当前图形之后存储图形的文件名和目录路径
SDI	控制 AutoCAD 运行于单文档还是多文档界面
SNAPANG	为当前视口设置捕捉和栅格的旋转角。旋转角相对当前 UCS 指定
SNAPBASE	相对于当前 UCS 为当前视口设置捕捉和栅格的原点
SNAPISOPAIR	控制当前视口的等轴测平面。0 左；1 上；2 右

续表

变 量	注 解
SNAPMODE	打开或关闭"捕捉"模式
SNAPSTYL	设置当前视口的捕捉样式
SNAPTYPE	设置当前视口的捕捉类型
SNAPUNIT	设置当前视口的捕捉间距
SPLINESEGS	设置每条样条拟合多段线（此多段线通过 PEDIT 命令的"样条曲线"选项生成）的线段数目
SPLINETYPE	设置 PEDIT 命令的"样条曲线"选项生成的曲线类型
TEXTEVAL	控制处理使用 TEXT 或-TEXT 命令输入的字符串的方法
TEXTFILL	控制打印和渲染时 TrueType 字体的填充方式
TEXTQLTY	设置打印和渲染时 TrueType 字体文字轮廓的镶嵌精度
TEXTSIZE	设置以当前文本样式绘制的新文字对象的默认高度（当前文本样式具有固定高度时此设置无效）
TEXTSTYLE	设置当前文本样式的名称
TILEMODE	将"模型"选项卡或最后一个布局选项卡置为当前
TOOLTIPS	控制工具栏提示的。0 不显示工具栏提示；1 显示工具栏提示
TRACEWID	设置宽线的默认宽度
TRACKPATH	控制显示极轴和对象捕捉追踪的对齐路径
TRIMMODE	控制 AutoCAD 是否修剪倒角和圆角的选定边
TSPACEFAC	控制多行文字的行间距（按文字高度的比例因子测量）。 有效值为 0.25 到 4.0
TSPACETYPE	控制多行文字中使用的行间距类型
TSTACKALIGN	控制堆叠文字的垂直对齐方式
TSTACKSIZE	控制堆叠文字分数的高度相对于选定文字的当前高度的百分比。 有效值为 25 到 125
VISRETAIN	控制依赖外部参照的图层的可见性、颜色、线型、线宽和打印样式（如果 PSTYLEPOLICY 设置为 0）
XEDIT	控制当前图形被其他图形参照时是否可以在位编辑。 0 不能在位编辑参照；1 可以在位编辑参照
XFADECTL	控制正被在位编辑的参照的褪色度百分比。有效值从 0 到 90
XLOADCTL	打开/关闭外部参照的按需加载，并控制是打开参照图形文件还是打开参照图形文件的副本
XCLIPFRAME	控制外部参照剪裁边界的可见性。 0 剪裁边界不可见；1 剪裁边界可见